高等职业学校新型活页式教材

电工基础与运用（上册）

主　编　张煌竟　甄　理
副主编　王玉婷

西南交通大学出版社
·成　都·

内容提要

“电工基础与运用”是电气工程专业学生必修的专业基础课。为了充分贯彻“十四五”精品教材的指导思想，突出学生的课堂主体地位，充分发挥项目导学、自主探学、合作研学、展示赏学、互检评学、课后拓学的六学模式，体现新技术、新标准、新规范3新技术在课堂中的融入，让学生在课堂学习中将知识浸润于脑、内化于心，将技能体验于手、外发于行，课程组组织了高等职业学校教师和国家电网有限公司的企业专家联合编写了《电工基础与运用（上、下册）》新型活页教材。

本教材以项目为导向，以实际工作任务为载体，共分为3个模块、9个项目、52个任务，内容涵盖了电工基础领域的基本理论知识和实践实操技能。本书适用于高职高专学校电工基础类教育，同时也可用于企业生产的实训实操。

图书在版编目（CIP）数据

电工基础与运用. 1 / 张煌竟，甄理主编. —成都：西南交通大学出版社，2022.12
ISBN 978-7-5643-9077-8

Ⅰ. ①电… Ⅱ. ①张… ②甄… Ⅲ. ①电工－高等职业教育－教材 Ⅳ. ①TM1

中国版本图书馆CIP数据核字（2022）第247731号

电工基础与运用（上、下册）

主编 张煌竟 甄 理

责任编辑 李芳芳
封面设计 原谋书装

出版发行 西南交通大学出版社
（四川省成都市金牛区二环路北一段111号
西南交通大学创新大厦21楼）
邮政编码 610031
发行部电话 028-87600564 028-87600533
网址 http://www.xnjdcbs.com
印刷 四川森林印务有限责任公司

成品尺寸 185 mm×260 mm
总印张 29.5
总字数 700千
版次 2022年12月第1版
印次 2022年12月第1次
套价(上、下册) 128.00元
书号 ISBN 978-7-5643-9077-8

课件咨询电话：028-81435775
图书如有印装质量问题 本社负责退换

编 委 会

主　编　张煌竟（学校）　甄　理（企业）

副主编　王玉婷（学校）

参　编　（按姓氏笔画）

程　蓉　狄藤藤　黄永禄　沈永海（学校）

何光辉　蒋　洋　周　俊　赵仕明（企业）

主　审　刘　欣（学校）

陈道强（企业）

前言

PREFACE

本教材属于电气工程类专业基础课，实行校企双元合作开发，立足行业现状和需求，对原有的章-节知识内容进行重构，并在编写过程中融入 1 + X 证书，行业内的新技术、新规范和新标准，将本专业相关工种的考核模块纳入课程知识体系，实现岗课赛证有机融合，教材在编写过程中始终贯彻“以学生为中心、学习成果为导向、促进学生自主学习”的指导思想，教材内容按照模块—项目—任务的形式组织，同时配套了丰富的数字化学习资源，以满足不同层次学生的学习需求。

模块 1 为课程导入，内容主要为对本课程的性质、课程地位、课程学时安排以及本课程的学法指导，由张煌竟老师（学校）、甄理老师（企业）主编。

模块 2 为基础模块，共 7 个项目、46 个任务，内容主要为本课程的基础知识体系，包括电路基本知识和基本定律以及常见的直流电路及正弦交流电路的计算方法，其中：

项目 1 电路基本知识和基本定律认识，其中，任务 1、2、3、5 由狄藤藤老师（学校）、蒋洋老师（企业）主编，任务 4、6、7 由张煌竟老师（学校）主编。

项目 2 直流电路认识，其中，任务 1～14 由张煌竟老师（学校）、甄理（企业）主编。

项目 3 单相正弦交流电路认识，其中，任务 1～6 由黄永禄老师（学校）、周俊老师（企业）主编，任务 7 由狄藤藤老师（学校）主编。

项目 4 三相正弦交流电路认识，其中，任务 1～6 由王玉婷老师（学校）主编。

项目 5 一阶电路的时域分析，其中，任务 1～4 由黄永禄老师（学校）主编。

项目 6 耦合电感和谐振电路认识，其中，任务 1～5 由沈永海老师（学校）、赵仕明老师（企业）主编。

项目 7 磁路和铁芯线圈认识，其中，任务 1～3 由程蓉老师（学校）、何光辉老师（企业）主编。

模块 3 1＋X 模块，由低压故障查找和综合配电设计与安装两个项目构成，总计 5 个任务，主要培养学生理论联系实际的能力、操作动手的能力，为学生从事电气相关方面工作奠定技能基础。综合配电设计模块对应学生装表接电工初级工考核取证，其中：

项目 1 低压故障查找由 2 个任务构成，由张煌竟老师（学校）、甄理（企业）主编。

项目 2 综合配电设计与安装由 3 个任务构成，由王玉婷老师（学校）主编。

不同高职院校、不同专业类别，可根据自身专业需求，灵活选择不同模块、项目以及任务组织教学。

本活页教材编写仓促，难免有不妥之处，请各位同行批评指正。

编　者

2022 年 3 月

目录

CONTENTS

模块 1 课程导入

任务 1 课程认识

1.1.1 任务描述

明确“电工基础理实一体”课程学习内容与总体安排，了解本课程的课程地位与后续课程的联系，掌握本课程的学习方法。

1.1.2 学习目标

知识目标

（1）了解本课程的学习内容；

（2）知道本课程的总体安排；

（3）掌握本课程的学习方法。

能力目标

（1）能够基本阐述本课程的主要学习内容；

（2）能够基本阐述课程与后续课程的联系；

（3）能够结合自身情况总结出适合自己的学习方法。

素质素养目标

（1）培养本课程的学习兴趣；

（2）打破学生的固有思维，转变思维习惯；

（3）加强对职业的认同感，树立终身学习的理念。

1.1.3 任务分析

重　点

（1）本课程的学习内容和安排；

（2）本课程的地位。

难　点

（1）课程的学习方法；

（2）本课程与升学就业的关系。

1.1.4 相关知识链接

1.1.4.1 课程的主要内容

“电工基础与运用”课程主要包括两部分内容：其一是电路的基本理论和分析方法，如电路中的名词概念、交直流电路、暂态电路、磁路的基础理论和基本分析方法，这部分内容主要是做理论铺垫，培养电工类学生的基础素养，为后续实验实操打下基础；其二是电工应用类技能，如万用表的使用、电路定理的验证、低压故障的查找和综合配电模块接线练习，这部分内容主要是锻炼学生的动手操作能力、理论联系实际能力和电工类学生应具备的基础技能。

1.1.4.2 课程的总体安排

本课程一般安排在一年级第一学期，授课内容包含理论部分和大量实验和实操模块，共 140 课时，其中理论部分为 70 课时，实验实操模块为 70 课时。由于是理实一体课程，在整体授课过程中，理论部分和实操部分将会穿插进行，在理论课程中融入实验实操内容，让同学们一边学习理论，一边动手实践。

1.1.4.3 课程的地位与后续课程的联系

本课程是电气专业大类学生接触的第一门专业课，主要支撑后续模拟电路、数字电路、电机、电力系统分析、继电保护等相关专业课的学习，作为一门专业基础课程，其作用主要是帮助同学们奠定电气专业课的理论基础，培养同学们对专业课的学习兴趣，养成知其然更要知其所以然的学习态度和求真实践、及时总结的学习方法。

1.1.4.4 课程与就业升学的关系

本课程的学习内容无论是对专升本考试还是国网准入考试，抑或是进入电气相关企业都具有重要意义。专升本考试中有一门专业课考试，而本门课的内容是电气类考生的必考内容，同时国网准入考试中 30%~40%的考题是本课程理论部分相关内容，涉及电路中名词的基本概念、术语、简单计算和分析。

值得注意的是，我校发电厂及电力系统类毕业生的毕业要求里明确规定必须取得至少一项“X”技能等级证书，而本课程的理论部分内容对应着特种作业高压电工、低压电工考试内容，实操考核内容与装表接电工初级工考试内容相对应。

综上所述，本课程的学习内容对同学们将来升学、就业以及毕业都起到至关重要的作用。

1.1.4.5 课程的学习方法

本课程的内容与高中物理学科内容有一定关联，注重理论分析和逻辑思维训练，并且对学生的数学运算具有一定要求，是在高中物理基础上的拔高，学习时应注意公式定理的来源以及适用条件，除了上课认真听分析、听过程、听方法，还要注重课前的预习与课后的巩固提高，特别是直流、交流三相电路的稳态暂态计算需要同学们勤加练习，善于总结方法，并且能够将理论知识与实践有机结合，多多动手、勇于实践，在实验和实训中进一步深入体会定理的内容。

1.1.5 素质素养养成

无论学习什么内容，在学习之前对课程内容，课程作用和课程学习方法有全面的了解是十分有必要的，正如同学们完成一项任务/工作时，提前了解任务/工作的性质、内容、完成工作的方法能够帮助同学们更加游刃有余、胸有成竹地完成任务/工作。

模块 2 基础模块

项目 1 电路基本知识和基本定律认识

任务 1 电路、电压、电流及其参考方向认识

2.1.1.1 任务描述

口述电路的概念、作用、组成，分辨电路的几种状态，准确绘制常用的电路元件符号和电路图，能写出电压、电流的定义式，能正确标出电压、电流的参考方向并判断出其实际方向。

2.1.1.2 学习目标

知识目标

（1）掌握电路的概念、作用、组成及状态；

（2）掌握电路模型及理想电路元件的概念；

（3）掌握几种常用的电路元件及其符号；

（4）掌握串联和并联、支路和节点、回路和网孔的概念及其区别；

（5）理解电压、电流的含义，掌握其定义式及参考方向。

能力目标

（1）能够画出实际电路的电路图；

（2）能够建立电路模型；

（3）能够通过电路图准确判断电路所处的状态；

（4）能准确标出电压、电流的参考方向，并通过电压、电流值的正负判断出实际方向；

（5）能从电路中准确找出所有的支路、节点、网孔、回路。

素质素养目标

（1）培养学生仔细观察，注意甄别的能力；

（2）培养学生抽象建模的能力。

2.1.1.3 任务分析

重　点

（1）电路的概念、作用、组成及状态；
（2）串联、并联、支路、节点、网孔、回路的概念及其区别；
（3）电压、电流的含义、定义式及参考方向。

难　点

（1）理解电路模型及理想电路元件的含义；
（2）区别串联和并联、支路、节点、网孔和回路的特点；
（3）参考方向的正确标注和运用。

2.1.1.4 相关知识链接

2.1.1.4.1 电路的基本知识

电路（circuit）是指为了某种需要由一些电气器件按一定方式连接起来的电流的通路，又称导电回路。比较复杂的电路呈网状，常称为网络（network）。实际上，电路与网络这两个名词并无明显的区别，一般可以通用。

电路的组成方式很多，功能也各不相同。电路的作用主要有：

（1）实现电能的传输、分配与转换。例如各种电力电路。电力系统将发电厂产生的电能通过输电电路和配电电路分配到各用电户，如图 2.1.1.1（a）所示。

（2）实现电信号的传递、存储和处理。如扩音机电路将话筒接收到的声音信号放大后通过扬声器传递出去，如图 2.1.1.1（b）所示。

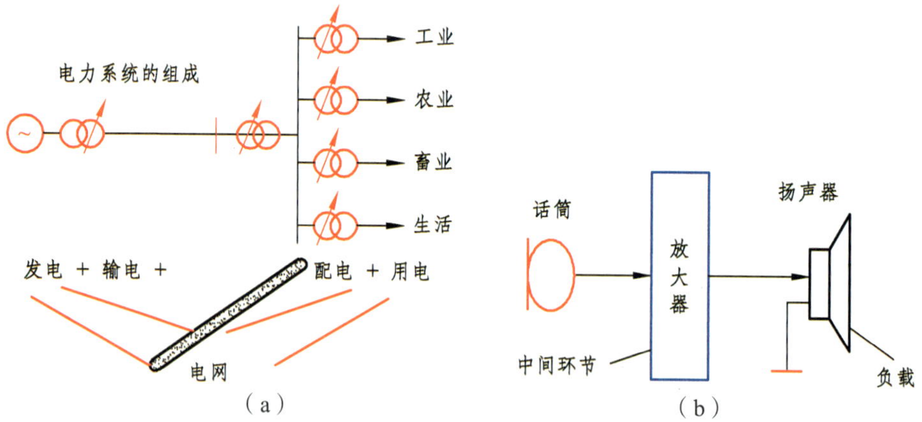

图 2.1.1.1　电力系统组成示意图与扩音机电路示意图

一个能实现某功能的电路由哪几部分组成呢？图 2.1.1.2 是简易手电筒的电路，它由干电池、开关、小灯泡和连接导线等电气器件组成。当开关闭合后，在这个闭合的通路中便有电流通过，于是小灯泡发光。其中，干电池是一种电源（power source），在其正负极间能保持一定的电压，向电路提供电能；小灯泡是一种用电设备，在电路中称为负载（load），它实际上是一个电阻器，由电阻丝制成，电流通过时能发热到白炽状态而发光；开关及连接导线可使电流构成通路，为中间传输环节。

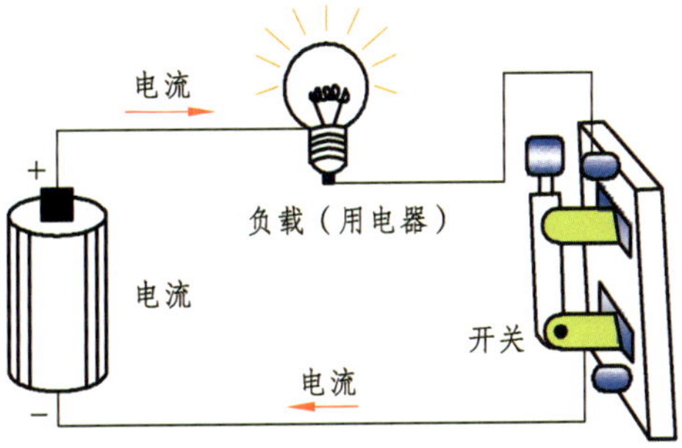

图 2.1.1.2　手电筒实物及电路连接示意图

在图 2.1.1.1（b）所示的扩音机的电路中，话筒将声音变成电信号，经过放大器的放大，送到扬声器再变成声音输出。话筒施加的电信号称为激励（excitation），话筒相当于电源；扬声器得到的放大信号称为响应（response），它相当于负载。

由此可见，电路主要由电源、负载和传输环节三部分组成：电源是提供电能或电信号的设备；负载是用电或输出信号的设备；传输环节用于传输电能或电信号。

组成电路的三个部分需要按相关规律连接，否则用电器不能正常工作，甚至会出现严重后果。电路通常有三种工作状态，如表 2.1.1.1 所示。

表 2.1.1.1　电路的三种工作状态

电路状态	定　义	图　例
通路	能构成电流的流通，能形成闭合回路的电路（也就是电流能从电源正极流出，经用电器再从负极流进）称之为通路。	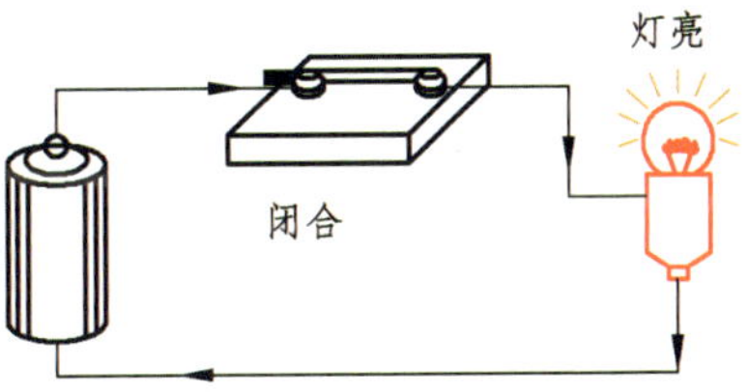
断路（开路）	当电路没有闭合开关，或者导线没有连接好，或用电器烧坏或没安装好时，整个电路在某处断开，处在这种状态的电路叫作断路。	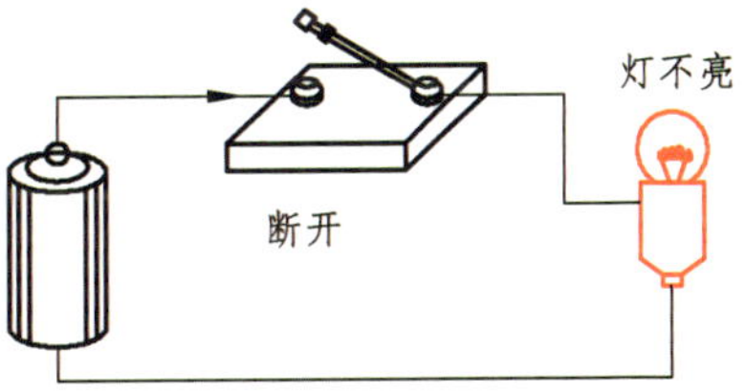
短路	电流不通过用电器直接接通电源叫作短路。此时，电源提供的电流比正常通路时的电流大许多倍，严重时，会损坏电源、烧毁输电线路，甚至引起火灾。因此，电源严禁短路。	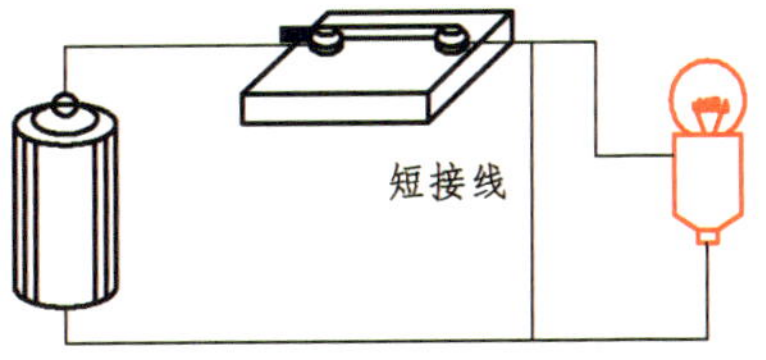

2.1.1.4.2　电路原理图及电路模型

用导线将电源、开关（电键）、用电器、电流表、电压表等连接起来组成电路，再按照统一的符号（见图 2.1.1.3）将它们表示出来，这样绘制出的图就叫作电路原理图，如图 2.1.1.4（b）所示。电路原理图大大简化了对电路的描述，为研究、分析、工程规划及施工提供便利。

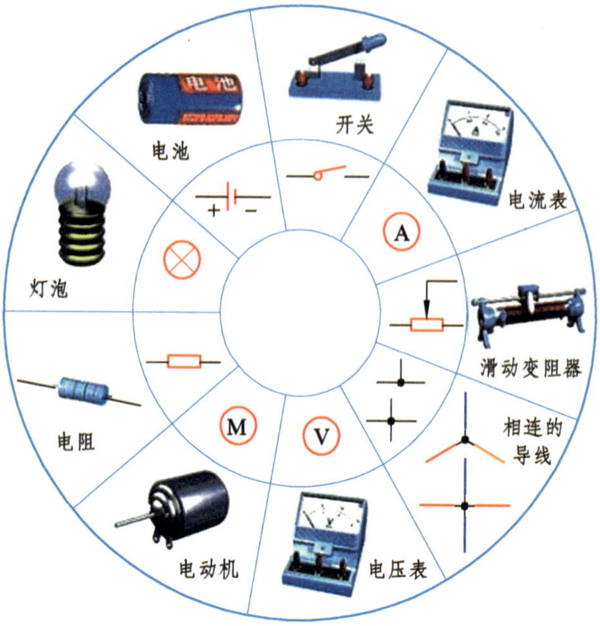

图 2.1.1.3　几种常用的电路元件及其符号

电路原理图中的电路元件种类繁多，其电磁性能的表现可能是多方面交织在一起的，往往比较复杂。而我们工程上研究电路主要是为了计算电路中各部件、器件的端子电流和端子间的电压，一般不涉及内部发生的物理过程。为了分析方便，常常在一定条件下对实际器件加以理想化。所谓理想化就是只考虑其中起主要作用的某些电磁现象，而忽略其他现象，或者将一些电磁现象分别表示。

例如在图 2.1.1.4（a）中，小灯泡不但发热而消耗电能，并且在其周围还会产生一定的磁场，但是可以只考虑其消耗电能的性能而忽略其磁场；干电池不仅在其正负极间能保持一定的电压对外部提供电能，其内部也有一定电能损耗（消耗电能），但可以将其提供电能的性能与内部电能损耗分别表示；对闭合的开关和较短的导线则只考虑导电性能而忽略其本身的电能损耗。

由此，可以定义一些理想电路元件，简称为电路元件。每一种电路元件体现某种基本现象，具有某种确定的电磁性能和精确的数学定义。在一定条件下，用这些元件或它们的组合模拟实际电路的器件。例如，电阻元件是一种只表示消耗电能（转换为热能或其他能量）的元件；电感元件是反映电路周围存在着磁场而可以储存磁场能量的元件；电容元件是反映电路及其附近存在着电场而可以储存电场能量的元件等。电阻元件消耗电能，而电感元件及电容元件不会释放出多于它吸收或储存的能量，因此，这些元件称为无源元件。而电压源和电流源可以源源不断地提供能量，称为有源元件。

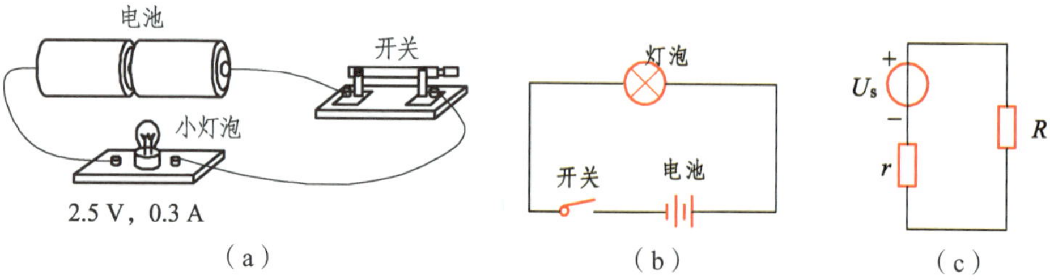

图 2.1.1.4　电路实物图、电路原理图及电路模型

在忽略电能损耗的情况下，闭合的开关和较短的导线可视为理想导线（电阻为零且无电场和磁场）。实际电路可以用一个或几个理想电路元件经理想导线相连接来模拟，这便构成了电路模型，简称电路，如图 2.1.1.4（c）所示。

用理想电路元件或它们的组合模拟实际器件就是建立其模型，简称建模。建立电路模型时应使其外特性与实际器件及实际电路的外特性尽量接近，但两者的性能不可能完全相同。同一器件或电路在不同条件下有时应采用不同的电路模型表示。例如，一个线圈在频率较低时可以只考虑其中的磁场和耗能，甚至可以只考虑磁场，但当频率较高时则应考虑电场的影响，频率甚低或通过定值电流时就只需考虑耗能了。一般来说，对电路模型的近似程度要求越高，电路模型也越复杂。所以建立电路模型一般应指明它们的工作条件，如频率、电压、电流和温度范围等。

2.1.1.4.3　电路中的名词术语

关于电路的结构，有一些名词术语，如串联和并联、支路和节点、回路和网孔。下面以图 2.1.1.5 所示电路为例来介绍，图中方框符号表示任意的二端元件。

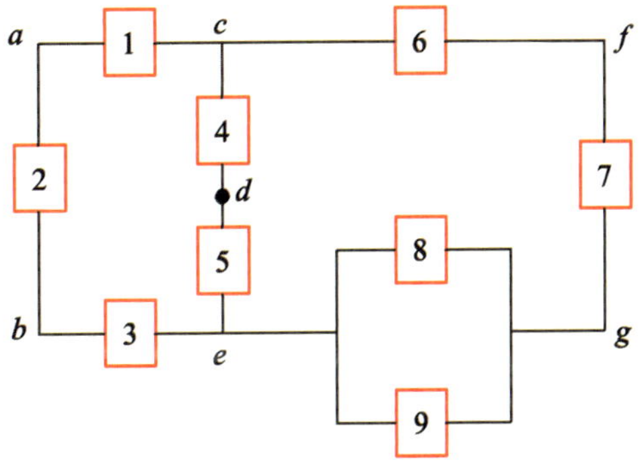

图 2.1.1.5　电路名词说明

串联和并联：一些二端元件成串相连、中间没有分支时称为串联；一些二端元件的两个端钮分别连在一起时称为并联。图 2.1.1.5 所示电路中，元件 1、2、3 为串联，元件 4、5 为串联，元件 6、7 为串联，元件 8、9 为并联。

支路：广义上来说每一个二端元件都可以称为一条支路，但这样电路的支路数就会过多，我们一般认为由一个或多个元件首尾相接构成的无分支路径为一条支路。例如图 2.1.1.5 中的 123、45、67、8、9 都可称为一条支路，但 1、6 不能称为一条支路，因为在 *c* 点存在分支支路。

节点：本书中定义三条或三条以上支路的连接点称为节点。比如图 2.1.1.5 中的 *c* 点、*e* 点、*g* 点都称之为节点。但是要注意，支路与支路的连接点即是节点。比如图中的 *a*、*b* 等。本书中支路的定义是为了方便选择的复合支路，但很多情况下也会选择单个元件作为支路，这时两条支路的交汇点也是节点。

回路：由几条支路组成的闭合路径。比如 12354、45976、89 等组成的闭合路径都称之为回路。

网孔：网孔是回路的一种，将电路画在平面上，在回路内部不另含有支路的回路称为网孔。图 2.1.1.5 所示电路中共有 3 个网孔，例如元件 14532 组成的回路为网孔，而元件 167832 组成的回路不是网孔。网孔的本质就是回路，但回路不一定是网孔。

2.1.1.4.4 认识电流、电位和电压

一、电　流

电流：路上的行人、车辆按照一定的方向运动，形成“人流”和“车流”，山上的水定向移动，形成水流。与此类似，导体中的电荷向一定方向有序移动，形成电流（current），如图 2.1.1.6。

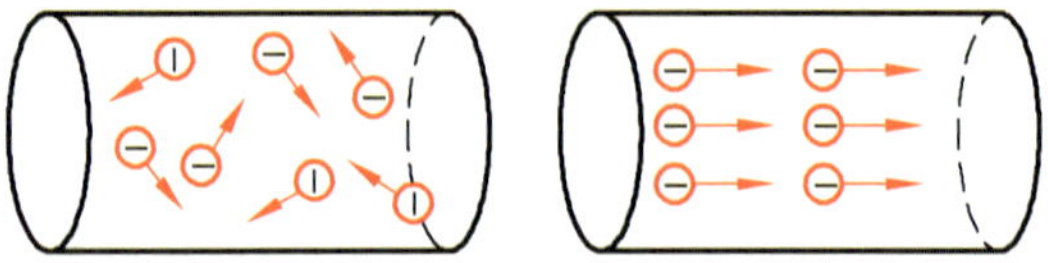

图 2.1.1.6　导体中的电荷定向移动形成电流

电流的大小用电流强度来表示。我们把通过导体横截面的电荷量 q 跟通过这些电荷量所用的时间 t 的比值，叫作电流强度（也称电流）。它表征了电流这一物理现象的强弱，用 i 表示，则

$$i=\frac{\mathrm{d}q}{\mathrm{d}t} \tag{2.1.1.1}$$

式中，$\mathrm{d}q$ 是 $\mathrm{d}t$ 时间内通过某处的电荷量。

电流的方向：习惯上规定正电荷运动的方向为电流的方向。

如果电流的大小和方向都不随时间变化，则为直流电流（Direct Current），简称直流（DC）。直流电流用大写字母表示，即

$$I=\frac{q}{t} \tag{2.1.1.2}$$

大小和方向随时间作周期性变化的电流称为交变电流（Alternate Current），简称交流（AC）。

本书中物理量采用国际单位制（SI）。电流的 SI 单位是安［培］（Ampere），符号为 A；电荷量的单位是库［仑］（Coulomb），符号为 C。若每秒通过某处的电荷量为 1 C，则电流为 1 A。电流的常用单位还有千安（kA）、毫安（mA）、微安（μA）等。它们之间的关系为

$$1\ \text{kA}=10^3\ \text{A}=10^6\ \text{mA}=10^9\ \mu\text{A}$$

常用电器正常工作时的电流大小如表 2.1.1.2 所示。

表 2.1.1.2　常用电器正常工作时的电流大小

电器名称	工作电流
电子手表	约 2 μA
22 英寸液晶电视机	约 300 mA
微型电脑	约 1 A
1.5P 空调机	1 ~ 5.5 A

电流的参考方向：电路中一条支路的电流只可能有两个方向，如某条支路的两个端钮分别为 A、B，则其电流的方向不是从 A 到 B，就是从 B 到 A。电流的方向是客观

存在的，但在分析较为复杂的电路时，往往难于事先判定支路中电流的方向；对于交流量，其方向随时间而变，无法用一个固定方向表示它的方向。为此，在分析与计算电路时，可任意设定某一方向作为电流数值为正的方向，称为参考方向（reference direction）。

定了参考方向以后，电流就是一个代数量，若电流为正值，则电流的方向与参考方向一致；若电流为负值，则电流的方向与参考方向相反。这样，就可以利用电流的参考方向和正负值来表明电流的实际方向。如图 2.1.1.7 所示，参考方向由 A 到 B，若 i 的值为正（$i>0$），则电流的实际方向（正电荷的运动方向）与参考方向一致，由 A 到 B。若 i 的值为负，则电流的实际方向为由 B 到 A。

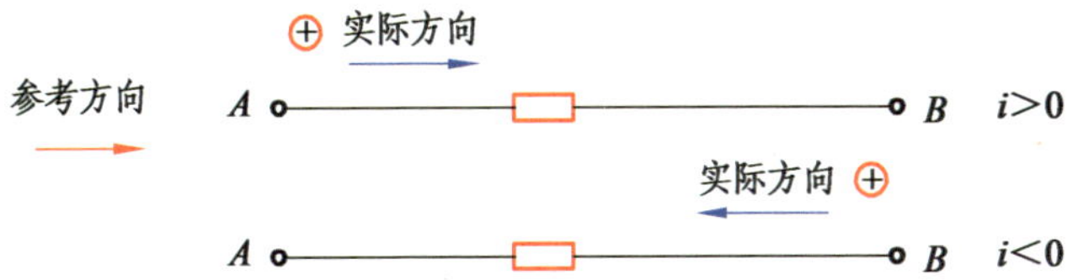

图 2.1.1.7　参考方向与实际方向

参考方向的设定是任意的，在电路图中有两种表示方式：

（1）用箭头表示在电路图上（箭头一般画在支路旁边，也可画在支路上）并标以电流符号 i，如图 2.1.1.8（a）所示。

（2）用双下标表示，如图 2.1.1.8（b）的 i_{AB} 表示电流参考方向为由 A 到 B。

图中两种表示方法所示的参考方向是一致的。若为 i_{BA}，则表示电流参考方向为由 B 到 A，显然

$$i_{AB}=-i_{BA}$$

参考方向的设定及标注是正确分析电路的基础和保障，一定要有意识地设定参考方向，养成首先标注参考方向的习惯。

（a）箭头　　（b）双下标

图 2.1.1.8　电流的参考方向

二、电位和电压

俗话说：“水往低处流”。水从高山奔向大海，是因为有着高水位和低水位的差别，因为这个差别而产生了水压，有了水压，水才能自发地（根本上是重力的作用）从高处流向低处。我们可以从水位来理解电位，正电荷也正是由于电位的差别自发地（根本上是电场力的作用）从高电位向低电位定向移动。

正电荷在电场力的作用下由 A 点转移到 B 点，电场力所作的功与电荷量的比值，称为电压（voltage），用符号 u 表示，即

$$u=\frac{\mathrm{d}W}{\mathrm{d}q} \tag{2.1.1.3}$$

式中，$\mathrm{d}q$ 为由 A 点转移到 B 点的电荷量，$\mathrm{d}W$ 为转移过程中电场力所做的功。

在转移过程中正电荷具有的电位能减少，电位能减少意味着电位降低（从高电位点到低电位点），所以电位降低的方向为电压的方向。

电压的 SI 单位是伏［特］（Volt），符号为 V。当 1 C 的正电荷在电场力作用下由一点转移到另一点，减少的电能为 1 J（焦［耳］）时，则该两点间的电压为 1 V。其他常用单位有千伏（kV）、毫伏（mV）和微伏（μV）等，其换算关系为

$$1\ \text{kV}=10^3\ \text{V},\ \ 1\ \text{V}=10^3\ \text{mV}=10^6\ \mu\text{V}$$

电位也称电势，是衡量电荷在电路中某点所具有的能量的物理量。在数值上，电路中某点的电位，等于正电荷在该点所具有的能量与电荷所带电荷量的比。电位只有大小（可正可负），没有方向，其数值不具有绝对意义，只具有相对意义。电路中某点电位的高低（大小）通常用符号“V”表示，电位的单位是 V（伏特）。

若任取一点 o 作为参考点，则由某点 a 到参考点 o 的电压 u_{ao} 称为 a 点的电位，用 V_a 表示，即

$$V_a=u_{ao} \qquad (2.1.1.4)$$

电位参考点可以任意选取，在电气工程中常选择大地、设备外壳或接地点作为参考点。在一个连通的系统中只能选择一个参考点，并用“⊥”符号标记。参考点电位为零。电位的量值与参考点的选择有关。

电位与电压的关系为：A、B 两点之间的电压等于这两点的电位之差，即

$$u_{AB}=V_A-V_B \qquad (2.1.1.5)$$

例 2.1.1.1　4C 的正电荷由 a 点均匀移动至 b 点电场力做功 8 J，由 b 点移动到 c 点电场力做功为 12 J，求：

（1）电压 u_{ab}、u，并比较 a、b 及 c、b 两点的电位高低；

（2）若以 b 点为参考点，a、b、c 点的电位。

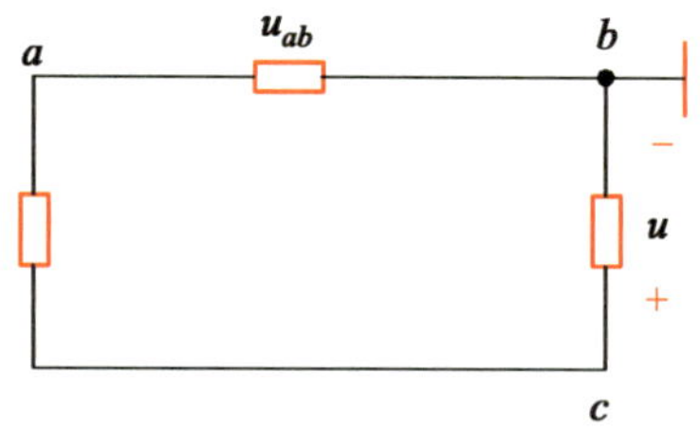

图 2.1.1.9　例 2.1.1.1 电路

解　（1）$u_{ab}=\dfrac{W_{ab}}{q}=\dfrac{8}{4}=2\ \text{V}$，说明从 a 点到 b 点电位降低了 2 V，故 a 点比 b 点电位高 2 V。

$u=u_{cb}=-u_{bc}=-\dfrac{W_{bc}}{q}=-\dfrac{12}{4}=-3\ \text{V}$，说明从 c 点到 b 点电位降低了 − 3 V（升高了 3 V），故 c 点比 b 点电位低 3 V。

（2）已知 $V_b=0\ \text{V}$，

由 $u_{ab}=V_a-V_b$ 得 $V_a=u_{ab}+V_b=2+0=2\ \text{V}$；

由 $u_{bc}=V_b-V_c$ 得 $V_c=V_b-u_{bc}=0-3=-3\text{ V}$。

与电流类似，在分析计算时，把电压看作一个有正负值的代数量，也必须事先设定某一方向作为其数值为正的参考方向。若电压为正值，则电压的方向与参考方向一致；若电压为负值，则电压的方向与参考方向相反。这样，就可以利用电压的参考方向和正负值来表明电压的实际方向。

电压的参考方向可任意设定，一般有三种表示方式：

（1）采用参考极性表示，在电路图上标出正（+）、负（−）极性，并标以电压符号 u，如图 2.1.1.10（a）所示，电压的参考方向从正（+）极性指向负（−）；

（2）采用箭头表示，并标以电压符号 u，如图 2.1.1.10（b），箭头表示电压的参考方向，箭头一般画在支路旁边。

（3）采用双下标表示，如图 2.1.1.10（c）所示，u_{AB} 表示电压的参考方向是从 A 指向 B。

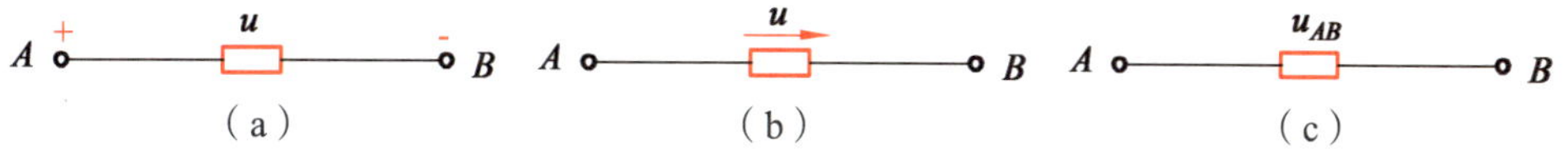

图 2.1.1.10　电压的参考方向

2.1.1.5　素质素养养成

本小节电路名词和符号较多，在学习中请同学们注意观察每种电路元件的符号和画法，仔细甄别。相似的概念如电压和电位需要注意区别。

本小节涉及的电路的常见名词符号概念是后续学习的重要基础和铺垫，只有把基础概念名词理解清楚才能理解和灵活应用后续复杂电路的求解方法。

参考方向是求解复杂电路必须首先设定的，需要通过练习养成标注参考方向的习惯。

2.1.1.6　任务分组

见附表 1。

2.1.1.7　任务实施

任务工作单 1

组号：　　　姓名：　　　学号：　　　检索号：2.1.1.7-1

引导问题：

（1）写出电路的概念、组成和作用；

（2）写出电路的三种状态；

（3）写出串联、并联、支路、节点、回路、网孔的概念；

（4）写出电流、电压、电位的含义、定义式及正方向的规定；

（5）电流、电压参考方向的标注方法。

任务工作单 2

组号：　　　　姓名：　　　　学号：　　　　检索号：2.2.1.7-2

引导问题：

（1）画出手电筒的电路图及电路模型图；

（2）判断出图 2.1.1.11 中各元件的连接关系，是串联还是并联？

（3）写出图 2.1.1.11 电路中的支路、节点、回路、网孔，说出回路和网孔的区别；

（4）在图 2.1.1.11 中标出元件各元件的电压及电流的参考方向；

（5）分析 $u_{ab}=-3\text{ V}$，$i_{ab}=1\text{ A}$ 时，元件 1 实际的电压和电流方向，*a* 点和 *b* 点哪个电位高？

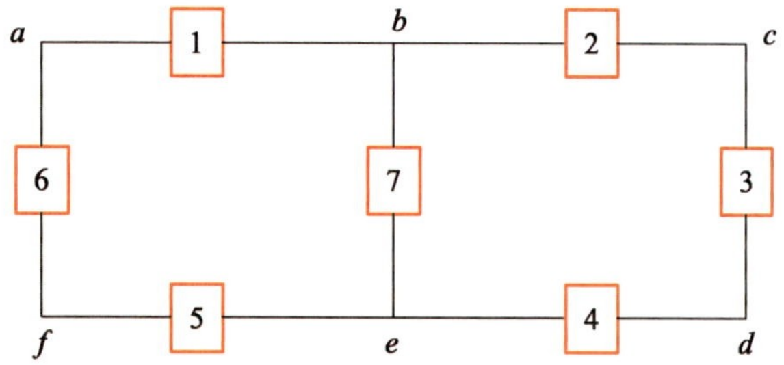

图 2.1.1.11

任务工作单 3

组号：　　　　姓名：　　　　学号：　　　　检索号：2.1.1.7-3

引导问题：

（1）每小组推荐一位小组长，汇报任务工作单 2 的成果。

任务工作单 4

组号：　　　　姓名：　　　　学号：　　　　检索号：2.1.1.7-4

引导问题：

（1）自查、分析自身工单存在的错误及改正，并填写表 2.1.1.3。

表 2.1.1.3　任务工作单自查表

错误	原因	改正

2.1.1.8　评价反馈

任务工作单 1

组号：　　　　姓名：　　　　学号：　　　　检索号：2.1.1.8-1

表 2.1.1.4　个人自评表

<table>
<tr><td>班级</td><td></td><td>姓名</td><td></td><td>日期</td><td>年　月　日</td></tr>
<tr><td>任务名称</td><td colspan="5"></td></tr>
<tr><td>评价指标</td><td colspan="3">评价内容</td><td>分数</td><td>分数评定</td></tr>
<tr><td>信息检索能力</td><td colspan="3">能有效利用网络、图书资源、字典查找有用的相关信息等；能将查到的信息有效地传递到工作中。</td><td>10 分</td><td></td></tr>
<tr><td>感知课堂生活</td><td colspan="3">认同本任务的工作价值，在参与中获得满足感、成就感。</td><td>10 分</td><td></td></tr>
<tr><td rowspan="2">参与态度</td><td colspan="3">积极主动与教师、同学交流，相互尊重、理解、平等；与教师、同学之间是否能够保持多向、丰富、适宜的信息交流。</td><td>10 分</td><td></td></tr>
<tr><td colspan="3">能处理好合作学习和独立思考的关系，做到有效学习；能提出有意义的问题或能发表个人见解。</td><td>10 分</td><td></td></tr>
<tr><td rowspan="6">知识、能力获得情况</td><td colspan="3">1. 能说出电路的概念、组成、作用及状态；</td><td>10 分</td><td></td></tr>
<tr><td colspan="3">2. 能根据实际电路画出电路图；</td><td>10 分</td><td></td></tr>
<tr><td colspan="3">3. 能说出串联、并联、支路、节点、网孔、回路的概念及其区别；能正确找出电路图中的支路、节点、回路、网孔；</td><td>10 分</td><td></td></tr>
<tr><td colspan="3">4. 能说出电流、电压、电位的定义，写出定义式，说出电压与电位的区别与联系，并写出关系式；</td><td>10 分</td><td></td></tr>
<tr><td colspan="3">5. 能标出电压、电流的参考方向，会选电位参考点；</td><td>5 分</td><td></td></tr>
<tr><td colspan="3">6. 能找到自己的不足。</td><td>5 分</td><td></td></tr>
<tr><td>思维态度</td><td colspan="3">是否能发现问题、提出问题、分析问题、解决问题、创新问题。</td><td>5 分</td><td></td></tr>
<tr><td>自评反馈</td><td colspan="3">按时按要求完成任务；较好地掌握了知识点；具有较强的信息分析能力和理解能力；具有较为全面严谨的思维能力，并能条理清楚明晰表达成文。</td><td>5 分</td><td></td></tr>
<tr><td colspan="5">自评分数</td><td></td></tr>
<tr><td>有益的经验和做法</td><td colspan="5"></td></tr>
<tr><td>总结反馈建议</td><td colspan="5"></td></tr>
</table>

任务工作单 2

组号：　　　　姓名：　　　　学号：　　　　检索号：2.1.1.8-2

表 2.1.1.5　小组内互评验收表

验收组长		组名		日期	年　月　日
组内验收成员					
任务要求	能够说出电路的概念、组成、作用及状态，能够画出简单的电路图，能说出串联、并联、支路、节点、网孔、回路的概念及其区别，能正确找出电路图中的支路、节点、回路、网孔，能说出电流、电压、电位的定义，写出定义式，说出电压与电位的区别与联系，能标出电压、电流的参考方向，会选电位参考点，能够按时完成任务工作单，能够反思自己的不足并改进。				
验收文档清单	被验收者 2.1.1.7-1 任务工作单 被验收者 2.1.1.7-2 任务工作单 被验收者 2.1.1.7-3 任务工作单 被验收者 2.1.1.7-4 任务工作单				
	文献检索清单				
验收评分	评分标准			分数	得分
	能够说出电路的概念、组成、作用及状态，错一处扣 5 分。			20 分	
	能够正确画出简单的完整电路图，错（漏）一处扣 3 分。			10 分	
	能够说出电路中常见名词术语的概念，错一处扣 4 分。			20 分	
	能说出电流、电压、电位的定义，写出定义式，说出电压与电位的区别与联系，并写出关系式，错一处扣 3 分。			20 分	
	能用所有方法标出电压、电流的参考方向，会选电位参考点，错一种扣 4 分。			20 分	
	提供文献检索清单，少于 5 项，缺一项扣 2 分。			10 分	
评价分数					
不足之处					

任务工作单 3

被评组号：　　　　检索号：2.1.1.8-3

表 2.1.1.6　小组间互评表

班级		评价小组		日期	年　月　日
评价指标	评价内容			分数	分数评定
汇报表述	表述准确			15 分	
	语言流畅			10 分	
	声音洪亮、自信大方			15 分	
内容正确度	内容正确			30 分	
	口述准确			30 分	
互评分数					
简要评述					

任务工作单 4

组号：　　　　姓名：　　　　学号：　　　　检索号：2.1.1.8-4

表 2.1.1.7　任务完成情况评价表

任务名称	电路、电压、电流及其参考方向认识				总得分	
组号及成员						
评价依据	学生完成的 2.1.1.7 所有任务工作单					
序号	任务内容及要求		配分	评分标准	教师评价	
					结论	得分
1	能够说出电路的概念、组成、作用及状态	1. 描述正确；	10 分	缺一个要点扣 1 分		
		2. 语言表达流畅。	5 分	酌情赋分		
2	能根据实际电路画出完整的电路图	1. 电路完整、元件符号正确；	10 分	错一个扣 2 分		
		2. 绘图清晰。	5 分	酌情赋分		
3	能说出串联、并联、支路、节点、回路、网孔的概念	1. 描述正确；	10 分	缺一个要点扣 2 分		
		2. 语言流畅。	5 分	酌情赋分		
4	能说出电流、电压、电位的定义，说出电压与电位的区别与联系，并写出关系式	1. 描述正确；	10 分	缺一个要点扣 2 分		
		2. 语言流畅；	4 分	酌情赋分		
		3. 书写正确规范。	6 分	错一个公式扣 2 分		
5	说出参考方向的定义及标注方法，能用所有方法标出电压、电流的参考方向，会选电位参考点	1. 描述及标注正确；	10 分	错一个要点扣 2 分		
		2. 语言流畅。	5 分	酌情赋分		
6	至少包含 5 份文献的检索文献的目录清单	1. 数量；	5 分	每少一个扣 1 分		
		2. 参考的主要内容要点。	5 分	酌情赋分		
7	素质素养评价	1. 沟通交流能力； 2. 团队合作； 3. 课堂纪律； 4. 合作探学； 5. 自主研学； 6. 培养抽象思维建模能力； 7. 培养仔细观察，严谨求学的学习习惯。	10 分	酌情赋分，但违反课堂纪律，不听从组长、教师安排，不得分。		

任务2 电动势、电能、电功率及效率认识

2.1.2.1 任务描述

能说出电动势的概念、大小、方向和表示方法，会标其参考方向，能阐述电动势、电压及电位之间的区别和联系；能口述电能、电功率、额定值及效率的概念、表达式、常用单位，会计算耗电量。

2.1.2.2 学习目标

知识目标

（1）能说出电动势的物理意义及正方向，能写出定义式、单位，能写出电动势与电压、电位之间的关系，能说出关联参考方向的概念；

（2）能说出电功率的概念及常用单位，写出其定义式及求解公式，能说出什么情况下提供和吸收电功率，能说出额定值的物理意义；

（3）能说出电能的概念及常用单位，写出其定义式及常用求解公式；

（4）能说出效率的基本概念，写出求解公式。

能力目标

（1）能区分电压和电动势；

（2）能判断参考方向是否关联；

（3）会计算电功率，能分析出是提供还是吸收电功率，能找出实际电力设备的额定功率；

（4）会计算电能，能核算负载用电量。

素质素养目标

（1）培养学生积极思考、区分相似概念的能力；

（2）培养学生用理论解决实际问题的能力。

2.1.2.3 任务分析

重 点

（1）电动势的概念、正方向，参考方向的表示；

（2）电能、电功率、效率概念的理解；

（3）电功率和电能的计算，常用单位之间的换算。

难 点

（1）区分电动势和电压的正方向；

（2）电功率的计算，分析元件是提供还是吸收电功率；

（3）电力设备耗电量的计算，电能单位度和焦耳之间的关系。

2.1.2.4 相关知识链接

2.1.2.4.1 电动势

在电场力作用下，正电荷一般总是从高电位点向低电位点运动。为了形成连续的电流，在电源中正电荷必须从低电位点移到高电位点。这就要求在电源中有一个电源力作用在电荷上，使之逆电场力方向运动，并把其他能量转换成电能。例如在发电机中，当导体在磁场中运动时，导体内存在这种电源力；在电池中，电源存在于两电极之间。

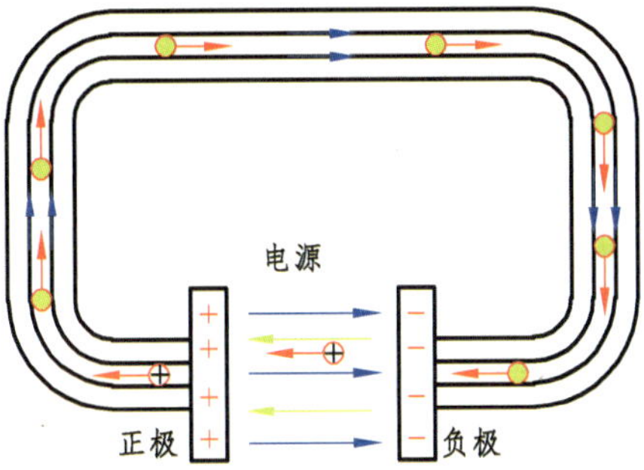

图 2.1.2.1 电源示意图

电动势表明了单位正电荷在电源力作用下转移时增加的电能，用符号 e 表示，即

$$e=\frac{\mathrm{d}W_s}{\mathrm{d}q} \tag{2.1.2.1}$$

式中，$\mathrm{d}q$ 为转移的电荷量，$\mathrm{d}W_s$ 为转移过程中正电荷增加的电能。

增加电能则电位升高，所以电动势的方向是电位升高的方向。

如果用正（+）极性表示电源的高电位端，用负（－）极性表示其低电位端，如图 2.1.2.2 所示，则电动势 e 的方向是从负极性指向正极性，而电压 u 的方向是从正极性指向负极性，两者刚好相反。由能量守恒定律得知：若不考虑电源内部还可能有其他形式的能量转换，则电动势 e 在量值上应等于电压 u。

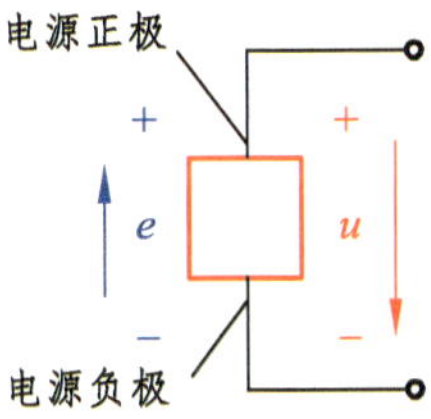

图 2.1.2.2 电源的电动势与电压

如上所述，电动势与电压的物理意义并不相同，但就其对外部的效果而言，一个电源具有方向从负极性指向正极性的电动势和具有方向从正极性指向负极性量值相同的电压，二者是没有区别的，所以近代电路理论中逐渐淡化了电动势这个量。但在电力工程和专业课程中还广泛地应用电动势的概念。

按电压和电动势随时间变化的情况，它们可分为直流的和交流的。如果电压和电动势的量值与方向都不随时间而变动，则称为直流电压和电动势，分别用符号 U 和 E 表示。

在采用电动势的概念分析各种物理现象时，也必须事先设定电动势的参考方向。如图 2.1.2.3 所示，同样也有 3 种表示方式：

（1）用箭头表示。箭头表示电动势的参考方向，并标以电动势符号 e。

（2）用双下标表示 e_{AB}。电动势的参考方向是由 A 指向 B。

（3）用参考极性表示时，电动势的参考方向是从负（－）极性端指向正（＋）极性端，并标以电动势符号 e。

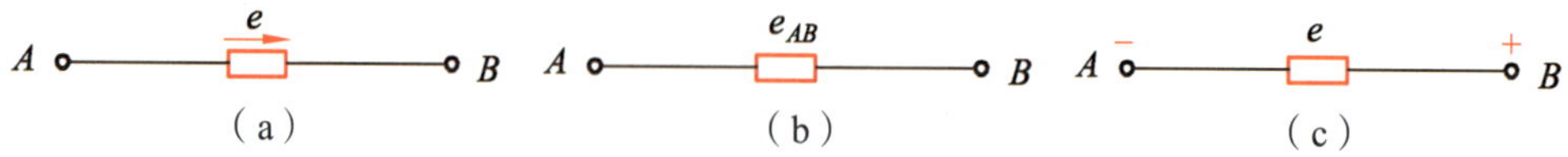

图 2.1.2.3　电动势的参考方向

图中 3 种方法所表示的电动势参考方向是一致的。

使用电流、电压参考方向需要注意的几个问题：

（1）电流、电压的方向是客观存在的，但往往难以事先判断。参考方向是人为设定的电流、电压数值为正的方向，在分析问题时需要先设定参考方向，然后根据设定的参考方向列写方程。

（2）参考方向一经设定，整个分析计算过程中就必须以此为准，不能变动。

（3）不标明参考方向而说某电流或电压的值为正或负是没有意义的。

（4）参考方向可以任意设定而不会影响计算结果，参考方向相反时，解出的电流、电压值相差一个负号，最后得到的实际结果仍然相同。

（5）电流参考方向和电压参考方向可以分别独立地设定，但为了分析方便，常使同一元件的电流参考方向与电压参考方向一致，即电流从电压的正极性端流入该元件，而从它的负极性端流出，如图 2.1.2.4（a）所示。

图 2.1.2.4　电压与电流的参考方向

元件的电流参考方向与电压参考方向一致称为关联参考方向，反之，则为非关联参考方向，如图 2.1.2.4 所示。

例 2.1.2.1　电压电流参考方向如图所示，判断 A、B 两部分电路电压电流参考方向是否关联？

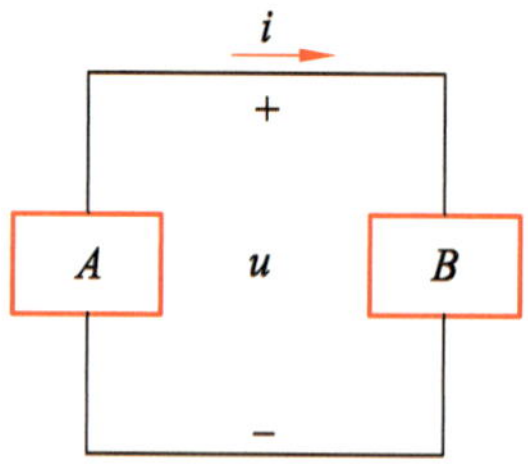

图 2.1.2.5　例 2.1.2.1 电路

答：A 电压、电流参考方向非关联；

B 电压、电流参考方向关联。

2.1.2.4.2　电功率和电能

在电路的分析和计算中，能量和功率的计算是十分重要的。这是因为电路在工作状况下总伴随有电能与其他形式能量的相互交换；另一方面，电气设备、电路元件本身都有功率的限制，在使用时要注意其电流值或电压值是否超过额定值，过载会使设备或元件损坏，或是不能正常工作。

在电路中，正电荷 dq 受电场力作用从高电位点 a 流向低电位点 b，设 ab 间电压为 u ，则可知在转移过程中 dq 转换的电能为

$$\mathrm{d}W = u\mathrm{d}q \tag{2.1.2.2}$$

电能转换的速率称为电功率，简称为功率（power）。功率 p 、电能 W 和电路中电压 u 、电流 i 的关系为

$$p = \frac{\mathrm{d}W}{\mathrm{d}t} = \frac{u\mathrm{d}q}{\mathrm{d}t} = ui \tag{2.1.2.3}$$

直流时

$$P = UI \tag{2.1.2.4}$$

根据能量守恒，任意时刻整个电路的总功率恒为 0，有元件总共提供了多少功率，一定被电路中其他元件吸收（消耗）。研究某一个元件或部分电路时，不仅要分析电功率的数量，还要分析究竟是提供功率还是吸收功率。实际电路用电设备数量多，我们一般设定吸收（消耗）电功率为正，提供电功率为负。

当正电荷从元件上电压的“+”极经元件运动到电压的“−”极时，与此电压相应的电场力要对电荷作功，这时，元件吸收电能；反之，正电荷从电压的“−”极经元件运动到电压“+”极时，与此电压相应的电场力作负功（电源力作功），元件向外释放电能。故当电压电流方向关联时，电功率为正，反之为负。

对电路进行功率计算时，必须注意电压、电流的参考方向。当电压与电流为关联参考方向时，则以上两式右端为正，即

$$p = ui \text{ 和 } P = UI \tag{2.1.2.5}$$

当电压与电流为非关联参考方向时，则以上两式右端为负，即

$$p = -ui \text{ 和 } P = -UI \tag{2.1.2.6}$$

由式（2.1.2.5）或者由式（2.1.2.6），代入电压、电流的数据（代数量），计算所得的功率若为正值，则表示这部分电路吸收（消耗）功率；若为负值，则表示这部分电路提供（产生）功率。

功率的 SI 单位是瓦[特]（Watt），符号为 W。其他常用单位有兆瓦（MW）、千瓦（kW）和毫瓦（mW），其换算关系为

$$1\,\mathrm{MW} = 10^3\,\mathrm{kW} = 10^6\,\mathrm{W} = 10^9\,\mathrm{mW}$$

对于电能的计算，可以先求电功率，再对时间积分，由式（2.1.2.3）可得从 t_0 到 t 时间内，电路吸收或提供的电能[量]为

$$W = \int_{t_0}^{t} p\mathrm{d}t \tag{2.1.2.7}$$

直流时

$$W = P(t - t_0) \tag{2.1.2.8}$$

如果用 t 表示持续的时间，可以变为常用的形式

$$W = Pt \tag{2.1.2.9}$$

电能的 SI 单位是焦[耳]（joule），符号为 J，它等于功率 1 W 的设备工作 1 s 所消耗的电能。

在实用上常采用千瓦时（kW·h）作为电能的单位，它等于功率为 1 kW 的设备工作 1 h（3 600 s）所消耗的电能，简称为 1 度电，即

$$1\,\text{kW}\cdot\text{h} = 10^3\,\text{W} \times 3\,600\,\text{s} = 3.6 \times 10^6\ \text{J} = 3.6\ \text{MJ}$$

2.1.2.4.3 额定值和效率

各种电气器件（如白炽灯、电烙铁、电阻器等）都有一定的量值限额，称为额定值，包括额定电压、额定电流和额定功率。许多器件在额定电压下才能正常、合理、可靠地工作，电压过高时器件容易损坏，过低时则功率不足，不能正常工作（白炽灯变暗、电烙铁温度较低等）。使用电气器件时不应超过其额定电流或额定功率，否则时间稍长就可能因过热而烧坏。由于功率、电压和电流之间有一定的关系，所以在给出额定值时，没有必要全部给出。例如对白炽灯、电烙铁等通常给出额定电压和额定功率，而对于电阻器除给出电阻值外，只给出额定功率。

实际的电气设备或某部分电路在工作时总是要完成电能的传递或转换，在工作过程中，输入的总能量会损耗一部分变为热量，输出的有用功一定小于输入的总能量。为衡量设备或此部分电路的能量利用情况，引入效率的概念：

$$\text{效率} = \frac{\text{输出的有用功}}{\text{输入的总功率}} \times 100\%$$

效率一般用字母 η 表示，无量纲，单位为 1。即

$$\eta = \frac{P_0}{P_{\text{总}}} \times 100\% \tag{2.1.2.10}$$

效率越高，对电能的利用率越高，经济效益越好。在电力系统中，输送功率很大，效率尤为重要。为使效率提高，应尽可能减少电源内阻、输电线上电阻及设备自身电阻，使其远小于所接负载电阻。

例 2.1.2.2 在图 2.1.2.6 所示直流电路中，$U_1 = 4$ V，$U_2 = -8$ V，$U_3 = 6$ V，$I = 2$ A，求各元件的功率 P_1，P_2，P_3 和整个电路功率 P。

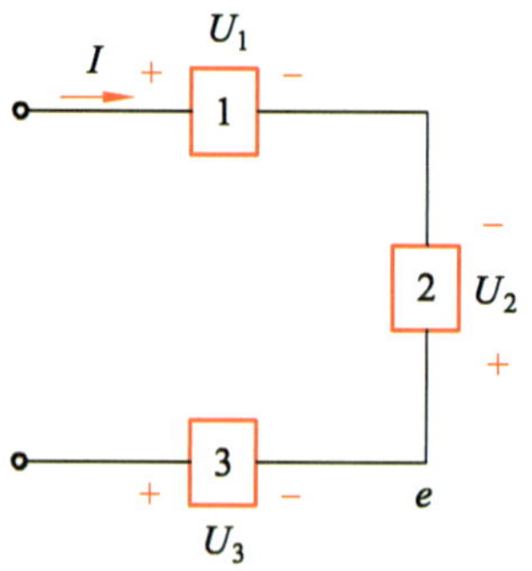

图 2.1.2.6 例 2.1.2.2 电路

解

$$P_1 = U_1 I = 4\times 2 = 8(\text{W})\ (吸收)$$

$$P_2 = -U_2 I = -(-8)\times 2 = 16(\text{W})\ (吸收)$$

$$P_3 = -U_3 I = -6\times 2 = -12(\text{W})\ (提供)$$

$$P = P_1 + P_2 + P_3 = 8+16-12 = 12(\text{W})\ (吸收)$$

例 2.1.2.3 已知：$U_1 = 1$ V，$U_2 = -3$ V，$U_3 = 8$ V，$U_4 = -4$ V，$U_5 = 7$ V，$U_6 = -3$ V，$I_1 = 2$ A，$I_2 = 1$ A，$I_3 = -1$ A，求图示电路中各方框所代表的元件吸收或发出的功率。

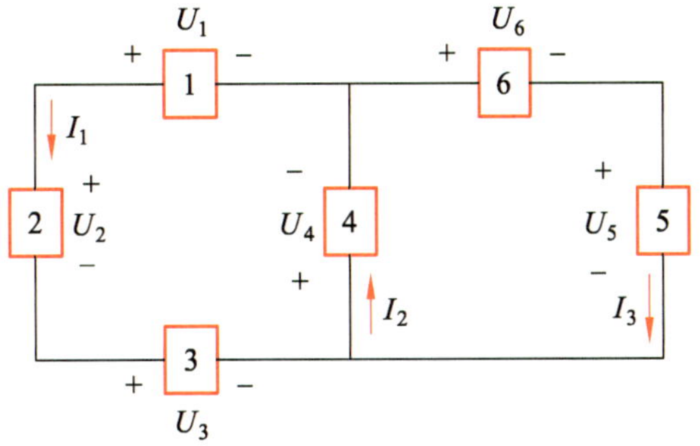

图 2.1.2.7　例 2.1.2.2 电路

解

$$P_1 = -U_1 I_1 = -1\times 2 = -2(\text{W})\ (提供)$$

$$P_2 = U_2 I_1 = (-3)\times 2 = -6(\text{W})\ (提供)$$

$$P_3 = U_3 I_1 = 8\times 2 = 16(\text{W})\ (吸收)$$

$$P_4 = U_4 I_2 = (-4)\times 1 = -4(\text{W})\ (提供)$$

$$P_5 = U_5 I_3 = 7\times(-1) = -7(\text{W})\ (提供)$$

$$P_6 = U_6 I_3 = (-3)\times(-1) = 3(\text{W})\ (吸收)$$

由题可知，提供的总功率为 $P_1 + P_2 + P_4 + P_5 = -19$ W，吸收总功率为 $P_3 + P_6 = 19$ W，此电路总功率为 0，符合能量守恒。

例 2.1.2.4 已知某实验室有额定电压 220 V、额定功率 100 W 的白炽灯 12 盏，另有额定电压 220 V、额定功率 2 kW 的电炉两台，都在额定状态下工作。试求：总功率、总电流和在 2 h 内消耗的总电能。

解 总功率为 $P = 100\times 12 + 2\,000\times 2 = 5\,200\ (\text{W})$

总电流为 $I = \dfrac{P}{U} = \dfrac{5\,200}{220} = 23.6\ (\text{A})$

总电能为 $W = Pt = 5.2\ \text{kW}\times 2\ \text{h} = 10.4\ \text{kW}\cdot\text{h}$

即消耗总电能 10.4 度。

2.1.2.5 素质素养养成

本小节主要是学习描述电路工作情况的主要参数，在学习中请同学们积极思考，理解它们的概念，寻找相似参数之间的区别和联系。

对关联和非关联参考方向时电功率的计算注意所用公式有正负号的区别，注意分析电功率是提供还是吸收。对于实际使用的电气设备，应注意观察，找出其额定功率、额定电压等额定值，并在使用中注意各参数不要超过设备额定值。学以致用才能巩固和加深理解。

本小节涉及的电路参数的概念是后续学习的重要基础和铺垫，只有把基础概念理解清楚才能理解和灵活应用后续复杂电路的求解方法。

2.1.2.6 任务分组

见附表 1。

2.1.2.7 任务实施

任务工作单 1

组号：　　　　姓名：　　　　学号：　　　　检索号：2.1.2.7-1

引导问题：

（1）写出电动势的概念、定义式、正方向、单位，参考方向标注方法；

（2）判断 A、B 两点之间的电动势和电压之间的关系 $e_{AB}=u_{AB}$ 是否正确；

（3）写出使用参考方向时需要注意的问题，写出关联参考方向的概念；

（4）写出电功率的概念、定义式、单位，什么情况下吸收电功率；写出电功率的计算公式；

（5）写出电能的概念、计算公式及常用单位度与焦耳之间的换算；

（6）写出额定值和效率的概念。

____

____

任务工作单 2

组号：　　　　姓名：　　　　学号：　　　　检索号：2.1.2.7-2

引导问题：

（1）若 $u=2$ V，则图 2.1.2.8（a）和（b）中的 e 分别为多少？

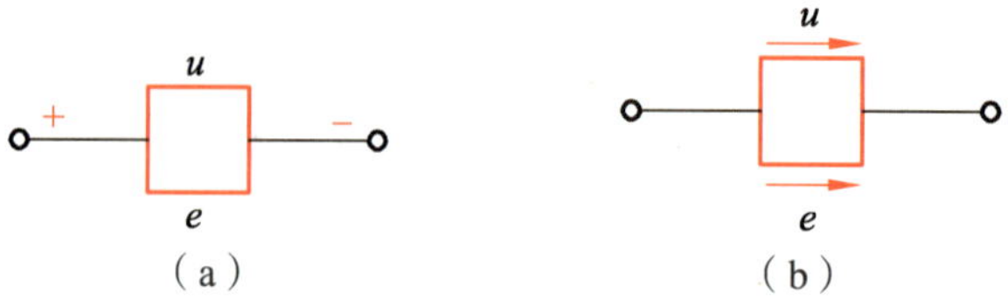

图 2.1.2.8

（2）求图 2.1.2.9 所示电路中各元件吸收或提供的功率。

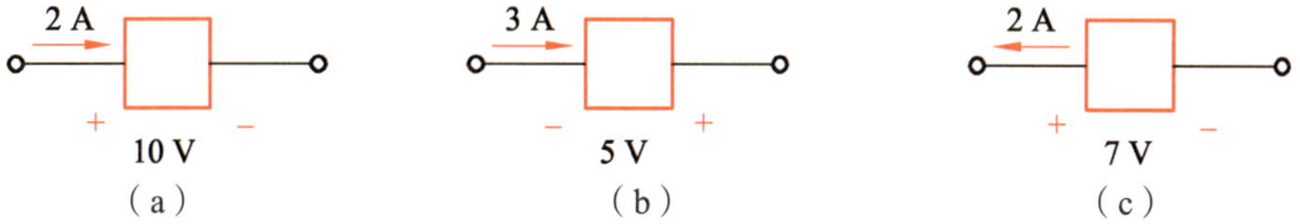

图 2.1.2.9

（3）已知某教室有标明 220 V、25 W 的灯 10 盏，都在额定状态下运行，若平均每天使用 4 h，一个月（30 天）将消耗多少度电？另有额定电压 220 V、额定制热额定功率 2 kW 的空调，若平均每天使用 5 h，冬天一个月（30 天）将消耗多少度电？当地电费 0.56 元/kWh，则此教室一月应缴多少电费？

任务工作单 3

组号：　　　　姓名：　　　　学号：　　　　检索号：2.1.2.7-3

引导问题：

（1）每小组推荐一位小组长，汇报任务工作单 2 的成果。

____

____

任务工作单 4

组号：　　　　姓名：　　　　学号：　　　　检索号：2.1.2.7-4

引导问题：

（1）自查、分析自身工单存在的错误及改正，并填写表 2.1.2.1。

表 2.1.2.1　任务工作单自查表

错误	原因	改正

2.1.2.8　评价反馈

任务工作单 1

组号：　　　　姓名：　　　　学号：　　　　检索号：2.1.2.8-1

表 2.1.2.2　个人自评表

班级		姓名		日期	年　月　日
任务名称					
评价指标	评价内容			分数	分数评定
信息检索能力	能有效利用网络、图书资源、字典查找有用的相关信息等；能将查到的信息有效地传递到工作中。			10 分	

续表

评价指标	评价内容	分数	分数评定
感知课堂生活	认同本任务的工作价值，在参与中获得满足感、成就感。	10分	
参与态度	积极主动与教师、同学交流，相互尊重、理解、平等；与教师、同学之间是否能够保持多向、丰富、适宜的信息交流。	10分	
	能处理好合作学习和独立思考的关系，做到有效学习；能提出有意义的问题或能发表个人见解。	10分	
知识、能力获得情况	1. 能说出电动势的物理意义及正方向，能写出定义式、单位，能写出电动势与电压、电位之间的关系，会标电动势参考方向；	10分	
	2. 能说出使用参考方向时需要注意的问题，写出关联参考方向的概念，会判断是否关联参考方向；	10分	
	3. 能说出电功率的概念及常用单位，写出其定义式及求解公式，能说出什么情况下提供和吸收电功率，能说出额定值的物理意义，会计算电功率；	10分	
	4. 能说出电能的概念及常用单位，写出其定义式及常用求解公式，会计算电能；	10分	
	5. 能说出效率的基本概念，写出求解公式；	5分	
	6. 能找到自己的不足。	5分	
思维态度	是否能发现问题、提出问题、分析问题、解决问题、创新问题。	5分	
自评反馈	按时按要求完成任务；较好地掌握了知识点；具有较强的信息分析能力和理解能力；具有较为全面严谨的思维能力，并能条理清楚明晰表达成文。	5分	
自评分数			
有益的经验和做法			
总结反馈建议			

任务工作单 2

组号：　　　姓名：　　　学号：　　　检索号：2.1.2.8-2

表 2.1.2.3　小组内互评验收表

验收组长		组名		日期	年　月　日
组内验收成员					
任务要求	能说出电动势的概念、大小、方向和表示方法，会标其参考方向，能阐述电动势、电压及电位之间的区别和联系，能口述电能、电功率、额定值及效率的概念、表达式、常用单位，会计算耗电量，能够按时完成任务工作单，能够反思自己的不足并改进。				

续表

验收文档清单	被验收者 2.1.2.7-1 任务工作单 被验收者 2.1.2.7-2 任务工作单 被验收者 2.1.2.7-3 任务工作单 被验收者 2.1.2.7-4 任务工作单		
	文献检索清单		
验收评分	评分标准	分数	得分
	能说出电动势的物理意义及正方向，能写出定义式、单位，能写出电动势与电压、电位之间的关系，会标电动势参考方向，错一处扣 5 分。	20 分	
	能说出使用参考方向时需要注意的问题，写出关联参考方向的概念，会判断是否关联参考方向，错一处扣 5 分。	20 分	
	能说出电功率的概念及常用单位，写出其定义式及求解公式，能说出什么情况下提供和吸收电功率，会计算电功率，错一处扣 5 分。	20 分	
	能说出电能的概念及常用单位，写出其定义式及常用求解公式，会计算电能，错一处扣 2 分。	10 分	
	能说出额定值的物理意义，能说出效率的基本概念，写出求解公式，错一处扣 3 分。	10 分	
	提供文献检索清单，少于 5 项，缺一项扣 4 分。	20 分	
评价分数			
不足之处			

任务工作单 3

被评组号：　　　　　　　　　　检索号：2.1.2.8-3

表 2.1.2.4　小组间互评表

班级		评价小组		日期	年　月　日
评价指标	评价内容			分数	分数评定
汇报表述	表述准确			15 分	
	语言流畅			10 分	
	声音洪亮、自信大方			15 分	
内容正确度	内容正确			30 分	
	口述准确			30 分	
互评分数					
简要评述					

任务工作单 4

组号：　　　　姓名：　　　　学号：　　　　检索号：2.1.2.8-4

表 2.1.2.5　任务完成情况评价表

<table>
<tr><td>任务名称</td><td colspan="4">电动势、电能、电功率及效率认识</td><td>总得分</td><td></td></tr>
<tr><td>组号及成员</td><td colspan="6"></td></tr>
<tr><td>评价依据</td><td colspan="6">学生完成的 2.1.2.7 所有任务工作单</td></tr>
<tr><td rowspan="2">序号</td><td rowspan="2" colspan="2">任务内容及要求</td><td rowspan="2">配分</td><td rowspan="2">评分标准</td><td colspan="2">教师评价</td></tr>
<tr><td>结论</td><td>得分</td></tr>
<tr><td rowspan="2">1</td><td rowspan="2">能说出电动势的物理意义及正方向，能写出定义式、单位，能写出电动势与电压、电位之间的关系，会标电动势参考方向。</td><td>1. 描述正确；</td><td>10 分</td><td>缺一个要点扣 2 分</td><td></td><td></td></tr>
<tr><td>2. 语言表达流畅。</td><td>5 分</td><td>酌情赋分</td><td></td><td></td></tr>
<tr><td rowspan="2">2</td><td rowspan="2">能说出使用参考方向时需要注意的问题，写出关联参考方向的概念，会判断是否关联参考方向。</td><td>1. 描述正确；</td><td>15 分</td><td>缺一个要点扣 2 分</td><td></td><td></td></tr>
<tr><td>2. 语言流畅。</td><td>5 分</td><td>酌情赋分</td><td></td><td></td></tr>
<tr><td rowspan="2">3</td><td rowspan="2">能说出电功率的概念及常用单位，写出其定义式及求解公式，能说出什么情况下提供和吸收电功率，会计算电功率。</td><td>1. 描述正确；</td><td>10 分</td><td>缺一个要点扣 2 分</td><td></td><td></td></tr>
<tr><td>2. 语言流畅。</td><td>5 分</td><td>酌情赋分</td><td></td><td></td></tr>
<tr><td rowspan="2">4</td><td rowspan="2">能说出电能的概念及常用单位，写出其定义式及常用求解公式，会计算电能。</td><td>1. 描述正确；</td><td>10 分</td><td>缺一个要点扣 2 分</td><td></td><td></td></tr>
<tr><td>2. 语言流畅。</td><td>5 分</td><td>酌情赋分</td><td></td><td></td></tr>
<tr><td rowspan="2">5</td><td rowspan="2">能说出额定值的物理意义，能说出效率的基本概念，写出求解公式。</td><td>1. 描述正确；</td><td>10 分</td><td>缺一个要点扣 2 分</td><td></td><td></td></tr>
<tr><td>2. 语言流畅。</td><td>5 分</td><td>酌情赋分</td><td></td><td></td></tr>
<tr><td rowspan="2">6</td><td rowspan="2">至少包含 5 份文献的检索文献的目录清单。</td><td>1. 数量；</td><td>5 分</td><td>每少一个扣 2 分</td><td></td><td></td></tr>
<tr><td>2. 参考的主要内容要点。</td><td>5 分</td><td>酌情赋分</td><td></td><td></td></tr>
</table>

续表

<table>
<tr><th rowspan="2">序号</th><th colspan="2" rowspan="2">任务内容及要求</th><th rowspan="2">配分</th><th rowspan="2">评分标准</th><th colspan="2">教师评价</th></tr>
<tr><th>结论</th><th>得分</th></tr>
<tr><td rowspan="7">7</td><td rowspan="7">素质素养评价</td><td>1. 沟通交流能力；</td><td rowspan="7">10 分</td><td rowspan="7">酌情赋分，但违反课堂纪律，不听从组长、教师安排，不得分。</td><td rowspan="7"></td><td rowspan="7"></td></tr>
<tr><td>2. 团队合作；</td></tr>
<tr><td>3. 课堂纪律；</td></tr>
<tr><td>4. 合作探学；</td></tr>
<tr><td>5. 自主研学；</td></tr>
<tr><td>6. 培养抽象思维建模能力；</td></tr>
<tr><td>7. 培养仔细观察，严谨求学的学习习惯。</td></tr>
</table>

任务 3　基本电路元件（R、L、C）及欧姆定律认识

2.1.3.1　任务描述

认识电阻器、电感器、电容器，能说出它们的作用、类型、基本结构及常见标示方法；掌握线性电阻、线性电感、线性电容元件的特性、电压电流关系、功率及消耗或储存的能量；熟练运用欧姆定律。

2.1.3.2　学习目标

知识目标

（1）掌握常见电阻器、电感器、电容器的用途、类型、基本结构及标注方法；

（2）能画出线性电阻元件的伏安特性关系，能写出电阻定义式及本质表达式、欧姆定律、吸收功率、焦耳定律表达式，能说出影响电阻值大小的因素；

（3）能写出线性电感元件的韦安特性关系、电感的定义式，能说出影响电感大小的因素，能写出电感元件的电压电流关系及储存的磁场能量；

（4）能写出线性电容元件的库伏特性关系、电容的定义式，能说出影响电容量大小的因素，能写出电容元件的电压电流关系及储存的电场能量。

能力目标

（1）能识别常见电阻器的标称阻值和偏差；

（2）能识别常见电感器和电容器；

（3）熟练运用欧姆定律分析实际电路。

素质素养目标

（1）培养质疑和独立思考的习惯；

（2）培养学生分析问题、解决问题的能力；

（3）培养持续学习的习惯。

2.1.3.3 任务分析

重　点

（1）电阻器、电感器及电容器的识别；
（2）线性电阻元件的伏安特性、电阻的概念、欧姆定律、消耗的功率及电能计算；
（3）线性电感元件的韦安特性、电感的概念、电压电流关系、储存的磁场能；
（4）线性电容元件的库伏特性、电容的概念、电压电流关系、储存的电场能。

难　点

（1）电阻器、电感器及电容器的识别；
（2）线性电感、线性电容的电压电流关系。

2.1.3.4 相关知识链接

2.1.3.4.1 认识电阻器

一、常见电阻器

电阻器（简称电阻）是一种消耗电能的元件，在电路中用于控制电压、电流的大小（分压、限流），或与电容器和电感器组成具有特殊功能的电路，是电子产品中应用最多的元件之一。电阻器是电阻材料制成的，有一定结构形式，常用的引线电阻器如图 2.1.3.1 所示，贴片电阻如图 2.1.3.2 所示，可变电阻器（电位器）如图 2.1.3.3 所示。

图 2.1.3.1　引线电阻器

图 2.1.3.2　贴片电阻

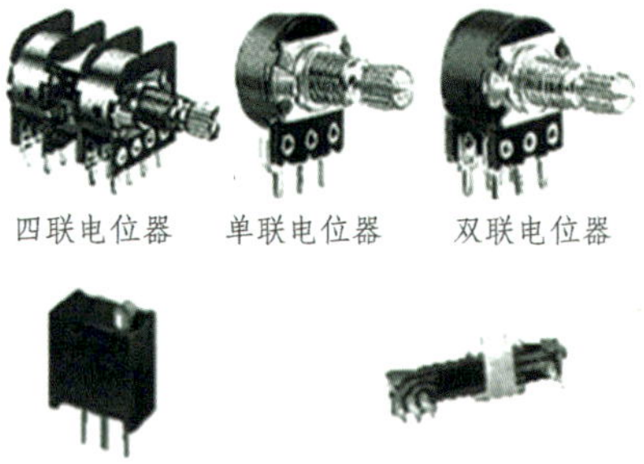

图 2.1.3.3　电位器

在电路中，电阻器消耗的电能转换成热能。常用电阻器的符号表示如图 2.1.3.4 所示。阻值不能改变的称为固定电阻器，阻值可变的称为电位器或可变电阻器。

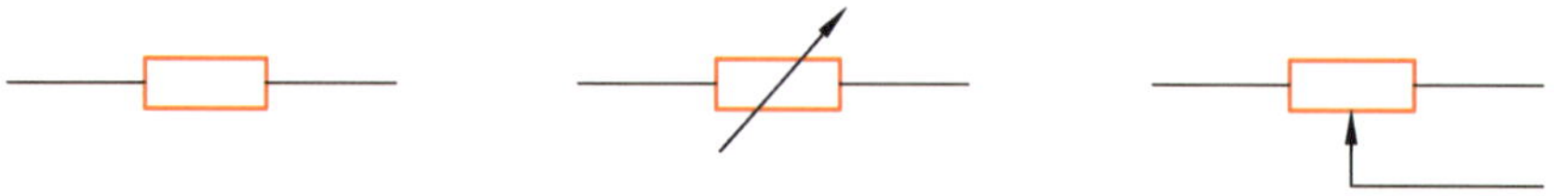

图 2.1.3.4　电阻器的符号

电阻按材料分一般有：碳膜电阻、金属膜电阻、水泥电阻、线绕电阻等。一般的家用电器使用碳膜电阻较多，因为它成本低廉。金属膜电阻精度要高些，使用在要求较高的设备上。水泥电阻和线绕电阻都是能够承受比较大功率的，线绕电阻的精度也比较高，常用在要求很高的测量仪器上。

二、常见材料的电阻率

导体对电流的阻碍作用大小用电阻表示。导体的电阻越大，表示导体对电流的阻碍作用越大。不同的导体，电阻一般不同。电阻是导体本身的一种特征。

导体的电阻通常用 R 表示，电阻的单位是欧姆，简称欧，符号是 Ω。为了便于计算，通常也采用 kΩ（千欧）、MΩ（兆欧），更大的单位是 GΩ（吉欧）和 TΩ（太欧），它们的换算关系见表 2.1.3.1。

表 2.1.3.1　电阻单位的换算关系

单位名称	符号	换算关系
千欧	kΩ	10^3 Ω
兆欧	MΩ	10^6 Ω
吉欧	GΩ	10^9 Ω
太欧	TΩ	10^{12} Ω

电阻元件的电阻值大小一般与材料、长度、横截面积还有温度有关。

实验结果标明，在温度不变的情况下，同种材料制成不同规格导线，其电阻与它的长度 l 成正比，即长度越大它的电阻越大，反之电阻越小；长度相等（粗细均匀），而横截面积不相等的导线，其电阻与它的横截面积 S 成反比，即直径越大（导线越粗），它的电阻越小，反之电阻越大。这就是电阻定律，它的数学表达式为

$$R=\frac{\rho l}{S} \tag{2.1.3.1}$$

式中，l 为导体的长度，国际单位是 m（米）；S 为导体的横截面积，国际单位是 m^2（平方米）；ρ 为电阻系数或电阻率，它与材料的性质有关，其国际单位是 Ω·m（欧米）。

从表 2.1.3.2 可以看出，金属和合金的电阻率都很小；而电木、橡胶的电阻率都很大。使用时，可以根据需要，参照电阻率表选取合适的材料。例如，在输电、用电线路中，为了减小电阻，就要选用铜、铝材料做导线；而在用电器和电工工具的绝缘部分又要选用电木、橡胶等材料制作。

表 2.1.3.2　几种常用材料在温度 20 °C 时的电阻率

材料	电阻率/Ω·m	材料	电阻率/Ω·m
银	1.65×10^{-8}	铁	9.78×10^{-8}
铜	1.75×10^{-8}	锰铜	4.4×10^{-7}
金	2.40×10^{-8}	康铜	5.0×10^{-7}
铝	2.83×10^{-8}	电木	$10^{10}\sim10^{14}$
钨	5.48×10^{-8}	橡胶	$10^{13}\sim10^{16}$

各种材料的电阻率都随温度的变化而变化，纯金属的电阻率随温度的升高而增大，电阻温度计就是利用金属的这种特性制成的，可以用来测量很高的温度。

三、电阻器的识别

电阻器的表面通常都有标示其阻值及主要参数的数字、符号或色环，下面介绍常见的电阻器的标示方法，方便大家识别。

（一）直标法

直标法是指用数字和电阻的单位符号在电阻器表面直接标出标称阻值和技术参数的方法。单位符号后面的允许偏差直接用±5%、±10%、±20%或Ⅰ（J）、Ⅱ（K）、Ⅲ（M）表示。若电阻上未注偏差则均为±20%。

例如：贴片电阻 RJ71-0.125-5.1kI，型号的含义为：R 电阻器-J 金属膜-7 精密-1 序号-0.125 额定功率-5.1k 标称阻值-I 误差 5%。参见图 2.1.3.5（a）及表 2.1.3.3。图 2.1.3.5（b）所示电阻器的功率为 5 W、阻值为 10 Ω，偏差为±5%。

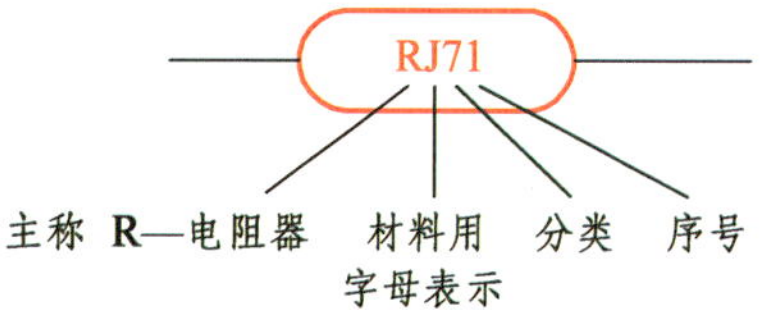

（a）

（b）

图 2.1.3.5　电阻器的直标法

部分电阻型号的命名如表 2.1.3.3 所示。

表 2.1.3.3　电阻型号的命名（部分）

第一部分（主称）		第二部分（材料）		第三部分（分类）	
用字母表示		用字母表示		用字母或数字表示	
符号	意义	符号	意义	符号	意义
R	电阻器	T	碳膜	1	普通
W	电位器	P	硼碳膜	2	普通
		U	硅碳膜	3	高频
		H	合成膜	4	高阻
		I	玻璃釉膜	5	高温
		J	金属膜	7	精密
		Y	氧化膜	8	电阻：高压；电位器：特殊

（二）文字符号法

文字符号法是用阿拉伯数字和文字符号两者有规律的组合来表示标称阻值，其允许偏差也用文字符号表示（J、K、M）。符号前面的数字表示整数阻值，后面的数字依次表示第一位小数阻值和第二位小数阻值。

例如：0.33 Ω标示为Ω33（或 R33）；5.1 Ω标示为 5Ω1（或 5R1）；9.1 kΩ标示为 9k1；3 600 MΩ标示为 3G6；2.7 MΩ标示为 2M7。

（三）数码法

在电阻器上常用三位或四位阿拉伯数字表示标称阻值，数码从左到右，第一、二位为电阻有效值，第三位（或三、四位）为倍率（10 的乘方数），即零的个数，单位为欧。两位数字表示阻值为几十欧。偏差通常采用文字符号表示，参见表 2.1.3.4。

表 2.1.3.4　表示允许误差的文字符号

文字符号	D	F	G	J	K	M
允许偏差	±0.5%	±1%	±2%	±5%	±10%	±20%

例如：121 表示电阻值为 $12\times10^1=120\ \Omega$；473 表示电阻值为 $47\times10^3=47\ \mathrm{k\Omega}$；56 表示电阻值为 56 Ω。

贴片电阻常采用数码标示法。

（四）色环标示法

电阻的色环标识法是在电阻元件表面用不同颜色的色环表示其电阻值（单位Ω）和误差。色环标识法是标识电阻阻值的常用方法。普通电阻采用四道色环标识，精密电阻（允许误差不超过±2%）采用五道色环电阻标识。

1. 四色环标示法

四个色环的电阻，其中第一、二环分别代表阻值的前两位数字；第三环代表倍率；第四环（与其他三环间距较大）代表误差。快速识别的关键在于熟练运用科学记数法，得到电阻值。

第一：熟记第一、二环每种颜色所代表的数字。

黑 0，棕 1，红 2，橙 3，黄 4，绿 5，蓝 6，紫 7，灰 8，白 9

第二：记准记牢第三环颜色所代表的是 10 的倍率。

金色表示 10^{-1}，银色表示 10^{-2}；其余黑、棕、红、橙、黄、绿、蓝、紫、灰、白分别表示 $10^0\sim10^9$。

第三：记住第四环颜色所代表的误差。

如图 2.1.3.6 金色代表误差为±5%；银色为±10%；无色为±20%。

第四：电阻值的单位取Ω。

例 2.1.3.1　有一个四色环电阻，色环依次是黄、橙、红、金色，试判定其阻值。

解　当四个色环依次是黄、橙、红、金色时，前两环黄、橙两色分别代表数字“4”和“3”，第三环红色代表倍率为 10^2，第四环金色表示误差为±5%。则该电阻的阻值为 $43\times10^2\ \Omega=4\ 300\ \Omega=4.3\ \mathrm{k\Omega}$，误差为±5%。

2. 五色环标示法

如图 2.1.3.6 下部所示电阻，带有五条色环的电阻，其中第一、二、三条表示阻值的前三位数字；第四条表示倍率；第五条表示允许误差。颜色所表示的数字、倍率和允许偏差与四色环的相同。

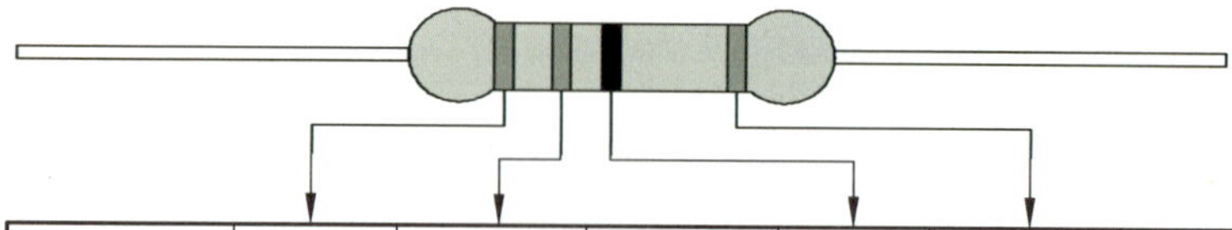

颜色	第一环	第二环	第三环	乘数	允许误差	（精度）
黑色	0	0	0	10^0	—	—
棕色	1	1	1	10^1	±1%	F
红色	2	2	2	10^2	±2%	G
橙色	3	3	3	10^3	—	—
黄色	4	4	4	10^4	—	—
绿色	5	5	5	10^5	±0.5%	D
蓝色	6	6	6	10^6	±0.25%	C
紫色	7	7	7	10^7	±0.1%	B
灰色	8	8	8	—	±0.05%	A
白色	9	9	9	—	—	—
金色	—	—	—	10^{-1}	±5%	J
银色	—	—	—	10^{-2}	±10%	K
无	—	—	—	—	±20%	M

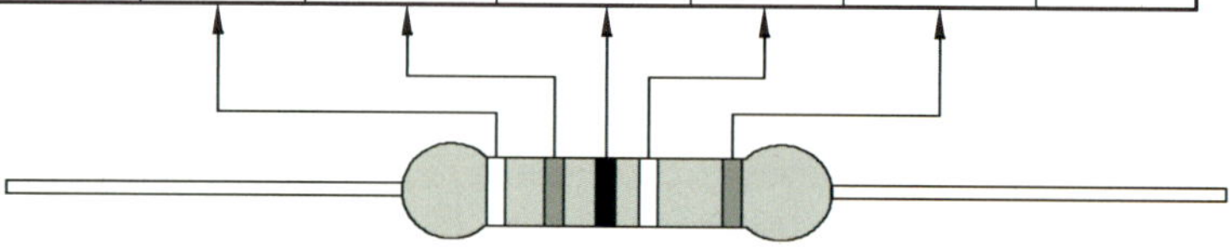

图 2.1.3.6　电阻的色环标示法

当电阻为五环时，最后一环与前面四环距离较大。前三位为有效数字，第四位为乘方数，第五位为偏差。

说明：最后一条色环的宽度是其他色环宽度的 1.5 ~ 2 倍。

2.1.3.4.2　线性电阻元件与欧姆定律

电阻器在电路模型中可以用理想电阻元件模拟。理想电阻元件是一种最常见的电路元件，电路中凡是消耗电能的部分（白炽灯、电炉、输电线等）都可以等效出电阻元件，它是一个二端元件。二端元件的端钮电流、端钮间的电压分别称为元件电流、元件电压。电阻元件的特性可以用元件电压、元件电流的代数关系表示，这个关系称为电压电流关系（Voltage-Current Relationship），简写为 VCR。由于电压、电流的 SI 单位是伏［特］和安［培］，所以电压电流关系也称为伏安特性。在 u-i 坐标平面上表示元件电流电压关系的曲线称为伏安特性曲线。

若电阻的电压电流关系不随时间变动，则称为时不变电阻，否则称为时变电阻。例如电阻式传声器在有语音信号时就是时变电阻。本课程只讨论时不变电阻。

若伏安特性曲线是通过坐标原点的直线，这种电阻元件就称为线性电阻元件。不符合这个要求的电阻元件称为非线性电阻元件。一般不特殊说明，电阻元件都指线性电阻元件。

线性电阻元件在电路图中的图形符号如图 2.1.3.7（a）所示。图中标出了电压和电流的关联参考方向，这时，线性电阻元件的伏安特性曲线如图 2.1.3.7（b）所示，其表达式为

$$u = Ri \tag{2.1.3.2}$$

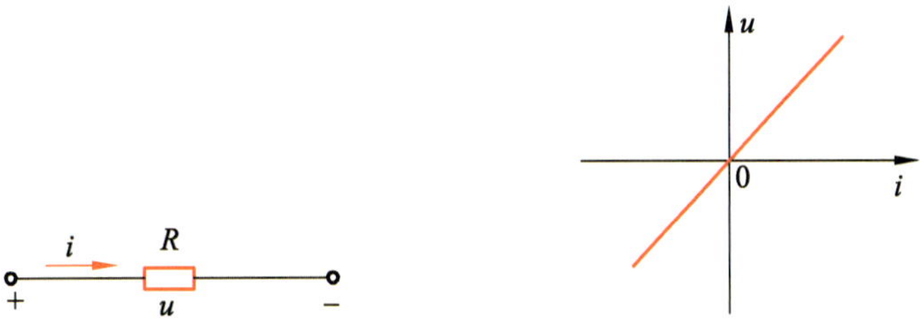

（a）　　（b）

图 2.1.3.7　线性电阻元件的图形符号及伏安特性

这就是欧姆定律。式中 R 为元件的电阻，它是一个反映电路中电能损耗的电路参数，其定义为

$$R = \frac{u}{i} \tag{2.1.3.3}$$

线性电阻 R 是一个常数。式（2.1.3.3）中 u、i 是电路的变量，它们可以是直流也可以是交流。如电压的单位用 V，电流的单位用 A，则电阻的单位为Ω，即 1 Ω = 1 V/A 。线性电阻元件也可用另一个参数——电导表征，电导用符号 G 表示，其定义为

$$G = \frac{1}{R} \tag{2.1.3.4}$$

电导的 SI 单位为西[门子]，符号为 S。用电导表征线性电阻元件时，欧姆定律表示为

$$i = Gu \tag{2.1.3.5}$$

线性电阻元件中的电流总是从电压的正极性端流向负极性端，即从高电位流向低电位。所以式（2.1.3.2）和式（2.1.3.5）只在关联参考方向时才能成立。当电压、电流为非关联参考方向时，欧姆定律应写作

$$u = -Ri \text{ 或 } i = -Gu \tag{2.1.3.6}$$

实际上，所有电阻器、白炽灯、电炉等器件，它们的伏安特性曲线或多或少都是非线性的。但是在一定条件下，这些器件（特别像金属膜电阻器、线性电阻器等）的伏安特性曲线近似为一条直线，所以用线性电阻元件作为它们的电路模型不会引起明显的误差。

对于线性电阻元件有两个特殊情况值得注意：一种情况是，若它的电阻为无限大，则当电压是有限值时其电流总是零，这时就把它称为开路；另一种情况是，若它的电导为无限大，即电阻为零，则当电流是有限值时其电压是零，这时就把它称为短路。电路中两点间用理想导体（电阻为零）连接时，就形成短路。

另外，对于阻值有限的电阻元件，电流为 0 时，其两端电压一定为 0，即开路的情况下电阻两端电压为 0，这是分析电路故障、寻找电路断点时的重要依据。若电路中负载均为电阻，那么只有断点位置两端有电压，电路其余部分电压均为 0。

至于线性电阻的功率，由欧姆定律和功率的计算公式可得

$$\left.\begin{aligned} p &= Ri^2 = \frac{i^2}{G} \\ p &= \frac{u^2}{R} = Gu^2 \end{aligned}\right\} \tag{2.1.3.7}$$

由式（2.1.3.7）可看出，R 和 G 为正实常数，故无论电流电压如何变化，方向如何，功率 p 恒为非负值，所以线性电阻元件是一种无源元件。只要有电流流过，电阻的功率恒为正值，即电阻是耗能元件。当电阻值一定时，电阻消耗的功率与电流或电压的平方成正比。

如电阻元件把吸收的电能转换成热能，按照式（2.1.3.7），从 t_0 到 t 时间内，电阻元件的热[量]q，也就是这段时间内吸收（消耗）的电能 W 为

$$q = W = \int_{t_0}^{t} p\mathrm{d}t = \int_{t_0}^{t} Ri^2\mathrm{d}t = \int_{t_0}^{t} \frac{u^2}{R}\mathrm{d}t \tag{2.1.3.8}$$

若电流不随时间变动，即电阻通过直流时，上式化为

$$Q = W = P(t - t_0) = PT = RI^2T = \frac{U^2}{R}T \tag{2.1.3.9}$$

式中，$T = t - t_0$ 是通过电阻的总时间。以上两式称为焦耳定律。

例 2.1.3.2 有一个 500 Ω电阻，流过它的电流为 50 mA，问电阻电压是多少？消耗的功率是多少？每分钟产生多少热量？

解 电阻电压为

$$U = RI = 500 \times 50 \times 10^{-3}\ \text{V} = 25\ \text{V}$$

消耗的功率为

$$P = UI = 25 \times 50 \times 10^{-3}\ \text{W} = 1.25\ \text{W}$$

每分钟（60 s）产生的热量为

$$Q = PI = 1.25 \times 60\ \text{J} = 75\ \text{J}$$

例 2.1.3.3 有一个 100 Ω、0.25 W 的碳膜电阻，使用时电流不得超过多大数值？能否接在 50 V 的电源上使用？额定状态下工作时，每分钟产生多少热量？

解 由 $p = Ri^2$ 可得使用时电流最大值为

$$i = \sqrt{\frac{p}{R}} = \sqrt{\frac{0.25}{100}}\ \text{A} = 0.05\ \text{A} = 50\ \text{mA}$$

电压最大值为

$$u = Ri = 100 \times 0.05\ \text{V} = 5\ \text{V}$$

即在使用时电流不能超过 50 mA，电压不能超过 5 V，故不能接在 50 V 的电源上使用。

额定状态下工作时，每分钟产生热量为

$$W = Pt = 0.25 \times 60 = 15\ \text{J}$$

2.1.3.4.3　认识电感器

常见的日光灯电路中有产生瞬时高电压的器件——电感式镇流器，它就是一种电感器。电感器是利用电磁感应原理制作的，用绝缘导线绕成一匝或多匝以产生电感作用的电路元件。它在电路中主要作用有扼流、滤波、振荡、调谐等，它在手机、计算机、收音机、电视机、充电器等电器产品中具有广泛的应用。

图 2.1.3.8　常见电感器

电感器按其结构的不同可分为线绕式电感器和非线绕式电感器（多层片状、印刷电感等），还可分为固定式电感器和可调式电感器。

固定式电感器分为大中型固定电感器与小型固定电感器。大中型固定电感器一般由骨架、绕组、屏蔽罩、封装材料、磁芯或铁芯等组成，如图 2.1.3.9 所示。

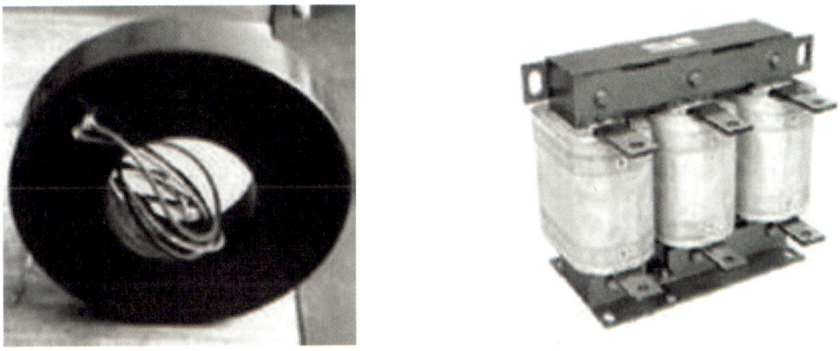

图 2.1.3.9　大中型固定电感器

小型固定电感器通常是用漆包线在磁芯上直接绕制而成，主要用于滤波、振荡、延迟等电路中。它有密封式和非密封式两种封装形式，两种形式又都有立式和卧式两种外形结构，如图 2.1.3.10 和图 2.1.3.11 所示。

图 2.1.3.10　立式密封固定电感器

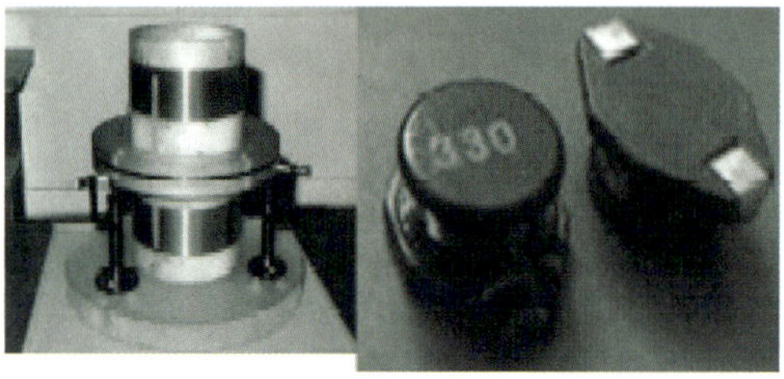

图 2.1.3.11　卧式密封固定电感器

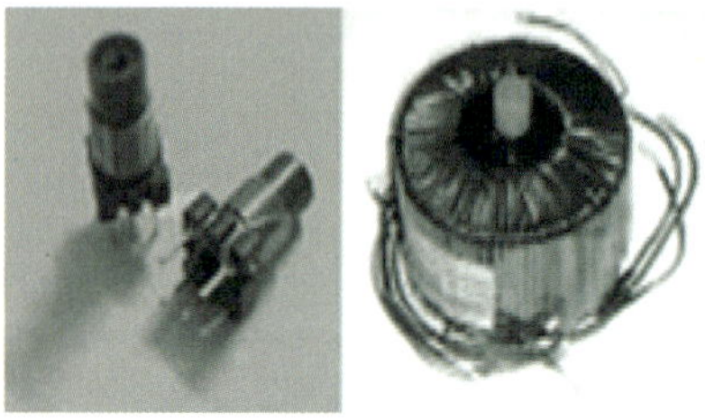

图 2.1.3.12　可调电感器

常用的可调电感器有收音机用振荡线圈、电视机用行振荡线圈、行线性线圈、中频陷波线圈等。

在电路原理图中，电感常用符号“L”或“T”表示，不同类型的电感在电路原理图中通常采用不同的符号来表示，如图 2.1.3.13 所示。

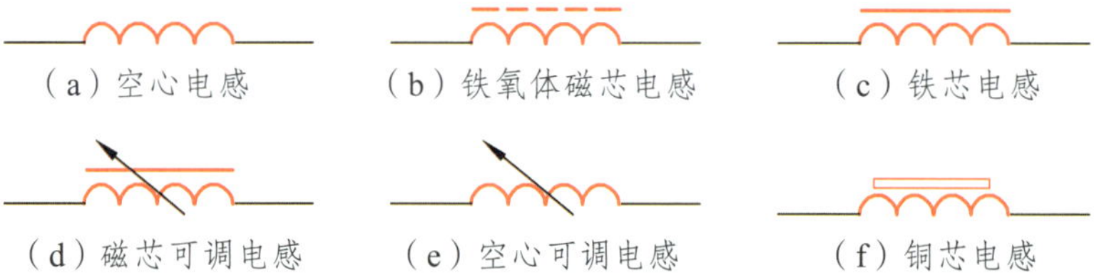

图 2.1.3.13　电感器的电路符号

虽然不同类型电感器的外形和结构差别很大，但它们的基本原理都一致，基本结构都是用导体绕成线圈，本质上就是线圈。

当电流流过线圈时，会有磁通穿过线圈，在载流线圈中，载流线圈激发的磁场与电流 i 成正比，通过线圈的磁链 Ψ（当线圈为多匝时，通过各匝线圈的磁通量之和称为磁通匝链数 Ψ，简称磁链。若通过每匝线圈的磁通量 Φ 都相同，线圈匝数为 N，则 $\Psi=N\Phi$）也与 i 成正比，即：

$$\Psi = Li = N\Phi \tag{2.1.3.10}$$

式中，L 定义为电感元件的电感，亦称自感，即

$$L=\frac{\Psi}{i} \tag{2.1.3.11}$$

电感即为通入单位电流所产生的磁链。

磁通和磁链的 SI 单位是 Wb（韦[伯]），电感的 SI 单位韦/安称为亨[利]，用符号 H 表示，常用的还有其分数单位 mH（毫亨）及μH（微亨），电感很小时会用到 nH（纳亨，$1\,nH=10^{-9}\,H$）。

磁场能够储存能量，当电流增大时，磁通增大，磁链也增大，这时储存的磁场能量就增加，从电路吸收能量；反之能量减少，把一部分能量释放给电路。当电流为 0 时，磁通和磁链也相应为 0，这时线圈原先储存的磁场能量便全部释放出来。所以电感线圈是一种储能的电路器件。

当导体中的电流发生变化时，它周围的磁场会随着变化，并由此产生磁通量的变化，因而在导体中就产生感应电动势，这个电动势总是阻碍导体中原来电流的变化，此电动势即自感电动势。这种现象就叫作自感现象。电流变化越快，产生的电动势就越大，电感就是利用自感来实现扼流、滤波等功能的。

实际的电感线圈均标定电感量和额定电流，使用时应注意通过电感器的电流不应超过其额定值，否则会使线圈过热甚至烧毁，或者承受过大的电磁力而发生机械变形或损伤。额定电流可查其技术参数，电感量一般标注在电感表面，常见的标注方法有以下 4 种。

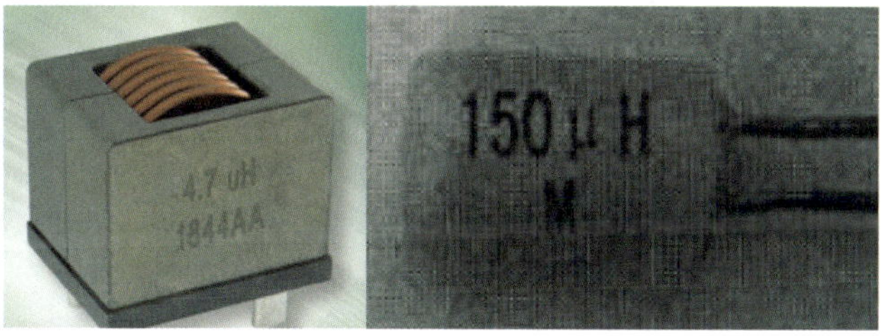

图 2.1.3.14　用直标法标注的电感

1. 直标法

直标法是将电感的标称电感量用数字和文字符号直接标在外壳上，数字是标称电感量，其单位是μH 或 mH，电感量单位后面的字母表示偏差。各字母所代表的允许偏差见表 2.1.3.5。

表 2.1.3.5　电感允许偏差

英文字母	允许偏差/%	英文字母	允许偏差/%	英文字母	允许偏差/%
Y	±0.001	W	±0.05	G	±2
X	±0.002	B	±0.1	J	±5
E	±0.005	C	±0.25	K	±10
L	±0.01	D	±0.5	M	±20
P	±0.02	F	±1	N	±30

2. 文字符号法

文字符号法是将电感的标称值和偏差值用数字和文字符号法按一定的规律组合标示在电感体上，如图 2.1.3.15 所示。采用文字符号法表示的电感通常是一些小功率电感，单位通常为 nH 或μH。用μH 作单位时，“R”表示小数点；用“nH”作单位时，“N”表示小数点。例如：R91 表示电感量为 0.91 μH，2R2 代表电感量为 2.2 μH；10N 表示电感量为 10 nH，N47 表示电感量为 0.47 nH。

图 2.1.3.15　文字符号法标注的电感

3. 色标法

色标法是在电感表面涂上不同的色环来代表电感量(与电阻类似)，通常用三个或四个色环表示。如图 2.1.3.16 所示，识别色环时，紧靠电感体一端的色环为第一环，露出电感体本色较多的另一端为末环。第一色环是十位数，第二色环为个位数，第三色环为倍率（10 的乘方数），如果有第四色环，则它表示允许偏差。

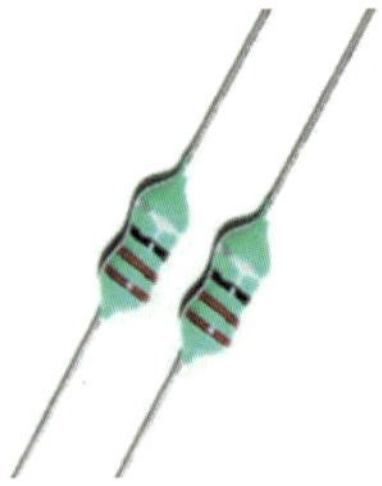
图 2.1.3.16　色标法标注的电感

区分色环电阻与色环电感

色环电感和色环电阻都用色环标示，可以从颜色、外形等方面加以区别，具体方法可扫码查看。

4. 数码表示法

数码表示法是用三位数字来表示电感量的方法，常用于贴片电感上。三位数字中，从左至右的第一、第二位为有效数字，第三位数字表示有效数字后面所加“0”的个数。如图 2.1.3.17 所示。注意：用这种方法读出的电感量，默认单位为微亨（μH）。如 220 表示电感值为 22 μH，101 表示 100 μH。

图 2.1.3.17　数码表示法标注的电感

2.1.3.4.4 线性电感元件

一个实际的电感线圈，除了具有储存磁场能量这一主要物理性能外，其导线的电阻要消耗能量，线圈匝间存在电容能储存电场能量。但是通常线圈的导线电阻和匝间电容都很小，消耗的能量和电场储存的能量可以忽略不计。因此，可以用一种理想电路元件——电感元件作为电感器的电路模型。

磁链与电流大小成正比关系的电感元件称为线性电感元件。也可理解为 L 为定值的电感元件。一般不特殊说明，电感元件都指线性电感元件。如果规定电流 i 的参考方向与磁链 $\varPsi$ 的参考方向之间符合右手螺旋法则，如图 2.1.3.18（a）所示，称为关联参考方向，则线性电感元件的磁链和电流关系曲线（称为电感元件的韦安特性曲线）是通过原点的一条直线，电感 L 即与直线的斜率成比例。所以线性电感元件的电感 L 是一个与 $\varPsi$ 和 i 都无关的常量。

那么 L 的大小和什么有关呢？单位电流流过时，产生的磁链越大，L 就越大。磁链和匝数以及磁通有关，磁通的大小后面磁路部分将会介绍，它与总电流以及磁路的材料和尺寸有关。相同磁路条件下，匝数越多，L 越大。

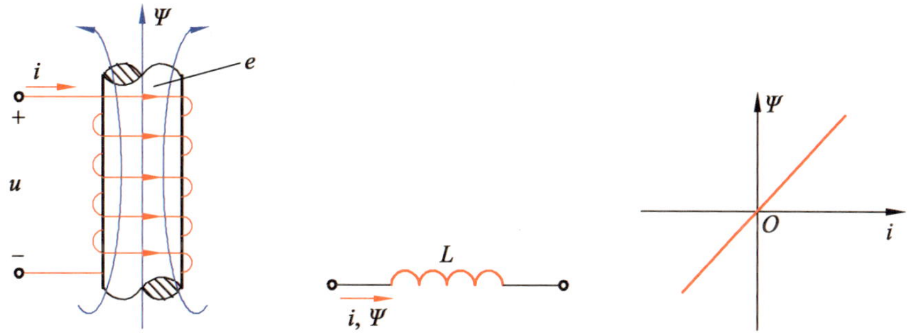

（a）（b）（c）

图 2.1.3.18 线性电感元件及其韦安特性曲线

在电感元件中电流 i 随时间变化时，磁链 $\varPsi$ 也随之改变，根据法拉第电磁感应定律，在元件中引起感应电动势 e（亦称自感电动势），感应电动势的量值等于磁链的变化率，即

$$|e| = \left|\frac{\mathrm{d}\varPsi}{\mathrm{d}t}\right| \tag{2.1.3.12}$$

将式（2.1.3.10）代入，得

$$|e| = \left|L\frac{\mathrm{d}i}{\mathrm{d}t}\right| \tag{2.1.3.13}$$

感应电动势的方向由楞次定律判定，其方向总是试图产生感应电流来阻碍磁链的变化。

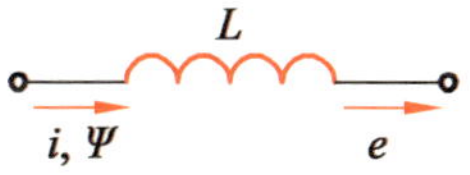

图 2.1.3.19 感应电动势的参考方向

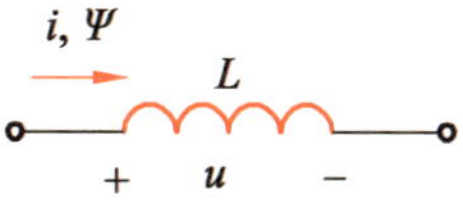

图 2.1.3.20 电压的参考方向

取感应电动势的参考方向与磁链的参考方向符合右手螺旋法则，这时 e 与 i 的参考方向相同，如图 2.1.3.19 所示。若电流为正且增大，即 $i>0$，$\frac{\mathrm{d}i}{\mathrm{d}t}>0$，则磁链也为正并增大，那么将产生感应电动势，它驱使产生与原电流方向相反的感应电流，以产生反方向的磁通来阻碍磁链的增加。即电流增大，感应电流就与电流方向相反，而感应电动势和感应电流的方向相同（类似于电源内部电流与电动势方向相同），按图中参考方向，此时 e 为负值。当 i 为正值且减小时，$i>0$，$\frac{\mathrm{d}i}{\mathrm{d}t}<0$，磁链也为正并减小，将产生感应电动势，它驱使的电流产生同方向的磁通（以阻碍磁链的减小）。按图中参考方向，此时 e 为正值。

当 i 和 $\varPsi$ 为负值时也可按其增加和减少两种情况进行类似的分析。

由此可见，在选择电感元件感应电动势与电流参考方向相同的前提下，e 与 $\frac{\mathrm{d}\varPsi}{\mathrm{d}t}$ 和 $\frac{\mathrm{d}i}{\mathrm{d}t}$ 总是异号的，从而得

$$e=-\frac{\mathrm{d}\varPsi}{\mathrm{d}t}=-L\frac{\mathrm{d}i}{\mathrm{d}t} \tag{2.1.3.14}$$

若取电压的参考方向与电流相同，如图 2.1.3.20 所示，则

$$u=L\frac{\mathrm{d}i}{\mathrm{d}t} \tag{2.1.3.15}$$

这就是电感元件的电压电流关系，由式（2.1.3.15）可知，任何时刻，线性电感元件上的电压与电流的变化率成正比。电流变化快，感应电压高；电流变化慢，感应电压低；电流不变化，感应电压为 0，这时电感相当于理想导线。一言以蔽之，对于电感元件，电流的变化产生电压。

在电压电流关联参考方向下，电感元件吸收的功率为

$$p=ui=Li\frac{\mathrm{d}i}{\mathrm{d}t} \tag{2.1.3.16}$$

在 $\mathrm{d}t$ 时间内，电感元件磁场中的能量增加量为

$$\mathrm{d}W=p\mathrm{d}t=Li\mathrm{d}t/\mathrm{d}t\ \mathrm{d}t=Li\mathrm{d}i \tag{2.1.3.17}$$

电流为 0 时，磁场能量为 0，当电流由 0 增大到 i 时，电感元件储存的磁场能量为

$$W=\int_0^i Li\mathrm{d}i=\frac{1}{2}Li^2 \tag{2.1.3.18}$$

可以看出，磁场能量只与最终的电流值有关，而与电流建立的过程无关。即磁场能量只与电流此刻的瞬时值大小有关。

当电流的绝对值增加时，电感元件吸收能量并全部转换成磁场能量；当电流的绝对值减小时，电感元件释放磁场能量。可见，电感元件并不把吸收的能量消耗掉，而是以磁场能量的形式储存在磁场中。所以，电感元件是一种储能元件。同时，电感元件也不会释放出多于它吸收或储存的能量，因此它是一种无源元件。

2.1.3.4.5 认识电容器

电容器是一种储存电荷的“容器”，简称电容，是电气设备中的一种重要元件。在电子技术、电工技术、输配电等领域中有很重要的应用，广泛应用于电路中的隔直通交、耦合、旁路、滤波、调谐回路、能量转换、控制等方面，如图 2.1.3.21、2.1.3.22 所示。

图 2.1.3.21 电路板上的电容器

图 2.1.3.22 电力电容器

电容器的种类很多，分类的标准不同，分类的结果也不同，如表 2.1.3.6 所示。

表 2.1.3.6 电容器分类

<table>
<tr><td>分类标准</td><td colspan="5">分类结果</td></tr>
<tr><td rowspan="2">结构</td><td colspan="2">固定电容器</td><td colspan="2">可变电容器</td><td>微调电容器</td></tr>
<tr><td colspan="2"></td><td colspan="2">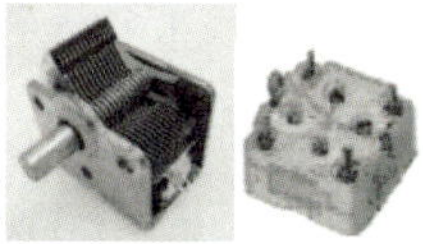</td><td></td></tr>
<tr><td rowspan="2">电解质</td><td>有机介质电容器</td><td>无机介质电容器</td><td colspan="2">电解电容器</td><td>空气介质</td></tr>
<tr><td>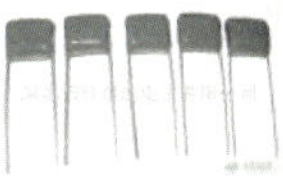</td><td>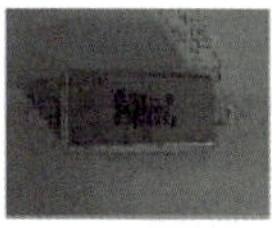</td><td colspan="2">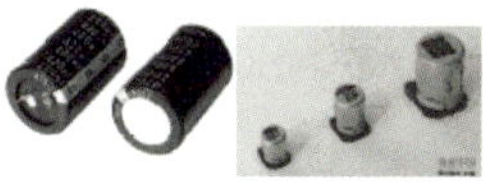</td><td></td></tr>
<tr><td rowspan="2">制造材料</td><td>瓷介电容</td><td>涤纶电容</td><td>电解电容</td><td>钽电容</td><td>聚丙烯电容</td></tr>
<tr><td>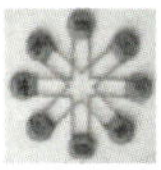</td><td>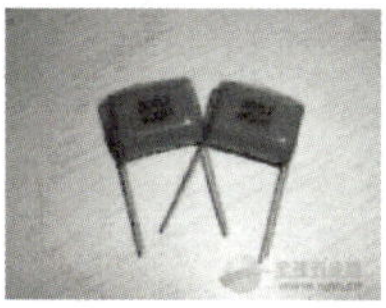</td><td></td><td></td><td>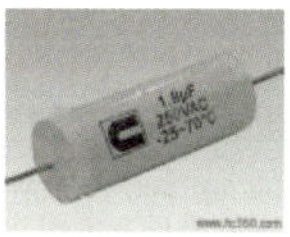</td></tr>
</table>

电容器要储存电荷，基本结构一般是由两片平行板导体中间夹以绝缘材料构成。平行板称为极板，绝缘材料称为电介质。在实际电容器中，两个平行极板可以做成各种形状，这主要是为了改变极板的横截面积，也可以由导电的液体（如电解液）代替极板。平行板电容器的结构如图 2.1.3.23 所示。

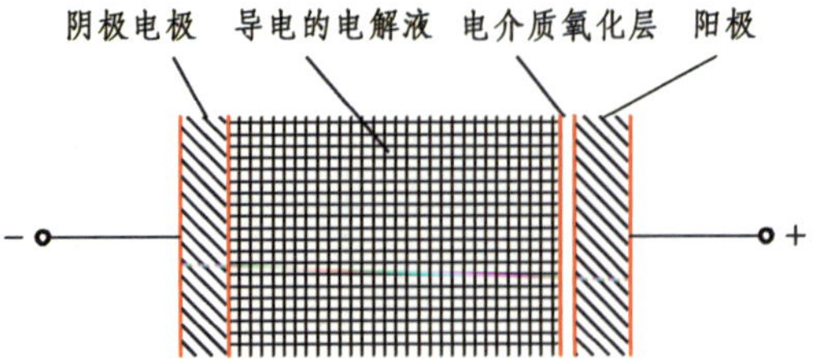

图 2.1.3.23　平行板电容器的结构

常见电容器的符号如图 2.1.3.24 所示，其中两端直线表示电容器的引出线，中间的两条线代表极板。

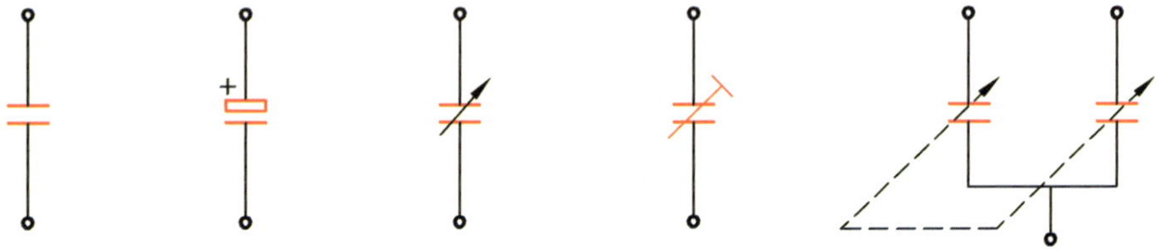

（a）一般符号　（b）电解电容　（c）可变电容　（d）半可变电容　（e）双联可变电容

图 2.1.3.24　电容器的符号

电容器既然是一种储存电荷的“容器”，就必然会有“容量”大小的问题。为了衡量电容器储存电荷的能力，就确定了电容量这个物理量。国际上统一规定，给电容器外加 1 V 直流电压时，它所能储存的电荷量为该电容器的电容量，用字母 C 表示。

电容量的基本单位为法拉。它是指在 1 V 直流电压作用下，如果电容器储存的电荷为 1 库仑，电容量就被定为 1 法拉，法拉用符号 F 表示。在实际应用中，电容器的电容量往往比 1F 小得多，常用较小的单位，如微法（μF）、皮法（pF）等，它们的关系是

$$1\ \mathrm{F} = 10^6\ \mu\mathrm{F} = 10^{12}\ \mathrm{pF}$$

一个电容存储的电荷量取决于三个因素：电容器两片极板的正对面积；电容器两片极板间的距离；两片极板之间材料的介电常数。平行板电容器的极板面积越大，极板间的距离越小，材料的介电常数越大，则电容量就越大。

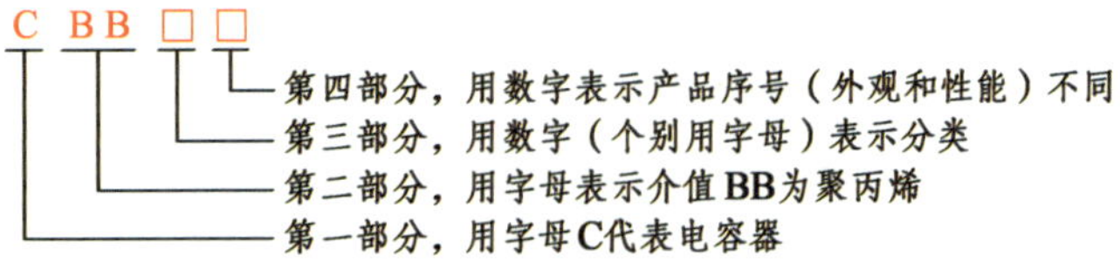

图 2.1.3.25　国产电容器的型号标识组成

电容器的表面一般会标识出型号及主要参数，如图 2.1.3.25 所示，国产电容器型号的标识通常由 4 部分组成：

第一部分表示电容器主称，用字母 C 表示；

第二部分表示电容器的介质材料，用字母表示；

第三部分表示元件分类，一般用数字表示，个别的用字母表示；

第四部分表示元件序号，用数字表示。

其中，第一部分 C 是没有变化的，第四部分产品序号对实际应用影响不大，可不必掌握。第二部分字母代表的意义如表 2.1.3.7 所示，第三部分代表的意义如表 2.1.3.8 所示。

表 2.1.3.7　第二部分介质材料字母表示意义

字母	电容介质材料	字母	电容介质材料
A	钽电容	L（LS 等）	涤纶等极性有机薄膜（常在 L 后再加一字母，以区分具体材料）
B（BB、BF）	聚苯乙烯等非极性薄膜（常在 B 后再加一字母区分具体材料）	N	铌电解
C	高频陶瓷	O	玻璃膜
D	铝电解（普通电解）	Q	漆膜
E	其他材料电解	S/T	低频陶瓷
G	合金电解	V/X	云母纸
H	纸膜复合	Y	云母
I	玻璃釉	Z	纸质
J	金属化纸介		

表 2.1.3.8　数字分类表示的意义

数字或字母	瓷介电容	云母电容	有机电容	电解电容
1	圆形	非密封	非密封	箔式
2	管形	非密封	非密封	箔式
3	叠片	密封	密封	烧结粉，非固体
4	独石	密封	密封	烧结粉，固体
5	穿心	—	穿心	—
6	支柱等	—	—	—
7	—	—	—	无极性
8	高压	高压	高压	—
9	—	—	特殊	特殊
G	高功率			
T	叠片式			
W	微调型			
J	金属化型			
Y	高压型			

普通电容器主要参数常用的标识法如下：

1. 直标法

直标法将主要技术指标直接标注在电容器表面，尤其是体积较大的电容器。一般情况下，标称容量、额定电压及允许偏差这三项参数大都标出，当然，也有体积太小（如小容量瓷介电容、钽电容等）的电容仅标注容量这一项。如图 2.1.3.26 所示。

图 2.1.3.26　直标法

2. 数码标注法

数码标注法一般为三位数码表示电容器的容量，不标单位。其中前两位数码为电容量的有效数字，第三位表示倍乘数，单位 pF。如图 2.1.3.27 所示。如 104 表示电容为 $10\times10^4=1\,000\,000$ pF = 0.1 μF 。

图 2.1.3.27　数码标注法

3. 字母标注法

字母标注法是国际电工委员会推荐标注的方法，使用的标注字母有 4 个，即 p、n、μ、m，分别表示 pF、nF、μF、mF，用 2～4 个数字和一个字母表示电容量，字母前为容量的整数，字母后为容量的小数。电容标注中的小数点也可用 R 表示。如 R56 μF 就是 0.56 μF 。

允许误差的标注与电阻器相似，电容器还有其他未尽的标注方式，可查阅相关资料，此处不再赘述。

2.1.3.4.6　线性电容元件

线性电容元件是实际电容器的理想化模型，它表征电容器的主要物理性能。将两块金属极板用绝缘介质隔开，就形成了一个电容器。如图 2.1.3.28 所示，加上电源后，两极板之间有电压 U，两极板上分别聚集等量异号的电荷 q，在介质中建立起电场，并储存有电场能量。电源移开后，电荷可以继续聚集在极板上，电场继续存在，所以电容器是一种储能的电路器件。实际电路中只要有两个导体，中间有绝缘介质存在的，都存在电容，如导线与导线之间的电容，匝间电容，导线的对地电容。一般这些电容都很小，可以忽略不计，如果涉及长距离输电、供电系统短路或其他故障时，就要考虑它们的影响。

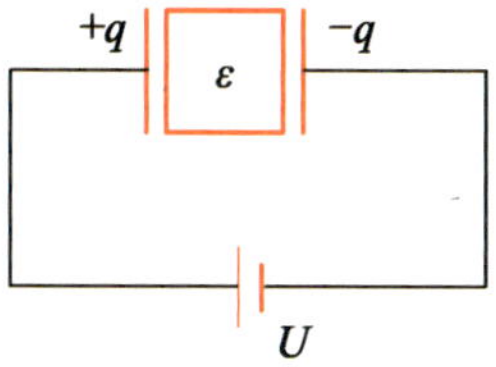

图 2.1.3.28　电容器示意图

忽略电容器的介质损耗和漏电流，可以用一个只储存电场能量的理想电路元件——电容元件作为它的电路模型。电荷与电压的大小成正比关系的电容元件称为线性电容元件，如果不特殊说明，后面提到的电容元件都是线性电容元件。

一、线性电容元件的特性

线性电容元件是一个二端元件，它在电路中的图形符号如图 2.1.3.29（a）所示。图中 $+q$ 和 $-q$（q 是代数量）是该元件正极板和负极板上的电荷[量]。若电容元件上电压的参考方向规定由正极板指向负极板，则任何时刻极板上的电荷 q 与电压 u 有以下关系：

$$q = Cu \tag{2.1.3.19}$$

其中，C 定义为该电容元件的电容，即

$$C = \frac{q}{u} \tag{2.1.3.20}$$

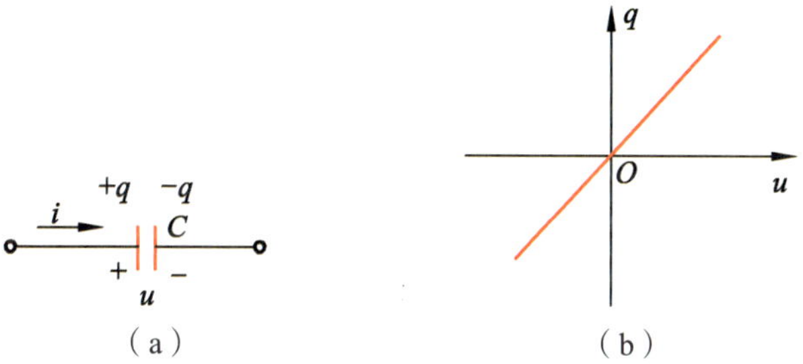

图 2.1.3.29　线性电容元件及其库伏特性曲线

如果把线性电容元件的电荷 q 取为纵坐标，电压 u 取为横坐标，则电荷与电压关系曲线（称为线性电容元件的库伏特性曲线）是通过原点的一条直线，C 与直线的斜率成正比，如图 2.1.3.29（b）所示。所以线性电容元件的电容 C 是一个与 q、u 无关的常量。

电容的 SI 单位库/伏称为法[拉]，以符号 F 表示。实际的电容往往比 1 F 小得多，因此还采用微法（μF）、皮法（pF）等单位。

实际的电容器均标出电容量和额定工作电压两个参数。使用时应注意电容器的电压不应超过其额定值，否则电容器的介质就有可能损坏或击穿，失去电容器的功能。

二、电容器的串联和并联

1. 串联

使用实际的电容器时，当单个电容器耐压不够，可将几个电容器串联使用。图 3.22

(a)所示即为两个电容器 C_1 和 C_2 串联。根据电荷守恒原理，每个电容极板上的电荷相等，都为 q，每个电容的电压分别为：

$$u_{C1}=\frac{q}{C_1}\qquad u_{C2}=\frac{q}{C_2}\tag{2.1.3.21}$$

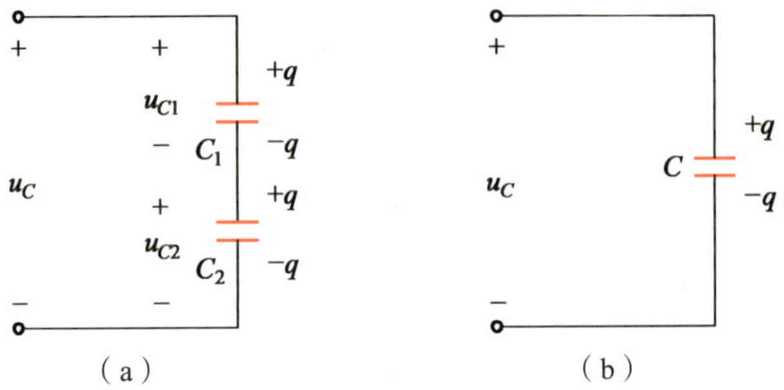

图 2.1.3.30　电容串联

根据 KVL，可以写出总电压

$$u_C=u_{C1}+u_{C2}=\left(\frac{1}{C_1}+\frac{1}{C_2}\right)q\tag{2.1.3.22}$$

如果把两个相串联的电容看成一个等效电容 C，如图 2.1.3.30(b)所示，则根据电容的定义有

$$u_C=\frac{1}{C}q\tag{2.1.3.23}$$

比较式(2.1.3.22)和式(2.1.3.23)可得

$$\frac{1}{C}=\frac{1}{C_1}+\frac{1}{C_2}\tag{2.1.3.24}$$

若有 n 个电容相串联，则有

$$\frac{1}{C}=\frac{1}{C_1}+\frac{1}{C_2}+\frac{1}{C_3}+\cdots+\frac{1}{C_n}\tag{2.1.3.25}$$

已知总电压 u_C 和各电容，可以求得各电容上分配到的电压。

2. 并联

使用实际的电容器时，当单个电容器容量不够，可将几个电容器并联使用。图 2.1.3.31(a)所示即为两个电容器 C_1 和 C_2 并联。设端口电压为 u，每个电容极板所充的电荷分别为 q_1、q_2，每个电容的电压

分别为 u_{C1}、u_{C2}，则

$$u_{C1}=\frac{q_1}{C_1}\qquad u_{C2}=\frac{q_2}{C_2}\tag{2.1.3.26}$$

把两个并联的电容看成是一个等效电容 C，如图 2.1.3.31(b)所示，根据等效的概念，电容 C 极板上的电荷应是 q_1 和 q_2 之和，且 $u_{C1}=u_{C2}=u_C$，于是

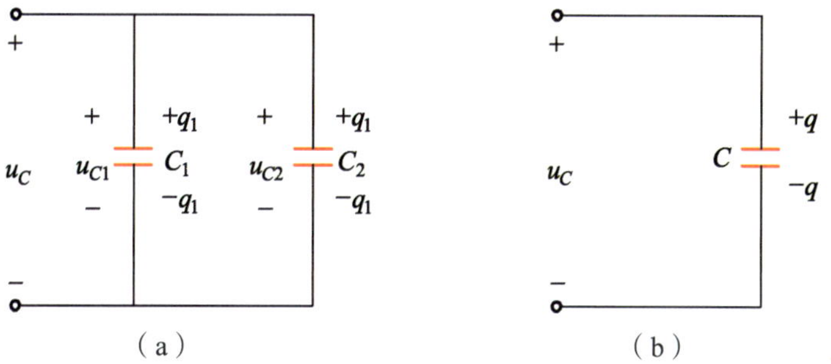

图 2.1.3.31　电容并联

$$C = \frac{q}{u_C} = \frac{q_1 + q_2}{u_C} = \frac{C_1 u_{C1} + C_2 u_{C2}}{u_C} = C_1 + C_2 \qquad (2.1.3.27)$$

当 n 个电容并联时，则有

$$C = C_1 + C_2 + C_3 + \cdots + C_n \qquad (2.1.3.28)$$

3. 电容元件的电压电流关系

当电容器极板间电压 u 变化时，极板上电荷也随之改变，于是电容器电路中出现电流。按图 2.1.3.29（a）所示的关联参考方向，则电流

$$i = \frac{\mathrm{d}q}{\mathrm{d}t} = C\frac{\mathrm{d}u}{\mathrm{d}t} \qquad (2.1.3.29)$$

式(2.1.3.29)就是电容的电压电流关系(VCR)。当电压 u 增高，$\frac{\mathrm{d}u}{\mathrm{d}t} > 0$，则 $\frac{\mathrm{d}q}{\mathrm{d}t} > 0$，$i > 0$，极板上电荷增加，电容器充电；当电压 u 降低，$\frac{\mathrm{d}u}{\mathrm{d}t} < 0$，则 $\frac{\mathrm{d}q}{\mathrm{d}t} < 0$，$i < 0$，极板上电荷减少，电容器反方向放电。电压不断变化，元件不断充放电，电路中就有电流。这也是交变电流可以通过电容的原因：并不是电荷穿过了电介质进入另一侧极板，而是在交变电压作用下，极板电荷量要不断增加和减少，这些电荷都会通过连接在极板上的导线流进或流出极板，有电荷在导线中定向移动，导线中就有了电流。若电压不随时间变化，$\frac{\mathrm{d}u}{\mathrm{d}t} = 0$，$i = 0$，这时电容元件相当于开路。故电容元件可以隔断直流。总的来说，电容元件上电压的变化产生电流，它具有隔直通交的作用。

4. 电容元件的电场能量

在电压和电流的关联参考方向下，电容元件吸收的功率为

$$p = ui = iC\frac{\mathrm{d}u}{\mathrm{d}t} \qquad (2.1.3.30)$$

在 $\mathrm{d}t$ 时间内，电容元件电场中的能量增加量为

$$\mathrm{d}W = p\mathrm{d}t = uC\mathrm{d}u \qquad (2.1.3.31)$$

电压为零时电荷亦为零，无电场能量。当电压由 0 增大到 u 时，电容元件储存的电场能量为

$$W=\int_0^u \mathrm{d}W=C\int_0^u u\mathrm{d}u=\frac{1}{2}Cu^2 \tag{2.1.3.32}$$

可以看出，电场能量只与最终的电压值有关，而与电压建立过程无关。当电压的绝对值增加时，电容元件吸收能量，并全部转换成电场能量；电压的绝对值减小时，电容元件释放电场能量。可见，电容元件并不消耗能量。所以，电容元件是一种储能元件。同时，电容元件也不会释放出多于它吸收或储存的能量，因此它是一种无源元件。

2.1.3.5　素质素养养成

本小节内容较多，在学习中请同学们自行查阅相关知识，提高自学的能力。对于各元件的特性及参数，要通过反复练习，牢记特性线及参数定义，并力求深刻理解和熟练掌握。

本小节涉及的理想电路元件是模拟实际电路元件所必备的理想元件，是电路模型中的主要负载，是后续的各种电路研究的重要基础和铺垫。只有把这三种理想元件理解清楚才能理解和灵活应用后续各种复杂电路的求解方法。

2.1.3.6　任务分组

见附表 1。

2.1.3.7　任务实施

任务工作单 1

组号：　　　　姓名：　　　　学号：　　　　检索号：2.1.3.7-1

引导问题：

（1）写出常见电阻器的用途、类型、电阻识别方法；

（2）写出电阻的定义式，影响电阻值大小的因素，画出线性电阻元件的伏安特性关系曲线，写出欧姆定律的表达式，功率的表达式及焦耳定律；

（3）写出常见电感器的用途、类型、基本结构及标示方法；

（4）写出线性电感元件的韦安特性关系、电感的定义式，写出电感元件的电压电流关系式及储存的磁场能量；

（5）写出常见电容器的用途、类型、基本结构及电容的标注方法；

（6）写出线性电容元件的库伏特性关系、电容的定义式，写出电容元件的电压电流关系式、电容串并联后的等效电容及储存的电场能量。

____

____

____

任务工作单 2

组号：　　　　姓名：　　　　学号：　　　　检索号：2.2.1.7-2

引导问题：

（1）识别下图中元件的电阻、电感或电容值；

（a）　（b）　（c）　（d）

图 2.1.3.32

（2）求下图电路中的电压；

（a）　（b）

图 2.1.3.33

（3）有一个 40 kΩ、10 W 的电阻，使用时电流、电压不得超过多少?

（4）一个线性电感，通以 2 mA 的电流时产生 6 Wb 的磁链，其电感为多少？若通以 5 A 的电流，能产生多少磁链？此时电感的储能为多少?

（5）某电容元件的电压 $u=5\ \text{V}$，电荷 $q=2\ \mu\text{C}$，求其电容 C 为多少？若其电压为 12 V，则极板上电荷为多少？这样两个相同的电容元件串联后等效电容为多少？并联后等效电容为多少?

（6）求电容量为 4 μF、电压为 100 V 的电容的储能。

____

____

____

任务工作单 3

组号：　　　　姓名：　　　　学号：　　　　检索号：2.1.3.7-3

引导问题：

（1）每小组推荐一位小组长，汇报任务工作单 2 的成果。

任务工作单 4

组号：　　　　姓名：　　　　学号：　　　　检索号：2.1.3.7-4

引导问题：

（1）自查、分析自身工单存在的错误及改正，并填写下表。

表 2.1.3.9 任务工作单自查表

错误	原因	改正

2.1.3.8 评价反馈

任务工作单 1

组号： 姓名： 学号： 检索号： 2.1.3.8-1

表 2.1.3.10 个人自评表

班级		姓名		日期	年 月 日
任务名称					
评价指标	评价内容			分数	分数评定
信息检索能力	能有效利用网络、图书资源、字典查找有用的相关信息等；能将查到的信息有效地传递到工作中。			10 分	
感知课堂生活	认同本任务的工作价值，在参与中获得满足感、成就感。			10 分	
参与态度	积极主动与教师、同学交流，相互尊重、理解、平等；与教师、同学之间是否能够保持多向、丰富、适宜的信息交流。			10 分	
	能处理好合作学习和独立思考的关系，做到有效学习；能提出有意义的问题或能发表个人见解。			10 分	
知识、能力获得情况	1. 能说出常见电阻器、电感器、电容器的用途、类型、基本结构及识别方法。			10 分	
	2. 能画出线性电阻的伏安特性曲线，写出电阻的定义式，说出电阻值大小的影响因素，写出欧姆定律、功率、焦耳定律的表达式。			10 分	
	3. 能画出线性电感的韦安特性曲线，写出电感的定义式、单位，写出电感的电压电流关系式、储存的磁场能的表达式。			10 分	
	4. 能画出线性电容的库伏特性曲线，写出电容的定义式、单位，说出电容量大小的影响因素，串并联后等效电容，写出电容的电压电流关系式、储存的电场能的表达式。			10 分	
	5. 会用欧姆定律来分析电路的电压和电流，会计算电阻电路的功率和耗能。			5 分	
	6. 能找到自己的不足。			5 分	
思维态度	是否能发现问题、提出问题、分析问题、解决问题、创新问题。			5 分	

续表

评价指标	评价内容	分数	分数评定
自评反馈	按时按质任务；较好地掌握了知识点；具有较强的信息分析能力和理解能力；具有较为全面严谨的思维能力，并能条理清楚明晰表达成文。	5分	
自评分数			
有益的经验和做法			
总结反馈建议			

任务工作单 2

组号：　　　姓名：　　　学号：　　　检索号：2.1.3.8-2

表 2.1.3.11　小组内互评验收表

验收组长		组名		日期	年　月　日
组内验收成员					
任务要求	认识电阻器、电感器、电容器，能说出它们的作用、类型、基本结构及常见标示方法；掌握线性电阻、线性电感、线性电容元件的特性、电压电流关系、功率及消耗或储存的能量；熟练运用欧姆定律；能够按时完成任务工作单，能够反思自己的不足并改进。				
验收文档清单	被验收者 2.1.3.7-1 任务工作单 被验收者 2.1.3.7-2 任务工作单 被验收者 2.1.3.7-3 任务工作单 被验收者 2.1.3.7-4 任务工作单				
	文献检索清单				
验收评分	评分标准			分数	得分
	能说出常见电阻器、电感器、电容器的用途、类型、基本结构及识别方法，错一处扣2分。			20分	
	能画出线性电阻的伏安特性曲线，写出电阻的定义式，说出电阻值大小的影响因素，写出欧姆定律、功率、焦耳定律的表达式，错（漏）一处扣3分。			20分	
	能画出线性电感的韦安特性曲线，写出电感的定义式、单位，写出电感的电压电流关系式、储存的磁场能的表达式，错一处扣3分。			20分	
	能画出线性电容的库伏特性曲线，写出电容的定义式、单位，说出电容量大小的影响因素，串并联后等效电容，写出电容的电压电流关系式、储存的电场能的表达式，错（漏）一处扣3分。			20分	
	会用欧姆定律来分析电路的电压和电流，会计算电阻电路的功率和耗能，错一处扣3分。			10分	
	提供文献检索清单，少于5项，缺一项扣2分。			10分	
评价分数					
不足之处					

任务工作单 3

被评组号： 检索号： 2.1.3.8-3

表 2.1.3.12 小组间互评表

班级		评价小组		日期	年 月 日
评价指标	评价内容			分数	分数评定
汇报表述	表述准确			15 分	
	语言流畅			10 分	
	声音洪亮、自信大方			15 分	
内容正确度	内容正确			30 分	
	口述准确			30 分	
互评分数					
简要评述					

任务工作单 4

组号： 姓名： 学号： 检索号： 2.1.3.8-4

表 2.1.3.13 任务完成情况评价表

任务名称	基本电路元件（R、L、C）及欧姆定律认识				总得分	
组号及成员						
评价依据	学生完成的 2.1.3.7 所有任务工作单					
序号	任务内容及要求		配分	评分标准	教师评价	
					结论	得分
1	能说出常见电阻器、电感器、电容器的用途、类型、基本结构及识别方法。	1. 描述正确；	10 分	缺一个要点扣 1 分		
		2. 语言流畅。	5 分	酌情赋分		
2	能画出线性电阻的伏安特性曲线，写出电阻的定义式，说出电阻值大小的影响因素，写出欧姆定律、功率、焦耳定律的表达式。	1. 描述正确、书写正确规范；	10 分	错一个扣 2 分		
		2. 绘图清晰，语言流畅。	5 分	酌情赋分		

续表

序号	任务内容及要求		配分	评分标准	教师评价	
					结论	得分
3	能画出线性电感的韦安特性曲线，写出电感的定义式、单位，写出电感的电压电流关系式、储存的磁场能的表达式。	1. 书写正确规范；	10分	错一个扣2分		
		2. 绘图清晰，语言流畅。	5分	酌情赋分		
4	能画出线性电容的库伏特性曲线，写出电容的定义式、单位，说出电容量大小的影响因素，串并联后等效电容，写出电容的电压电流关系式、储存的电场能的表达式。	1. 描述正确、书写正确规范；	15分	错一个扣2分		
		2. 绘图清晰，语言流畅。	5分	酌情赋分		
5	会用欧姆定律来分析电路的电压和电流，会计算电阻电路的功率和耗能。	1. 计算正确；	10分	错一个要点扣2分		
		2. 书写规范。	5分	酌情赋分		
6	至少包含5份文献的检索文献的目录清单。	1. 数量；	5分	每少一个扣1分		
		2. 参考的主要内容要点。	5分	酌情赋分		
7	素质素养评价。	1. 沟通交流能力； 2. 团队合作； 3. 课堂纪律； 4. 合作探学； 5. 自主研学； 6. 培养抽象思维建模能力； 7. 培养仔细观察，严谨求学的学习习惯。	10分	酌情赋分，但违反课堂纪律，不听从组长、教师安排，不得分。		

任务 4 实验：万用表的认识与应用

2.1.4.1 任务描述

分清万用表的各个挡位的测量对象，使用万用表的直流电压挡、直流电流挡、欧姆挡、蜂鸣挡完成测量，记录实验数据，利用欧姆定理分析实验现象。

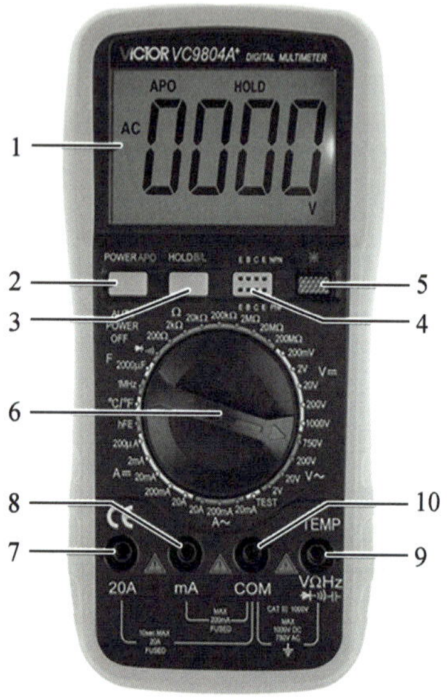

1—液晶显示器；2—电源、自动关机按键；3—保持、背光、选择按键；4—三极管输入插座；5—火线、通断指示灯；6—旋钮开关；7—20 A 电流测试插座；8—电容、“－”极及小于 200 mA 电流测试插座；9—电阻、二极管、电压、频率、温度“＋”极插座；10—电容、“＋”极插座及公共地。

图 2.1.4.1 万用表外观

2.1.4.2 学习目标

知识目标

（1）掌握万用表测量直流电压、直流电流、电阻、电路通断的方法；

（2）掌握不同参考方向下欧姆定律公式。

能力目标

（1）能够使用正确的挡位完成测量任务；

（2）能够分析出万用表测量电阻的原理。

素质素养目标

（1）培养学生动手操作的能力；

（2）培养学生仔细观察、融会贯通分析问题的能力；

（3）培养学生遵章守纪、规范操作的工作习惯；

（4）培养学生劳动光荣、技能宝贵的生产意识。

2.1.4.3 任务分析

重 点

（1）万用表的直流电压挡、直流电流挡、欧姆挡的使用方法；

（2）万用表蜂鸣挡的使用方法。

难 点

（1）理解万用表的测量原理；

（2）理解欧姆定律在不同参考方向下的公式内涵。

2.1.4.4 相关知识链接

2.1.4.4.1 万用表的外观认识

万用表能够测量交/直流电压、电流、电路通断，部分万用表还能测量电容大小、二极管、三极管电压等。万用表是从事电气相关工作人员必不可少的工具（见图 2.1.4.2），掌握万用表的正确使用方法对后续实操、实训具有重要作用。

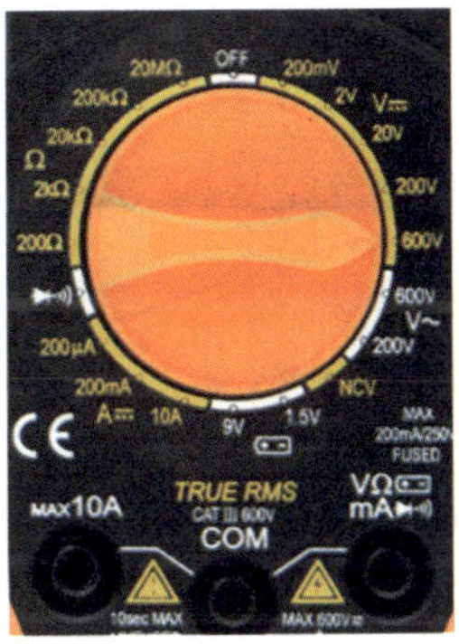

图 2.1.4.2 万用表局部挡位及接口

万用表能够实现不同元件或仪器的测量主要是通过表盘上的指针式旋钮进行挡位切换。测量不同的对象，指针必须打到对应的挡位上，否则无法得到示数或烧毁万用表。不同挡位的符号和功能如表 2.1.4.1 所示。

表 2.1.4.1 万用表挡位符号和功能

符号	名称	功能
V⎓	直流电压挡	测量直流电压
V~	交流电压挡	测量交流电压
A⎓	直流电流挡	测量直流电流
A~	交流电流挡	测量交流电流
Ω	欧姆挡	测量电阻
——	蜂鸣挡	测量电路通断
NCF	感应挡	感应交流电压强度

续表

符号	名称	功能
[电池符号]	电池挡	测量干电池电压
COM	公共端	插入黑表笔
Max10A	电流挡	测量电流时，红表笔插入该孔
VΩ [电池符号] mA [二极管符号]	其他挡	除了电流，测量其他量，红表笔插入该孔

2.1.4.4.2　万用表常用功能的使用方法

1. 测量直流电压

将万用表挡位打到直流电压挡（V⎓），选择适合的量程，如果不清楚待测元器件的电压，先选择最大的量程，总之万用表的量程要大于待测元器件。然后将万用表的黑表笔插到 COM 孔，红表笔插到 VΩ mA 孔，两表笔的金属部分分别和待测元件的金属部分接触，读出显示屏的示数即可。如图 2.1.4.3 所示。

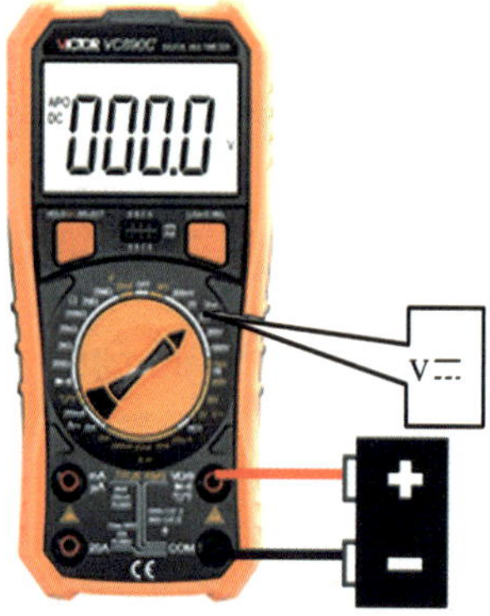

图 2.1.4.3　万用表测直流电压

2. 测电阻

将万用表的挡位打到欧姆挡（Ω），选择合适的量程，如果一开始不清楚电阻的大小，先选择最大的量程。红表笔插入 VΩ mA 孔，黑表笔插入 COM 孔，表笔两金属部分分别和电阻两端的金属部分相接，读出电子显示屏上的示数即可。如图 2.1.4.4 所示。

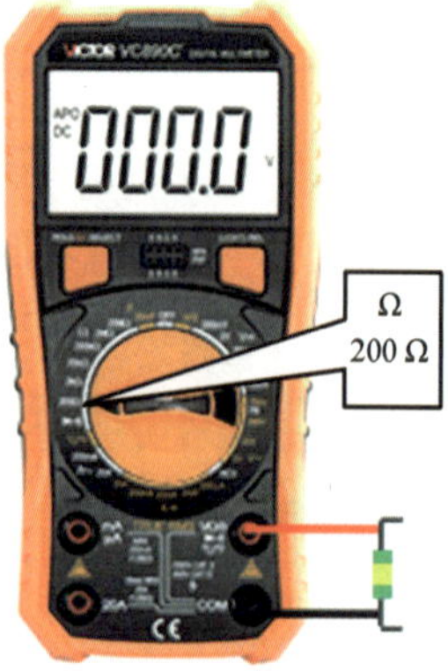

图 2.1.4.4　万用表测直流电压

3. 蜂鸣挡测通断

将挡位打到蜂鸣挡，红表笔和黑表笔的插孔如图 2.1.4.5 所示，将待测通断的器件两端与表笔金属两端相接，如果导通，则万用表会发出长滴声。但是要注意，如果两表笔之间的电阻大于 30 Ω，即使导通蜂鸣挡也不通，除此之外，蜂鸣挡测通断的原理是通过万用表内部的弱电芯片，如果电路导通，微弱的电流会流过蜂鸣器从而发出声音，所以使用蜂鸣挡需将待测元件从原电路中取出，或者断开强电电路，以免损坏万用表。

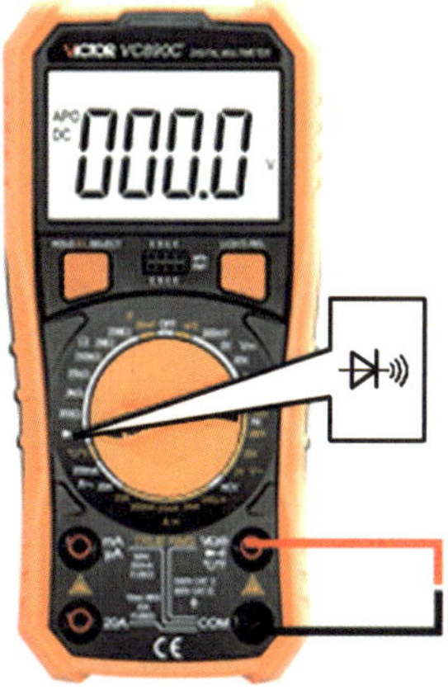

图 2.1.4.5　万用表蜂鸣挡测通断

2.1.4.4.2　万用表其他功能的使用方法

万用表其他功能的使用方法

2.1.4.5　素质素养养成

作为电气专业的学生，毕业后大多数会从事一线工作，工作中难免会遇到各种故障排查、设备检修问题，万用表因为其强大的功能，简单的使用方法常常是操作人员的必备工具，掌握不同元器件的测量方法能为工作带来便捷。因此，同学们在学习中不仅要注重理论知识的积累，而且更重要的是要实际动手操作，熟能生巧，方能提高未来的工作效率。

在测量中，同学们要注意分析元器件的特点，选择合适的挡位和量程，只有挡位和量程都选择正确才能得到想要的示数，除此之外，万用表内部为弱电电路，在测量时，注意爱护仪器，收拾好测试桌面和所有器具，保持干净整洁的操作台面能够提高工作效率，在实训过程中养成良好的工作习惯能够为同学们将来的职业习惯做好铺垫。

2.1.4.6　任务分组

见附表 1。

2.1.4.7 工作准备

任务工作单 1

组号： 姓名： 学号： 检索号： 2.1.4.7-1

引导问题：

（1）为了用万用表完成电阻、直流电压、直流电流、电路通断的测试，需要准备哪些工器具？

表 2.1.4.2 实验工器具

序号	实验器具	型号	数量

（2）简述实验过程中的注意事项。

____

____

____

____

2.1.4.8 方案制定

任务工作单 2

组号： 姓名： 学号： 检索号： 2.1.4.8-2

引导问题：

（1）欧姆定律的内容是什么？

（2）根据欧姆定律，要测出一个元件的电阻，需要知道哪些量？

（3）搭建一个简单的电路，电路中有直流电压、直流电流、直流电阻，元件之间最简单的连接方式是什么？

（4）蜂鸣挡是如何说明电路通断的？

制定实验方案：

____

____

____

____

2.1.4.9 方案汇报与优化

任务工作单 3

组号：　　　　姓名：　　　　学号：　　　　检索号：2.1.4.9-3

引导问题：

（1）测量电路包含哪些元件？它们之间如何连接？

（2）如何用万用表测直流电压、直流电流、电阻阻值？

（3）如何用万用表检测电路的通断？

（4）如何说明万用表的测量的电阻是准确的？

方案汇报：

____

____

____

方案优化：

____

____

____

2.1.4.10 方案实施与结论

任务工作单 4

组号：　　　　姓名：　　　　学号：　　　　检索号：2.1.4.10-4

引导问题：

（1）用万用表测直流电压分几步？每一步做什么？

（2）用万用表测直流电流分几步？每一步做什么？

（3）用万用表蜂鸣挡测通断分几步？每一步做什么？

方案实施：

____

____

____

实验结论：

____

____

____

2.1.4.11　评价反馈

任务工作单 5

组号：　　　姓名：　　　学号：　　　检索号：2.1.4.11-5

表 2.1.4.3　个人自评表

<table>
<tr><td>班级</td><td></td><td>组名</td><td></td><td>日期</td><td>年　月　日</td></tr>
<tr><td>评价指标</td><td colspan="3">评价内容</td><td>分数</td><td>分数评定</td></tr>
<tr><td>信息检索</td><td colspan="3">能有效利用网络、图书资源查找有用的相关信息等；能将查到的信息有效地传递到学习中。</td><td>10 分</td><td></td></tr>
<tr><td>感知课堂生活</td><td colspan="3">熟悉工器具使用，认同工作价值；在学习中是否能获得满足感。</td><td>10 分</td><td></td></tr>
<tr><td rowspan="2">参与态度</td><td colspan="3">积极主动与教师、同学交流，相互尊重、理解、平等；与教师、同学之间是否能够保持多向、丰富、适宜的信息交流。</td><td>10 分</td><td></td></tr>
<tr><td colspan="3">能处理好合作学习和独立思考的关系，做到有效学习；能提出有意义的问题或能发表个人见解。</td><td>10 分</td><td></td></tr>
<tr><td rowspan="4">知识获得</td><td colspan="3">1. 能正确使用万用表的各个挡位。</td><td>10 分</td><td></td></tr>
<tr><td colspan="3">2. 能结合欧姆定律说出万用表测量电阻的原理。</td><td>10 分</td><td></td></tr>
<tr><td colspan="3">3. 能说出使用万用表判断电路通断的方法以及注意事项。</td><td>10 分</td><td></td></tr>
<tr><td colspan="3">4. 能设计出正确的实验方案完成测量任务。</td><td>10 分</td><td></td></tr>
<tr><td>思维态度</td><td colspan="3">是否能发现问题、提出问题、分析问题、解决问题、创新问题。</td><td>10 分</td><td></td></tr>
<tr><td>自评反馈</td><td colspan="3">按时按质完成任务；较好地掌握了知识点；具有较强的信息分析能力和理解能力；具有较为全面严谨的思维能力，并能条理清楚明晰表达成文。</td><td>10 分</td><td></td></tr>
<tr><td colspan="4">自评分数</td><td colspan="2"></td></tr>
<tr><td>有益的经验和做法</td><td colspan="5"></td></tr>
<tr><td>总结与反馈建议</td><td colspan="5"></td></tr>
</table>

任务工作单 6

组号：　　　姓名：　　　学号：　　　检索号：2.1.4.11-6

表 2.1.4.4　小组内互评验收表

<table>
<tr><td>验收组长</td><td></td><td>组名</td><td></td><td>日期</td><td>年　月　日</td></tr>
<tr><td>组内验收成员</td><td colspan="5"></td></tr>
<tr><td>任务要求</td><td colspan="5">分清万用表的各个挡位的测量对象，使用万用表的直流电压挡、直流电流挡、欧姆挡、蜂鸣挡完成测量，记录实验数据，利用欧姆定理分析实验现象。</td></tr>
<tr><td rowspan="2">验收文档清单</td><td colspan="5">被验收者 2.1.4.7-1 任务工作单
被验收者 2.1.4.8-2 任务工作单
被验收者 2.1.4.9-3 任务工作单
被验收者 2.1.4.10-4 任务工作单</td></tr>
<tr><td colspan="5">文献检索清单</td></tr>
</table>

续表

	评分标准	分数	得分
验收评分	能正确确定检测需要的工器具，列举实验中的注意事项，错误一处扣5分。	20分	
	能正确制定每一个实验目的的检测方案，错误一处扣5分。	20分	
	能按照实验方案，正确开展实验，并记录检测数据，错一处扣2分。	20分	
	能分析测量误差产生的原因，并提出相应的措施，错一处扣2分。	20分	
	提供文献检索清单，少于5项，缺一项扣4分。	20分	
评价分数			
不足之处			

任务工作单 7

被评组号： 检索号：2.1.4.11-7

表 2.1.4.5 小组间互评表

班级		评价小组		日期	年 月 日
评价指标	评价内容			分数	分数评定
汇报表述	表述准确			15分	
	语言流畅			10分	
	准确完整描述实验方案			15分	
内容正确度	内容正确			30分	
	内容完整			30分	
互评分数					
简要评述					

任务工作单 8

组号： 姓名： 学号： 检索号：2.1.4.11-8

表 2.1.4.6 任务完成情况评价表

任务名称	实验：万用表的认识与应用				总得分	
评价依据	学生完成的2.1.4.7～2.1.4.10任务工作单					
序号	任务内容及要求		配分	评分标准	教师评价	
					结论	得分
1	能阅读实验指导书，明确实验目的，选择实验器具。	1. 描述正确；	10分	缺一个要点扣1分		
		2. 语言表达流畅。	10分	酌情赋分		

续表

<table>
<tr><th rowspan="2">序号</th><th colspan="2" rowspan="2">任务内容及要求</th><th rowspan="2">配分</th><th rowspan="2">评分标准</th><th colspan="2">教师评价</th></tr>
<tr><th>结论</th><th>得分</th></tr>
<tr><td rowspan="2">2</td><td rowspan="2">能正确制定每一个实验目的的检测方案。</td><td>1. 描述正确；</td><td>10 分</td><td>缺一个要点扣 1 分</td><td></td><td></td></tr>
<tr><td>2. 语言流畅。</td><td>10 分</td><td>酌情赋分</td><td></td><td></td></tr>
<tr><td rowspan="2">3</td><td rowspan="2">能按照实验方案，正确开展实验，并记录实验数据。</td><td>1. 描述正确；</td><td>10 分</td><td>缺一个要点扣 2 分</td><td></td><td></td></tr>
<tr><td>2. 语言流畅。</td><td>10 分</td><td>酌情赋分</td><td></td><td></td></tr>
<tr><td rowspan="2">4</td><td rowspan="2">能分析测量误差产生的原因，并提出相应的措施。</td><td>1. 描述正确；</td><td>10 分</td><td>缺一个要点扣 2 分</td><td></td><td></td></tr>
<tr><td>2. 语言流畅。</td><td>10 分</td><td>酌情赋分</td><td></td><td></td></tr>
<tr><td rowspan="2">5</td><td rowspan="2">至少包含 5 份文献的检索文献的目录清单。</td><td>1. 数量；</td><td>5 分</td><td>每少一个扣 2 分</td><td></td><td></td></tr>
<tr><td>2. 参考的主要内容要点。</td><td>5 分</td><td>酌情赋分</td><td></td><td></td></tr>
<tr><td rowspan="10">6</td><td rowspan="10">素质素养评价。</td><td>1. 沟通交流能力；</td><td rowspan="10">10 分</td><td rowspan="10">酌情赋分，但违反课堂纪律，不听从组长、教师安排，不得分。</td><td rowspan="10"></td><td rowspan="10"></td></tr>
<tr><td>2. 团队合作；</td></tr>
<tr><td>3. 课堂纪律；</td></tr>
<tr><td>4. 合作探学；</td></tr>
<tr><td>5. 自主研学；</td></tr>
<tr><td>6. 动手能力；</td></tr>
<tr><td>7. 分析问题，融会贯通；</td></tr>
<tr><td>8. 爱护工器具及环境卫生；</td></tr>
<tr><td>9. 讲原则、守规矩；</td></tr>
<tr><td>10. 热爱劳动。</td></tr>
</table>

任务 5　基尔霍夫定律（KCL、KVL）应用

2.1.5.1　任务描述

能准确描述基尔霍夫电流定律（节点电流定律 KCL）和基尔霍夫电压定律（回路电压定律 KVL）的内容；能写出其表达式；能找出广义节点和假想回路对基尔霍夫定律进行推广应用；能运用基尔霍夫定律求某支路电流或某部分电路的电压；能分析常见的实际电路。

2.1.5.2　学习目标

知识目标

（1）掌握基尔霍夫电流定律的内容、原理及数学表达式；

（2）掌握基尔霍夫电压定律的内容、原理及数学表达式；
（3）理解广义节点和假想回路的概念。

能力目标

（1）会用基尔霍夫电流定律列写 KCL 方程求解某支路电流；
（2）会用基尔霍夫电压定律列写 KVL 方程求解某元件的电压；
（3）能选取广义节点或假想回路并会分析其电流或电压；
（4）能结合欧姆定律列写含电阻元件的 KVL 方程。

素质素养目标

（1）培养质疑和独立思考的习惯；
（2）培养学生先标参考方向后分析的习惯；
（3）培养学生分析实际问题的能力。

2.1.5.3 任务分析

重　点

（1）基尔霍夫电流定律的内容，列写 KCL 方程；
（2）基尔霍夫电压定律的内容，列写 KVL 方程；
（3）广义节点和假想回路的选取及分析。

难　点

（1）列写 KCL 方程及 KVL 方程时各电压电流的正负判断；
（2）选取广义节点、假想回路并列写方程；
（3）结合欧姆定律列写方程。

2.1.5.4 相关知识链接

2.1.5.4.1 集总参数的概念

有电压的地方就有电场，有电流的地方就有磁场，电场与磁场同时分析会让电路分析问题变得极其复杂。为了让电路问题更加简化，假定电与磁的现象可以分开研究，即每种电路元件只表示一种基本现象，这种元件称之为集总参数元件，对于集总参数元件，在任何时刻，从具有两个端钮的电路元件的某一端流入的电流恒等于从另一端钮流出的电流，并且元件两个端钮间的电压值也是完全确定的，由集总参数元件组成的电路称之为集总参数电路。

为了说明集总的概念，我们假设有一实际电路，尺寸非常小，电磁波的波速是光速，根据波速与波长与频率之间的关系，可以得到频率为 50 Hz 的电磁波的波长为 6 000 km，也就是说每秒钟电磁波可以传播 6 000 km，实际电路的尺寸与之相比可以忽略不计，因此可以忽略电磁波的传播时间。这意味着电路中的电场和磁场可以分开考虑，磁场只与电感元件有关，电场只与电容元件有关，两种场之间不存在相互作用，因此，在器件和整个电路尺寸远远小于正常工作频率对应的波长，电磁波的传播现象可以忽略，才可以采用集总的概念，本教材中除了特殊说明，电路均为集总参数电路。

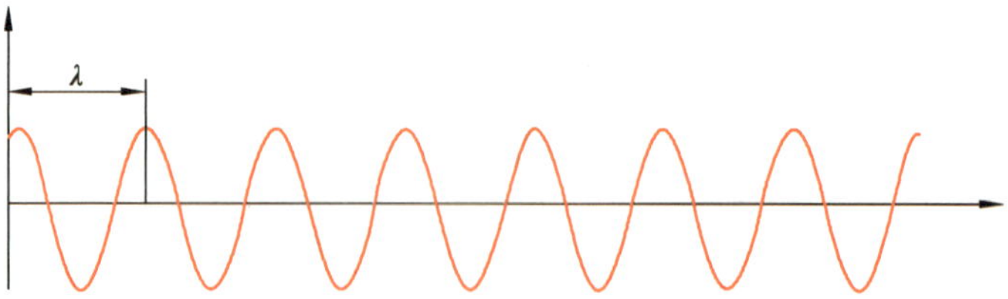

$$\lambda=\frac{c}{f}=\frac{3\times10^{8}\ \mathrm{m/s}}{50\ \mathrm{Hz}}=6\ 000\ \mathrm{km}$$

图 2.1.5.1 集总参数说明

一个电路按需求连接好，加上一定的电源进行激励，就会在各支路、各元件上产生电压和电流响应，那么产生的响应大小由什么来决定呢?

如果将电路中各个支路的电流和支路的电压（简称支路电流与支路电压）作为变量来看，这些变量受到两类约束：一类是元件的特性造成的约束。例如，线性电阻元件的电压与电流必须满足 $u=Ri$ 的关系，线性电感元件的电压与电流必须满足 $u=L\frac{\mathrm{d}i}{\mathrm{d}t}$。这种关系称为元件的组成关系或电压电流关系（VCR），即 VCR 构成了变量的元件约束。另一类是由于元件的相互连接给支路电流之间或支路电压之间带来的约束关系，有时称为“几何”约束或“拓扑”约束，这类约束由基尔霍夫定律来体现。

基尔霍夫定律包括电流定律和电压定律。

2.1.5.4.2 基尔霍夫电流定律

基尔霍夫电流定律（Kirchhoff Current Law）是用来确定连接在同一节点上各支路电流之间的关系的，也称为节点电流定律，简写为 KCL。

因电路中的点不能储存电荷，流入某处某一电荷量的电荷，必须同时从该处流出同一电荷量的电荷，这一结论称为电流的连续性原理。与水管中的水流类似，如图 2.1.5.2 所示，连接在同一节点上的三条支路，流入节点的电流总量等于流出的电流，即

$$i_1+i_2=i_3 \tag{2.1.5.1}$$

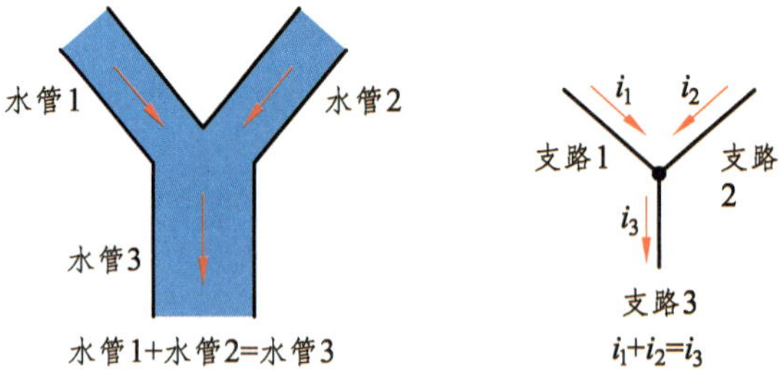

图 2.1.5.2 水流与电流

根据电流的连续性原理，对电路中的任一节点，在任一时刻，流出节点的电流之和一定等于流入节点的电流之和。这是基尔霍夫定律的第一种表达形式，可表示为

$$\sum i_{出}=\sum i_{入} \tag{2.1.5.2}$$

式（2.1.5.1）还可写为

$$i_1+i_2-i_3=0 \qquad (2.1.5.3)$$

KCL 可归纳为：在集总参数电路中，任何时刻，对任一节点，所有支路电流的代数和恒等于零。其数学表达式为

$$\sum i=0 \qquad (2.1.5.4)$$

应用时有两点要注意：

（1）电流的“代数和"是根据电流是流出节点还是流入节点判断的。若流出节点的电流前面取“+”号，则流入节点的电流前面取“–”号；电流是流出节点还是流入节点，均根据电流的参考方向判断。

（2）式中必须包含连接在此节点上的所有支路电流。

KCL 是对节点处支路电流加的约束，与支路上接的是什么元件无关。

例 2.1.5.1 请列出图 2.1.5.3 中节点 a 的 KCL 方程。

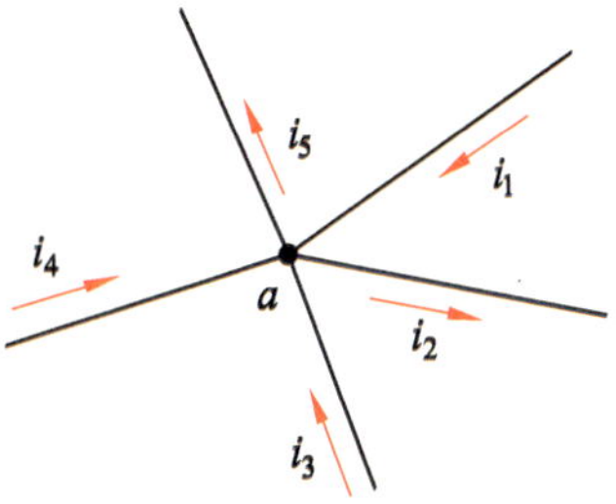

图 2.1.5.3 例 2.1.5.1 图

解 根据基尔霍夫电流定律，可得

$$i_1+i_3+i_4=i_2+i_5$$

假定流入为正，则有

$$i_1+(-i_2)+i_3+i_4+(-i_5)=0$$

即
$$i_1-i_2+i_3+i_4-i_5=0$$

KCL 不仅适用于电路的节点，还可以把它推广运用于电路的任一假设的封闭面（也称为广义节点）。如图 2.1.5.4（a）所示，虚线封闭面包围的电路 N_2 中有 3 条支路与电路的其余部分连接，其流入的电流为 i_1、i_2 和 i_3（电流的方向都是参考方向），则

$$i_1+i_2+i_3=0$$

根据电流连续性原理，对于一个封闭面，电流仍然必须是连续的，所以通过该封闭面的电流的代数和也应等于零。即流出封闭面的电流等于流入封闭面的电流。

图 2.1.5.4（b）所示的电路是一只晶体管三极之间的电流流向，可以假定一个封闭面 S 将晶体管包围起来，把它看成一个节点。这样，对于封闭面 S 来说，流出封闭面的电流等于流入封闭面的电流。据图中选取的电流参考方向可得

$$I_E=I_B+I_C$$

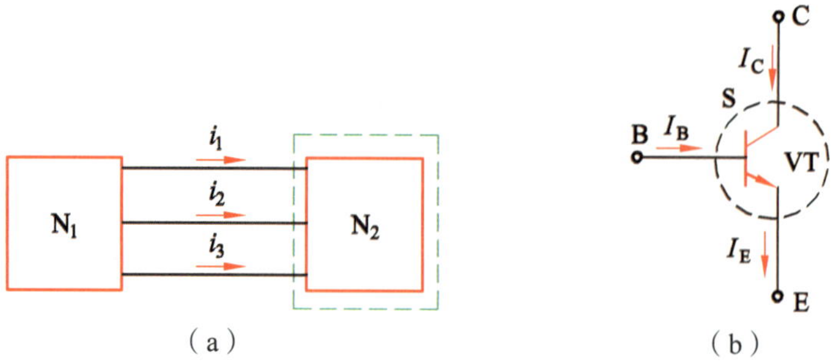

图 2.1.5.4　KCL 应用于一个封闭面

对于图 2.1.5.5（a），两部分电路之间只有一条导线相连接，根据 KCL，流过导线的电流 i 必然为零。若一个网络只有一根导线与地相连，那么稳定的时候这根导线中一定没有电流流过。

对于图 2.1.5.5（b），两部分电路之间有两条导线相连接，根据 KCL，流过导线的电流 $i_1 = i_2$。这也是低压电路防触电的漏电保护的原理。两根线一根是火线一根是零线，两部分电路一边是电源一边是很多负载并联的网络，正常工作时火线与零线的电流一定相等。一旦发生触电（有电流通过人体流向大地），或者其他原因漏电使电流有了除这两条线以外的其他路径，那么这两条线上的电流将不再相等，用仪器检测到即可进行保护动作。

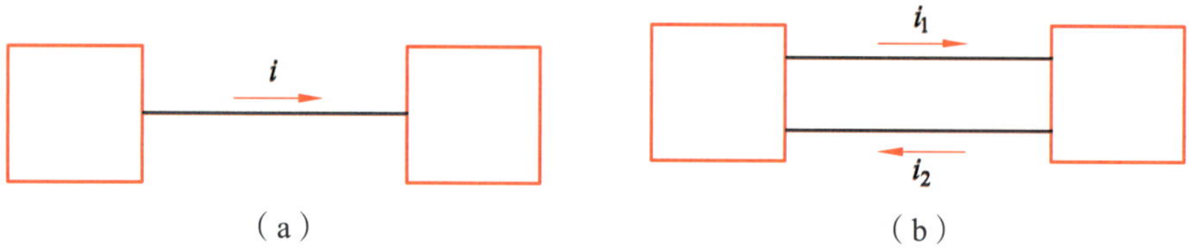

图 2.1.5.5　导线连接的两部分电路

例 2.1.5.2　请列出图 2.1.5.6（a）所示电路中各节点的 KCL 方程。

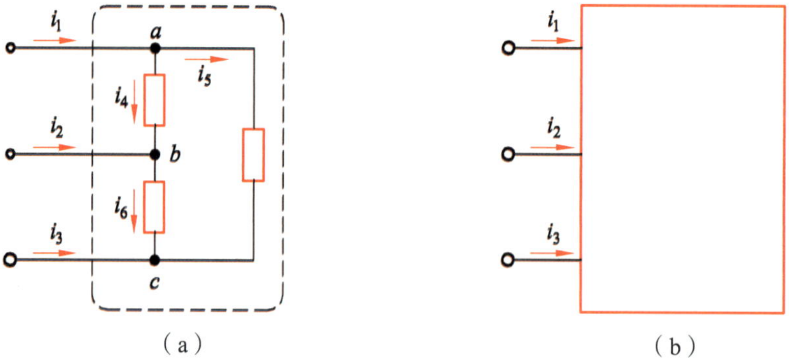

图 2.1.5.6　例 2.1.5.2 图

解　假定流入为正，则

对节点 a：$i_1 - i_4 - i_5 = 0$

对节点 b：$i_2 + i_4 - i_6 = 0$

对节点 c：$i_3 + i_5 + i_6 = 0$

将以上三个公式相加，可得：

$$i_1 + i_2 + i_3 = 0$$

这与将虚线包围的封闭面当作一个广义节点［见图 2.1.5.6（b）］得到的结果一致。

例 2.1.5.3 计算图 2.1.5.7 所示电路中的电流 I_1 和 I_2。

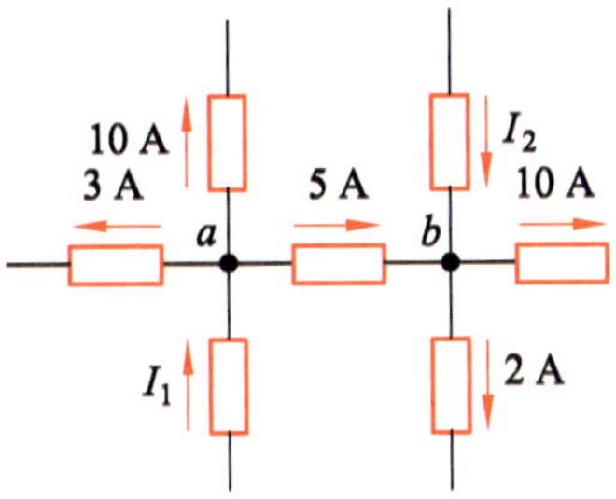

图 2.1.5.7 例 2.1.5.3 图

解 假定流入为正，则

节点 a：$I_1 - 3 - 5 - 10 = 0$

节点 b：$I_2 + 5 - 2 - 10 = 0$

解得

$$I_1 = 18(\text{A}) \quad I_2 = 7(\text{A})$$

从例题可总结出应用 KCL 求解步骤：

（1）假设电流的参考方向；

（2）选定节点及电流正方向（流入还是流出为正）；

（3）列出各节点的电流方程；

（4）求解电流方程，求出未知电流大小和方向。

2.1.5.4.3 基尔霍夫电压定律

基尔霍夫电压定律（Kirchhoff Voltage Law）是用来确定连接在同一回路中各支路电压之间的关系的，也称为回路电压定律，简写为 KVL。

电荷在电场中从一点移到另一点时，它所具有能量的改变量只与这两点的位置有关，与路径无关。也可根据两点间电压等于电位差，起点与终点两点的电位一定，电位差也就定了，与路径无关。

KVL 是电压与路径无关这一性质在电路中的体现：电路中，在任一时刻，从任一节点出发经过两个不同的路径到达另一个节点，电压相同。例如对图 2.1.5.8（a），以回路 $abcda$ 为例，各支路电压的参考方向如图 2.1.5.8（a）所示，各电压分别为 u_1、u_2、u_3、u_4。从节点 a 出发经过支路 ab 到达另一个节点 b，电压为：

$$u_{ab} = u_1 \tag{2.1.5.5}$$

从节点 a 出发经过路径 $adcb$ 到达节点 b，电压为各支路电压的代数和

$$u_{ab} = u_{ad} + u_{dc} + u_{cb} = -u_4 + u_3 + u_2 \tag{2.1.5.6}$$

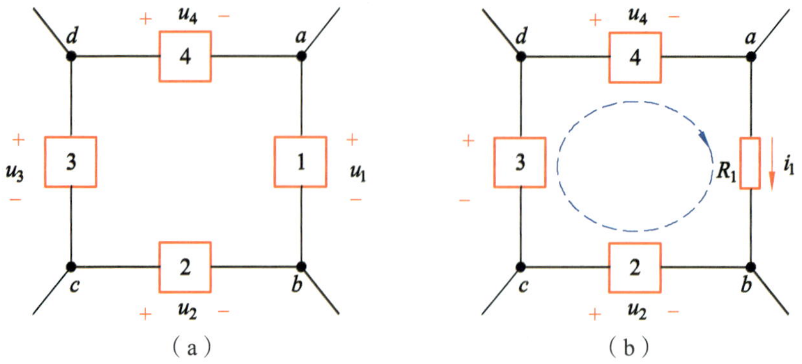

图 2.1.5.8　说明 KVL 的电路

由式（2.1.5.5）和式（2.1.5.6）可得

$$u_1=-u_4+u_3+u_2 \tag{2.1.5.7}$$

上式可写为

$$u_1-u_2-u_3+u_4=0 \tag{2.1.5.8}$$

KVL 可以表述为：在集总参数电路中，任何时刻，沿任一回路的各支路电压的代数和恒等于零。其数学表达式为：

$$\sum u=0 \tag{2.1.5.9}$$

在上式应用过程中，要注意以下几点。

（1）电压正负的判断。

按电压的参考方向列写方程，可按顺时针方向绕行，规定支路电压参考方向与回路绕行方向一致时（从“+”极性绕向“−”极性）电压取正号，相反时（从“−”极性绕向“+”极性）电压取负号。如图 2.1.5.8（b）中电压 u_4，顺时针绕行时在元件 4 处是从 d 点绕到 a 点，即从电压 u_4 参考方向的“+”极性绕向“−”极性，所以列写 KVL 方程时 u_4 取正号。而在 u_2 处，绕行是从“−”极性绕向“+”极性，故 u_2 取负号。当然，也可按逆时针方向列写方程，其结果是等效的。

（2）列写方程时一定要包含回路里所有的电压。

（3）如果电路中电阻元件没有标出电压，如图 2.1.5.8（b）所示元件 R_1，电路中标出了电流的参考方向，可以结合欧姆定律直接用 R_1i_1 代替电压。绕行方向与电流参考方向一致时取正。图 2.1.5.8（b）可列写 KVL 方程：

$$R_1i_1-u_2-u_3+u_4=0$$

KVL 也可以推广运用于电路中的假想回路（实际并没有连接成为回路），例如在图 2.1.5.9 中，可以假想有回路 $abca$，其中 ab 段并未画出支路。对于这个假想回路，如从 a 点出发，顺时针方向绕行一周，按图中设定的参考方向，有：

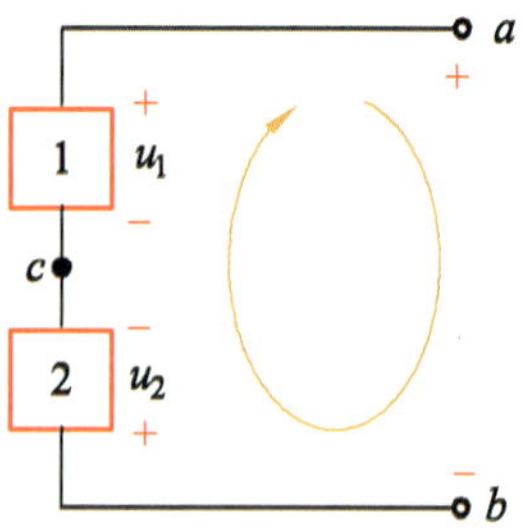

图 2.1.5.9　KVL 应用于假想回路

$$u+u_2-u_1=0$$

或

$$u=u_{ab}=u_1-u_2$$

例 2.1.5.4　求图 2.1.5.10 中的 u_1 和 u_2。

解　对 *abcda* 回路列 KVL 方程，取顺时针绕行方向，从 *a* 点出发可得

$$u_1 - 10 - 5 + 20 = 0$$

解得　$$u_1 = -5\ (\text{V})$$

对 *aebae* 回路列 KVL 方程，取顺时针绕行方向，从 *a* 点出发可得

$$5 + u_2 - u_1 = 0$$

解得　$$u_2 = -5 + u_1 = -5 - 5 = -10\ (\text{V})$$

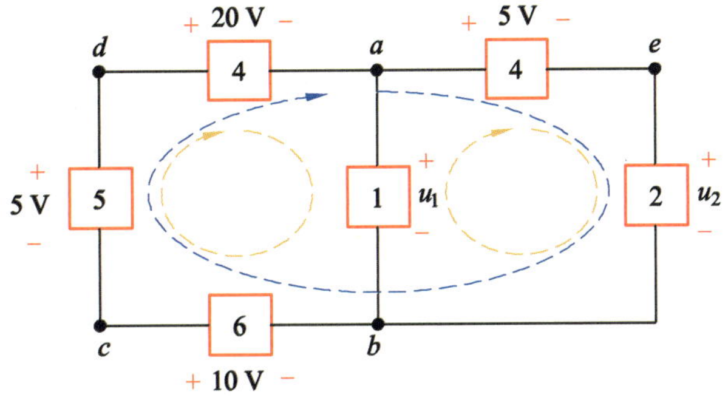

图 2.1.5.10　例 2.1.5.4 图

求 u_2 也可选用 *aebcda* 回路，取顺时针绕行方向，从 *a* 点出发可得

$$5 + u_2 - 10 - 5 + 20 = 0$$

解得　$$u_2 = -5 + u_1 = -5 - 5 = -10\ (\text{V})$$

从上题可总结出应用 KVL 求解步骤：

（1）假设电压的参考方向；

（2）选定回路及绕行方向；

（3）列出各回路的 KVL 方程；

（4）求解方程，得出未知电压大小和方向。

总之：在分析电路时，必须先设定电压的参考方向，在图上明确标示出来，然后再按 KVL 的规定列写方程。支路电压取正号还是取负号，一律以参考方向为准。

注意：KCL 规定了电路中任一节点的电流必须服从的约束关系，KVL 规定了电路中任一回路的电压必须服从的约束关系。这两个定律仅与元件的相互连接方式有关，而与元件的性质无关，所以这种约束称为“拓扑”约束。不论元件是线性的还是非线性的，电流、电压是直流的还是交流的，KCL 和 KVL 总成立。

基尔霍夫定律 3D 教学视频

2.1.5.5 素质素养养成

本小节内容是分析所有电路的基础，在学习中请同学们注意熟记 KCL 和 KVL 定律的内容，能熟练列写方程，特别要把握各项电压或电流的正负。

对于实际的电路，要善于观察，多思考，哪些现象可以用基尔霍夫定律来解释，从而加深对这部分知识的理解，同时学以致用，可提高学习的兴趣。

2.1.5.6 任务分组

见附表 1。

2.1.5.7 任务实施

任务工作单 1

组号：　　　　姓名：　　　　学号：　　　　检索号：<u>2.1.5.7-1</u>

引导问题：

（1）写出基尔霍夫电流定律的内容、原理、应用范围及数学表达式；

（2）写出基尔霍夫电压定律的内容、原理、应用范围及数学表达式；

（3）写出列写 KCL 方程时的如何判断电流的正负，求解一般步骤；

（4）写出列写 KVL 方程时的如何判断电压的正负，求解一般步骤；

（5）写出广义节点和假想回路的概念。

____

____

____

____

任务工作单 2

组号：　　　　姓名：　　　　学号：　　　　检索号：<u>2.1.5.7-2</u>

引导问题：

（1）对图 2.1.5.11 中的节点列 KCL 方程；若 $i_1 = 1\,\text{A}$，$i_3 = -3\,\text{A}$，$i_4 = 2\,\text{A}$，求 i_2。

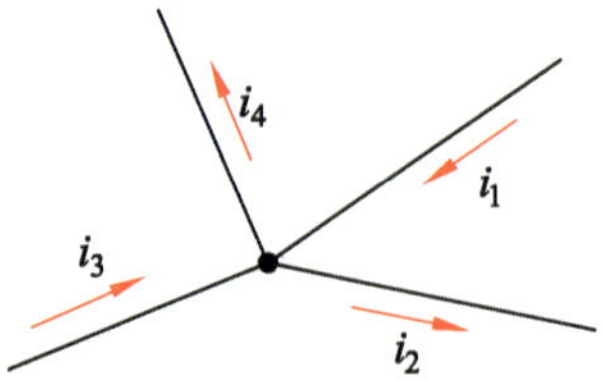

图 2.1.5.11

（2）求图 2.1.5.12（a）、（b）中的电压 U 及图（c）中的 U_1、U_2 和 U_3。

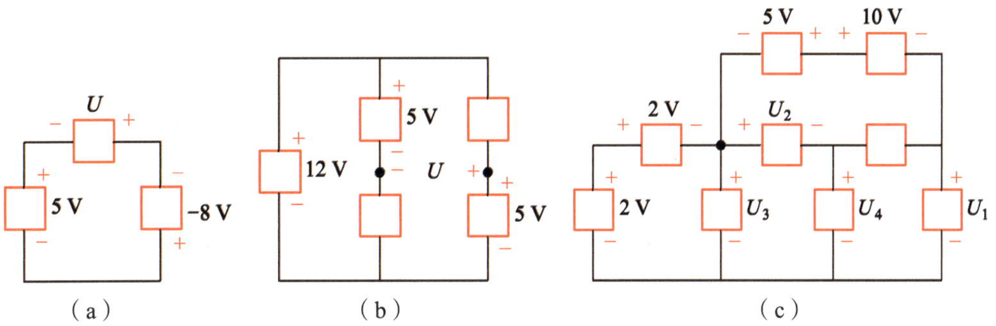

图 2.1.5.12

（3）给图图 2.1.5.13 中 I_1 标参考方向；对点 C 列 KCL 方程；表头 G 等效为电阻元件，$I_G=0$ 时，求 U_{CD}；对回路 $ACDA$ 列 KVL 方程；试分析 R_1、R_2、R_S 均已知的条件下，要使 $I_G=0$，R_x 与这三个电阻的关系。

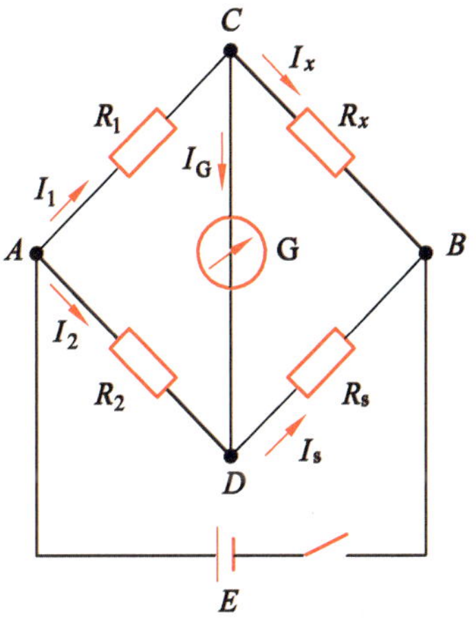

图 2.1.5.13

任务工作单 3

组号：　　　　姓名：　　　　学号：　　　　检索号：2.1.5.7-3

引导问题：

（1）每小组推荐一位小组长，汇报任务工作单 2 的成果。

任务工作单 4

组号：　　　　姓名：　　　　学号：　　　　检索号：2.1.5.7-4

引导问题：

（1）自查、分析自身工单存在的错误及改正，并填写下表。

表 2.1.5.1　任务工作单自查表

错误	原因	改正

2.1.5.8　评价反馈

任务工作单 1

组号：　　　　姓名：　　　　学号：　　　　检索号：2.1.5.8-1

表 2.1.5.2　个人自评表

<table>
<tr><td>班级</td><td></td><td>姓名</td><td></td><td>日期</td><td>年　月　日</td></tr>
<tr><td>任务名称</td><td colspan="5"></td></tr>
<tr><td>评价指标</td><td colspan="3">评价内容</td><td>分数</td><td>分数评定</td></tr>
<tr><td>信息检索能力</td><td colspan="3">能有效利用网络、图书资源、字典查找有用的相关信息等；能将查到的信息有效地传递到工作中。</td><td>10 分</td><td></td></tr>
<tr><td>感知课堂生活</td><td colspan="3">认同本任务的工作价值，在参与中获得满足感、成就感。</td><td>10 分</td><td></td></tr>
<tr><td rowspan="2">参与态度</td><td colspan="3">积极主动与教师、同学交流，相互尊重、理解、平等；与教师、同学之间是否能够保持多向、丰富、适宜的信息交流。</td><td>10 分</td><td></td></tr>
<tr><td colspan="3">能处理好合作学习和独立思考的关系，做到有效学习；能提出有意义的问题或能发表个人见解。</td><td>10 分</td><td></td></tr>
<tr><td rowspan="6">知识、能力获得情况</td><td colspan="3">1. 能说出基尔霍夫电流定律的内容、原理、应用范围及数学表达式。</td><td>10 分</td><td></td></tr>
<tr><td colspan="3">2. 能说出基尔霍夫电压定律的内容、原理、应用范围及数学表达式。</td><td>10 分</td><td></td></tr>
<tr><td colspan="3">3. 能说出列写 KCL 方程时的注意事项，如何判断电流的正负，求解一般步骤。</td><td>10 分</td><td></td></tr>
<tr><td colspan="3">4. 能说出列写 KVL 方程时的注意事项，如何判断电压的正负，求解一般步骤。</td><td>10 分</td><td></td></tr>
<tr><td colspan="3">5. 能说出广义节点和假想回路的概念和实例。</td><td>5 分</td><td></td></tr>
<tr><td colspan="3">6. 能找到自己的不足。</td><td>5 分</td><td></td></tr>
<tr><td>思维态度</td><td colspan="3">是否能发现问题、提出问题、分析问题、解决问题、创新问题。</td><td>5 分</td><td></td></tr>
<tr><td>自评反馈</td><td colspan="3">按时按要求完成任务；较好地掌握了知识点；具有较强的信息分析能力和理解能力；具有较为全面严谨的思维能力，并能条理清楚明晰表达成文。</td><td>5 分</td><td></td></tr>
</table>

续表

评价指标	评价内容	分数	分数评定
自评分数			
有益的经验和做法			
总结反馈建议			

任务工作单 2

组号：　　　姓名：　　　学号：　　　检索号：2.1.5.8-2

表 2.1.5.3　小组内互评验收表

验收组长		组名		日期	年　月　日
组内验收成员					
任务要求	能准确描述基尔霍夫电流定律（节点电流定律 KCL）和基尔霍夫电压定律（回路电压定律 KVL）的内容，能写出其表达式，能找出广义节点和假想回路对基尔霍夫定律进行推广应用，能运用基尔霍夫定律求某支路电流或某部分电路的电压，能解释实际电路的常见现象，能够按时完成任务工作单，能够反思自己的不足并改进。				
验收文档清单	被验收者 2.1.5.7-1 任务工作单 被验收者 2.1.5.7-2 任务工作单 被验收者 2.1.5.7-3 任务工作单 被验收者 2.1.5.7-4 任务工作单				
	文献检索清单				
验收评分	评分标准			分数	得分
	能说出基尔霍夫电流定律的内容、原理、应用范围及数学表达式，错一处扣 4 分。			20 分	
	能说出基尔霍夫电压定律的内容、原理、应用范围及数学表达式，错一处扣 4 分。			20 分	
	能说出列写 KCL 方程时的注意事项，如何判断电流的正负，求解一般步骤，错一处扣 5 分。			15 分	
	能说出列写 KVL 方程时的注意事项，如何判断电压的正负，求解一般步骤，错一处扣 5 分。			15 分	
	能够说出广义节点和假想回路的特点，错一处扣 5 分。			10 分	
	提供文献检索清单，少于 5 项，缺一项扣 4 分。			20 分	
评价分数					
不足之处					

任务工作单 3

被评组号：　　　　　　　　检索号：2.1.5.8-3

表 2.1.5.4　小组间互评表

班级		评价小组		日期	年　月　日
评价指标	评价内容			分数	分数评定
汇报表述	表述准确			15 分	
	语言流畅			10 分	
	声音洪亮、自信大方			15 分	
内容正确度	内容正确			30 分	
	口述准确			30 分	
互评分数					
简要评述					

任务工作单 4

组号：　　　姓名：　　　学号：　　　检索号：2.1.5.8-4

表 2.1.5.5　任务完成情况评价表

任务名称	基尔霍夫定律（KCL、KVL）应用				总得分	
组号及成员						
评价依据	学生完成的 2.1.5.7 所有任务工作单					
序号	任务内容及要求		配分	评分标准	教师评价	
					结论	得分
1	能说出基尔霍夫电流定律的内容、原理、应用范围及数学表达式。	1. 描述正确；	10 分	缺一个要点扣 1 分		
		2. 语言表达流畅。	5 分	酌情赋分		
2	能说出基尔霍夫电压定律的内容、原理、应用范围及数学表达式。	1. 描述正确；	10 分	缺一个要点扣 1 分		
		2. 语言流畅。	5 分	酌情赋分		
3	能说出列写 KCL 方程时的注意事项，如何判断电流的正负，求解一般步骤，会计算某支路电流。	1. 描述正确；	10 分	缺一个要点扣 2 分		
		2. 计算无误；	5 分	错一处扣 2 分		
		3. 语言流畅。	5 分	酌情赋分		

续表

序号	任务内容及要求		配分	评分标准	教师评价	
					结论	得分
4	能说出列写KVL方程时的注意事项，如何判断电压的正负，求解一般步骤，会计算某支路电压。	1. 描述正确；	10分	缺一个要点扣2分		
		2. 计算无误；	5分	错一处扣2分		
		3. 语言流畅。	5分	酌情赋分		
5	能说出广义节点和假想回路的概念和实例。	1. 描述正确；	5分	缺一个要点扣2分		
		2. 语言流畅。	5分	酌情赋分		
6	至少包含5份文献的检索文献的目录清单。	1. 数量；	5分	每少一个扣2分		
		2. 参考的主要内容要点。	5分	酌情赋分		
7	素质素养评价。	1. 沟通交流能力；	10分	酌情赋分，但违反课堂纪律，不听从组长、教师安排，不得分。		
		2. 团队合作；				
		3. 课堂纪律；				
		4. 合作探学；				
		5. 自主研学；				
		6. 培养抽象思维建模能力；				
		7. 培养仔细观察，严谨求学的学习习惯。				

任务6　实验：基尔霍夫定律验证

2.1.6.1　任务描述

设计实验方案，验证基尔霍夫定律的正确性。

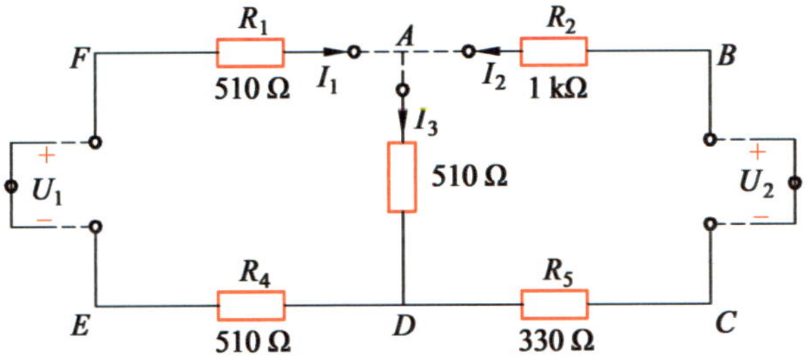

图 2.1.6.1　基尔霍夫定律验证

2.1.6.2　学习目标

知识目标

（1）掌握基尔霍夫电流定律（KCL）和基尔霍夫电压定律（KVL）的具体内容；
（2）掌握电压、电流的参考方向的内涵，区别实际方向和参考方向。

能力目标

（1）能够设计正确的电路，动手完成实验电路连接；
（2）能够根据参考方向的概念正确处理测得的实验数据，判定电压和电流的实际方向。

素质素养目标

（1）培养学生动手操作的能力；
（2）培养学生理论联系实际的能力；
（3）培养学生遵章守纪、规范操作的工作习惯；
（4）培养学生劳动光荣、技能宝贵的生产意识。

2.1.6.3　任务分析

重　点

（1）深刻理解基尔霍夫定律的内涵；
（2）深刻理解参考方向的内涵。

难　点

（1）设计合适的电路验证基尔霍夫定律的正确性；
（2）根据实验现象，说出参考方向和实际方向的内涵。

2.1.6.4　相关知识链接

2.1.6.4.1　基尔霍夫电流定律（Kirchhoff's Current Law，KCL）

定律内容：对于集总参数电路，电路中任一节点，在任意时刻，流出节点的电流之和一定等于流入节点的电流之和。如图 2.1.6.2 所示。

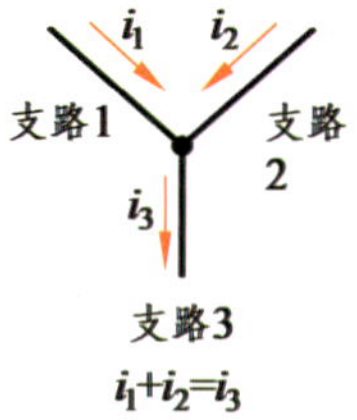

图 2.1.6.2　KCL 说明示例

$$i_1+i_2=i_3 \tag{2.1.6.1}$$

或者将公式右边的式子移到左边，我们一般规定凡是流入节点的电流取正，流出节点的电流取负，则可以得到：

$$i_1+i_2-i_3=0 \quad (2.1.6.2)$$

流入某处某一电荷量的电荷，必须同时从该处流出同一电荷量的电荷，这一结论称为电流的连续性原理，KCL 就是电流的连续性原理在电路中的具体体现。

在具体应用中，同学们可以根据自己的习惯假定电流流入取“+”还是流出取“+”，最终结果是等效的。

除此之外，KCL 也可推广至广义的节点。根据电流的连续性定理，通过封闭面的电流代数和也应等于零。同学们可以将封闭面想象成一个体积较大的节点，流出这个大节点的电流一定等于流入这个大节点的电流。

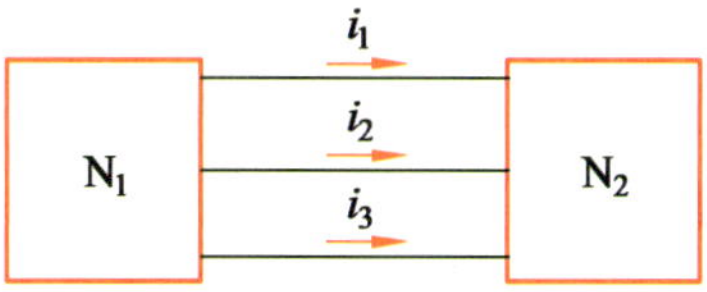

图 2.1.6.3　广义节点 KCL 说明示例

值得注意的是，在应用 KCL 分析电路时，必须先设定电流的参考方向，并在电路图中明确标出电流的流向，再按照 KCL 的规定列写方程，流入节点还是流出节点一律以参考方向为准。

2.1.6.4.2　基尔霍夫电压定律（Kirchhoff's Voltage Law，KVL）

KVL 本质上是电荷在电场中做功与路径无关，只与两点之间的位置有关。我们知道，在电场中将单位正电荷从 a 点移动到 b 点，电场力做功 $W_{ab}=qu_{ab}$，于是将电荷从 a 点出发，沿着 $abcda$ 支路走一圈，回到 a 点，电场力所做的功应为：

$$W=qu_{ab}+qu_{bc}+qu_{cd}+qu_{da}=0 \quad (2.1.6.3)$$

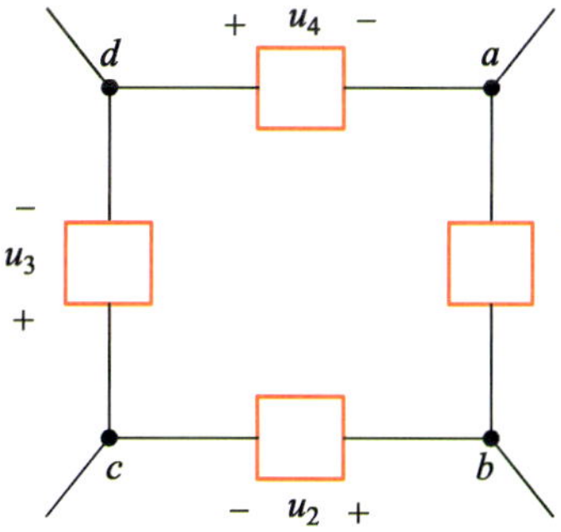

图 2.1.6.4　KVL 证明

由于电荷不等于零，所以必须满足：

$$u_{ab}+u_{bc}+u_{cd}+u_{da}=0 \quad (2.1.6.4)$$

由此证明 KVL 定律，在集总参数电路中，任一回路的电压代数和恒为零。此外，将公式左边的部分电压移到右边，可以得到 KVL 的另一变式，即：

$$\sum u_{降}=\sum u_{升} \quad (2.1.6.5)$$

除此之外，KVL 也可推广应用于电路中的假想回路中，对于图中路径，可以假想有回路 $abca$，虽然 a 与 b 之间并未画出支路。

对于这个假想回路，按照顺时针方向绕行一周，有：

$$u + u_2 - u_1 = 0 \quad (2.1.6.6)$$

或者应用 $\sum$电压降 $= \sum$电压升：

$$u + u_2 = u_1 \quad (2.1.6.7)$$

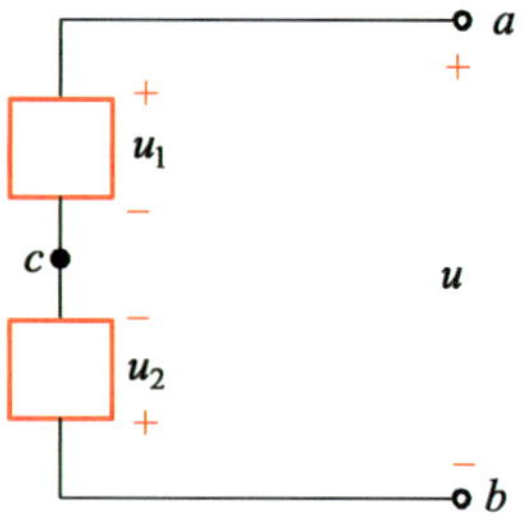

图 2.1.6.5　广义 KVL 回路

值得注意的是，无论是 KVL 还是 KCL，均是对电路拓扑结构的约束，与电路的元件是否为线性的，电路的物理量是交流还是直流均无关系，只要是集总参数电路，均强制满足 KVL 和 KCL。

2.1.6.5　素质素养养成

KCL 和 KVL 作为集总参数最基本的定理，对后续求解复杂电路具有重要铺垫作用，但是应用 KCL 和 KVL 的前提是电路必须是集总参数电路，且电路的参考方向已经设定并且在电路图上明确标出，同学们在做实验时，注意电压的和电流的参考方向，实事求是地记录数据并根据实验现象分析总结，将理论知识和实践动手操作结果有机统一。本次所有用的实验台也是大家后续实验的平台，在实验中爱护仪器也是为自己下一次做实验做好铺垫，在实验中遵守安全纪律，爱护实验室卫生，营造整洁严肃的实验氛围能够帮助同学们获得更好的实验体验。

2.1.6.6　任务分组

见附表 1。

2.1.6.7　工作准备

任务工作单 1

组号：　　　　姓名：　　　　学号：　　　　检索号：2.1.6.7-1

引导问题：

（1）为了验 KCL、KVL，需要准备哪些实验工器具？

表 2.1.6.1　实验工器具

序号	实验器具	型号	数量

（2）简述实验过程中的注意事项

____

____

____

2.1.6.8 方案制定

任务工作单 2

组号：　　　　姓名：　　　　学号：　　　　检索号：2.1.6.8-2

引导问题：

（1）KCL、KVL 定理的内容是什么？

（2）要证明 KCL 定理是正确的，待测对象是什么？

（3）要证明 KVL 定理的内容是正确的，待测对象是什么？

（4）搭建一个电路，同时具备验证 KCL 和 KVL 的特性。

制定实验方案：

____

____

____

2.1.6.9 方案汇报与优化

任务工作单 3

组号：　　　　姓名：　　　　学号：　　　　检索号：2.1.6.9-3

引导问题：

（1）测量电路包含哪些电路元件，有几条支路、几个回路？

（2）验证 KCL 正确需要几步？每一步分别需要做什么？

（3）验证 KVL 正确需要几步？每一步分别需要做什么？

方案汇报：

____

____

____

方案优化：

____

____

____

2.1.6.10　方案实施与结论

任务工作单 4

组号：　　　　姓名：　　　　学号：　　　　检索号：<u>2.1.6.10-4</u>

引导问题：

（1）验证 KCL/KVL 正确每一步做什么，应该注意什么？

（2）需要记录哪些数据？

（3）根据实验数据如何说明定理的正确性？

方案实施：

____

____

____

实验结论：

____

____

____

2.1.6.11　评价反馈

任务工作单 5

组号：　　　　姓名：　　　　学号：　　　　检索号：<u>2.1.6.11-5</u>

表 2.1.6.2　个人自评表

班级		姓名		日期	年　月　日
评价指标	评价内容			分数	分数评定
信息检索	能有效利用网络、图书资源查找有用的相关信息等；能将查到的信息有效地传递到学习中。			10 分	
感知课堂生活	熟悉工器具使用，认同工作价值；在学习中是否能获得满足感。			10 分	
参与态度	积极主动与教师、同学交流，相互尊重、理解、平等；与教师、同学之间是否能够保持多向、丰富、适宜的信息交流。			10 分	
	能处理好合作学习和独立思考的关系，做到有效学习；能提出有意义的问题或能发表个人见解。			10 分	
知识获得	1. 能说出 KCL、KVL 定理的内容。			10 分	
	2. 能设计合适的电路完成定理的验证。			10 分	
	3. 能说出使用 KCL、KVL 定理的注意事项。			10 分	
	4. 能正确记录实验数据，分析数据得出结论。			10 分	

续表

评价指标	评价内容	分数	分数评定
思维态度	是否能发现问题、提出问题、分析问题、解决问题、创新问题。	10分	
自评反馈	按时按质完成任务；较好地掌握了知识点；具有较强的信息分析能力和理解能力；具有较为全面严谨的思维能力，并能条理清楚明晰表达成文。	10分	
自评分数			
有益的经验和做法			
总结与反馈建议			

任务工作单 6

组号：　　姓名：　　学号：　　检索号：2.1.6.11-6

表 2.1.6.3　小组内互评验收表

验收组长		组名		日期	年　月　日
组内验收成员					
任务要求	设计合理的实验电路，完成 KCL、KVL 定律的验证，记录实验数据，分析实验结果，得出实验结论。				
验收文档清单	被验收者 2.1.6.7-1 任务工作单 被验收者 2.1.6.8-2 任务工作单 被验收者 2.1.6.9-3 任务工作单 被验收者 2.1.6.10-4 任务工作单				
	文献检索清单				
验收评分	评分标准		分数	得分	
	能正确确定检测需要的工器具，列举实验中的注意事项，错误一处扣 5 分		20 分		
	能正确制定每一个实验目的的检测方案，错误一处扣 5 分		20 分		
	能按照实验方案，正确开展实验，并记录检测数据，错一处扣 2 分		20 分		
	能分析测量误差产生的原因，并提出相应的措施，错一处扣 2 分		20 分		
	提供文献检索清单，少于 5 项，缺一项扣 4 分		20 分		
评价分数					
不足之处					

任务工作单 7

被评组号：　　　　　　　　　　检索号：2.1.6.11-7

表 2.1.6.4　小组间互评表

班级		评价小组		日期	年　月　日
评价指标	评价内容			分数	分数评定
汇报表述	表述准确			15 分	
	语言流畅			10 分	
	准确完整描述实验方案			15 分	
内容正确度	内容正确			30 分	
	内容完整			30 分	
互评分数					
简要评述					

任务工作单 8

组号：　　　　姓名：　　　　学号：　　　　检索号：2.1.6.11-8

表 2.1.6.5　任务完成情况评价表

任务名称	实验：基尔霍夫定律的验证			总得分		
评价依据	学生完成的 2.1.6.7-1、2.1.6.8-2、2.1.6.9-3、2.1.6.10-4 任务工作单					
序号	任务内容及要求		配分	评分标准	教师评价	
					结论	得分
1	能阅读实验指导书，明确实验目的，选择实验器具。	1. 描述正确；	10 分	缺一个要点扣 1 分		
		2. 语言表达流畅。	10 分	酌情赋分		
2	能正确制定每一个实验目的的检测方案。	1. 描述正确；	10 分	缺一个要点扣 1 分		
		2. 语言流畅。	10 分	酌情赋分		
3	能按照实验方案，正确开展实验，并记录实验数据。	1. 描述正确；	10 分	缺一个要点扣 2 分		
		2. 语言流畅。	10 分	酌情赋分		
4	能分析测量误差产生的原因，并提出相应的措施。	1. 描述正确；	10 分	缺一个要点扣 2 分		
		2. 语言流畅。	10 分	酌情赋分		
5	至少包含 5 份文献的检索文献的目录清单。	1. 数量；	5 分	每少一个扣 2 分		
		2. 参考的主要内容要点。	5 分	酌情赋分		

续表

序号	任务内容及要求		配分	评分标准	教师评价	
					结论	得分
6	素质素养评价。	1. 沟通交流能力； 2. 团队合作； 3. 课堂纪律； 4. 合作探学； 5. 自主研学； 6. 动手能力； 7. 分析问题，融会贯通； 8. 爱护工器具及环境卫生； 9. 讲原则、守规矩； 10. 热爱劳动。	10分	酌情赋分，但违反课堂纪律，不听从组长、教师安排，不得分。		

任务7　实验：电位计算及电位、电压测定

2.1.7.1　任务描述

设计实验方案，测定电位和电压，证明电路中电位的相对性、电压的绝对性。

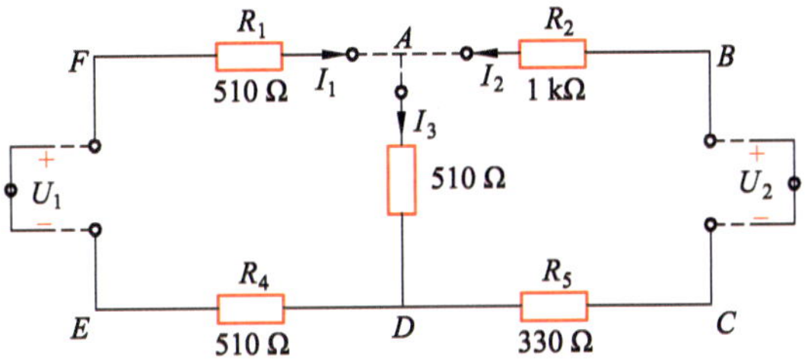

图 2.1.7.1　基尔霍夫定律验证

2.1.7.2　学习目标

知识目标

（1）掌握电位、电压的概念；

（2）掌握电路中测电位、测电压的方法。

能力目标

（1）能够设计正确的电路，动手完成实验电路连接；

（2）能够对实验数据进行分析，证明电位的相对性、电压的绝对性。

素质素养目标

（1）培养学生动手操作的能力；

（2）培养学生理论联系实际的能力；

（3）培养学生遵章守纪、规范操作的工作习惯；
（4）培养学生劳动光荣、技能宝贵的生产意识。

2.1.7.3　任务分析

重　点

深刻理解电位的相对性、电压的绝对性的内涵。

难　点

（1）选择合适的方法测定电位、电压；
（2）设计合适的电路，验证电位的相对性、电压的绝对性。

2.1.7.4　相关知识链接

2.1.7.4.1　电位的相对性

在电路中任取一点 o 作为参考点，则由某点 a 到参考点 o 的电压 u_{ao} 称为 a 点的电位，用 V_a 表示。电位的参考点可以任意选取，在电气工程中常选择大地、设备外壳或接地点作为参考点。在一个连通的系统中只能选择一个参考点，并用“$\perp$”符号标记，而参考点的电位为零。

电路中某点电位值与参考点的选择有关。对于同一个点，若参考点选择不同，则电位值不同，这就叫电位的相对性。电位值一定是该点相对于参考点的量值，由于参考点的选择是任意的，所以当我们选择 a 点作为参考点时，a 点的电位就为 0，若选择 o 点为参考点，则 a 点电位就为 u_{ao}。

2.1.7.4.2　电压的绝对性

一般可以认为电位与电压的意义相同，电压就是两点的电位之差，即 $u_{ab}=V_{ao}-V_{bo}$。知道电路上各点电位后，便可求得各段的电压，反之也可由电路各段电压求得电路各点的电位。

电压的绝对性是指两点之间的电压值与参考点的选择无关。证明如下：假设电路中的参考点为 o，可得 a 点电位为 V_{ao}，b 点电位为 V_{bo}，则 ab 两点之间的电压为：$u_{ab}=V_{ao}-V_{bo}=(V_a-V_o)-(V_b-V_o)=V_a-V_b$。为了证明两点间电压与参考点选择无关，我们选择电路中另一个参考点 p，则 ab 两点之间的电压为：$u_{ab}=V_{ap}-V_{bp}=(V_a-V_p)-(V_b-V_p)=V_a-V_b$。上述过程说明不管参考点如何选取，两点之间的电压值始终不变，与参考点选择无关，由此证明了电压的绝对性。

2.1.7.5　素质素养养成

本任务希望同学们自己动手动脑设计测量方案，通过数据的直观感受进一步加深电位相对性、电压绝对性的理解。在实验过程中，动手动脑，养成遵章守纪、规范作业的工作习惯；加强与同组同学之间的交流与协作，做好分工，在练就技能的同时也增进同学友谊、增强团队协作能力。

2.1.7.6 任务分组

见附表 1。

2.1.7.7 工作准备

任务工作单 1

组号：　　　　姓名：　　　　学号：　　　　检索号：2.1.7.7-1

引导问题：

（1）为了测定电位和电压，需要用到哪些工器具？

表 2.1.7.1 实验工器具

序号	实验器具	型号	数量

（2）简述实验过程中的注意事项

____

____

____

2.1.7.8 方案制定

任务工作单 2

组号：　　　　姓名：　　　　学号：　　　　检索号：2.1.7.8-2

引导问题：

（1）电位的相对性是指什么意思？如何说明电位具有相对性？

（2）电压的绝对性是指什么意思？如何说明电压具有绝对性？

（3）画出测量电路图，并标出要测量的电位点和电压点。

（4）设计测量数据记录表格。

制定实验方案：

____

____

____

2.1.7.9 方案汇报与优化

任务工作单 3

组号： 姓名： 学号： 检索号： 2.1.7.9-3

引导问题：

（1）测量电路长什么样？包含几个节点？

（2）如何测量电位？

（3）如何测量电压？

（4）数据记录表格包含哪些内容？

方案汇报：

____

____

____

方案优化：

____

____

____

2.1.7.10 方案实施与结论

任务工作单 4

组号： 姓名： 学号： 检索号： 2.1.7.10-4

引导问题：

（1）验证电位相对性时，每一步应该做什么？

（2）验证电压绝对性时，每一步应该做什么？

（3）数据如何处理才能说明电位的相对性、电压的绝对性？

方案实施：

____

____

____

实验结论：

____

____

____

2.1.7.11 评价反馈

任务工作单 5

组号：　　　　姓名：　　　　学号：　　　　检索号：2.1.7.11-5

表 2.1.7.2 个人自评表

班级	姓名	日期	年　月　日
评价指标	评价内容	分数	分数评定
信息检索	能有效利用网络、图书资源查找有用的相关信息等；能将查到的信息有效地传递到学习中。	10 分	
感知课堂生活	熟悉工器具使用，认同工作价值；在学习中是否能获得满足感。	10 分	
参与态度	积极主动与教师、同学交流，相互尊重、理解、平等；与教师、同学之间是否能够保持多向、丰富、适宜的信息交流。	10 分	
	能处理好合作学习和独立思考的关系，做到有效学习；能提出有意义的问题或能发表个人见解。	10 分	
知识获得	1. 能说出电位的定义；	10 分	
	2. 能说出电压的定义；	10 分	
	3. 能说出电位相对性，电压绝对性的内涵。	10 分	
	4. 能设计正确的实验电路，完成实验，并验证结论。	10 分	
思维态度	是否能发现问题、提出问题、分析问题、解决问题、创新问题。	10 分	
自评反馈	按时按质完成任务；较好地掌握了知识点；具有较强的信息分析能力和理解能力；具有较为全面严谨的思维能力，并能条理清楚明晰表达成文。	10 分	
自评分数			
有益的经验和做法			
总结与反馈建议			

任务工作单 6

组号：　　　　姓名：　　　　学号：　　　　检索号：2.1.7.11-6

表 2.1.7.3 小组内互评验收表

验收组长	组名　　　　日期　　年　月　日
组内验收成员	
任务要求	设计合理的实验电路，完成电位和电压的测定，记录实验数据，分析实验结果，证明电位的相对性、电压的绝对性。
验收文档清单	被验收者 2.1.7.7-1 任务工作单 被验收者 2.1.7.8-2 任务工作单 被验收者 2.1.7.9-3 任务工作单 被验收者 2.1.7.10-4 任务工作单
	文献检索清单

续表

	评分标准	分数	得分
验收评分	能正确确定检测需要的工器具，列举实验中的注意事项，错误一处扣5分。	20分	
	能正确制定每一个实验目的的检测方案，错误一处扣5分。	20分	
	能按照实验方案，正确开展实验，并记录检测数据，错一处扣2分。	20分	
	能分析测量误差产生的原因，并提出相应的措施，错一处扣2分。	20分	
	提供文献检索清单，少于5项，缺一项扣4分。	20分	
评价分数			
不足之处			

任务工作单 7

被评组号：　　　　　　　　　检索号：2.1.7.11-7

表 2.1.4.4　小组间互评表

班级		评价小组		日期	年　月　日
评价指标	评价内容			分数	分数评定
汇报表述	表述准确			15分	
	语言流畅			10分	
	准确完整描述实验方案			15分	
内容正确度	内容正确			30分	
	内容完整			30分	
互评分数					
简要评述					

任务工作单 8

组号：　　　姓名：　　　学号：　　　检索号：2.1.7.11-8

表 2.1.7.5　任务完成情况评价表

任务名称	实验：电位计算及电位、电压测定				总得分	
评价依据	学生完成的2.1.7.11-1、2.1.7.11-2、2.1.7.11-3、2.1.7.11-4任务工作单					
序号	任务内容及要求		配分	评分标准	教师评价	
					结论	得分
1	能阅读实验指导书，明确实验目的，选择实验器具。	1. 描述正确；	10分	缺一个要点扣1分		
		2. 语言表达流畅。	10分	酌情赋分		

续表

序号	任务内容及要求		配分	评分标准	教师评价	
					结论	得分
2	能正确制定每一个实验目的的检测方案。	1. 描述正确；	10分	缺一个要点扣1分		
		2. 语言流畅。	10分	酌情赋分		
3	能按照实验方案，正确开展实验，并记录实验数据。	1. 描述正确；	10分	缺一个要点扣2分		
		2. 语言流畅。	10分	酌情赋分		
4	能分析测量误差产生的原因，并提出相应的措施。	1. 描述正确；	10分	缺一个要点扣2分		
		2. 语言流畅。	10分	酌情赋分		
5	至少包含5份文献的检索文献的目录清单。	1. 数量；	5分	每少一个扣2分		
		2. 参考的主要内容要点。	5分	酌情赋分		
6	素质素养评价。	1. 沟通交流能力； 2. 团队合作； 3. 课堂纪律； 4. 合作探学； 5. 自主研学； 6. 动手能力； 7. 分析问题，融会贯通； 8. 爱护工器具及环境卫生； 9. 讲原则、守规矩； 10. 热爱劳动。	10分	酌情赋分，但违反课堂纪律，不听从组长、教师安排，不得分。		

项目 2　直流电路认识

任务 1　电路中常用名词术语及电路工作状态认识

2.2.1.1　任务描述

分清电路中常用名词术语的含义，能够清晰判断电路的工作状态。

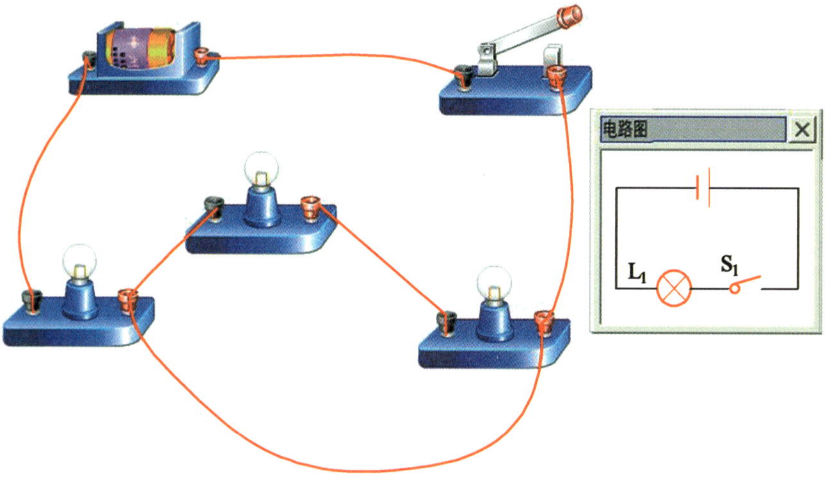

图 2.2.1.1　电路模型示例

2.2.1.2　学习目标

知识目标

（1）掌握支路、节点、回路、网孔的概念和区别；

（2）掌握电路元件的分类和特点；

（3）理解网络、激励、响应的含义；

（4）了解电路的工作状态。

能力目标

（1）能够说出电路常见名词的概念和各自的区别；

（2）能够通过电路图准确判断电路所处的状态。

素质素养目标

（1）培养学生仔细观察、注意甄别的能力；

（2）培养学生抽象建模的能力。

2.2.1.3　任务分析

重　点

（1）支路、节点、网孔、回路的概念及其区别；

（2）元件的分类及其特点。

难　点

（1）区别节点、回路、网孔的特点；

（2）区分有源和无源元件的特点。

2.2.1.4　相关知识链接

2.2.1.4.1　支路、节点、回路、网孔的概念

支路：广义上来说每一个二端元件都可以称为一条支路，但这样电路的支路数就太多了，一般将没有分支节点的通路称为一条支路。例如图 2.2.1.2 中的 165、7、234 都可称为一条支路，但 12 不能称为一条支路，因为 *b* 点有分支支路。

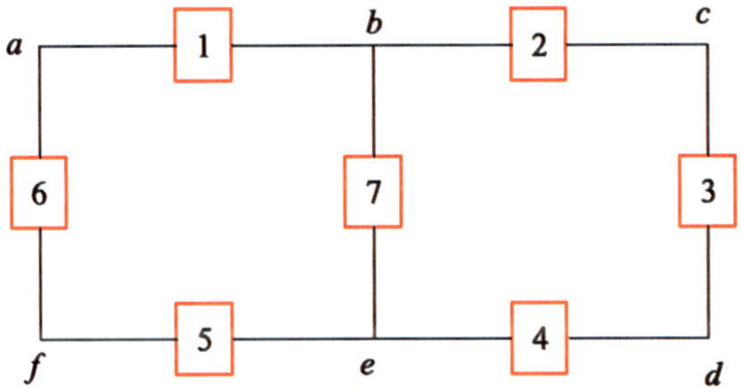

图 2.2.1.2　电路名词说明示意图

节点：支路与支路的连接点。为了方便电路分析计算，我们一般只将三条或三条以上支路的连接点看作节点。比如图 2.2.1.2 中的 *b* 点、*e* 点都称之为节点。

回路：由几条支路组成的闭合路径。比如 1756、2347、123456 组成的闭合路径都称之为回路。

网孔：回路的一种，在回路内部不另含有支路。比如图 2.2.1.3 中的 1756、2347 都可称之为网孔，但 123456 不能称为网孔，因为中间另含支路 7。网孔的本质就是回路，但回路不一定是网孔。

2.2.1.4.2　元件的分类及其特点

常见的电路元件主要包括电压源、电流源、电阻元件、电容元件、电感元件，为了便于分析，我们将这些元件加以理想化处理，即只考虑元件起主要作用的某些电磁现象而忽略其他现象，或者将电磁现象分别表示，每一种元件都体现某种基本现象，具有某种确定的电磁性能和精确的数学定义。

电阻元件是一种只表示消耗电能的元件，电感元件是反映电路周围存在着磁场而可以储存磁场能量的元件，电容元件是反映电路及其附近存在着电场而可以储存电场能量的元件。由于电阻元件消耗电能，电感和电容元件不会释放出多余它吸收或储存的能量，因此，这些元件称为无源元件，而电压源、电流源能够主动对外提供能量，

这种主动对外供能的元件称为有源元件，也可称为电路的激励，由于电路激励引起电路中其他支路元件电压电流的变化称为响应，由一定数量的电路元件组成的电路也称之为网络，如果该网络中有电源存在，则称为有源网络，反之则称为无源网络。

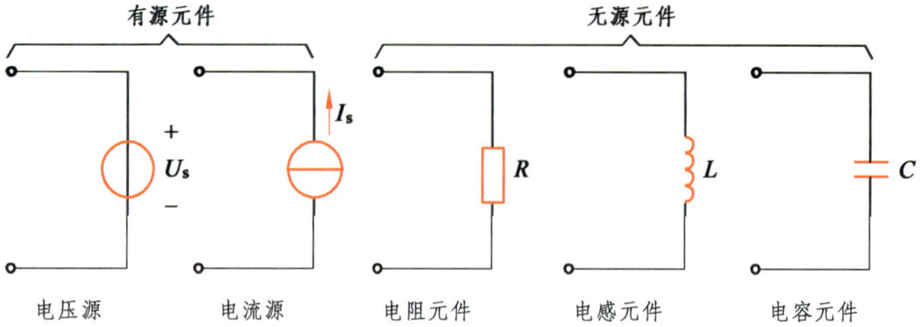

图 2.2.1.3　电路元件符号及其分类

2.2.1.4.3　电路的工作状态

电路的工作状态

2.2.1.5　素质素养养成

本小节电路名词和符号较多，请同学们注意观察，每种电路元件的符号和画法，仔细观察甄别，特别是电压源与电流源电路模型极易混淆。

本小节涉及的电路的常见名词符号概念是后续学习的重要基础和铺垫，只有把基础概念名词理解清楚才能理解和灵活应用后续复杂电路的求解方法。

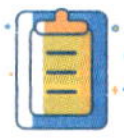

2.2.1.6　任务分组

见附表 1。

2.2.1.7　任务实施

任务工作单 1

组号：　　　　姓名：　　　　学号：　　　　检索号：2.2.1.7-1

引导问题：

（1）写出支路、节点、回路、网孔的概念；

（2）写出电路元件的分类并画出其符号；

（3）写出网络、激励、响应的概念。

（4）写出电路的三种状态。

____

____

任务工作单 2

组号：　　　　姓名：　　　　学号：　　　　检索号：2.2.1.7-2

引导问题：

（1）写出图 2.2.1.4 所示电路中的有源元件、无源元件；

（2）写出图 2.2.1.4 所示电路中的支路、节点、回路、网孔，说出回路和网孔的区别；

（3）指出开关闭合前和闭合后电路的工作状态。

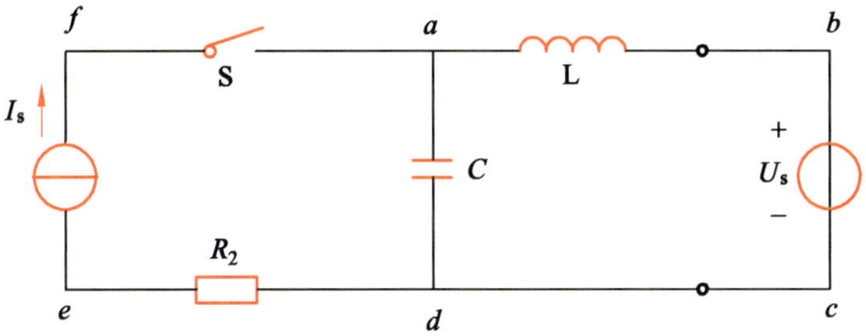

图 2.2.1.4

任务工作单 3

组号：　　　　姓名：　　　　学号：　　　　检索号：2.2.1.7-3

引导问题：

（1）每小组推荐一位小组长，汇报任务工作单 2 的成果。

任务工作单 4

组号：　　　　姓名：　　　　学号：　　　　检索号：2.2.1.7-4

引导问题：

（1）自查、分析自身工单存在的错误及改正，并填写下表。

表 2.2.1.1　任务工作单自查表

错误	原因	改正

2.2.1.8 评价反馈

任务工作单 1

组号：　　　　姓名：　　　　学号：　　　　检索号：2.2.1.8-1

表 2.2.1.2　个人自评表

<table>
<tr><td>班级</td><td></td><td>姓名</td><td></td><td>日期</td><td>年　月　日</td></tr>
<tr><td>任务名称</td><td colspan="5"></td></tr>
<tr><td>评价指标</td><td colspan="3">评价内容</td><td>分数</td><td>分数评定</td></tr>
<tr><td>信息检索能力</td><td colspan="3">能有效利用网络、图书资源、字典查找有用的相关信息等；能将查到的信息有效地传递到工作中。</td><td>10 分</td><td></td></tr>
<tr><td>感知课堂生活</td><td colspan="3">认同本任务的工作价值，在参与中获得满足感、成就感。</td><td>10 分</td><td></td></tr>
<tr><td rowspan="2">参与态度</td><td colspan="3">积极主动与教师、同学交流，相互尊重、理解、平等；与教师、同学之间是否能够保持多向、丰富、适宜的信息交流。</td><td>10 分</td><td></td></tr>
<tr><td colspan="3">能处理好合作学习和独立思考的关系，做到有效学习；能提出有意义的问题或能发表个人见解。</td><td>10 分</td><td></td></tr>
<tr><td rowspan="6">知识、能力获得情况</td><td colspan="3">1. 能说出集总参数电路的概念和特点。</td><td>10 分</td><td></td></tr>
<tr><td colspan="3">2. 能说出支路、节点、网孔、回路的概念及其区别。</td><td>10 分</td><td></td></tr>
<tr><td colspan="3">3. 能说出电路元件的分类及其特点。</td><td>10 分</td><td></td></tr>
<tr><td colspan="3">4. 能正确找出电路图中的支路，节点、回路、网孔。</td><td>10 分</td><td></td></tr>
<tr><td colspan="3">5. 能说出网络、激励、响应的含义。</td><td>5 分</td><td></td></tr>
<tr><td colspan="3">6. 能找到自己的不足。</td><td>5 分</td><td></td></tr>
<tr><td>思维态度</td><td colspan="3">是否能发现问题、提出问题、分析问题、解决问题、创新问题。</td><td>5 分</td><td></td></tr>
<tr><td>自评反馈</td><td colspan="3">按时按质任务；较好地掌握了知识点；具有较强的信息分析能力和理解能力；具有较为全面严谨的思维能力，并能条理清楚明晰表达成文。</td><td>5 分</td><td></td></tr>
<tr><td colspan="5">自评分数</td><td></td></tr>
<tr><td>有益的经验和做法</td><td colspan="5"></td></tr>
<tr><td>总结反馈建议</td><td colspan="5"></td></tr>
</table>

任务工作单 2

组号：　　　姓名：　　　学号：　　　检索号：2.2.1.8-2

表 2.2.1.3　小组内互评验收表

验收组长		组名		日期	年　月　日
组内验收成员					
任务要求	能够说出电路中常见名词术语的概念，能够正确写出电路元件并画出其符号，能够正确判断电路所处的状态，能够说出网络、激励、响应的含义，能够按时完成任务工作单，能够反思自己的不足并改进。				
验收文档清单	被验收者 2.2.1.7-1 任务工作单 被验收者 2.2.1.7-2 任务工作单 被验收者 2.2.1.7-3 任务工作单 被验收者 2.2.1.7-4 任务工作单				
	文献检索清单				
验收评分	评分标准			分数	得分
	能够说出电路中常见名词术语的概念，错一处扣 5 分。			20 分	
	能够正确写出电路元件并画出其符号，错一处扣 5 分。			20 分	
	能够正确判断电路所处的状态，错一处扣 2 分。			20 分	
	能够说出网络、激励、响应的含义。			20 分	
	提供文献检索清单，少于 5 项，缺一项扣 4 分。			20 分	
评价分数					
不足之处					

任务工作单 3

被评组号：　　　检索号：2.2.1.8-3

表 2.2.1.4　小组间互评表

班级		评价小组		日期	年　月　日
评价指标	评价内容			分数	分数评定
汇报表述	表述准确			15 分	
	语言流畅			10 分	
	声音洪亮、自信大方			15 分	
内容正确度	内容正确			30 分	
	口述准确			30 分	
互评分数					
简要评述					

任务工作单 4

组号：　　　　姓名：　　　　学号：　　　　检索号：2.2.1.8-4

表 2.2.1.5　任务完成情况评价表

<table>
<tr><td>任务名称</td><td colspan="3">电路中常用名词术语及电路工作状态认识</td><td colspan="2">总得分</td><td></td></tr>
<tr><td>组号及成员</td><td colspan="6"></td></tr>
<tr><td>评价依据</td><td colspan="6">学生完成的 2.2.1.7 所有任务工作单</td></tr>
<tr><td rowspan="2">序号</td><td rowspan="2" colspan="2">任务内容及要求</td><td rowspan="2">配分</td><td rowspan="2">评分标准</td><td colspan="2">教师评价</td></tr>
<tr><td>结论</td><td>得分</td></tr>
<tr><td rowspan="2">1</td><td rowspan="2">能写出常见电路的符号和并说出其特点。</td><td>（1）描述正确；</td><td>10 分</td><td>缺一个要点扣 1 分</td><td></td><td></td></tr>
<tr><td>（2）语言流畅。</td><td>10 分</td><td>酌情赋分</td><td></td><td></td></tr>
<tr><td rowspan="2">2</td><td rowspan="2">能说出支路、节点、回路、网孔的概念。</td><td>（1）描述正确；</td><td>10 分</td><td>缺一个要点扣 2 分</td><td></td><td></td></tr>
<tr><td>（2）语言流畅。</td><td>10 分</td><td>酌情赋分</td><td></td><td></td></tr>
<tr><td rowspan="2">3</td><td rowspan="2">能说出网络、激励、响应的含义。</td><td>（1）描述正确；</td><td>10 分</td><td>缺一个要点扣 2 分</td><td></td><td></td></tr>
<tr><td>（2）语言流畅。</td><td>10 分</td><td>酌情赋分</td><td></td><td></td></tr>
<tr><td rowspan="2">4</td><td rowspan="2">能说出电路的三种状态及其特点。</td><td>（1）描述正确；</td><td>10 分</td><td>缺一个要点扣 2 分</td><td></td><td></td></tr>
<tr><td>（2）语言流畅。</td><td>10 分</td><td>酌情赋分</td><td></td><td></td></tr>
<tr><td rowspan="2">5</td><td rowspan="2">至少包含 5 份文献的检索文献的目录清单。</td><td>（1）数量；</td><td>5 分</td><td>每少一个扣 2 分</td><td></td><td></td></tr>
<tr><td>（2）参考的主要内容要点。</td><td>5 分</td><td>酌情赋分</td><td></td><td></td></tr>
<tr><td rowspan="7">6</td><td rowspan="7">素质素养评价。</td><td>（1）沟通交流能力；</td><td rowspan="7">10 分</td><td rowspan="7">酌情赋分，但违反课堂纪律，不听从组长、教师安排，不得分。</td><td rowspan="7"></td><td rowspan="7"></td></tr>
<tr><td>（2）团队合作；</td></tr>
<tr><td>（3）课堂纪律；</td></tr>
<tr><td>（4）合作探学；</td></tr>
<tr><td>（5）自主研学；</td></tr>
<tr><td>（6）培养抽象思维建模能力；</td></tr>
<tr><td>（7）培养仔细观察，严谨求学的学习习惯。</td></tr>
</table>

任务 2　电路的串联和并联认识

2.2.2.1　任务描述

掌握串联和并联电路的连接特点，能够准确分辨出元件的串并联连接关系。

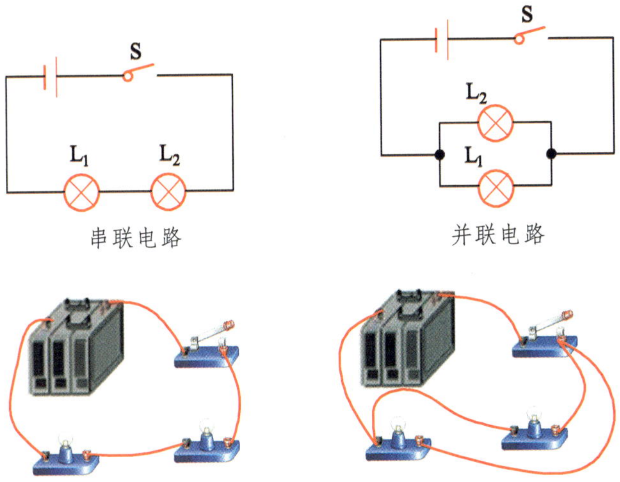

图 2.2.2.1　电路元件符号及其分类

2.2.2.2　学习目标

知识目标

（1）掌握串联电路的特点和常见计算方法；

（2）掌握并联电路的特点和常见计算方法。

能力目标

（1）能够准确判断元器件的连接方式；

（2）能够正确计算串并联电路的电压、电流和功率。

素质素养目标

（1）培养学生结合生活实际，类比学习的能力；

（2）培养学生仔细观察、独立思考、解决问题的能力。

2.2.2.3　任务分析

重　点

（1）串联电路的特点；

（2）并联电路的特点；

（3）串并联电路的常见计算方法。

难　点

（1）串并联电路分析的等位法；

（2）串联分压、并联分流概念的理解。

2.2.2.4 相关知识链接

2.2.2.4.1 串联电路的特点及常见计算方法

若二端元件首尾相连，中间没有分支，则称之为串联。

图 2.2.2.2 电路元件串联

为了形象理解电路元件的串联，同学们可以将每一个电路元件类比成火车的车厢，每节车厢都与前一个车厢相连。串联电路中间没有任何分支，所有元件流过的电流都是同一个电流。因此，串联电路中元件的电压为：

$$U_i = R_i I \tag{2.2.2.1}$$

电路的总电压为：

$$U = \sum U_i \tag{2.2.2.2}$$

元件的功率为：

$$P_i = I^2 R_i \tag{2.2.2.3}$$

串联以后的总电阻为：

$$R_{\mathrm{eq}} = R_1 + R_2 + \cdots + R_i \tag{2.2.2.4}$$

在分析计算串联电路时，一定要抓住串联电压相等这一特性，因此在计算时一般先计算电路的总电阻，进而算出总电流，应用欧姆定律和功率的计算公式可计算某一元件的电压和功率，串联电路的功率之比、电压之比都是电阻之比，电阻越大，电压越大，这就是常说的“串联分压”。分压公式为：

$$U_i = \frac{U_{总}}{R_1 + R_2 + \ldots + R_i} R_i \tag{2.2.2.5}$$

2.2.2.4.2 并联电路的特点及常见计算方法

将二元件的两个端钮分别连在一起，就称之为并联。

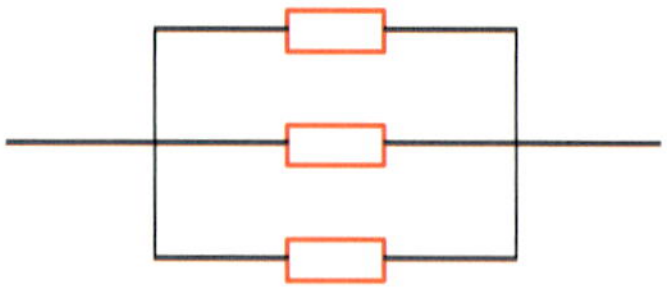

图 2.2.2.3 电路元件并联

并联支路可以是一个元件也可以有多个元件，总之这条支路的两个端点一定和另外支路的两个端点分别相连。在学习时同学们可以想象在体育课上列队而站，后面一个同学的双手搭在前面一个同学肩上，这双手可以类比为二端元件的两个端钮，并肩站立就可以类比为并联。并联电路的特点是并联元件两端的电压相等，利用这一特点，我们可以计算每一条支路的电流：

$$I_i = UG_i \tag{2.2.2.6}$$

干路总电流为：

$$I = \sum I_i \tag{2.2.2.7}$$

每条支路的功率为：

$$P_i = U^2 G_i \tag{2.2.2.8}$$

并联总电阻为：

$$\frac{1}{R_{eq}} = \frac{1}{R_1} + \frac{1}{R_2} + \cdots + \frac{1}{R_i} \tag{2.2.2.9}$$

从计算公式不难发现，并联支路的电流之比、功率之比均为电导之比，或者说与电阻成反比，这就是我们常说的“并联分流”，在计算分析并联支路时要抓住并联支路两端电压相等特点。分流公式为：

$$I_i = \frac{IG_i}{G_1 + G_2 + \cdots + G_i} \tag{2.2.2.10}$$

2.2.2.4.3　等位点分析法

某些电路的串并联关系较为复杂，往往没办法第一眼看出来，这时候我们常用等位点分析法。

所谓等位点分析法就是找到电路中所有的等位点（同一根导线上未经过其他元件的点均为等位点），将等位点标注在图上，然后逐一去看每个元件是连接在那两个点之间，将电路做等效化简。

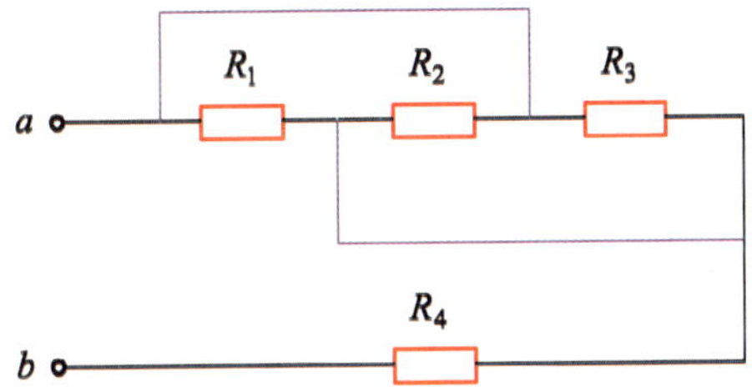

图 2.2.2.4　复杂电路分析

如图 2.2.2.4 所示的电路，第一眼无法确定元件之间究竟是串联还是并联，我们采用等位点分析法，不妨设 R_1 与 R_2 之间的点为 c 点，根据同一根导线上的点均为等位点，可得到以下电路：

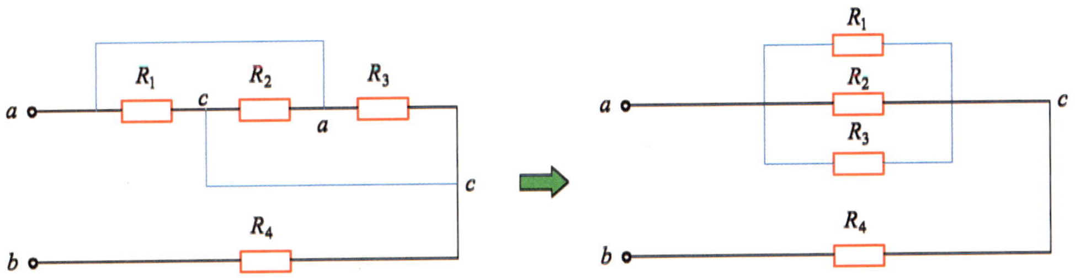

图 2.2.2.5　复杂电路等位点分析法

标出等位点后，不难发现 R_1、R_2、R_3 三个电阻均接在 ac 两点之间，这三个电阻为并联，R_4 接在 bc 两点之间，串接在电路中，因此从 ab 端口看进去电路的等效电阻为 $R_{ab}=R_1 // R_2 // R_3+R_4$。

2.2.2.5　素质素养养成

电路元件的连接方式是电路学习中最简单基础的内容，在学习时同学们要注意类比，结合生活实际，充分理解首尾相连和并肩而立的含义，在学习中注意观察元件的连接方式，相信同学们通过多看多分析多练习可以很好地理解串并联的含义，为后续的学习打下坚实的基础。

2.2.2.6　任务分组

见附表 1。

2.2.2.7　任务实施

任务工作单 1

组号：　　　　姓名：　　　　学号：　　　　检索号：2.2.2.7-1

引导问题：

（1）写出串联电路的特点，并画出电路串联示意图。

（2）写出并联电路的特点，并画出电路并联示意图。

（3）写出串联电路常用的计算公式；

（4）写出并联电路常用的计算公式；

（5）解释串联分压、并联分流的含义。

____

____

____

____

任务工作单 2

组号：　　　　姓名：　　　　学号：　　　　检索号：2.2.2.7-2

引导问题：

（1）写出图 2.2.2.6 所示电路中所有的串联和并联关系；

（2）计算 8 Ω电阻的功率，并说明是吸收功率还是发出功率；

（3）计算 5 Ω电阻上的电压。

（4）从 ab 两端看进去的等效电阻为多少？

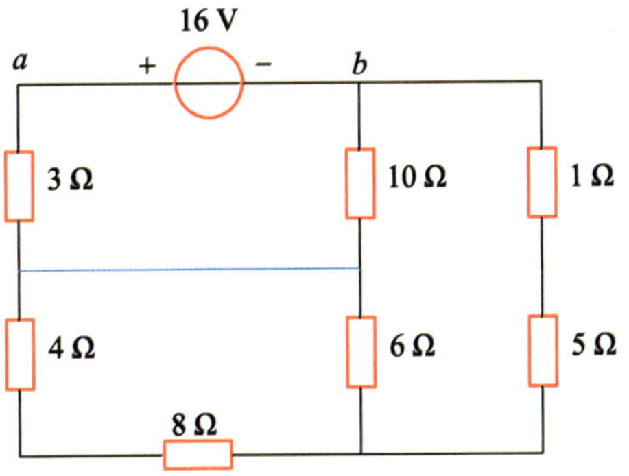

图 2.2.2.6

任务工作单 3

组号：　　　　姓名：　　　　学号：　　　　检索号：2.2.2.7-3

引导问题：

（1）每小组推荐两位同学，分别汇报任务工作单 1、2 的成果。

任务工作单 4

组号：　　　　姓名：　　　　学号：　　　　检索号：2.2.2.7-4

引导问题：

（1）自查、分析自身工单存在的错误及改正，并填写下表。

表 2.2.2.1　任务工作单自查表

错误	原因	改正

2.2.2.8 评价反馈

任务工作单 1

组号： 姓名： 学号： 检索号： 2.2.2.8-1

表 2.2.2.2 个人自评表

<table>
<tr><td>班级</td><td></td><td>姓名</td><td></td><td>日期</td><td>年 月 日</td></tr>
<tr><td>任务名称</td><td colspan="5"></td></tr>
<tr><td>评价指标</td><td colspan="3">评价内容</td><td>分数</td><td>分数评定</td></tr>
<tr><td>信息检索能力</td><td colspan="3">能有效利用网络、图书资源、字典查找有用的相关信息等；能将查到的信息有效地传递到工作中。</td><td>10 分</td><td></td></tr>
<tr><td>感知课堂生活</td><td colspan="3">认同本任务的工作价值，在参与中获得满足感、成就感。</td><td>10 分</td><td></td></tr>
<tr><td rowspan="2">参与态度</td><td colspan="3">积极主动与教师、同学交流，相互尊重、理解、平等；与教师、同学之间是否能够保持多向、丰富、适宜的信息交流。</td><td>10 分</td><td></td></tr>
<tr><td colspan="3">能处理好合作学习和独立思考的关系，做到有效学习；能提出有意义的问题或能发表个人见解。</td><td>10 分</td><td></td></tr>
<tr><td rowspan="6">知识、能力获得情况</td><td colspan="3">1. 能说出串联电路的连接特点。</td><td>10 分</td><td></td></tr>
<tr><td colspan="3">2. 能说出并联电路的连接特点。</td><td>10 分</td><td></td></tr>
<tr><td colspan="3">3. 能说出串联分压的具体内涵。</td><td>10 分</td><td></td></tr>
<tr><td colspan="3">4. 能说出并联分流的具体内涵。</td><td>10 分</td><td></td></tr>
<tr><td colspan="3">5. 能灵活应用公式进行串并联电路计算。</td><td>5 分</td><td></td></tr>
<tr><td colspan="3">6. 能灵活应用等位点分析法准确判断电路连接方式。</td><td>5 分</td><td></td></tr>
<tr><td>思维态度</td><td colspan="3">是否能发现问题、提出问题、分析问题、解决问题、创新问题。</td><td>5 分</td><td></td></tr>
<tr><td>自评反馈</td><td colspan="3">按时按质任务；较好地掌握了知识点；具有较强的信息分析能力和理解能力；具有较为全面严谨的思维能力，并能条理清楚明晰表达成文。</td><td>5 分</td><td></td></tr>
<tr><td colspan="4">自评分数</td><td colspan="2"></td></tr>
<tr><td>有益的经验和做法</td><td colspan="5"></td></tr>
<tr><td>总结反馈建议</td><td colspan="5"></td></tr>
</table>

任务工作单 2

组号：　　　　姓名：　　　　学号：　　　　检索号：2.2.2.8-2

表 2.2.2.3　小组内互评验收表

验收组长		组名		日期	年　月　日
组内验收成员					
任务要求	能够能说出串联电路的连接特点，能说出并联电路的连接特点，能说出串联分压的具体内涵，能说出并联分流的具体内涵，能灵活公式进行串并联电路计算，能灵活应用公式进行串并联电路计算。				
验收文档清单	被验收者 2.2.2.7-1 任务工作单 被验收者 2.2.2.7-2 任务工作单 被验收者 2.2.2.7-3 任务工作单 被验收者 2.2.2.7-4 任务工作单				
	文献检索清单				
验收评分	评分标准			分数	得分
	能够说出串联电路的连接特点，错一处扣 10 分。			20 分	
	能说出并联电路的连接特点，错一处扣 10 分。			20 分	
	能够正确画出元件的串联并联示意图,错一处扣 10 分。			20 分	
	能够说出串联分压，并联分流的内涵。			10 分	
	能够灵活应用公式进行串并联电路计算。			10 分	
	提供文献检索清单，少于 5 项，缺一项扣 4 分。			20 分	
评价分数					
不足之处					

任务工作单 3

被评组号：　　　　检索号：2.2.2.8-3

表 2.2.2.4　小组间互评表

班级		评价小组		日期	年　月　日
评价指标	评价内容			分数	分数评定
汇报表述	表述准确			15 分	
	语言流畅			10 分	
	声音洪亮、自信大方			15 分	
内容正确度	内容正确			30 分	
	口述准确			30 分	
互评分数					
简要评述					

任务工作单 4

组号： 姓名： 学号： 检索号： 2.2.2.8-4

表 2.2.2.5 任务完成情况评价表

<table>
<tr><td>任务名称</td><td colspan="4">电路的串联和并联认识</td><td>总得分</td><td></td></tr>
<tr><td>组号及成员</td><td colspan="6"></td></tr>
<tr><td>评价依据</td><td colspan="6">学生完成的 2.2.2.7 所有任务工作单</td></tr>
<tr><td rowspan="2">序号</td><td colspan="2" rowspan="2">任务内容及要求</td><td rowspan="2">配分</td><td rowspan="2">评分标准</td><td colspan="2">教师评价</td></tr>
<tr><td>结论</td><td>得分</td></tr>
<tr><td rowspan="2">1</td><td rowspan="2">能说出串联电路的连接特点。</td><td>1. 描述正确；</td><td>10 分</td><td>缺一个要点扣 1 分</td><td></td><td></td></tr>
<tr><td>2. 语言表达流畅。</td><td>5 分</td><td>酌情赋分</td><td></td><td></td></tr>
<tr><td rowspan="2">2</td><td rowspan="2">能说出并联电路的连接特点。</td><td>1. 描述正确；</td><td>10 分</td><td>缺一个要点扣 1 分</td><td></td><td></td></tr>
<tr><td>2. 语言流畅。</td><td>5 分</td><td>酌情赋分</td><td></td><td></td></tr>
<tr><td rowspan="2">3</td><td rowspan="2">能说出串联分压，并联分流的内涵。</td><td>1. 描述正确；</td><td>10 分</td><td>缺一个要点扣 2 分</td><td></td><td></td></tr>
<tr><td>2. 语言流畅。</td><td>5 分</td><td>酌情赋分</td><td></td><td></td></tr>
<tr><td rowspan="2">4</td><td rowspan="2">能说出等位分析法的步骤。</td><td>1. 描述正确；</td><td>10 分</td><td>缺一个要点扣 2 分</td><td></td><td></td></tr>
<tr><td>2. 语言流畅。</td><td>5 分</td><td>酌情赋分</td><td></td><td></td></tr>
<tr><td rowspan="2">5</td><td rowspan="2">能说出串并联电路常用公式。</td><td>1. 描述正确；</td><td>10 分</td><td>缺一个要点扣 2 分</td><td></td><td></td></tr>
<tr><td>2. 语言流畅。</td><td>10 分</td><td>酌情赋分</td><td></td><td></td></tr>
<tr><td rowspan="2">6</td><td rowspan="2">至少包含 5 份文献的检索文献的目录清单。</td><td>1. 数量；</td><td>5 分</td><td>每少一个扣 2 分</td><td></td><td></td></tr>
<tr><td>2. 参考的主要内容要点。</td><td>5 分</td><td>酌情赋分</td><td></td><td></td></tr>
<tr><td rowspan="7">7</td><td rowspan="7">素质素养评价。</td><td>1. 沟通交流能力；</td><td rowspan="7">10 分</td><td rowspan="7">酌情赋分，但违反课堂纪律，不听从组长、教师安排，不得分。</td><td rowspan="7"></td><td rowspan="7"></td></tr>
<tr><td>2. 团队合作；</td></tr>
<tr><td>3. 课堂纪律；</td></tr>
<tr><td>4. 合作探学；</td></tr>
<tr><td>5. 自主研学；</td></tr>
<tr><td>6. 培养结合生活实际，类比学习的能力；</td></tr>
<tr><td>7. 培养仔细观察，独立思考的学习习惯。</td></tr>
</table>

任务 3　电阻的混联和星-三角变换认识

2.2.3.1　任务描述

认识电阻的混联形式，掌握星-三角变换公式。

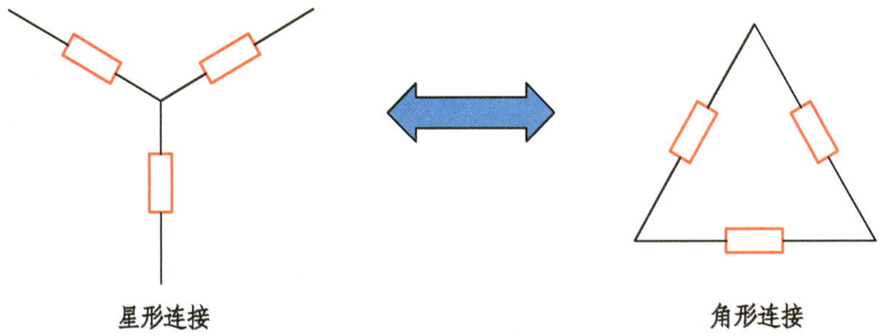

图 2.2.3.1　星-三角变换示意图

2.2.3.2　学习目标

知识目标

（1）掌握星形连接变为三角形连接的公式；

（2）掌握三角形连接变为星形连接的公式。

能力目标

能够灵活应用星-三角变换公式化简电路。

素质素养目标

（1）培养学生仔细观察、独立分析问题、解决问题的能力；

（2）培养学生多角度思考问题、灵活应变的能力；

（3）培养学生勤学善思的学习习惯。

2.2.3.3　任务分析

重　点

（1）星形连接变为三角形连接的公式；

（2）三角形连接变为星形连接的公式。

难　点

（1）准确判断电路的连接方式；

（2）准确画出变换后的电路连接图。

2.2.3.4　相关知识链接

2.2.3.4.1　星形连接和角形连接电路的变换公式

如图 2.2.3.2 所示，若电阻元件的一端连在一起，另一端分别连接到电路的 3 个节点，这种连接方式称为星形连接，简称 Y 形连接。若三个电阻元件首尾相连构成一个三角形，则这种方式称为三角形连接，简称角形连接，三角形的 3 个顶点就是电路的 3 个节点。

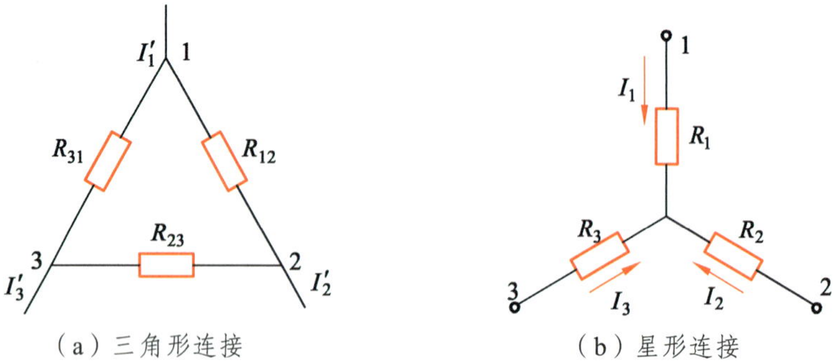

图 2.2.3.2　角形连接和星形连接

角变星公式为：$R_Y=\dfrac{\triangle\text{形相邻电阻的乘积}}{\triangle\text{形电阻之和}}$，由公式易得星形连接的电阻：

$$R_1=\frac{R_{31}R_{12}}{R_{31}+R_{12}+R_{23}}$$

$$R_2=\frac{R_{12}R_{23}}{R_{31}+R_{12}+R_{23}}$$

$$R_3=\frac{R_{31}R_{23}}{R_{31}+R_{12}+R_{23}}$$

为了帮助记忆，角变星的公式可以简记为：角变星，中间靠，两臂之积除和三。

星变角的公式为：$R_\triangle=\dfrac{\text{Y形相邻电阻两两的乘积}}{\text{Y形不相邻电阻}}$，由此，易得角形连接的电阻；

$$R_{12}=\frac{R_1\times R_2+R_2\times R_3+R_3\times R_1}{R_3}$$

$$R_{23}=\frac{R_1\times R_2+R_2\times R_3+R_1\times R_3}{R_1}$$

$$R_{13}=\frac{R_1\times R_2+R_2\times R_3+R_1\times R_3}{R_2}$$

为了帮助同学们记忆，星变角的公式可以简记为：星变角，往两边，两两乘积除对面。

2.2.3.4.2　星三角变换的特殊形式

星三角变换中，若三个电阻的阻值相同，公式可以简化为：

$$R_\triangle=3R_Y \tag{2.2.3.1}$$

即角形连接的电阻阻值为星形阻值的 3 倍，或星形连接的电阻阻值是角形连接的 1/3，在计算中应用这一公式将大大简化计算过程。

2.2.3.4.3 电路中常见的混联形式

所谓混联，指电路中不仅有电路的串联，也有并联，或星-三角连接形式，构成较为复杂的连接方式，一般需要用串并联化简或星三角变换公式进行化简，下面列举一些常见的混联形式。

Π形电路是常见的混联形式（见图 2.2.3.3），同一根导线上未有电气元件分割的点都为一个点，因此将下面两个点移动到一个点，可以明显发现Π形电路本质上是角形连接电路，在分析时可以根据实际情况采用角变星公式进行计算。

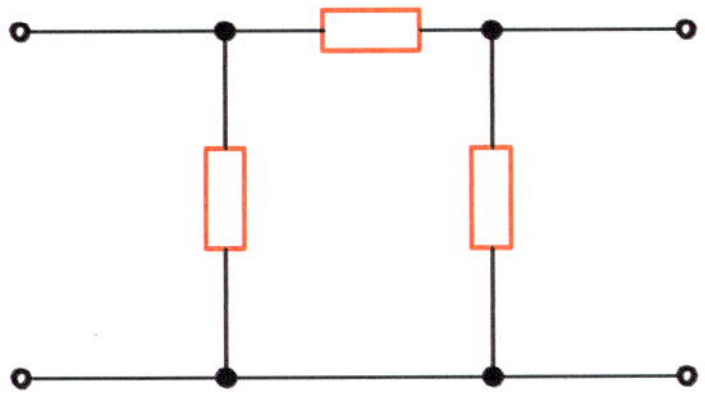

图 2.2.3.3　Π形电路

如图 2.2.3.4 所示的 T 形电路，三个电阻元件有一端连在一起，本质上属于星形连接，可以用星变角公式进行分析计算。

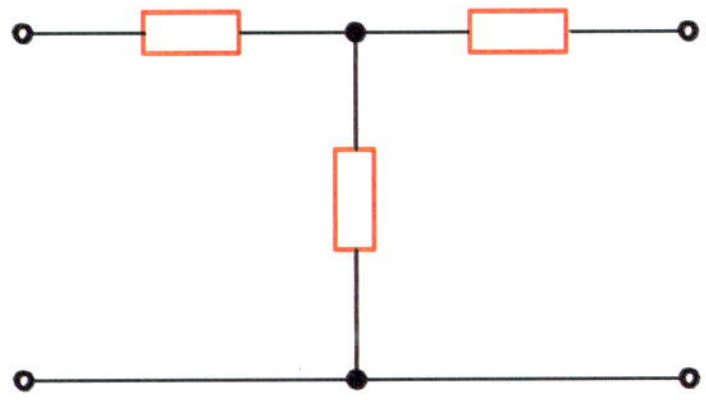

图 2.2.3.4　T 形电路

星-三角变换公式推导

2.2.3.5　素质素养养成

本小节的内容主要是星-三角变换的公式，能够结合具体电路问题具体分析，准确使用公式将电路化简。同学们在分析计算时要注意灵活应变，不是所有的星形连接都要变成三角形连接，也不是所有的三角形连接都必须变为星形连接，需要具体问题具体分析。我们的目的是让电路更加简化，方便分析计算，学习时要注意观察，独立思考：是否一定要变换？如果需要变换又怎么变得更加简单？解决问题的方法有很多，但我们需要找到一条最简单的方法，需要同学们在学习过程中养成勤学善思的学习习惯。

2.2.3.6　任务分组

见附表 1。

2.2.3.7 任务实施

任务工作单 1

组号：　　　　姓名：　　　　学号：　　　　检索号：2.2.3.7-1

引导问题：

（1）画出星形连接和角形连接，并标注清楚电路的三个节点。

（2）写出星形连接变为三角形连接的公式和口诀。

（3）写出角形连接变为星形连接的公式和口诀；

（4）画出Π形电路和 T 形电路；

（5）当三个电阻阻值相同时，写出星形连接电阻和三角形连接电阻的关系。

任务工作单 2

组号：　　　　姓名：　　　　学号：　　　　检索号：2.2.3.7-2

引导问题：

（1）将图 2.2.3.6 中的星形连接变为角形连接，角形连接变为星形连接，并标出阻值。

（2）计算图 2.2.3.7 电路中节点 1、2 之间的等效电阻；

（3）画出图 2.2.3.8 中二端网络的等效电路。

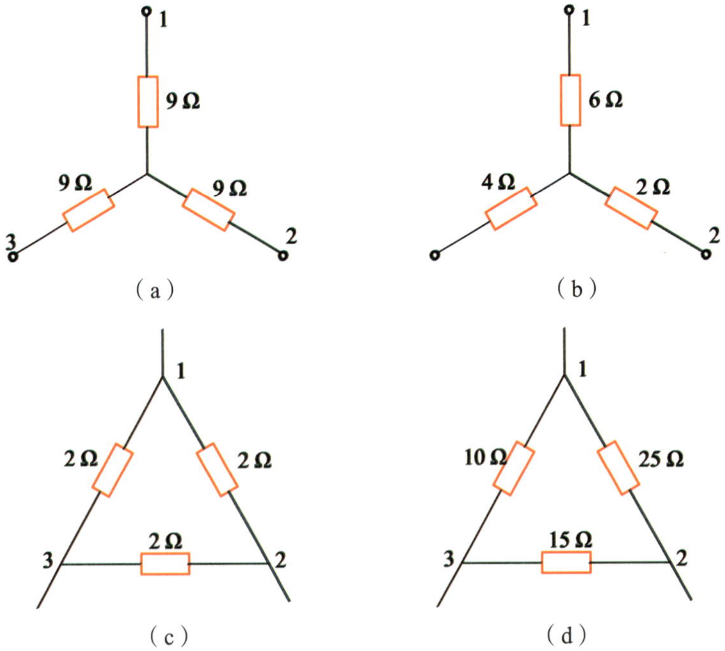

图 2.2.3.6　星三角变换公式推导

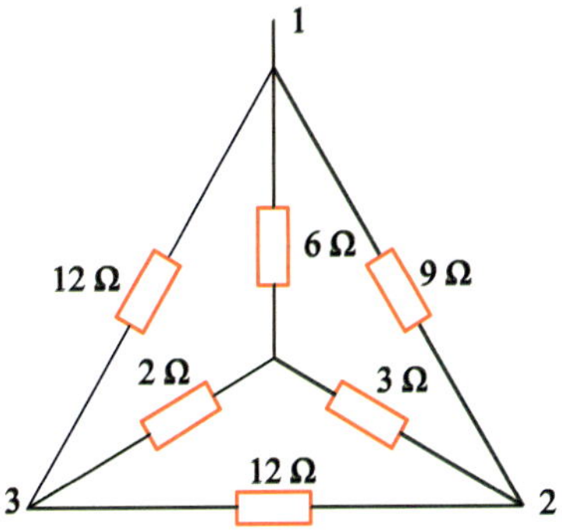

图 2.2.3.7　示意图（1）

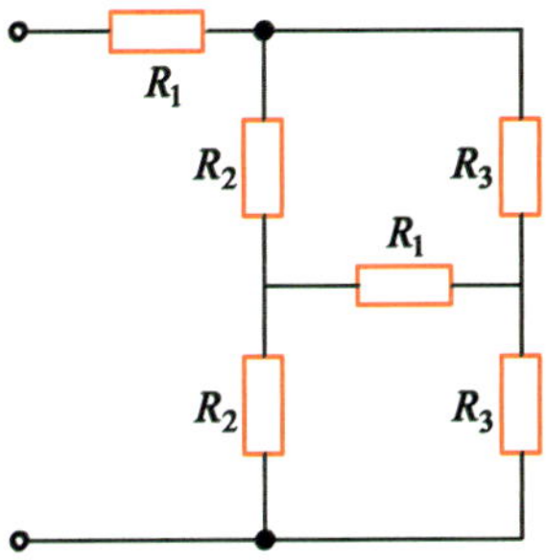

图 2.2.3.8　示意图（2）

任务工作单 3

组号：　　　　姓名：　　　　学号：　　　　检索号：2.2.3.7-3

引导问题：

（1）每小组推荐两位同学，分别汇报任务工作单 1、2 的成果。

任务工作单 4

组号：　　　　姓名：　　　　学号：　　　　检索号：2.2.3.7-4

引导问题：

自查、分析自身工单存在的错误及改正，并填写下表。

表 2.2.3.1　任务工作单自查表

错误	原因	改正

2.2.3.8 评价反馈

任务工作单 1

组号：　　　姓名：　　　学号：　　　检索号：2.2.3.8-1

表 2.2.3.2 个人自评表

班级		姓名		日期	年 月 日
任务名称					
评价指标	评价内容			分数	分数评定
信息检索能力	能有效利用网络、图书资源、字典查找有用的相关信息等；能将查到的信息有效地传递到工作中。			10 分	
感知课堂生活	认同本任务的工作价值，在参与中获得满足感、成就感。			10 分	
参与态度	积极主动与教师、同学交流，相互尊重、理解、平等；与教师、同学之间是否能够保持多向、丰富、适宜的信息交流。			10 分	
	能处理好合作学习和独立思考的关系，做到有效学习；能提出有意义的问题或能发表个人见解。			10 分	
知识、能力获得情况	1. 能说出星形连接变为三角形连接的公式口诀。			10 分	
	2. 能说出三角形连接变为星形连接的公式口诀。			10 分	
	3. 能够说出三电阻相等时星三角电阻的关系。			10 分	
	4. 能够灵活应用星三角变换公式进行分析计算。			10 分	
	5. 能够准确判断出电路的星形连接。			5 分	
	6. 能够准确判断出电路的角形连接。			5 分	
思维态度	是否能发现问题、提出问题、分析问题、解决问题、创新问题。			5 分	
自评反馈	按时按质任务；较好地掌握了知识点；具有较强的信息分析能力和理解能力；具有较为全面严谨的思维能力，并能条理清楚明晰表达成文。			5 分	
自评分数					
有益的经验和做法					
总结反馈建议					

任务工作单 2

组号：　　　　姓名：　　　　学号：　　　　检索号：2.2.3.8-2

表 2.2.3.3　小组内互评验收表

验收组长		组名		日期	年　月　日
组内验收成员					
任务要求	能说出星形连接变为三角形连接的公式口诀，能说出角形连接变为星形连接的公式口诀，能够说出三电阻相等时星三角电阻的关系，能够灵活应用星三角变换公式进行分析计算，能够准确判断出电路的星形连接和角形连接。				
验收文档清单	被验收者 2.2.3.7-1 任务工作单 被验收者 2.2.3.7-2 任务工作单 被验收者 2.2.3.7-3 任务工作单 被验收者 2.2.3.7-4 任务工作单				
	文献检索清单				
验收评分	评分标准			分数	得分
	能说出星形连接变为三角形连接的公式口诀，错一处扣 10 分。			20 分	
	能说出角形连接变为星形连接的公式口诀，错一处扣 10 分。			20 分	
	能够说出三电阻相等时星三角电阻的关系，错一处扣 10 分。			20 分	
	能够灵活应用星三角变换公式进行分析计算。			10 分	
	能够准确判断出电路的星形连接和角形连接。			10 分	
	提供文献检索清单，少于 5 项，缺一项扣 4 分。			20 分	
评价分数					
不足之处					

任务工作单 3

被评组号：　　　　检索号：2.2.3.8-3

表 2.2.3.4　小组间互评表

班级		评价小组		日期	年　月　日
评价指标	评价内容			分数	分数评定
汇报表述	表述准确			15 分	
	语言流畅			10 分	
	声音洪亮、自信大方			15 分	
内容正确度	内容正确			30 分	
	口述准确			30 分	
互评分数					
简要评述					

任务工作单 4

组号：　　　　姓名：　　　　学号：　　　　检索号：2.2.3.8-4

表 2.2.3.5　任务完成情况评价表

任务名称	电阻的混联和星-三角变换认识			总得分		
组号及成员						
评价依据	学生完成的 2.2.2.7 所有任务工作单					
序号	任务内容及要求		配分	评分标准	教师评价	
					结论	得分
1	能说出星形连接的特点。	（1）描述正确；	10 分	缺一个要点扣 1 分		
		（2）语言表达流畅。	5 分	酌情赋分		
2	能说出角形连接的特点。	（1）描述正确；	10 分	缺一个要点扣 1 分		
		（2）语言流畅。	5 分	酌情赋分		
3	能够说出星变角的公式和口诀。	（1）描述正确；	10 分	缺一个要点扣 2 分		
		（2）语言流畅。	5 分	酌情赋分		
4	能够说出角变星的公式和口诀。	（1）描述正确；	10 分	缺一个要点扣 2 分		
		（2）语言流畅。	5 分	酌情赋分		
5	能说出三电阻相等时的变换公式。	（1）描述正确；	10 分	缺一个要点扣 2 分		
		（2）语言流畅。	10 分	酌情赋分		
6	至少包含5份文献的检索文献的目录清单。	（1）数量；	5 分	每少一个扣 2 分		
		（2）参考的主要内容要点。	5 分	酌情赋分		
7	素质素养评价。	（1）沟通交流能力； （2）团队合作； （3）课堂纪律； （4）合作探学； （5）自主研学； （6）培养学生多角度思考问题，灵活应变的能力； （7）培养勤学善思的学习习惯。	10 分	酌情赋分，但违反课堂纪律，不听从组长、教师安排，不得分。		

任务 4　电压源、电流源及两种电源的等效变换认识

2.2.4.1　任务描述

掌握实际电压源、电流源的模型及其输出特性，灵活应用两种电源的等效变换条件计算分析电路问题。

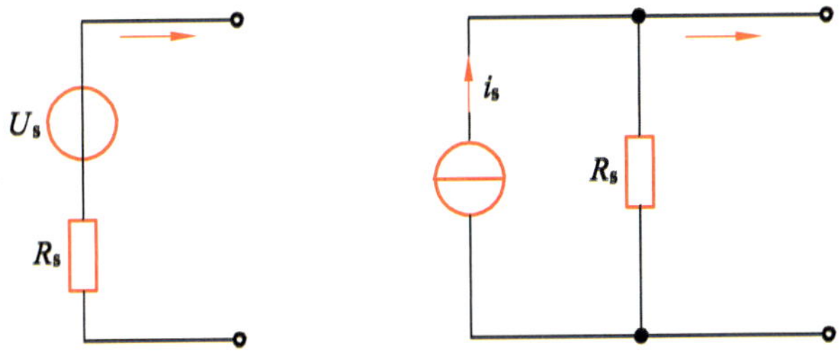

图 2.2.4.1　实际电压电流源模型

2.2.4.2　学习目标

知识目标

（1）掌握实际电压源模型及输出特性；

（2）掌握实际电流源模型及输出特性；

（3）掌握电压源、电流源之间的等效变换关系。

能力目标

（1）能够准确说出实际电压源电流源的链接特点；

（2）能够灵活应用电压源与电流源的等效变换关系。

素质素养目标

（1）培养学生结合生活实际、类比学习的能力；

（2）培养学生选择最优方法解决问题的能力。

2.2.4.3　任务分析

重　点

（1）实际电压源和实际电流源的输出特性；

（2）两种电源等效变换的关系。

难　点

（1）等效变换的内涵；

（2）多个电源串并联的化简。

2.2.4.4　相关知识链接

2.2.4.4.1　电压源与电流源模型及其输出特点

电压源分为理想电压源与实际电压源，理想电压源忽略了电源的内阻，输出的电压保持恒定，电压源的输出电压与外电路的连接方式无关，与通过自身的电流无关，其端口伏安特性表征为一条平行于 I 轴的直线。

但在实际生活中，所有的电源都具有内阻，随着连接负载的不同，电源的输出电压一般会稍有减小，因为电源内阻上会有一部分压降，所以实际电压源的模型可以抽象为一个理想电压源串联电阻。若无特殊说明，今后本书提及的电压源均为实际电压源，简称电压源。

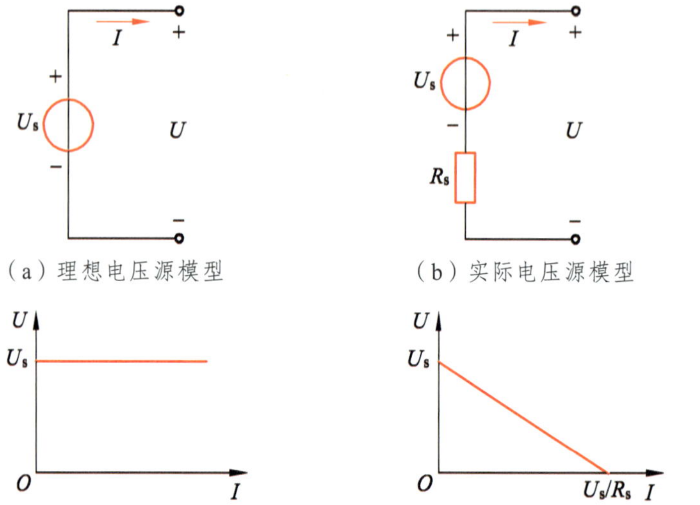

（a）理想电压源模型　（b）实际电压源模型

（c）理想电压源 U-I 特性曲线　（d）实际电压源 U-I 特性曲线

图 2.2.4.2　理想电压源与实际电压源模型及其 U-I 特性曲线

理想电压源 U-I 输出特性为：

$$U = U_s \tag{2.2.4.1}$$

实际电压源的 U-I 输出特性为：

$$U = U_s - IR_s \tag{2.2.4.2}$$

电流源分为理想电流源与实际电流源，理想电流源忽略电源内阻，其 I-U 输出特性为一条平行于 U 的直线，对外输出电流恒定，但实际上输出的电流一般会随着负载有所波动，这是因为实际电流源内部有电阻会分走一部分电流，因此实际电流源可以抽象为一个理想电流源并联一个电阻。若无特殊说明，今后本书提及的电流源均为实际电流源，简称电流源。

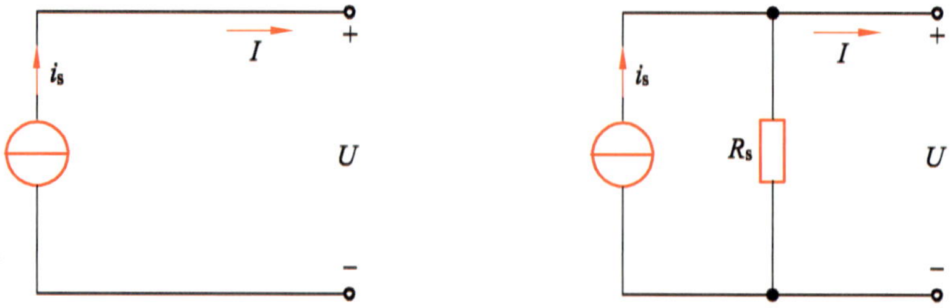

（a）理想电流源模型　（b）实际电流源模型

（c）理想电流源 U-I 特性曲线　　（d）实际电流源 U-I 特性曲线

图 2.2.4.3　理想电流源与实际电流源模型及其 I-U 特性曲线

理想电流源的 I-U 输出特性为：

$$I = I_s \tag{2.2.4.3}$$

实际电流源的 I-U 输出特性为：

$$I = I_s - \frac{U}{R_s} \tag{2.2.4.4}$$

2.2.4.4.2　等效变换的概念

所谓等效，是指具有相同电压和电流参考方向的两个网络，如果它们与同一个外电路相连接时，端口的电压与电流保持不变，称这两个网络具有等效关系。同学们一定要清楚一个概念，等效一定是指对外等效，等效的条件是两端口的电压电流一致。

如图 2.2.4.4 所示，A 网络与 B 网络内部的元件可能不同，连接方式可能不同，但这两个网络与 C 网络相连时，端口的电压和电流相等，则我们可以说对 C 网络来说，A 网络的作用效果与 B 网络的作用效果是一致的，因此 A 网络与 B 网络可以等效互换，等效前后对 C 网络并无影响。由此我们可以得出，如果两个网络，对外提供的电压和电流都相等，则这两个网络是等效网络，这也是两个网络等效变换的条件，即端口电压和电流分别相等。我们整理可得，实际电压源的 U-I 特性曲线方程为 $U = U_s - IR_{su}$，实际电流源的 U-I 特性曲线方程为 $U = I_sR_{si} - IR_{si}$，若两电源之间可以等效变换，必须满足端口电压 U 和端口电流 I 相等，由此可以得到电源等效变换的条件：

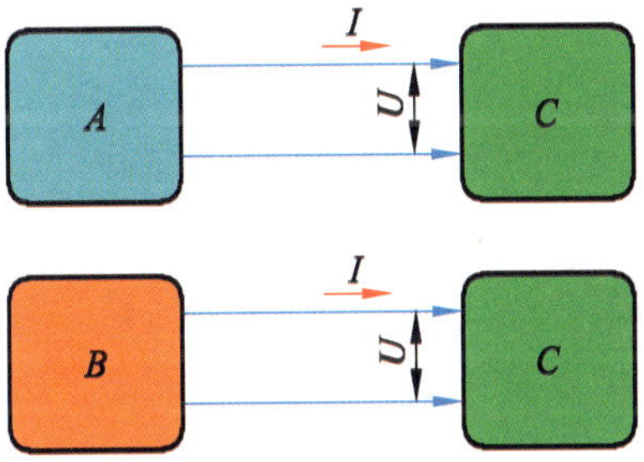

图 2.2.4.4　等效变换示意图

$$\begin{aligned} R_{si} &= R_{su} = R_s \\ U_s &= I_sR_s \end{aligned} \tag{2.2.4.5}$$

即电压源内阻与电流源内阻相等，电压源电压等于电流源电流与内阻的乘积。值得注意的是，等效变换前后电源的极性应保持不变，电压源正极为电流源流出端。

2.2.4.4.3　多个电源串并联等效化简方法

1. 多个电压源支路串联

当多个电压源支路串联时，可以等效为一个电压源，但是要注意电压源的极性，顺向串联时相加，反向串联时相减。如图 2.2.4.5 所示。

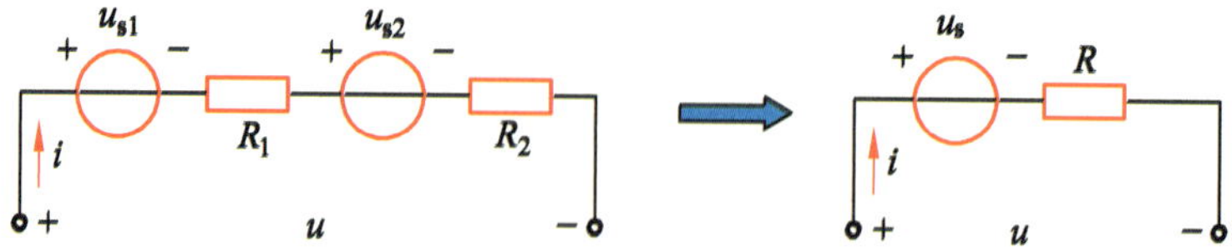

图 2.2.4.5　多个电压源支路串联

$$u = u_{s1} + R_1 i + u_{s2} + R_2 i = (u_{s1} + u_{s2}) + (R_1 + R_2)i = u_s + Ri$$

2. 多个电流源支路并联

当多个电流源支路并联时，可以等效为一个电流源，但是要注意电流源的极性，极性相同时相加，相反时相减。如图 2.2.4.6 所示。

$$I = I_1 - G_1U + I_2 - G_2U = I_1 + I_2 - (G_2 + G_1)U$$

$$I = I_S - U / R_S$$

其中，$I = I_1 + I_2$，$G = G_1 + G_2$。

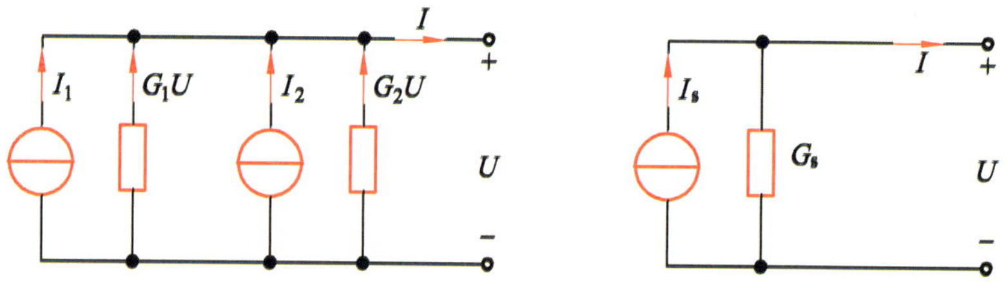

图 2.2.4.6　多个电流源并联

3. 多个电压源支路并联

在现实生活中，将电压源并联的情况较少，但在理论分析时可能会遇到此情况，要特别注意，只有电压相等的电源才可以并联，并且是同极性并联。化简时一般将电压源支路变换为电流源支路，应用电流源支路的化简方法，最后化为一个电流源或者一个电压源。

4. 多个电流源支路串联

在现实生活中，将电流源串联的情况较少，但在理论分析时可能会遇到相关的分析和计算，但是要特别注意，只有在电流源电流相等时才可以串联，并且是同向串联。化简时一般将电流源支路变换为电压源支路，应用电压源支路的化简方法，最后化为一个电压源或者一个电流源。

2.2.4.5　素质素养养成

本任务的学习内容较为灵活，在学习过程中，同学们要注意类比观察，注意举一反三。一个电路的解算方法往往不止一种，但通常会有最简的方法节省分析计算时间。在计算电路时不要先着急下笔，需要首先分析电路的连接方式、电源的连接方式，如果是串联电路，一般是将电流源化为电压源；如果是并联电路，一般是将电压源化为电流源，具体问题需要具体分析。相信同学们通过多练习一定会找到解决电路问题的最优方法。

2.2.4.6 任务分组

见附表 1。

2.2.4.7 任务实施

任务工作单 1

组号：　　　　姓名：　　　　学号：　　　　检索号：2.2.4.7-1

引导问题：

（1）写出理想电压源的输出特性，并画出电路模型及其 U-I 输出特性曲线。

（2）写出实际电压源的输出特性，并画出电路模型及其 U-I 输出特性曲线。

（3）写出理想电流源的输出特性，并画出电路模型及其 I-U 输出特性曲线。

（4）写出实际电流源的输出特性，并画出电路模型及其 I-U 输出特性曲线。

（5）写出等效变换的内涵，并写出电压源与电流源等效变换的条件及其注意事项。

（6）写出多个电压源支路串联/并联、多个电流源支路并联/串联的化简方法。

____

____

____

任务工作单 2

组号：　　　　姓名：　　　　学号：　　　　检索号：2.2.4.7-2

引导问题：

（1）图 2.2.4.7 中有几个电源？

（2）并联电路一般是将电压源化成什么？

（3）串联电路一般是将电流源化成什么？

（4）图中电流 I 是多少 A？

____

____

____

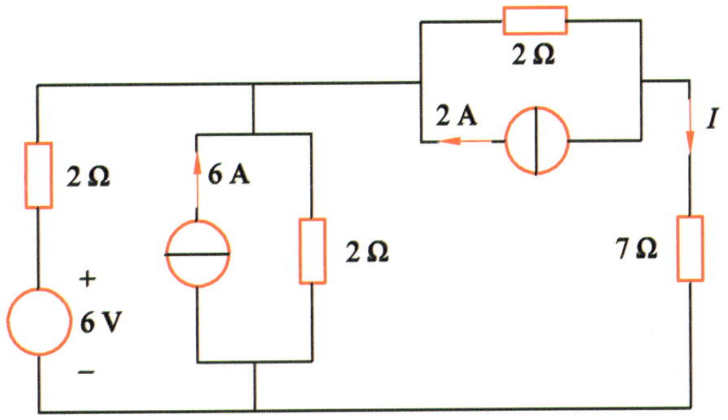

图 2.2.4.7

____

____

____

任务工作单 3

组号：　　　　姓名：　　　　学号：　　　　检索号：2.2.4.7-3

引导问题：

（1）每小组推荐两位同学，分别汇报任务工作单 1、2 的成果。

____

____

____

任务工作单 4

组号：　　　　姓名：　　　　学号：　　　　检索号：2.2.4.7-4

引导问题：

（1）自查、分析自身工单存在的错误及改正，并填写下表。

表 2.2.4.1　任务工作单自查表

错误	原因	改正

2.2.4.8　评价反馈

任务工作单 1

组号：　　　　姓名：　　　　学号：　　　　检索号：2.2.4.8-1

表 2.2.4.2　个人自评表

班级		姓名		日期	年　月　日
任务名称					
评价指标	评价内容			分数	分数评定
信息检索能力	能有效利用网络、图书资源、字典查找有用的相关信息等；能将查到的信息有效地传递到工作中。			10 分	
感知课堂生活	认同本任务的工作价值，在参与中获得满足感、成就感。			10 分	

续表

评价指标	评价内容	分数	分数评定
参与态度	积极主动与教师、同学交流，相互尊重、理解、平等；与教师、同学之间是否能够保持多向、丰富、适宜的信息交流。	10 分	
	能处理好合作学习和独立思考的关系，做到有效学习；能提出有意义的问题或能发表个人见解。	10 分	
知识、能力获得情况	1. 能说出理想电压源的 *U-I* 输出特性及电路模型。	5 分	
	2. 能说出实际电压源的 *U-I* 输出特性及电路模型。	10 分	
	3. 能说出理想电流源的 *I-U* 输出特性及电路模型。	5 分	
	4. 能说出实际电流源的 *I-U* 输出特性及电路模型。	10 分	
	5. 能说出电源等效变换的条件及注意事项。	10 分	
	6. 能灵活应用等效变换方法进行电路化简。	10 分	
思维态度	是否能发现问题、提出问题、分析问题、解决问题、创新问题。	5 分	
自评反馈	按时按质任务；较好地掌握了知识点；具有较强的信息分析能力和理解能力；具有较为全面严谨的思维能力，并能条理清楚明晰表达成文。	5 分	
自评分数			
有益的经验和做法			
总结反馈建议			

任务工作单 2

组号：　　　姓名：　　　学号：　　　检索号：2.2.4.8-2

表 2.2.4.3　小组内互评验收表

验收组长		组名		日期	年　月　日
组内验收成员					
任务要求	能够说出理想电压源与实际电压源的电源模型及其输出特性，能够说出理想电流源与实际电流源的电源模型及其输出特性，能够说出等效变换的内涵，电源等效变换的条件及其注意事项，能够灵活应用电源等效变换分析计算电路问题。				
验收文档清单	被验收者 2.2.4.7-1 任务工作单 被验收者 2.2.4.7-2 任务工作单 被验收者 2.2.4.7-3 任务工作单 被验收者 2.2.4.7-4 任务工作单				
	文献检索清单				

续表

验收评分	评分标准	分数	得分
验收评分	能够说出理想电压源与实际电压源的电源模型及其输出特性，错一处扣10分。	20分	
	能够说出理想电流源与实际电流源的电源模型及其输出特性，错一处扣10分。	20分	
	能够说出电源等效变换的条件及其注意事项，错一处扣10分。	20分	
	能够灵活应用电源等效变换分析计算电路问题，计算错误扣20分。	20分	
	提供文献检索清单，少于5项，缺一项扣4分。	20分	
评价分数			
不足之处			

任务工作单 3

被评组号：　　　　　　　　　　检索号：2.2.4.8-3

表 2.2.4.4　小组间互评表

班级		评价小组		日期	年　月　日
评价指标	评价内容			分数	分数评定
汇报表述	表述准确			15分	
	语言流畅			10分	
	声音洪亮、自信大方			15分	
内容正确度	内容正确			30分	
	口述准确			30分	
互评分数					
简要评述					

任务工作单 4

组号：　　　姓名：　　　学号：　　　检索号：2.2.4.8-4

表 2.2.4.5　任务完成情况评价表

任务名称	电压源、电流源及两种电源的等效变换认识			总得分		
组号及成员						
评价依据	学生完成的2.2.4.7所有任务工作单					
序号	任务内容及要求		配分	评分标准	教师评价	
					结论	得分
1	能说出理想电压源的输出特性及电路模型。	（1）描述正确；	10分	缺一个要点扣1分		
		（2）语言表达流畅。	5分	酌情赋分		
2	能说出实际电压源的输出特性及电路模型。	（1）描述正确；	10分	缺一个要点扣1分		
		（2）语言流畅。	5分	酌情赋分		

续表

序号	任务内容及要求		配分	评分标准	教师评价	
					结论	得分
3	能说出理想电流源的输出特性及电路模型。	（1）描述正确；	10分	缺一个要点扣2分		
		（2）语言流畅。	5分	酌情赋分		
4	能说出实际电流源的输出特性及电路模型。	（1）描述正确；	10分	缺一个要点扣2分		
		（2）语言流畅。	5分	酌情赋分		
5	能说出等效变换的内涵。	（1）描述正确；	10分	缺一个要点扣2分		
		（2）语言流畅。	10分	酌情赋分		
6	至少包含5份文献的检索文献的目录清单。	（1）数量；	5分	每少一个扣2分		
		（2）参考的主要内容要点。	5分	酌情赋分		
7	素质素养评价。	（1）沟通交流能力；	10分	酌情赋分，但违反课堂纪律，不听从组长、教师安排，不得分。		
		（2）团队合作；				
		（3）课堂纪律；				
		（4）合作探学；				
		（5）自主研学；				
		（6）培养结合生活实际，类比学习的能力；				
		（7）培养仔细观察，独立思考，举一反三的能力。				

任务5　实验：电压源、电流源及两种电源的等效变换

2.2.5.1　任务描述

描绘实际电压源、电流源的 U-I 特性曲线，验证电压源、电流源的等效变换关系。

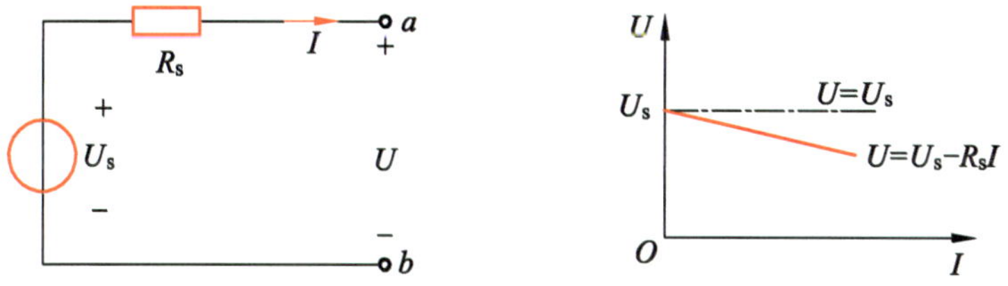

图 2.2.5.1　实际电压源模型及其 U-I 特性曲线

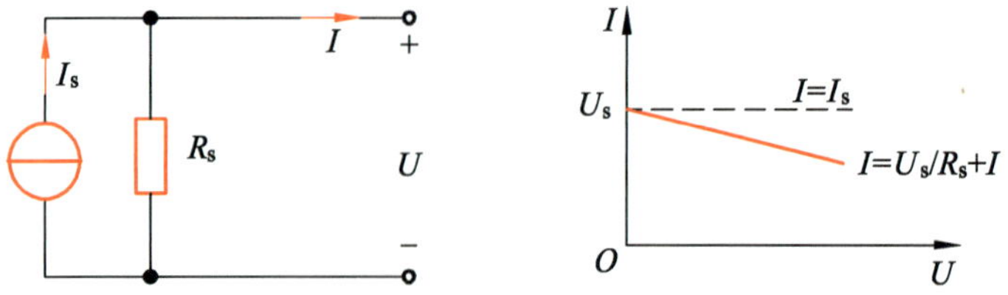

图 2.2.5.2　实际电流源模型及其 U-I 特性曲线

2.2.5.2　学习目标

知识目标

（1）掌握实际电压源、电流源的构成方式；

（2）掌握实际电压源电流源的等效变换条件。

能力目标

（1）能够说出实际电压源和实际电流源的构成方式；

（2）能够说出实际电压源和实际电流源的等效变换条件。

素质素养目标

（1）培养学生理论联系实际的能力；

（2）培养学生分析问题、选择最优方法解决问题的能力；

（3）培养学生安全生产、严谨求实的工作作风；

（4）培养学生劳动光荣、技能宝贵的生产意识。

2.2.5.3　任务分析

重　点

（1）实际电压源电流源的伏安特性曲线及其特点；

（2）两种实际电源之间的等效变换关系；

难　点

（1）准确绘制实际电压源、电流源的伏安特性曲线；

（2）深刻理解对外等效，对内不等效的内涵；

2.2.5.4　相关知识链接

2.2.5.4.1　实际电压源实际电流源的伏安特性

如图 2.2.5.3 所示，一个实际电源可以用电压源与电阻串联组合作为其电路模型，也可以用电流源与电阻并联组合作为其电路模型。根据 KVL、KCL，可得两种电源的端口 VCR：

$$U = U_s - IR_s \tag{2.2.5.1}$$

$$I = I_s - G_s U \tag{2.2.5.2}$$

将第一个公式的电流作为横坐标、电压作为纵坐标，可以得到实际电压源的 *U-I* 特性曲线；将第二个公式的电压作为横坐标、电流作为纵坐标，可以得到实际电流源的 *U-I* 特性曲线。

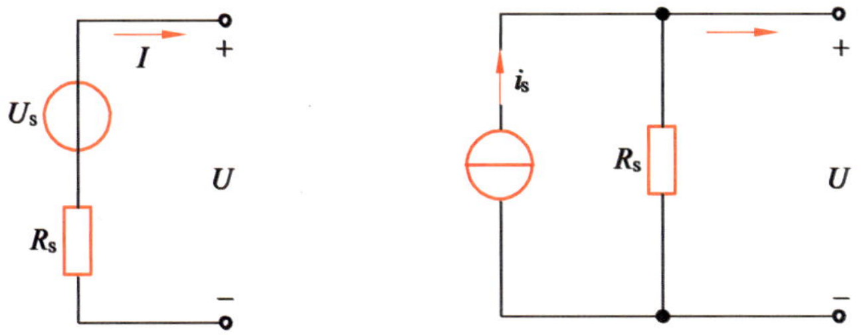

图 2.2.5.3　实际电压电流源模型

2.2.5.4.2　电源模型的等效变换条件

两种电源模型等效变换的条件是端口的伏安特性关系（VCR）完全相同，即它们对应的端口具有相同的电压时，端口电流必须相等。

将公式（2.2.5.2）做变形得到公式（2.2.5.3）：

$$U = \frac{I_s}{G_s} - \frac{I}{G_s} \tag{2.2.5.3}$$

根据等效变换的条件，端口电压和电流必须相等，即：

$$U_s = \frac{I_s}{G_s} = R_s I_s \tag{2.2.5.4}$$

$$R_s = \frac{1}{G_s} \tag{2.2.5.5}$$

由此可得，实际电压源与实际电流源的等效变换前后，与电压源串联或与电流源并联的电阻相等，若已知电流源的大小要变换为电压源，电压源的大小就等于电流源乘以电阻或电流源除以电导；若已知电压源的大小要求变换为电流源，电流源的大小就等于电压源除以电阻。但是要注意，变换前后，电源的极性应该一致，电流源流出的那一级必须和电压源的正极相对应，切莫将电源的极性搞反。

多个电源支路串并联

2.2.5.5　素质素养养成

生产生活中遇到的电压源与电流源均为实际电压源与实际电流源模型，与课堂中讲解的电压源端口电压恒定，电流源输出电流恒定有略微差别，同学们在学习中要注意观察，理论知识与实际生产相结合，通过观察两种电源的变换，深刻理解对外等效、对内不等效的内涵，在学习中逐渐养成举一反三、灵活应变、选择最优方法解决问题的能力。在实验中，注意严格遵守实验规程，安全用电，谨防触电，每次改线前都要断电，养成安全生产、文明生产的工作作风。

2.2.5.6 任务分组

见附表 1。

2.2.5.7 工作准备

任务工作单 1

组号：　　　姓名：　　　学号：　　　检索号：2.2.5.7-1

引导问题：

（1）认真阅读实验报告指导书，列写需要准备的实验器具。

表 2.2.5.1 实验工器具

序号	实验器具	型号	数量

（2）简述实验过程中的注意事项

____

____

____

2.2.5.8 方案制定、优化与汇报

任务工作单 2

组号：　　　姓名：　　　学号：　　　检索号：2.2.5.8-2

引导问题：

（1）实际电压源、实际电流源的伏安特性曲线长什么样？

（2）描绘一条直线，至少需要几个点？

（3）实际电压源由什么元件构成？实际电流源由什么元件构成？

（4）测量实际电压源、实际电流源的伏安特性曲线的具体步骤是什么？

（5）对外等效、对内不等效的具体内涵是什么？

（6）如何说明实际电压源与实际电流源之间存在等效变换关系？

制定实验方案：

____

____

____

优化实验方案：

____

____

____

汇报实验方案：

____

____

____

2.2.5.9 工作实施与结论

任务工作单 3

组号：　　　　姓名：　　　　学号：　　　　检索号：2.2.5.9-3

引导问题：

（1）完成实际电压源、电流源伏安特性曲线测量需要几步?

（2）验证实际电压源、电流源等效变换关系需要几步?

实验实施：

____

____

____

实验结论：

____

____

____

心得体会：

____

____

____

2.2.5.10 评价反馈

任务工作单 4

组号：　　　　姓名：　　　　学号：　　　　检索号：2.2.5.10-4

表 2.2.5.2　个人自评表

班级		组名		日期	年　月　日
评价指标	评价内容			分数	分数评定
信息检索	能有效利用网络、图书资源查找有用的相关信息等；能将查到的信息有效地传递到学习中。			10 分	
感知课堂生活	是否熟悉工器具使用，认同工作价值；在学习中是否能获得满足感。			10 分	
参与态度	积极主动与教师、同学交流，相互尊重、理解、平等；与教师、同学之间是否能够保持多向、丰富、适宜的信息交流。			10 分	
	能处理好合作学习和独立思考的关系，做到有效学习；能提出有意义的问题或能发表个人见解。			10 分	
知识获得	1. 能设计正确的实验方案测量出实际电压、实际电流源的伏安特性曲线，能清楚说出实际电源的伏安特性曲线特点。			15 分	
	2. 能正确设计出实验方案验证电压源和电流源的等效变换关系，能清楚说出对外等效对内不等效的内涵。			15 分	
	3. 能正确说出实际电源之间的等效变换关系，清楚如何确定变换后电源的极性。			10	
思维态度	是否能发现问题、提出问题、分析问题、解决问题、创新问题。			10 分	
自评反馈	按时按质完成任务；较好地掌握了知识点；具有较强的信息分析能力和理解能力；具有较为全面严谨的思维能力，并能条理清楚明晰表达成文。			10 分	
自评分数					
有益的经验和做法					
总结反馈建议					

任务工作单 5

组号：　　　　姓名：　　　　学号：　　　　检索号：2.2.5.10-5

表 2.2.5.3　小组内互评验收表

验收组长		组名		日期	年　月　日
组内验收成员					
任务要求	能设计正确的实验方案，描绘实际电压源、实际电流源的伏安特性曲线，验证电压源、电流源等效变换的条件，分析实验结果。				
验收文档清单	被验收者 2.2.5.7-1 任务工作单 被验收者 2.2.5.8-2 任务工作单 被验收者 2.2.5.9-3 任务工作单				
	文献检索清单				

续表

	评分标准	分数	得分
验收评分	能正确确定检测需要的工器具，列举实验中的注意事项，错误一处扣5分。	20分	
	能正确制定每一个实验目的的检测方案，错误一处扣5分。	20分	
	能按照实验方案，正确开展实验，并记录检测数据，错一处扣2分。	20分	
	能分析测量误差产生的原因，并提出相应的措施，错一处扣2分。	20分	
	提供文献检索清单，少于5项，缺一项扣4分。	20分	
评价分数			
不足之处			

任务工作单 6

被评组号：　　　　检索号：2.2.5.10-6

表 2.2.5.4　小组间互评表

班级		评价小组		日期	年　月　日
评价指标	评价内容			分数	分数评定
汇报表述	表述准确			15分	
	语言流畅			10分	
	准确完整描述实验方案			15分	
内容正确度	内容正确			30分	
	内容完整			30分	
互评分数					
简要评述					

任务工作单 7

组号：　　姓名：　　学号：　　检索号：2.2.5.10-7

表 2.2.5.5　任务完成情况评价表

任务名称	实验：电压源、电流源与两种电源的等效变换			总得分		
评价依据	学生完成的2.2.5.7～2.2.5.9任务工作单					
序号	任务内容及要求		配分	评分标准	教师评价	
					结论	得分
1	能阅读实验指导书，明确实验目的，选择实验器具。	（1）描述正确；	10分	缺一个要点扣1分		
		（2）语言表达流畅。	10分	酌情赋分		
2	能正确制定每一个实验目的的检测方案。	（1）描述正确；	10分	缺一个要点扣1分		
		（2）语言流畅。	10分	酌情赋分		

续表

序号	任务内容及要求		配分	评分标准	教师评价	
					结论	得分
3	能按照实验方案，正确开展实验，并记录实验数据。	（1）描述正确；	10 分	缺一个要点扣 2 分		
		（2）语言流畅。	10 分	酌情赋分		
4	能分析测量误差产生的原因，并提出相应的措施。	（1）描述正确；	10 分	缺一个要点扣 2 分		
		（2）语言流畅。	10 分	酌情赋分		
5	至少包含 5 份文献的检索文献的目录清单。	（1）数量；	5 分	每少一个扣 2 分		
		（2）参考的主要内容要点。	5 分	酌情赋分		
6	素质素养评价。	（1）沟通交流能力； （2）团队合作； （3）课堂纪律； （4）合作探学； （5）自主研学； （6）培养安全生产，文明作业的工作作风； （7）培养分析解决问题的能力； （8）培养讲原则、守规矩的意识； （9）培养热爱劳动的意识。	10 分	酌情赋分，但违反课堂纪律，不听从组长、教师安排，不得分。		

任务 6　支路电流法应用

2.2.6.1　任务描述

应用支路法分析计算电路问题。

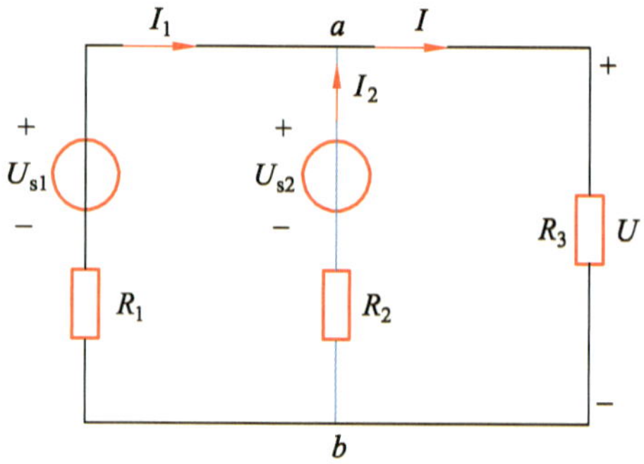

图 2.2.6.1　多个电流源并联

2.2.6.2 学习目标

知识目标

（1）掌握支路电流法的内涵；

（2）掌握支路电流法求解电路问题的步骤。

能力目标

（1）能够说出支路电流法的内涵；

（2）能够应用支路电流法求解电路。

素质素养目标

（1）培养学生分析问题、解决问题的能力；

（2）培养学生类比学习、数理分析的能力。

2.2.6.3 任务分析

重　点

（1）支路电流法的内涵；

（2）支路电流法求解步骤。

难　点

（1）支路电流法中 b、$n-1$、$b-(n-1)$ 的具体内涵；

（2）灵活使用支路电流法求解电路问题。

2.2.6.4 相关知识链接

2.2.6.4.1 支路法内涵

支路电流法是一种以电路中电流为未知量的求解方法，以下简称支路法。对于一个由 b 条支路、n 个节点构成的电路，其中独立的节点有（$n-1$）个，网孔有 $b-(n-1)$ 个。因为在求解电路问题时我们一般会先选择一个参考节点，n 个节点除去一个参考节点，所以独立节点数为（$n-1$），至于电路中网孔数为何为 $b-(n-1)$ 需要用到电路的图论内容，不对同学们做要求，只需记住这个结论即可。

2.2.6.4.2 支路电流法求解步骤

运用支路电流法求解问题主要包括以下四个步骤：

（1）标出所有支路电流的参考方向，确定未知数数量，有几条未知电流支路就有几个未知数；

（2）选择参考节点，对（$n-1$）个独立节点列写 KCL 方程；

（3）选择网孔，列写 $b-(n-1)$ 个 KVL 方程；

（4）联立所有方程，求解 b 个未知电流，再根据欧姆定律或功率求解公式确定电路中的其他量。

2.2.6.5　素质素养养成

本小节任务主要是要求同学们深刻理解支路电流法的内涵，能够灵活应用支路电流法求解电路问题，在应用时同学们可以和中学时期学过的多元一次方程组的求解类比学习，支路电流法的未知量是各个支路的电流，有几个电流就列几个方程，联立方程组即可求得支路电流。

2.2.6.6　任务分组

见附表 1。

2.2.6.7　任务实施

任务工作单 1

组号：　　　　姓名：　　　　学号：　　　　检索号：2.2.6.7-1

引导问题：

（1）支路法的未知量是什么？

（2）独立的 KCL 方程有几个？

（3）独立的 KVL 方程有几个？

（4）b 条支路，b 个未知量，一共列几个方程？

（5）求解支路法中的未知量需要几个步骤？

____

____

任务工作单 2

组号：　　　　姓名：　　　　学号：　　　　检索号：2.2.6.7-2

引导问题：

（1）图 2.2.6.2 所示电路中有几条支路？几个独立节点？几个网孔？

（2）如果要用支路法求解电路中 R_3 的电压，一共列几个方程？几个 KCL 方程，几个 KVL 方程？

（3）图 2.2.6.2 中电压 U_{s1} 为 5 V，R_1 为 1 Ω，U_{s2} 为 10 Ω，R_2 为 2 Ω，R_3 为 3 Ω，应用支路法求 R_3 上的电压 U。

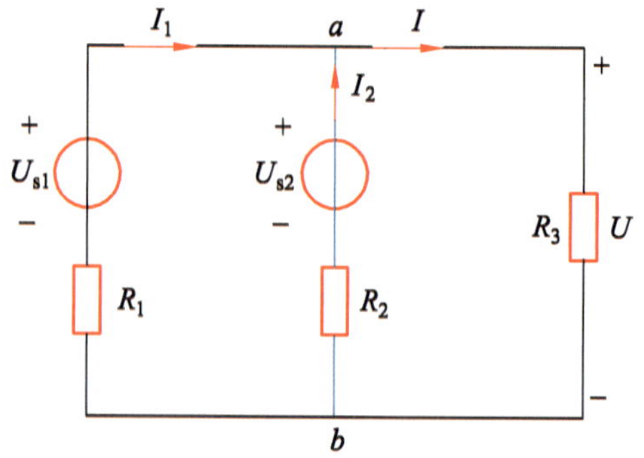

图 2.2.6.2

任务工作单 3

组号：　　　姓名：　　　学号：　　　检索号：2.2.6.7-3

引导问题：

（1）每小组推荐两位同学，分别汇报任务工作单 1、2 的成果。

任务工作单 4

组号：　　　姓名：　　　学号：　　　检索号：2.2.6.7-4

引导问题：

（1）自查、分析自身工单存在的错误及改正，并填写下表。

表 2.2.6.1　任务工作单自查表

错误	原因	改正

2.2.6.8　评价反馈

任务工作单 1

组号：　　　姓名：　　　学号：　　　检索号：2.2.6.8-1

表 2.2.6.2　个人自评表

班级		姓名		日期	年　月　日
任务名称					
评价指标	评价内容			分数	分数评定
信息检索能力	能有效利用网络、图书资源、字典查找有用的相关信息等；能将查到的信息有效地传递到工作中。			10 分	
感知课堂生活	认同本任务的工作价值，在参与中获得满足感、成就感。			10 分	

续表

评价指标	评价内容	分数	分数评定
参与态度	积极主动与教师、同学交流，相互尊重、理解、平等；与教师、同学之间是否能够保持多向、丰富、适宜的信息交流。	10分	
	能处理好合作学习和独立思考的关系，做到有效学习；能提出有意义的问题或能发表个人见解。	10分	
知识、能力获得情况	1. 能说出支路法的内涵。	10分	
	2. 能说出 n 节点电路中独立KCL方程个数。	10分	
	3. 能说出 b 条支路、n 节点电路中独立KVL方程个数。	10分	
	4. 能说出应用支路法分析计算电路的步骤。	10分	
	5. 能灵活应用支路法分析计算电路问题。	10分	
思维态度	是否能发现问题、提出问题、分析问题、解决问题、创新问题。	5分	
自评反馈	按时按质任务；较好地掌握了知识点；具有较强的信息分析能力和理解能力；具有较为全面严谨的思维能力，并能条理清楚明晰表达成文。	5分	
自评分数			
有益的经验和做法			
总结反馈建议			

任务工作单 2

组号：　　　姓名：　　　学号：　　　检索号：2.2.6.8-2

表 2.2.6.3　小组内互评验收表

验收组长		组名		日期	年　月　日
组内验收成员					
任务要求	能说出支路法的内涵，能说出 n 节点电路中独立KCL方程个数，能说出 b 条支路、n 节点电路中独立KVL方程个数，能说出应用支路法分析计算电路的步骤，能灵活应用支路法分析计算电路问题。				
验收文档清单	被验收者2.2.6.7-1任务工作单 被验收者2.2.6.7-2任务工作单 被验收者2.2.6.7-3任务工作单 被验收者2.2.6.7-4任务工作单				
	文献检索清单				
验收评分	评分标准			分数	得分
	能说出支路法的内涵，错一处扣10分。			20分	
	能说出 n 节点电路中独立KCL方程个数，错一处扣10分。			20分	
	能说出 b 条支路、n 节点电路中独立KVL方程个数，错一处扣10分。			20分	

续表

验收评分	能说出应用支路法分析计算电路的步骤。	10 分	
	能够灵活应用支路法进行电路计算。	10 分	
	提供文献检索清单，少于 5 项，缺一项扣 4 分。	20 分	
评价分数			
不足之处			

任务工作单 3

被评组号：　　　　　　　　检索号：2.2.6.8-3

表 2.2.6.4　小组间互评表

班级		评价小组		日期	年　月　日
评价指标	评价内容			分数	分数评定
汇报表述	表述准确			15 分	
	语言流畅			10 分	
	声音洪亮、自信大方			15 分	
内容正确度	内容正确			30 分	
	口述准确			30 分	
互评分数					
简要评述					

任务工作单 4

组号：　　　　姓名：　　　　学号：　　　　检索号：2.2.6.8-4

表 2.2.6.5　任务完成情况评价表

任务名称	支路法应用				总得分	
组号及成员						
评价依据	学生完成的 2.2.6.7 所有任务工作单					
序号	任务内容及要求		配分	评分标准	教师评价	
					结论	得分
1	能说出支路法的内涵。	1. 描述正确；	10 分	缺一个要点扣 1 分		
		2. 语言表达流畅。	5 分	酌情赋分		
2	能说出 n 节点电路中独立 KCL 方程个数。	1. 描述正确；	10 分	缺一个要点扣 1 分		
		2. 语言流畅。	5 分	酌情赋分		
3	能说出 b 条支路，n 节点电路中独立 KVL 方程个数。	1. 描述正确；	10 分	缺一个要点扣 2 分		
		2. 语言流畅。	5 分	酌情赋分		

续表

序号	任务内容及要求		配分	评分标准	教师评价	
					结论	得分
4	能说出应用支路法分析计算电路的步骤。	1. 描述正确；	10 分	缺一个要点扣 2 分		
		2. 语言流畅。	5 分	酌情赋分		
5	能够灵活应用支路法进行电路计算。	1. 描述正确；	10 分	缺一个要点扣 2 分		
		2. 语言流畅。	10 分	酌情赋分		
6	至少包含 5 份文献的检索文献的目录清单。	1. 数量；	5 分	每少一个扣 2 分		
		2. 参考的主要内容要点。	5 分	酌情赋分		
7	素质素养评价。	1. 沟通交流能力； 2. 团队合作； 3. 课堂纪律； 4. 合作探学； 5. 自主研学； 6. 培养数理思维，类比学习的能力； 7. 培养仔细观察，独立思考的学习习惯。	10 分	酌情赋分，但违反课堂纪律，不听从组长、教师安排，不得分。		

任务 7　节点电压法应用

2.2.7.1　任务描述

掌握节点电压法的内涵，灵活应用节点电压法分析计算电路问题。

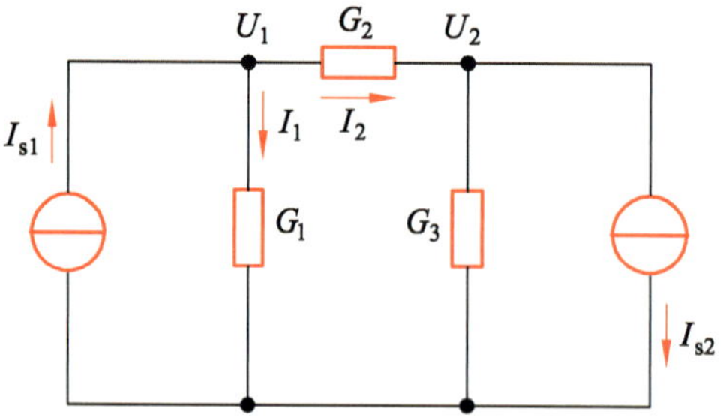

图 2.2.7.1　节点电压法应用

2.2.7.2　学习目标

知识目标

（1）掌握节点电压法的内涵；

（2）掌握节点电压法求解电路问题的步骤。

能力目标

（1）能够说出节点电压法的内涵；

（2）能够应用节点电压法求解电路。

素质素养目标

（1）培养学生分析问题、解决问题的能力；

（2）培养学生透过现象看本质的思考习惯。

2.2.7.3　任务分析

重　点

（1）节点电压法的内涵；

（2）节点电压法的求解步骤。

难　点

（1）节点电压法的推导过程；

（2）节点电压法中自电导与互电导的求解方法。

2.2.7.4　相关知识链接

2.2.7.4.1　节点电压法内涵

节点电压法是一种以电路中的独立节点为未知量列写方程的分析方法，一般适用于电路中支路较多，节点较少的电路。对于一个 b 条支路、n 节点的电路，若用支路法分析，需要列写 b 个方程，若用节点电压法分析，未知量有（$n-1$）个，因此只需要列写（$n-1$）个方程，节约了 $b-(n-1)$ 个方程，特别是支路数较多、节点较少的电路，采用节点电压分析法将节约大量分析计算时间。

所谓节点电压就是指的是独立节点到参考节点的电压，节点电压的参考方向总是假设为由独立节点指向参考节点。电路中所有支路的电压都可以用节点电压来表示，一种支路是接在独立节点和参考点之间，支路电压就是节点电压；另一种支路是接在两个独立节点之间，该支路电压即为两独立节点电压之差。例如对于图 2.2.7.1 中，I_{s1} 的支路电压就是节点电压 U_1，G_2 的支路电压就是 U_1 与 U_2 之差。

节点电压法的本质是列写独立节点的 KCL 方程，即流出等于流入，方程的左边是电流的流出，方程的右边为独立源提供的流入电流。为了说明节点电压法的列写步骤，以图 2.2.7.1 中的图为例。图中一共有 3 个节点，设标号为 0 的为参考节点，则 U_1 和 U_2 处为独立节点，因此需要列写两个方程。

首先，选定支路电流的参考方向，列写节点 1、2 的 KCL 方程，规定流出为正、流入为负，则可得：

$$\begin{cases} I_1 + I_2 = I_{s1} \\ I_3 - I_2 = -I_{s3} \end{cases} \tag{2.2.7.1}$$

将方程左边的流出电流用未知数节点电压替代，对于节点 1 来说，流出节点的电

流 I_1 为 U_1G_1，对于节点 2 来说流出节点的电流 I_3 为 U_2G_3，支路电流 I_2 为 $(U_1-U_2)G_2$，可得：

$$\begin{cases} G_1U_1+G_2(U_1-U_2)=I_{s1} \\ G_3U_2-G_2(U_1-U_2)=-I_{s3} \end{cases} \tag{2.2.7.2}$$

将方程整理一下可得：

$$\begin{cases} (G_1+G_2)\ U_1-G_2U_2=I_{s1} \\ -G_2U_1+(G_2+G_3)U_2=-I_{s3} \end{cases} \tag{2.2.7.3}$$

这就是以节点电压 U_1、U_2 为未知量的两节点方程，上述方程可以写为：

$$\begin{cases} G_{11}U_1+G_{12}U_2=I_{s11} \\ G_{21}U_1+G_{22}U_2=I_{s22} \end{cases} \tag{2.2.7.4}$$

这就是含有两独立节点电路节点电压方程的一般形式。等式的左边是流出节点的电流，等式的右边是独立源（电压源和电流源）提供的流入节点的电流。其中 G_{11}、G_{22} 为节点的自电导，即与该节点直接相连的所有支路电导之和，G_{12} 和 G_{21} 为两个独立节点之间的电导，互电导相等，值得注意的是，自电导的数值永远为正，互电导的数值永远为负，等式右边的正负视独立源的参考方向决定。

2.2.7.4.2 节点电压法的求解步骤

上述三节点的节点电压方程可以推广至 n 节点，求解步骤归纳如下：

（1）指定参考节点，其余独立节点与参考节点之间的电压就是节点电压，其参考方向都是有独立节点指向参考节点。

（2）对独立节点列写节点电压方程；

$$\begin{cases} G_{11}U_1+G_{12}U_2+\cdots+G_{1n}U_n=I_{s11} \\ G_{21}U_1+G_{22}U_2+\cdots+G_{2n}U_n=I_{s22} \\ \cdots\cdots \\ G_{n1}U_1+G_{n2}U_2+\cdots+G_{nn}U_n=I_{snn} \end{cases} \tag{2.2.7.5}$$

其中，U_1、U_2、U_n 为独立节点；G_{ii} 为各节点的自电导，永远为正；G_{ij} 为各节点的互电导，永远为负；I_{sii} 为与这个节点直接相连的独立源提供的流入电流。

（3）求解节点电压方程，解得节点电压。

（4）指定支路电流的参考方向，根据欧姆定律求出各支路电流。

2.2.7.5 素质素养养成

本小节任务主要是要求同学们深刻理解节点电压法的内涵，能够灵活应用节点电压法求解电路问题。不少同学会将自电导与互电导的符号、独立源的符号搞错。同学们始终要记住一个本质，节点电压法的本质是电流的流出等于流入，自电导永远为正，互电导永远为负。透过现象看本质就不容易搞错，勤加练习，多加运用便能熟能生巧、迎刃而解。

2.2.7.6 任务分组

见附表 1。

2.2.7.7 任务实施

任务工作单 1

组号：　　　姓名：　　　学号：　　　检索号：2.2.7.7-1

引导问题：

（1）节点电压法的本质是什么？

（2）节点电压法的未知量是什么？

（3）如何计算节点电压法的自电导，自电导取负还是取正？

（4）如何计算节点电压法的互电导，互电导取正还是取负？

（5）如何利用节点电压法分析计算电路问题？写出具体的步骤。

____

____

____

任务工作单 2

组号：　　　姓名：　　　学号：　　　检索号：2.2.7.7-2

引导问题：

（1）写出图 2.2.7.2 中节点 1 的自电导和互电导。

（2）写出图 2.2.7.2 中节点 2 的自电导和互电导。

（3）列写图 2.2.7.2 中节点电压方程，求解节点 1 和节点 2 的电压。

（4）应用欧姆定律求解图中电流 I。

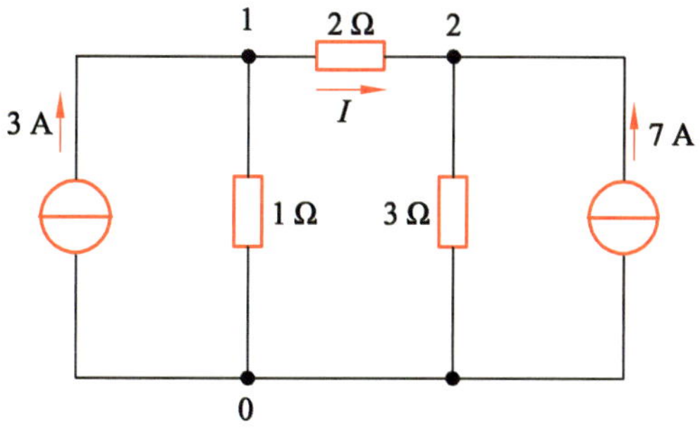

图 2.2.7.2

____

____

任务工作单 3

组号：　　　　姓名：　　　　学号：　　　　检索号：2.2.7.7-3

引导问题：

（1）每小组推荐两位同学，分别汇报任务工作单 1、2 的成果。

____

____

____

任务工作单 4

组号：　　　　姓名：　　　　学号：　　　　检索号：2.2.7.7-4

引导问题：

（1）自查、分析自身工单存在的错误及改正，并填写下表。

表 2.2.7.1　任务工作单自查表

错误	原因	改正

2.2.7.8　评价反馈

任务工作单 1

组号：　　　　姓名：　　　　学号：　　　　检索号：2.2.7.8-1

表 2.2.7.2　个人自评表

班级		姓名		日期	年　月　日
任务名称					
评价指标	评价内容			分数	分数评定
信息检索能力	能有效利用网络、图书资源、字典查找有用的相关信息等；能将查到的信息有效地传递到工作中。			10 分	
感知课堂生活	认同本任务的工作价值，在参与中获得满足感、成就感。			10 分	
参与态度	积极主动与教师、同学交流，相互尊重、理解、平等；与教师、同学之间是否能够保持多向、丰富、适宜的信息交流。			10 分	
	能处理好合作学习和独立思考的关系，做到有效学习；能提出有意义的问题或能发表个人见解。			10 分	

续表

评价指标	评价内容	分数	分数评定
知识、能力获得情况	1. 能说出节点电压法的内涵。	10 分	
	2. 能说出节点电压法的本质。	10 分	
	3. 能说出节点电压法自电导和互电导的计算方法和区别。	10 分	
	4. 能说出应用节点电压法分析计算电路的步骤。	10 分	
	5. 能灵活应用节点电压法分析计算电路问题。	10 分	
思维态度	是否能发现问题、提出问题、分析问题、解决问题、创新问题。	5 分	
自评反馈	按时按质任务；较好地掌握了知识点；具有较强的信息分析能力和理解能力；具有较为全面严谨的思维能力，并能条理清楚明晰表达成文。	5 分	
自评分数			
有益的经验和做法			
总结反馈建议			

任务工作单 2

组号：　　　姓名：　　　学号：　　　检索号：2.2.7.8-2

表 2.2.7.3　小组内互评验收表

验收组长		组名		日期	年　月　日
组内验收成员					
任务要求	能说出节点电压法的内涵和本质，能说出节点电压法的自电导和互电导的求解方法和区别，能说出应用节点电压法分析计算电路问题的步骤，能灵活应用节点电压法分析计算电路问题。				
验收文档清单	被验收者 2.2.7.7-1 任务工作单 被验收者 2.2.7.7-2 任务工作单 被验收者 2.2.7.7-3 任务工作单 被验收者 2.2.7.7-4 任务工作单				
	文献检索清单				
验收评分	评分标准			分数	得分
	能说出节点电压法的内涵，错一处扣 10 分。			20 分	
	能说出节点电压法自电导和互电导的求解方法以及区别。			20 分	
	能说出应用节点电压法分析计算电路问题的步骤。			20 分	
	能说出应用支路法分析计算电路的步骤。			10 分	
	能够灵活应用节点电压法进行电路计算。			10 分	
	提供文献检索清单，少于 5 项，缺一项扣 4 分。			20 分	
评价分数					
不足之处					

任务工作单 3

被评组号：　　　　　　　　　检索号：2.2.7.8-3

表 2.2.7.4　小组间互评表

班级		评价小组		日期	年　月　日
评价指标	评价内容			分数	分数评定
汇报表述	表述准确			15 分	
	语言流畅			10 分	
	声音洪亮、自信大方			15 分	
内容正确度	内容正确			30 分	
	口述准确			30 分	
互评分数					
简要评述					

任务工作单 4

组号：　　　姓名：　　　学号：　　　检索号：2.2.7.8-4

表 2.2.7.5　任务完成情况评价表

任务名称	节点电压法应用				总得分	
组号及成员						
评价依据	学生完成的 2.2.7.7 所有任务工作单					
序号	任务内容及要求		配分	评分标准	教师评价	
					结论	得分
1	能说出节点电压法的内涵	（1）描述正确；	10 分	缺一个要点扣 1 分		
		（2）语言表达流畅。	5 分	酌情赋分		
2	能说出节点电压法中自电导的计算方法。	（1）描述正确；	10 分	缺一个要点扣 1 分		
		（2）语言流畅。	5 分	酌情赋分		
3	能说出节点电压法中互电导的计算方法。	（1）描述正确；	10 分	缺一个要点扣 2 分		
		（2）语言流畅。	5 分	酌情赋分		
4	能说出节点电压法分析计算电路的步骤。	（1）描述正确；	10 分	缺一个要点扣 2 分		
		（2）语言流畅。	5 分	酌情赋分		
5	能够灵活应用节点电压法进行电路计算。	（1）描述正确；	10 分	缺一个要点扣 2 分		
		（2）语言流畅。	10 分	酌情赋分		

续表

序号	任务内容及要求		配分	评分标准	教师评价	
					结论	得分
6	至少包含5份文献的检索文献的目录清单。	（1）数量；	5分	每少一个扣2分		
		（2）参考的主要内容要点。	5分	酌情赋分		
7	素质素养评价。	（1）沟通交流能； （2）团队合作； （3）课堂纪律； （4）合作探学； （5）自主研学； （6）培养学生透过现象看本质的思维习惯； （7）培养仔细观察，独立思考的学习习惯。	10分	酌情赋分，但违反课堂纪律，不听从组长、教师安排，不得分。		

任务8　网孔电流法应用

2.2.8.1　任务描述

掌握网孔电流法的内涵，灵活应用网孔电流法分析计算电路问题。

2.2.8.2　学习目标

知识目标

（1）掌握网孔电流法的内涵；

（2）掌握网孔电流法求解电路问题的步骤。

能力目标

（1）能够说出网孔电流法的内涵；

（2）能够应用网孔电流法求解电路。

素质素养目标

（1）培养学生分析问题、解决问题的能力；

（2）培养学生透过现象看本质的思考习惯。

2.2.8.3　任务分析

重　点

（1）网孔电流法的内涵；

（2）网孔电流法的求解步骤。

难 点

（1）网孔电流法的推导过程；

（2）网孔电流法的列写方法。

2.2.8.4 相关知识链接

2.2.8.4.1 网孔电流法的内涵

网孔电流法是一种以网孔电流为未知量分析电路的方法，一般适用于支路较多，但网孔较少的电路。

以图 2.2.8.1 为例，图中共有两个网孔，假设在每个网孔里都有一个假想的网孔电流沿着网孔的边界流动，参考方向如图中标注所示，电路中每一条支路的电流都可以用网孔电流表示，例如支路 a 的电流 I_a 就等于网孔电流 I_1，支路 c 的电流 I_b 就等于网孔电流 $-I_2$，支路 b 连接在两个网孔之间，同时流过支路网孔 1 的电流 I_1 和 I_2，由于 I_1 和 I_2 的流动方向相反，因此根据支路 b 的参考电流方向，支路 b 的电流为 $-I_1+I_2$，只要求出网孔电流 I_1 和 I_2，就可以确定所有支路电流，然后利用欧姆定律计算电压。

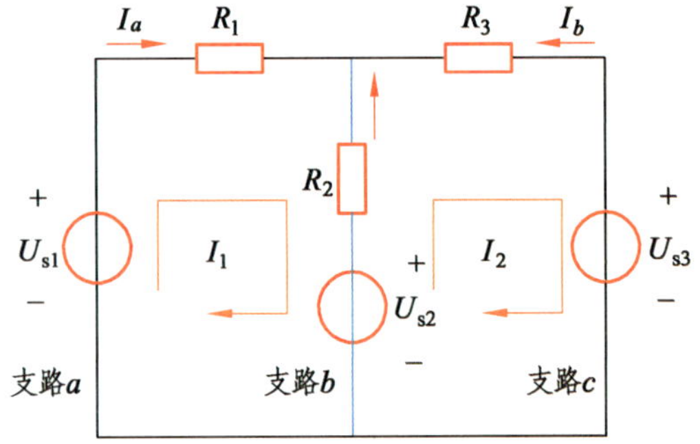

图 2.2.8.1 网孔电流法应用

网孔电流沿着闭合回路流动，所以网孔电流一定是从网孔中某个节点流进，又从这个节点流出。也就是说，应用了网孔电流之后，网孔电流所在的所有节点自动满足 KCL。因此，不需要对节点再列写 KCL 方程，方程数减少了（$n-1$）个，只需要列写网孔的 KVL 方程，这样方程总数为 $b-(n-1)$ 个，电路的变量也是 $b-(n-1)$ 个。

网孔电流法的本质是网孔的 KVL 方程，方程左边为回路的电压降，方程右边是独立源提供的电压升，只不过用网孔的电流来表示每个元件上的电压。不过要注意，某些元件上同时流过多个网孔的电流，列写时需要把各网孔电流引起的电压都计算进去。通常选取网孔的绕行方向与网孔电流的参考方向一致，于是对于图 2.2.8.1 的电路来说，满足下列方程：

$$\begin{cases} R_1I_1+R_2I_1-R_2I_2+U_{s2}-U_{s1}=0 \\ R_2I_2-R_2I_1+R_3I_2+U_{s3}-U_{s2}=0 \end{cases} \tag{2.2.8.1}$$

经过整理后可得：

$$\begin{cases}(R_1+R_2)I_1-R_2I_2=U_{s1}-U_{s2}\\-R_2I_1+(R_2+R_3)I_2=U_{s2}-U_{s3}\end{cases}\tag{2.2.8.2}$$

将方程进一步整理可得：

$$\begin{cases}R_{11}I_1+R_{12}I_2=U_{s11}\\R_{21}I_1+R_{22}I_2=U_{s22}\end{cases}\tag{2.2.8.3}$$

这就是以网孔电流为未知量列写的网孔电流方程，式中 R_{11}、R_{22} 分别代表两个网孔的自电阻，$R_{11}=R_1+R_2$，$R_{22}=R_2+R_3$，$|R_{12}|=|R_{21}|=R_2$，是两个网孔的公共电阻，称为互电阻。由于列写方程时绕行的方向选定为与网孔电流参考方向一致，所以自电阻总是正的，但互电阻却是可正可负的，当通过互电阻的网孔电流 I_1 和 I_2 的参考方向一致时，互电阻 R_{12}、R_{21} 取正，反之取负，本例中，由于 I_2 和 I_2 流过互电阻的方向相反，因此互电阻为 $-R_2$。方程右边是独立源提供的电压升，各电源电压按照绕行方向，如果是从"－"到"＋"，则取正号，反之则取负号。

2.2.8.4.2　网孔电流法的求解步骤

上述两网孔的网孔电流方程可以推广至 m 个网孔，求解步骤归纳如下：

（1）选定各网孔电流的参考方向，这也是列方程时的回路绕行方向。

（2）对网孔列写网孔电流方程：

$$\begin{cases}R_{11}I_1+R_{12}I_2+\cdots+R_{1m}I_m=U_{s11}\\R_{21}I_1+R_{22}I_2+\cdots+R_{2m}I_m=U_{s22}\\\cdots\cdots\\R_{m1}I_1+R_{m2}I_2+\cdots+R_{mm}I_m=U_{smm}\end{cases}\tag{2.2.8.4}$$

其中，I_1、I_2、I_m 为网孔电流；R_{ii} 为各节点的自电阻，永远为正；R_{ij} 为各网孔的互电阻，可正可负；U_{sii} 为各网孔回路的独立电源，电压升取正，电压降取负，如果两个网孔之间没有互电阻，则互电阻取零。

（3）求解网孔电流方程，解得网孔电流。

（4）指定支路电流的参考方向，支路电流为有关网孔电流的代数和。

2.2.8.5　素质素养养成

本小节任务主要是要求同学们深刻理解网孔电流法的内涵，能够灵活应用网孔电流法求解电路问题，网孔电流法中涉及到自电阻和互电阻的计算，自电阻永远为正，但互电阻可正可负，这点和节点电压法有所不同，网孔电流法的本质是列写网孔的 KVL 方程，自动满足 KCL，一共有 $b-(n-1)$ 个方程，而节点电压法的本质是列写节点的 KCL 方程，自动满足 KVL，一共有（$n-1$）个方程，两者本质上是不同的，注意区别，具体在计算分析时应用什么方程，一是要根据题目的要求，二是要注意电路的结构，一般选择方程数目较少的方法。

2.2.8.6 任务分组

见附表 1。

2.2.8.7 任务实施

任务工作单 1

组号：　　　姓名：　　　学号：　　　检索号：2.2.8.7-1

引导问题：

（1）网孔电流法的本质是什么？

（2）网孔电流法的未知量是什么？

（3）如何计算网孔电流法的自电阻，自电阻取负还是取正？

（4）如何计算网孔电流法的互电导，互电导的正负如何选择？

（5）如何利用网孔电流法分析计算电路问题？写出具体的步骤。

____

____

____

任务工作单 2

组号：　　　姓名：　　　学号：　　　检索号：2.2.8.7-2

引导问题：

（1）写出图 2.2.8.2 中网孔 1、2、3 的网孔电流方程。

（2）求解网孔电流 I_1、I_2、I_3。

（3）求解支路电流 I_d、I_e、I_f。

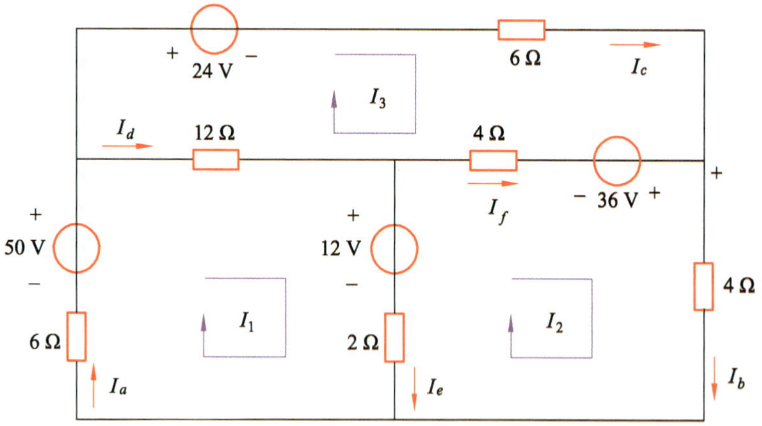

图 2.2.8.2

____

____

____

任务工作单 3

组号：　　　　姓名：　　　　学号：　　　　检索号：2.2.8.7-3

引导问题：

（1）每小组推荐两位同学，分别汇报任务工作单 1、2 的成果。

____

____

____

任务工作单 4

组号：　　　　姓名：　　　　学号：　　　　检索号：2.2.8.7-4

引导问题：

（1）自查、分析自身工单存在的错误及改正，并填写下表。

表 2.2.8.1　任务工作单自查表

错误	原因	改正

2.2.8.8　评价反馈

任务工作单 1

组号：　　　　姓名：　　　　学号：　　　　检索号：2.2.8.8-1

表 2.2.8.2　个人自评表

班级		姓名		日期	年　月　日
任务名称					
评价指标	评价内容			分数	分数评定
信息检索能力	能有效利用网络、图书资源、字典查找有用的相关信息等；能将查到的信息有效地传递到工作中。			10 分	
感知课堂生活	认同本任务的工作价值，在参与中获得满足感、成就感。			10 分	
参与态度	积极主动与教师、同学交流，相互尊重、理解、平等；与教师、同学之间是否能够保持多向、丰富、适宜的信息交流。			10 分	
	能处理好合作学习和独立思考的关系，做到有效学习；能提出有意义的问题或能发表个人见解。			10 分	

续表

评价指标	评价内容	分数	分数评定
知识、能力获得情况	1. 能说出网孔电流法的内涵。	10 分	
	2. 能说出网孔电流法的本质。	10 分	
	3. 能说出网孔电流法自电阻与互电阻的计算方法，并说出两者的符号正负区别。	10 分	
	4. 能说出应用网孔电流法分析计算电路的步骤。	10 分	
	5. 能灵活应用网孔电流法分析计算电路问题。	10 分	
思维态度	是否能发现问题、提出问题、分析问题、解决问题、创新问题。	5 分	
自评反馈	按时按质任务；较好地掌握了知识点；具有较强的信息分析能力和理解能力；具有较为全面严谨的思维能力，并能条理清楚明晰表达成文。	5 分	
自评分数			
有益的经验和做法			
总结反馈建议			

任务工作单 2

组号：　　　　姓名：　　　　学号：　　　　检索号：2.2.8.8-2

表 2.2.8.3　小组内互评验收表

验收组长		组名		日期	年　月　日
组内验收成员					
任务要求	能说出网孔电流法的内涵和本质，能说出网孔电流法自电阻和互电阻的求解方法和正负号区别，能说出应用网孔电流法分析计算电路问题的步骤，能灵活应用网孔电流法分析计算电路问题。				
验收文档清单	被验收者 2.2.8.7-1 任务工作单 被验收者 2.2.8.7-2 任务工作单 被验收者 2.2.8.7-3 任务工作单 被验收者 2.2.8.7-4 任务工作单				
	文献检索清单				
验收评分	评分标准	分数	得分		
	能说出网孔电流法的内涵和本质，错一处扣 10 分。	20 分			
	能说出网孔电流法自电阻和互电阻的计算方法和正负号区别。	20 分			
	能说出应用网孔电流法分析计算电路问题的步骤。	20 分			
	能说出应用网孔电流法分析计算电路的步骤。	10 分			
	能够灵活应用网孔电流法进行电路计算。	10 分			
	提供文献检索清单，少于 5 项，缺一项扣 4 分。	20 分			
评价分数					
不足之处					

任务工作单 3

被评组号：　　　　　　　　　　检索号：2.2.8.8-3

表 2.2.8.4　小组间互评表

班级		评价小组		日期	年　月　日
评价指标	评价内容			分数	分数评定
汇报表述	表述准确			15 分	
	语言流畅			10 分	
	声音洪亮、自信大方			15 分	
内容正确度	内容正确			30 分	
	口述准确			30 分	
互评分数					
简要评述					

任务工作单 4

组号：　　　姓名：　　　学号：　　　检索号：2.2.8.8-4

表 2.2.8.5　任务完成情况评价表

任务名称	网孔电流法应用				总得分	
组号及成员						
评价依据	学生完成的 2.2.8.7 所有任务工作单					
序号	任务内容及要求		配分	评分标准	教师评价	
					结论	得分
1	能说出网孔电流法的内涵。	（1）描述正确；	10 分	缺一个要点扣 1 分		
		（2）语言表达流畅。	5 分	酌情赋分		
2	能说出网孔电流法中自电阻的计算方法。	（1）描述正确；	10 分	缺一个要点扣 1 分		
		（2）语言流畅。	5 分	酌情赋分		
3	能说出网孔电流法中互电阻的计算方法。	（1）描述正确；	10 分	缺一个要点扣 2 分		
		（2）语言流畅。	5 分	酌情赋分		
4	能说出网孔电流法分析计算电路的步骤。	（1）描述正确；	10 分	缺一个要点扣 2 分		
		（2）语言流畅。	5 分	酌情赋分		
5	能够灵活应用网孔电流法进行电路计算。	（1）描述正确；	10 分	缺一个要点扣 2 分		
		（2）语言流畅。	10 分	酌情赋分		
6	至少包含 5 份文献的检索文献的目录清单。	（1）数量；	5 分	每少一个扣 2 分		
		（2）参考的主要内容要点。	5 分	酌情赋分		

续表

序号	任务内容及要求		配分	评分标准	教师评价	
					结论	得分
7	素质素养评价。	（1）沟通交流能； （2）团队合作； （3）课堂纪律； （4）合作探学； （5）自主研学； （6）培养学生透过现象看本质的思维习惯； （7）培养仔细观察，独立思考的学习习惯。	10 分	酌情赋分，但违反课堂纪律，不听从组长、教师安排，不得分。		

任务 9　叠加定理应用

2.2.9.1　任务描述

掌握叠加定理的内涵，灵活应用叠加定理分析计算电路问题。

2.2.9.2　学习目标

知识目标

（1）掌握叠加定理的内涵；

（2）掌握叠加定理求解电路问题的步骤。

能力目标

（1）能够说出叠加定理的内涵；

（2）能够应用叠加定理求解电路。

素质素养目标

（1）培养学生联系生活实际分析电路问题的能力；

（2）培养学生独立思考、团队协作、合作探究的能力。

2.2.9.3　任务分析

重　点

（1）叠加定理的内涵；

（2）叠加定理的求解步骤。

难　点

（1）叠加定理的适用条件；

（2）应用叠加定理解决电路问题。

2.2.9.4 相关知识链接

2.2.9.4.1 线性电路与线性元件

线性电路是指完全由线性元件、独立源或线性受控源构成的电路，电路中所有元件的物理特性由两个量表征。如果表征元件特性的代数关系是一个线性关系，则该元件为线性元件，反之则为非线性元件，含有线性元件的电路不一定是线性电路，但线性电路中所有元件均为线性元件。

2.2.9.4.2 叠加定理的内涵

叠加定理是线性电路的一个基本定理，它体现了线性网络的基本性质，叠加定理表述为：在线性电路中，当有两个或两个以上的独立源作用时，则任意支路的电流（或电压）响应等于电路中每个独立源单独作用下在该支路中产生的电流（或电压）响应的代数和。

值得注意的有两点：第一是叠加定理只适用于线性电路，且只能用来计算任意支路的电流或电压，并不包括功率，因为功率的计算带有平方，不能用叠加定理计算；第二是每个独立源单独作用意味着当该电源作用时其他电源不作用，即当电压源不作用时，其相当于短路，当电流源不作用时，其相当于开路。

应用叠加定理计算复杂电路，就是把一个复杂电路化成几个电源电路单独计算，然后把它们的作用效果叠加起来，但是在叠加时要注意参考方向。电源的划分一般有两种思路：一种最简单的就是每个电源单独作用，电路中有几个电源就单独算几次，最后把所有单独作用的结果叠加，这种适用于电源数目较少的电路；另一种是先观察电路的结构，让所有电压源先一起作用，将所有电流源置零，然后再将所有电压源短路，将电流源置零。总之，明确叠加定理的本质是将电源独立作用时的响应叠加，灵活处置各个电源，最后别忘了按照参考方向叠加即可。

以图 2.2.9.1 中电路为例，应用叠加定理求解流过 12 Ω电阻的电流 I。当电压源单独作用，电流源不作用即电流源开路时，可得 $I'=\dfrac{90}{6+12}=5\ \text{A}$，当电压源不作用即电压源短路时，可得 $I'=\dfrac{6}{12+6}\times 9=3\ \text{A}$，因此，流过 12 Ω电阻的电流 $I=I'+I''=5+3=8\ \text{A}$。

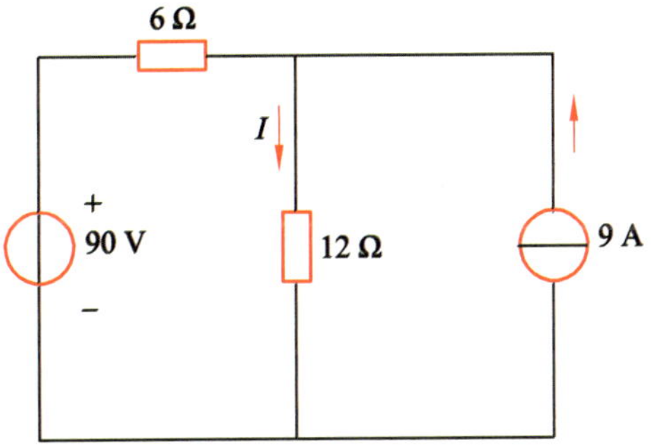

图 2.2.9.1　叠加定理示意图

2.2.9.4.3 叠加定理求解步骤及注意事项

应用叠加定理分析计算电路问题一般按照以下步骤进行:

(1)“数”:首先数清楚电路中有多少个独立源。

(2)“孤”:将每个独立源单独作用求待求支路的电压或电流;即将不作用的电压源短路,将不作用的电流源开路。

(3)“和”:将每个独立源单独作用时的响应叠加。

再次提醒,叠加定理适用于线性电路求解某支路的电压或电流,但不能进行功率叠加。

2.2.9.5 素质素养养成

本小节任务主要是要求同学们深刻理解叠加定理的内涵并灵活应用。在学习时,同学们可以结合生活中的实际事件进行类比学习,比如过年期间父亲给你200块钱压岁钱,母亲给你200块钱压岁钱,那么你从父母那里一共获得的压岁钱就是将父亲给你的和母亲给你的求和,叠加定理的本质其实就是求和。明确了事情的本质以后再理解起来就没有那么困难。不过要注意,不少同学在学习中会误以为功率也可以叠加,这点认识是错误不可取的,只有线性计算的才可以进行叠加,功率涉及电流的平方或者电压的平方,不符合叠加定理的线性要求。在学习中也可以和同小组同学讨论,联系生活实际,进一步加深印象,熟练应用。

2.2.9.6 任务分组

见附表1。

2.2.9.7 任务实施

任务工作单 1

组号:　　　　姓名:　　　　学号:　　　　检索号: 2.2.9.7-1

引导问题:

(1)叠加定理的内容是什么?

(2)叠加定理适用于什么电路?

(3)叠加定理为何不能用来计算功率?

(4)当电压源单独作用时,电流源如何处理?

(5)当电流源单独作用时,电压源如何处理?

(6)写出应用叠加定理分析电路问题的步骤。

____

____

____

任务工作单 2

组号：　　　　姓名：　　　　学号：　　　　检索号：2.2.9.7-2

引导问题：

（1）画出图 2.2.9.2 中当电流源单独作用时的电路。

（2）画出图 2.2.9.2 中当电压源单独作用时的电路。

（3）应用叠加定理求电压 u。

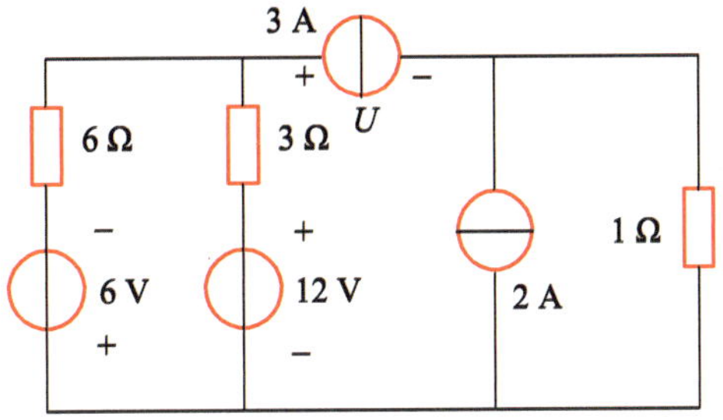

图 2.2.9.2

____

____

任务工作单 3

组号：　　　　姓名：　　　　学号：　　　　检索号：2.2.9.7-3

引导问题：

（1）每小组推荐两位同学，分别汇报任务工作单 1、2 的成果。

____

____

____

任务工作单 4

组号：　　　　姓名：　　　　学号：　　　　检索号：2.2.9.7-4

引导问题：

（1）自查、分析自身工单存在的错误及改正，并填写下表。

表 2.2.9.1　任务工作单自查表

错误	原因	改正

2.2.9.8 评价反馈

任务工作单 1

组号：　　　　姓名：　　　　学号：　　　　检索号：2.2.9.8-1

表 2.2.9.2 个人自评表

<table>
<tr><td>班级</td><td></td><td>姓名</td><td></td><td>日期</td><td>年 月 日</td></tr>
<tr><td>任务名称</td><td colspan="5"></td></tr>
<tr><td>评价指标</td><td colspan="3">评价内容</td><td>分数</td><td>分数评定</td></tr>
<tr><td>信息检索能力</td><td colspan="3">能有效利用网络、图书资源、字典查找有用的相关信息等；能将查到的信息有效地传递到工作中。</td><td>10 分</td><td></td></tr>
<tr><td>感知课堂生活</td><td colspan="3">认同本任务的工作价值，在参与中获得满足感、成就感。</td><td>10 分</td><td></td></tr>
<tr><td rowspan="2">参与态度</td><td colspan="3">积极主动与教师、同学交流，相互尊重、理解、平等；与教师、同学之间是否能够保持多向、丰富、适宜的信息交流。</td><td>10 分</td><td></td></tr>
<tr><td colspan="3">能处理好合作学习和独立思考的关系，做到有效学习；能提出有意义的问题或能发表个人见解。</td><td>10 分</td><td></td></tr>
<tr><td rowspan="5">知识、能力获得情况</td><td colspan="3">1. 能说出叠加定理的内容。</td><td>10 分</td><td></td></tr>
<tr><td colspan="3">2. 能说出电压源单独作用时电流源置零的方法，电流源单独作用时电压源置零的方法。</td><td>10 分</td><td></td></tr>
<tr><td colspan="3">3. 能说出功率不能用叠加定理计算的原因。</td><td>10 分</td><td></td></tr>
<tr><td colspan="3">4. 能说出应用叠加定理分析计算电路问题的步骤。</td><td>10 分</td><td></td></tr>
<tr><td colspan="3">5. 能灵活应用叠加定理分析计算电路问题。</td><td>10 分</td><td></td></tr>
<tr><td>思维态度</td><td colspan="3">是否能发现问题、提出问题、分析问题、解决问题、创新问题。</td><td>5 分</td><td></td></tr>
<tr><td>自评反馈</td><td colspan="3">按时按质任务；较好地掌握了知识点；具有较强的信息分析能力和理解能力；具有较为全面严谨的思维能力，并能条理清楚明晰表达成文。</td><td>5 分</td><td></td></tr>
<tr><td colspan="4">自评分数</td><td colspan="2"></td></tr>
<tr><td>有益的经验和做法</td><td colspan="5"></td></tr>
<tr><td>总结反馈建议</td><td colspan="5"></td></tr>
</table>

任务工作单 2

组号：　　姓名：　　学号：　　检索号：2.2.9.8-2

表 2.2.9.3　小组内互评验收表

验收组长		组名		日期	年　月　日
组内验收成员					
任务要求	能说出网孔电流法的内涵和本质，能说出网孔电流法自电阻和互电阻的求解方法和正负号区别，能说出应用网孔电流法分析计算电路问题的步骤，能灵活应用网孔电流法分析计算电路问题。				
验收文档清单	被验收者 2.2.9.7-1 任务工作单 被验收者 2.2.9.7-2 任务工作单 被验收者 2.2.9.7-3 任务工作单 被验收者 2.2.9.7-4 任务工作单				
	文献检索清单				
验收评分	评分标准			分数	得分
	能说出叠加定理的内容，错一处扣 10 分。			20 分	
	能说出叠加定理的适用范围。			20 分	
	能说出应用叠加定理计算电路问题的步骤。			20 分	
	能说出不能用叠加定理计算功率的原因。			10 分	
	能够灵活应用叠加定理进行电路计算。			10 分	
	提供文献检索清单，少于 5 项，缺一项扣 4 分。			20 分	
评价分数					
不足之处					

任务工作单 3

被评组号：　　检索号：2.2.9.8-3

表 2.2.9.4　小组间互评表

班级		评价小组		日期	年　月　日
评价指标	评价内容			分数	分数评定
汇报表述	表述准确			15 分	
	语言流畅			10 分	
	声音洪亮、自信大方			15 分	
内容正确度	内容正确			30 分	
	口述准确			30 分	
互评分数					
简要评述					

任务工作单 4

组号： 姓名： 学号： 检索号： 2.2.9.8-4

表 2.2.9.5 任务完成情况评价表

任务名称	叠加定理应用			总得分		
组号及成员						
评价依据	学生完成的 2.2.9.7 所有任务工作单					
序号	任务内容及要求		配分	评分标准	教师评价	
					结论	得分
1	能说出叠加定理的内容。	（1）描述正确；	10 分	缺一个要点扣 1 分		
		（2）语言表达流畅。	5 分	酌情赋分		
2	能说出让电压源单独作用其他电源不作用的方法。	（1）描述正确；	10 分	缺一个要点扣 1 分		
		（2）语言流畅。	5 分	酌情赋分		
3	能说出让电流源单独作用其他电源不作用的方法。	（1）描述正确；	10 分	缺一个要点扣 2 分		
		（2）语言流畅。	5 分	酌情赋分		
4	能说出叠加定理的适用条件。	（1）描述正确；	10 分	缺一个要点扣 2 分		
		（2）语言流畅。	5 分	酌情赋分		
5	能够灵活应用叠加定理进行电路计算。	（1）描述正确；	10 分	缺一个要点扣 2 分		
		（2）语言流畅。	10 分	酌情赋分		
6	至少包含 5 份文献的检索文献的目录清单。	（1）数量；	5 分	每少一个扣 2 分		
		（2)参考的主要内容要点。	5 分	酌情赋分		
7	素质素养评价。	（1）沟通交流能；	10 分	酌情赋分，但违反课堂纪律，不听从组长、教师安排，不得分。		
		（2）团队合作；				
		（3）课堂纪律；				
		（4）合作探学；				
		（5）自主研学；				
		（6）培养学生通过结合生活实际理解电路理论的学习方法；				
		（7）培养仔细观察，独立思考的学习习惯。				

任务 10　实验：叠加定理验证

2.2.10.1　任务描述

设计实验方案，验证线性电路叠加定理的正确性，加深对叠加定理的理解。

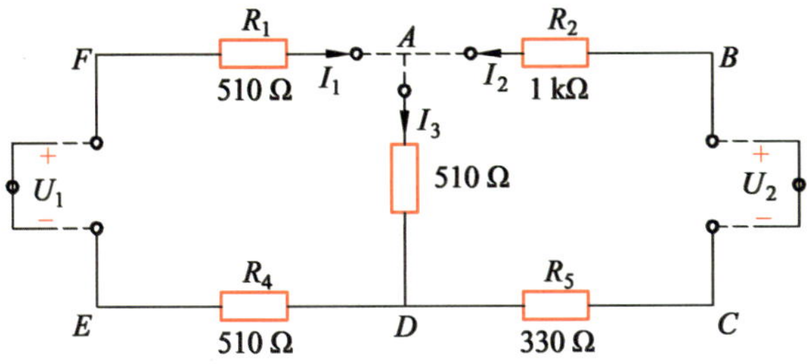

图 2.2.10.1　叠加定理验证电路

2.2.10.2　学习目标

知识目标

（1）验证叠加定理的正确性，加深对叠加定理的理解。

（2）验证电压电流的可叠加性、功率的不可叠加性。

能力目标

（1）能够设计正确的电路，动手完成实验电路连接；

（2）能够正确记录数据并进行分析，用数据验证定理的正确性。

素质素养目标

（1）培养学生动手操作的能力；

（2）培养学生理论联系实际的能力；

（3）培养学生遵章守纪、规范操作的工作习惯；

（4）培养学生劳动光荣、技能宝贵的生产意识。

2.2.10.3　任务分析

重　点

（1）深刻理解叠加定理的内涵；

（2）深刻理解叠加定理的适用范围。

难　点

（1）设计合适的电路验证叠加定理的正确性；

（2）正确记录实验数据并进行数据分析，得出正确结论。

2.2.10.4 相关知识链接

2.2.10.4.1 实验原理说明

叠加定理指出，在线性电路中，某处电压或电流都是电路中各个独立电源单独作用时，在该处分别产生的电压或电流的叠加。

叠加定理只适用于线性电路，不适用于非线性电路，在计算各个分电路时，不作用的电压源置零，即在电压源处用短路代替，不作用的电流源置零，即在电流源处用开路代替，电路中的所有电阻元件都不予更动。在叠加时，要注意各分电路的参考方向，方向一致，叠加时相加；方向相反，叠加时相减。

叠加定理的对象只能是线性电路中的电压或电流，功率不可叠加，这是因为功率与电压或电流的平方成正比，不成线性关系。

如果要想通过实验的方式验证叠加定理的正确性，不妨选择电路中的某些支路，在所有电源同时作用时测量这些支路的电压或电流，记录数据留作对照，然后让电路中的电压源单独作用记录一组数据，再让电路中电流源单独作用记录一组数据，然后将单独作用时的数据相加如果等于电压源和电流源同时作用时的数值，则说明该支路满足叠加定理，可以多选几条支路验证共同作用的结果等于单独作用时的叠加，对于功率也可以将单独作用时的结果叠加以后和共同作用时的结果相比较，对比前后数据是否一致以此来验证电压电流的可叠加性、功率的不可叠加性。

2.2.10.4.2 安全危险点

实验台配有漏电保护，但是在使用过程中依旧要注意安全，在连接导线过程中以及每次更改线路时，一定要注意切断电源，不可将电压源短接，不可将电流源开路，否则容易造成实验台损坏。

2.2.10.5 素质素养养成

通过本实验的学习，希望同学们进一步理解叠加定理的内涵，感受叠加定理的适用范围，在实验过程中遵守实验规则，谨记安全规范，主动参与实验设计和验证的过程能帮助同学们将理论和实践有机结合，进一步理解叠加定理，认可叠加定理。

2.2.10.6 任务分组

见附表 1。

2.2.10.7 工作准备

任务工作单 1

组号：　　　姓名：　　　学号：　　　检索号：<u>2.2.10.7-1</u>

引导问题：

（1）为了验证叠加定理，需要准备哪些实验工器具？

表 2.2.10.1　实验工器具

序号	实验器具	型号	数量

（2）简述实验过程中的注意事项

____

____

____

2.2.10.8　方案制定

任务工作单 2

组号：　　　姓名：　　　学号：　　　检索号：2.2.10.8-2

引导问题：

（1）叠加定理的内容是什么?

（2）实验的设计思路是什么?

（3）如何说明叠加定理是正确的?

（4）实验中需要用到哪些工器具?

制定实验方案：

____

____

____

2.2.10.9　方案汇报与优化

任务工作单 3

组号：　　　姓名：　　　学号：　　　检索号：2.2.10.9-3

引导问题：

（1）搭建一个验证叠加定理的电路，画出电路的示意图。

（2）针对小组搭建的电路说一说设计思路。

（3）针对小组搭建的电路，说说具体的测量步骤?

（4）根据小组搭建的电路，设计数据记录表格，说明如何电压、电流的可叠加性，功率的不可叠加性。

方案汇报：

方案优化：

2.2.10.10　方案实施与结论

任务工作单 4

组号：　　　　姓名：　　　　学号：　　　　检索号：2.2.10.10-4

引导问题：

（1）如何测量支路的电压，可以用什么元器件？

（2）如何测量支路的电流，可以用什么元器件？

（3）如何测量支路的功率，可以用什么元器件？

（4）写出每一步的具体工作。

（5）画出数据记录表格。

方案实施：

实验结论：

2.2.10.11　评价反馈

任务工作单 5

组号：　　　　姓名：　　　　学号：　　　　检索号：2.2.10.11-5

表 2.2.10.2　个人自评表

<table>
<tr><td>班级</td><td></td><td>姓名</td><td></td><td>日期</td><td>年　月　日</td></tr>
<tr><td>评价指标</td><td colspan="3">评价内容</td><td>分数</td><td>分数评定</td></tr>
<tr><td>信息检索</td><td colspan="3">能有效利用网络、图书资源查找有用的相关信息等；能将查到的信息有效地传递到学习中。</td><td>10 分</td><td></td></tr>
<tr><td>感知课堂生活</td><td colspan="3">熟悉工器具使用，认同工作价值；在学习中是否能获得满足感。</td><td>10 分</td><td></td></tr>
<tr><td rowspan="2">参与态度</td><td colspan="3">积极主动与教师、同学交流，相互尊重、理解、平等；与教师、同学之间是否能够保持多向、丰富、适宜的信息交流。</td><td>10 分</td><td></td></tr>
<tr><td colspan="3">能处理好合作学习和独立思考的关系，做到有效学习；能提出有意义的问题或能发表个人见解。</td><td>10 分</td><td></td></tr>
<tr><td rowspan="4">知识获得</td><td colspan="3">1. 能说出叠加定理的内容。</td><td>10 分</td><td></td></tr>
<tr><td colspan="3">2. 能设计合适的电路完成叠加定理的验证。</td><td>10 分</td><td></td></tr>
<tr><td colspan="3">3. 能说出实验过程中的注意事项。</td><td>10 分</td><td></td></tr>
<tr><td colspan="3">4. 能正确记录实验数据，分析数据得出结论。</td><td>10 分</td><td></td></tr>
<tr><td>思维态度</td><td colspan="3">是否能发现问题、提出问题、分析问题、解决问题、创新问题。</td><td>10 分</td><td></td></tr>
<tr><td>自评反馈</td><td colspan="3">按时按质完成任务；较好地掌握知识点；具有较强的信息分析能力和理解能力；具有较为全面严谨的思维能力，并能条理清楚明晰表达成文。</td><td>10 分</td><td></td></tr>
<tr><td colspan="5">自评分数</td><td></td></tr>
<tr><td>有益的经验和做法</td><td colspan="5"></td></tr>
<tr><td>总结与反馈建议</td><td colspan="5"></td></tr>
</table>

任务工作单 6

组号：　　　　姓名：　　　　学号：　　　　检索号：2.2.10.11-6

表 2.2.10.3　小组内互评验收表

<table>
<tr><td>验收组长</td><td></td><td>组名</td><td></td><td>日期</td><td>年　月　日</td></tr>
<tr><td>组内验收成员</td><td colspan="5"></td></tr>
<tr><td>任务要求</td><td colspan="5">设计合理的实验电路，完成叠加定理的验证，记录实验数据，分析实验结果，得出实验结论。</td></tr>
<tr><td rowspan="2">验收文档清单</td><td colspan="5">被验收者 2.2.10.7-1 任务工作单
被验收者 2.2.10.8-2 任务工作单
被验收者 2.2.10.9-3 任务工作单
被验收者 2.2.10.10-4 任务工作单</td></tr>
<tr><td colspan="5">文献检索清单</td></tr>
</table>

续表

	评分标准	分数	得分
验收评分	能正确确定检测需要的工器具，列举实验中的注意事项，错误一处扣5分。	20分	
	能正确制定每一个实验目的的检测方案，错误一处扣5分。	20分	
	能按照实验方案，正确开展实验，并记录检测数据，错一处扣2分。	20分	
	能分析测量误差产生的原因，并提出相应的措施，错一处扣2分。	20分	
	提供文献检索清单，少于5项，缺一项扣4分。	20分	
评价分数			
不足之处			

任务工作单 7

被评组号：　　　　　　　　检索号：2.2.10.11-7

表 2.2.10.4　小组间互评表

班级		评价小组		日期	年　月　日
评价指标	评价内容			分数	分数评定
汇报表述	表述准确			15分	
	语言流畅			10分	
	准确完整描述实验方案			15分	
内容正确度	内容正确			30分	
	内容完整			30分	
互评分数					
简要评述					

任务工作单 8

组号：　　　姓名：　　　学号：　　　检索号：2.2.10.11-8

表 2.2.10.5　任务完成情况评价表

任务名称	实验：叠加定理验证			总得分		
评价依据	学生完成的2.2.10.7-1、2.2.10.8-2、2.2.10.9-3、2.2.10.10-4任务工作单					
序号	任务内容及要求		配分	评分标准	教师评价	
					结论	得分
1	能阅读实验指导书，明确实验目的，选择实验器具。	（1）描述正确；	10分	缺一个要点扣1分		
		（2）语言表达流畅。	10分	酌情赋分		
2	能正确制定每一个实验目的的检测方案。	（1）描述正确；	10分	缺一个要点扣1分		
		（2）语言流畅。	10分	酌情赋分		

续表

序号	任务内容及要求		配分	评分标准	教师评价	
					结论	得分
3	能按照实验方案，正确开展实验，并记录实验数据。	（1）描述正确；	10分	缺一个要点扣2分		
		（2）语言流畅。	10分	酌情赋分		
4	能分析测量误差产生的原因，并提出相应的措施。	（1）描述正确；	10分	缺一个要点扣2分		
		（2）语言流畅。	10分	酌情赋分		
5	至少包含5份文献的检索文献的目录清单。	（1）数量；	5分	每少一个扣2分		
		（2）参考的主要内容要点。	5分	酌情赋分		
6	素质素养评价。	（1）沟通交流能； （2）团队合作； （3）课堂纪律； （4）合作探学； （5）自主研学； （6）动手能力； （7）分析问题，融会贯通； （8）爱护工器具及环境卫生； （9）讲原则、守规矩； （10）热爱劳动。	10分	酌情赋分，但违反课堂纪律，不听从组长、教师安排，不得分。		

任务11　戴维南定理和诺顿定理应用

2.2.11.1　任务描述

掌握戴维南定理和诺顿定理的内容，灵活应用戴维南定理和诺顿定理分析计算电路问题。

2.2.11.2　学习目标

知识目标

（1）掌握戴维南定理和诺顿定理的内容；

（2）掌握输入内阻的计算方法；

（3）掌握开路电压和短路电流的计算方法。

能力目标

（1）能够应用戴维南定理求解电路问题；

（2）能够应用诺顿定理求解电路问题。

素质素养目标

（1）培养学生抽丝剥茧、化繁为简处理问题的思维习惯；

（2）培养学生独立思考、团队协作、合作探究的能力。

2.2.11.3 任务分析

重　点

（1）戴维南定理和诺顿定理的内容；

（2）戴维南等效电路的求解方法。

难　点

（1）开路电压、短路电流和输入电阻的计算；

（2）应用戴维南定理解算电路问题。

2.2.11.4 相关知识链接

2.2.11.4.1 戴维南定理和诺顿定理内容

戴维南定理和诺顿定理统称为等效电源定理，它们提供了分析含独立源的二端电阻网络等效电路的一般方法，是分析电路的重要工具。

戴维南定理的内容是：对于外电路，一个含独立源的线性二端电阻网络可以用一个电压源与电阻串联等效替代，电压源的电压等于该二端网络的开路电压 U_{oc}，电阻等于该二端网络中所有独立源为零时的输入电阻 R_o。

诺顿定理的内容是：对于外电路，一个含独立源的线性二端网络可以用一个电流源与电阻并联组合等效，电流源的电流等于该二端网络的短路电流 I_{sc}，电导等于该二端网络中所有独立源为零时其端口处的等效电导 G_o。

通过对定理内容的描述可以知道，对于一个复杂的电路，我们有时感兴趣的只是电路中某条支路的电流或者电压，此时不感兴趣的部分我们称之为外电路，如果外电路含有独立源，则可以将外电路用一个电压源串电阻来等效替代，即做出外电路的戴维南等效电路，或者应用前面电源等效的方法，将电压源串电阻变换为电流源并电阻，即得到外电路的诺顿等效电路，即可将原来复杂的电路简单化，变成一个最简单的单回路或双节点电路来分析计算，这就是戴维南定理/诺顿定理的强大之处。

2.2.11.4.2 开路电压、短路电流、输入电阻的求解方法

应用戴维南定理做等效电路时涉及两个关键的未知量：其一是开路电压，其二是输入电阻。

求解开路电压的方法就是将感兴趣的支路从电路中移开，原本闭合的回路出现明显的断口，求解断口两端的电压就是等效电路中的开路电压 U_{oc}。

求解输入电阻一般有两个方法。注意在求输入电阻时，一定是从感兴趣的支路端口看进去的电阻，且应该将所有的独立源置零，即电压源短路，电流源开路，应用电阻串并联的等效化简方法求出端口的输入电阻，或者在端口处假设有一电压 U，根据网络的结构，用电压 U 来表示端口电流 I，最后求 U/I 的值即为输入电阻，反之也可假设端口电流为 I，根据电路结构用 I 来表示端口的电压 U，同样求出 U/I 的比值，不过为了简单起见，一般使用第一种方法，直接用串并联方法化简。

应用诺顿定理做诺顿等效电路时，也涉及两个未知量，即短路电流和输入电导。

所谓短路电流就是将感兴趣的支路移开，然后用一条导线代替原有支路，求出流过支路的电流即为短路电流，输入电导的求解方法和输入电阻一致，输入电导就是输入电阻的倒数。

其实求出戴维南等效电路就等于求出了诺顿等效电路，应用电压源与电流源的等效变换即可。

以图 2.2.11.1 为例，要求应用戴维南定理求图（a）中的电流 I。首先分析题目要求用戴维南定理，感兴趣的支路是 3 Ω电阻所在支路，要做戴维南等效电路需要知道开路电压和输入电阻。首先将 3 Ω支路移开，得到如图（b）所示的电路图。

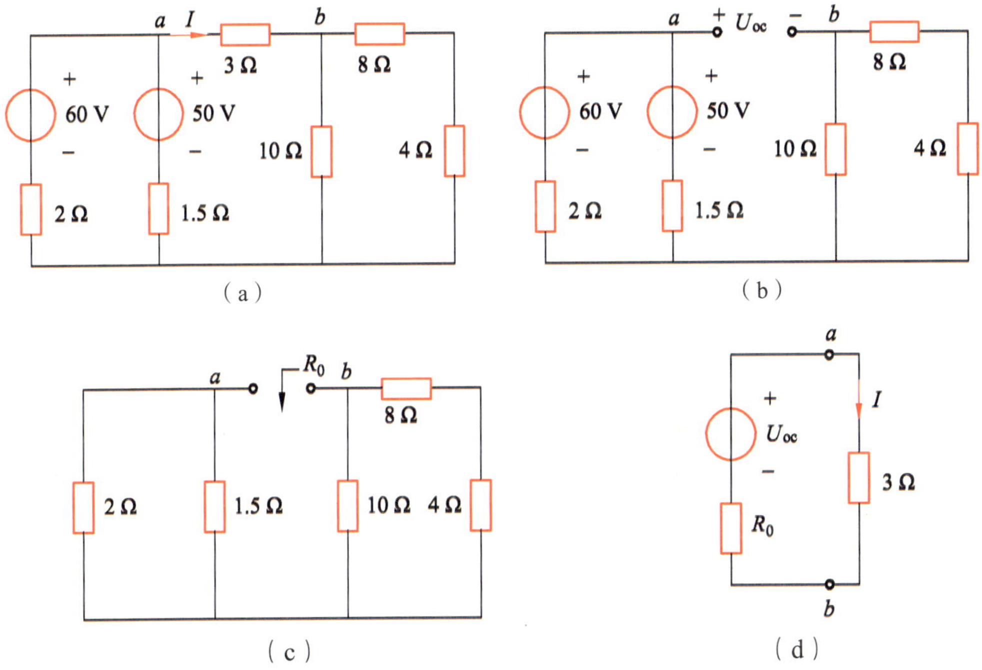

图 2.2.11.1　戴维南定理例题

图（b）中 U_{oc} 处出现明显的断点，说明 ab 支路上肯定无电流流过，根据广义 KCL 定理的内容，将断点左边看作 个网络，右边看作一个网络，连接两个网络的导线上也一定没有电流流过，两个网络实质上没有任何连接，因此左右两个网络可以分开分析，右边的网络无电压，所以内部没有电流流过，即 10 Ω电阻上无压降，只需要求出 1.5 Ω电阻上的压降即可在中间回路应用 KVL 求出 U_{oc}。由于经过分析已经得出电流肯定是在左边网络内流动，因此可以列出 KCL 方程求得回路的电流 $I=\dfrac{60-50}{2+1.5}=\dfrac{20}{7}$ A，因此可得 1.5 Ω电阻上的电压，可对中间回路列写 KVL 方程得到$U_{oc}=50+1.5I=50+1.5\times\frac{20}{7}=54.3\text{ V}$。

接下来根据输入电阻的求解方法，从感兴趣支路端口看进去，将内部所有独立源置零，可得图 2.2.11.1（c），根据电路的结构易得，2 Ω和 1.5 Ω电阻并联，8 Ω和 4 Ω电阻串联，再和 10 Ω电阻并联，从端口看进去，左边网络电阻和右边网络电阻是串联关系，因此可得最后的输入电阻$R_{in}=2//1.5+10//(8+4)=6.31\ \Omega$。

经过上述两个步骤，我们已经成功求解出U_{oc}和R_{in}，因此可以做出戴维南等效电路，如图 2.2.11.1（d）所示，在此单回路中求流过 3 Ω电阻的电流$I=\frac{54.3}{6.31+3}=5.83\text{ A}$。

如果题目要求用诺顿定理求解电路，有两种思路：一是按照戴维南定理的求解开路电压，然后用电压源与电流源等效变换关系求短路电流$I_{sc}=\frac{U_{oc}}{R_{in}}$；二是规规矩矩按照短路电流的求解方法，将感兴趣支路移走，用导线代替，求流过导线的电流。

2.2.11.5　素质素养养成

本小节任务主要是要求同学们能够掌握戴维南定理和诺顿定理的内容，能够灵活应用这两个有力工具进行电路分析和计算。刚接触时理解起来有一定难度，但抽丝剥茧以后发现其实戴维南定理就两个关键变量：开路电压和输入电阻，求解出这两个关键变量，则所有问题都可以迎刃而解。诺顿定理其实是戴维南定理的变式，可以从电源等效变换的角度去理解和应用。总之这两个定理是电路中非常重要的求解方法，希望同学们在学习过程中多加练习，感悟方法的内涵和强大之处。

2.2.11.6　任务分组

见附表 1。

2.2.11.7　任务实施

任务工作单 1

组号：　　　　姓名：　　　　学号：　　　　检索号：<u>2.2.11.7-1</u>

引导问题：

（1）戴维南定理的内容是什么？

（2）戴维南等效电路由什么元件构成？

（3）如何求戴维南等效电路中的未知量？

（4）诺顿定理的内容是什么？

（5）求诺顿等效电路有哪些方法？

____

____

任务工作单 2

组号：　　　　姓名：　　　　学号：　　　　检索号：2.2.11.7-2

引导问题：

（1）应用戴维南定理求图 2.2.11.1 中电流 I。

（2）应用诺顿定理求图 2.2.11.1 中电流 I。

（3）说说戴维南等效电路和诺顿等效电路的共性和区别。

任务工作单 3

组号：　　　　姓名：　　　　学号：　　　　检索号：2.2.11.7-3

引导问题：

（1）每小组推荐两位同学，分别汇报任务工作单 1、2 的成果。

任务工作单 4

组号：　　　　姓名：　　　　学号：　　　　检索号：2.2.11.7-4

引导问题：

（1）自查、分析自身工单存在的错误及改正，并填写下表。

表 2.2.11.1　任务工作单自查表

错误	原因	改正

2.2.11.8　评价反馈

任务工作单 1

组号：　　　　姓名：　　　　学号：　　　　检索号：2.2.11.8-1

表 2.2.11.2　个人自评表

班级		姓名		日期	年　月　日
任务名称					
评价指标	评价内容			分数	分数评定
信息检索能力	能有效利用网络、图书资源、字典查找有用的相关信息等；能将查到的信息有效地传递到工作中。			10 分	

续表

评价指标	评价内容	分数	分数评定
感知课堂生活	认同本任务的工作价值，在参与中获得满足感、成就感。	10分	
参与态度	积极主动与教师、同学交流，相互尊重、理解、平等；与教师、同学之间是否能够保持多向、丰富、适宜的信息交流。	10分	
	能处理好合作学习和独立思考的关系，做到有效学习；能提出有意义的问题或能发表个人见解。	10分	
知识、能力获得情况	1. 能说出戴维南定理的内容。	10分	
	2. 能说出诺顿定理的内容。	10分	
	3. 能说出开路电压的计算方法。	10分	
	4. 能说出短路电流的计算方法。	10分	
	5. 能说出输入电阻的计算方法。	10分	
思维态度	是否能发现问题、提出问题、分析问题、解决问题、创新问题。	5分	
自评反馈	按时按质任务；较好地掌握了知识点；具有较强的信息分析能力和理解能力；具有较为全面严谨的思维能力，并能条理清楚明晰表达成文。	5分	
自评分数			
有益的经验和做法			
总结反馈建议			

任务工作单 2

组号：　　　　姓名：　　　　学号：　　　　检索号：2.2.11.8-2

表 2.2.11.3　小组内互评验收表

验收组长		组名		日期	年　月　日
组内验收成员					
任务要求	能说出戴维南定理/诺顿定理的内容，能说出开路电压的计算方法，能说出短路电流的计算方法，能说出输入电阻的计算方法，能灵活应用戴维南定理/诺顿定理分析计算电路问题。				
验收文档清单	被验收者 2.2.11.7-1 任务工作单 被验收者 2.2.11.7-2 任务工作单 被验收者 2.2.11.7-3 任务工作单 被验收者 2.2.11.7-4 任务工作单				
	文献检索清单				
验收评分	评分标准			分数	得分
	能说出戴维南定理的内容，错一处扣10分。			20分	
	能说出诺顿定理的内容。			20分	
	能说出开路电压和短路电流的计算方法。			20分	

续表

验收评分	能说出输入电阻的计算方法。	10 分	
	能够灵活应用戴维南/诺顿定理进行电路计算。	20 分	
	提供文献检索清单，少于 5 项，缺一项扣 2 分。	10 分	
评价分数			
不足之处			

任务工作单 3

被评组号：　　　　　　　　检索号：2.2.11.8-3

表 2.2.11.4　小组间互评表

班级		评价小组		日期	年　月　日
评价指标	评价内容			分数	分数评定
汇报表述	表述准确			15 分	
	语言流畅			10 分	
	声音洪亮、自信大方			15 分	
内容正确度	内容正确			30 分	
	口述准确			30 分	
互评分数					
简要评述					

任务工作单 4

组号：　　　　姓名：　　　　学号：　　　　检索号：2.2.11.8-4

表 2.2.11.5　任务完成情况评价表

任务名称	戴维南定理和诺顿定理应用			总得分		
组号及成员						
评价依据	学生完成的 2.2.11.7 所有任务工作单					
序号	任务内容及要求		配分	评分标准	教师评价	
					结论	得分
1	能说出戴维南定理的内容。	（1）描述正确；	10 分	缺一个要点扣 1 分		
		（2）语言表达流畅。	5 分	酌情赋分		
2	能说诺顿定理的内容。	（1）描述正确；	10 分	缺一个要点扣 1 分		
		（2）语言流畅。	5 分	酌情赋分		
3	能说出开路电压和短路电流的计算方法。	（1）描述正确；	10 分	缺一个要点扣 2 分		
		（2）语言流畅。	5 分	酌情赋分		

续表

序号	任务内容及要求		配分	评分标准	教师评价	
					结论	得分
4	能说出输入电阻的计算方法。	（1）描述正确；	10 分	缺一个要点扣 2 分		
		（2）语言流畅。	5 分	酌情赋分		
5	能够灵活应用戴维南定理/诺顿定理进行电路计算。	（1）描述正确；	10 分	缺一个要点扣 2 分		
		（2）语言流畅。	10 分	酌情赋分		
6	至少包含 5 份文献的检索文献的目录清单。	（1）数量；	5 分	每少一个扣 2 分		
		（2）参考的主要内容要点。	5 分	酌情赋分		
7	素质素养评价。	（1）沟通交流能； （2）团队合作； （3）课堂纪律； （4）合作探学； （5）自主研学； （6）培养学生抽丝剥茧，化繁为简的思维习惯； （7）培养仔细观察，独立思考的学习习惯。	10 分	酌情赋分，但违反课堂纪律，不听从组长、教师安排，不得分。		

任务 12　实验：戴维南定理验证

2.2.12.1　任务描述

设计实验方案，验证基尔霍夫定律的正确性，加深对戴维南定理的理解。

2.2.12.2　学习目标

知识目标

（1）验证戴维南定理的正确性，加深对戴维南定理的理解。

能力目标

（1）能够设计正确的电路，动手完成实验电路连接；

（2）能够正确记录数据并进行分析，用数据验证定理的正确性。

素质素养目标

（1）培养学生动手操作的能力；
（2）培养学生理论联系实际的能力；
（3）培养学生遵章守纪、规范操作的工作习惯；
（4）培养学生劳动光荣、技能宝贵的生产意识。

2.2.12.3　任务分析

重　点

深刻理解戴维南定理的内涵。

难　点

（1）设计合适的电路验证戴维南定理的正确性；
（2）正确记录实验数据并进行数据分析，得出正确结论。

2.2.12.4　相关知识链接

2.2.12.4.1　实验原理说明

戴维南定理指出：一个含独立电源、线性电阻和受控源的线性一端口网络，对外电路来说，可以用一个电压源和电阻的串联组合等效置换，此电压源的激励电压等于一端口的开路电压，电阻等于一端口内全部独立源置零后的输入电阻。

若要验证戴维南定理的正确性，可以选择电路的某一条支路，测量该支路的电压和电流，然后用戴维南等效电路再与该支路相连，验证该支路的电压和电流与等效之前是否相同。

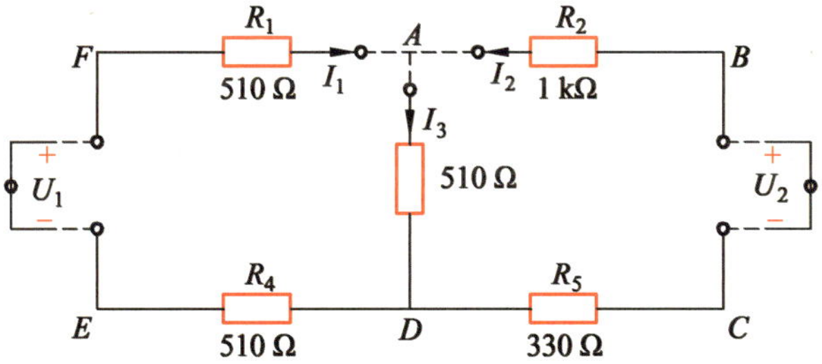

图 2.2.12.1　叠加定理验证电路

2.2.12.4.2　有源二端网络等效参数测量方法

开路电压 U_{oc} 测量：有源二端网络输出端开路时，用电压表直接测出其开路电压 U_{oc}。

短路电流 I_{sc} 测量：将有源二端网络的输出端用导线短接，然后在该导线处串入电流表，电流表的示数就是短路电流。

输入电阻 R_{in} 测量：有两种方式测量端口的输入电阻，其一是将网络内部的所有独立源置零，然后将万用表打至欧姆挡的适当挡位，将红黑表笔接在端口两端，万用表示数即是输入电阻 R_{in}，其二是用端口的开路电压除以短路电流，$R_{in}=\dfrac{U_{oc}}{I_{sc}}$。

2.2.12.4.3 安全危险点

实验台配有漏电保护，但是在使用过程中依旧要注意安全，在连接导线过程中以及每次更改线路时，一定要注意切断电源，不可将电压源短接，不可将电流源开路，否则容易造成实验台损坏。

2.2.12.5 素质素养养成

通过本实验的学习，希望同学们通过小组探讨的合作过程进一步深刻体会戴维南定理的内涵，进一步体会团队协作的力量；通过自己动手动脑，设计方案，连接电路的过程，体会电工人的工作乐趣，体会职业的价值感和幸福感。爱惜设备，维护好实验环境，严格按照实验室的安全规程规范作业，能够帮助同学们安全高效完成测试任务。

2.2.12.6 任务分组

见附表 1。

2.2.12.7 工作准备

任务工作单 1

组号：　　　姓名：　　　学号：　　　检索号：2.2.12.7-1

引导问题：

（1）为了验 KCL、KVL，需要准备哪些实验工器具？

表 2.2.12.1 实验工器具

序号	实验器具	型号	数量

（2）简述实验过程中的注意事项。

____

____

____

____

2.2.12.8 方案制定

任务工作单 2

组号：　　　姓名：　　　学号：　　　检索号：2.2.12.8-2

引导问题：

(1) 戴维南定理的内容是什么?

(2) 等效替代的内涵是什么?

(3) 如何说明戴维南定理是正确的?

(4) 实验中需要用到哪些工器具?

制定实验方案：

____

____

____

____

2.2.12.9 方案汇报与优化

任务工作单 3

组号：　　　姓名：　　　学号：　　　检索号：2.2.12.9-3

引导问题：

(1) 搭建一个电路，画出电路的结构。

(2) 说一说小组电路的设计思路。

(3) 针对你们搭建的电路，说出感兴趣的支路是哪一条，需要测量哪些量?

(4) 根据记录的实验数据，如何说明戴维南定理是正确的。

方案汇报：

____

____

____

____

方案优化：

____

____

____

____

2.2.12.10 方案实施与结论

任务工作单 4

组号：　　　　姓名：　　　　学号：　　　　检索号：<u>2.2.12.10-4</u>

引导问题：

（1）如何测量开路电压？需要用到什么测量器件？

（2）测量输入电阻时，网络内的独立源应该怎么处理？

（3）测量输入电阻用什么测量器件？

（4）写出每一步的具体工作。

（5）列出实验中的注意事项。

方案实施：

____

____

____

实验结论：

____

____

____

2.2.12.11 评价反馈

任务工作单 5

组号：　　　　姓名：　　　　学号：　　　　检索号：<u>2.2.12.11-5</u>

表 2.2.12.2　个人自评表

<table>
<tr><td>班级</td><td></td><td>姓名</td><td></td><td>日期</td><td>年　月　日</td></tr>
<tr><td>评价指标</td><td colspan="3">评价内容</td><td>分数</td><td>分数评定</td></tr>
<tr><td>信息检索</td><td colspan="3">能有效利用网络、图书资源查找有用的相关信息等；能将查到的信息有效地传递到学习中。</td><td>10 分</td><td></td></tr>
<tr><td>感知课堂生活</td><td colspan="3">熟悉工器具使用，认同工作价值；在学习中是否能获得满足感。</td><td>10 分</td><td></td></tr>
<tr><td rowspan="2">参与态度</td><td colspan="3">积极主动与教师、同学交流，相互尊重、理解、平等；与教师、同学之间是否能够保持多向、丰富、适宜的信息交流。</td><td>10 分</td><td></td></tr>
<tr><td colspan="3">能处理好合作学习和独立思考的关系，做到有效学习；能提出有意义的问题或能发表个人见解。</td><td>10 分</td><td></td></tr>
</table>

续表

评价指标	评价内容	分数	分数评定
知识获得	1. 能说出戴维南定理的内容。	10 分	
	2. 能设计合适的电路完成定理的验证。	10 分	
	3. 能说出实验过程中的注意事项。	10 分	
	4. 能正确记录实验数据，分析数据得出结论。	10 分	
思维态度	是否能发现问题、提出问题、分析问题、解决问题、创新问题。	10 分	
自评反馈	按时按质完成任务；较好地掌握了知识点；具有较强的信息分析能力和理解能力；具有较为全面严谨的思维能力，并能条理清楚明晰表达成文。	10 分	
自评分数			
有益的经验和做法			
总结与反馈建议			

任务工作单 6

组号：　　　　姓名：　　　　学号：　　　　检索号：2.2.12.11-6

表 2.2.12.3　小组内互评验收表

验收组长		组名		日期	年　月　日
组内验收成员					
任务要求	设计合理的实验电路，完成戴维南定理的验证，记录实验数据，分析实验结果，得出实验结论。				
验收文档清单	被验收者 2.2.12.7-1 任务工作单 被验收者 2.2.12.8-2 任务工作单 被验收者 2.2.12.9-3 任务工作单 被验收者 2.2.12.10-4 任务工作单				
	文献检索清单				
验收评分	评分标准			分数	得分
	能正确确定检测需要的工器具，列举实验中的注意事项，错误一处扣 5 分。			20 分	
	能正确制定每一个实验目的的检测方案，错误一处扣 5 分。			20 分	
	能按照实验方案，正确开展实验，并记录检测数据，错一处扣 2 分。			20 分	
	能分析测量误差产生的原因，并提出相应的措施，错一处扣 2 分。			20 分	
	提供文献检索清单，少于 5 项，缺一项扣 4 分。			20 分	
评价分数					
不足之处					

任务工作单 7

被评组号：　　　　　　　　　　检索号：2.2.12.11-7

表 2.2.12.4　小组间互评表

班级		评价小组		日期	年　月　日
评价指标	评价内容			分数	分数评定
汇报表述	表述准确			15 分	
	语言流畅			10 分	
	准确完整描述实验方案			15 分	
内容正确度	内容正确			30 分	
	内容完整			30 分	
互评分数					
简要评述					

任务工作单 8

组号：　　　　姓名：　　　　学号：　　　　检索号：2.2.12.11-8

表 2.2.12.5　任务完成情况评价表

任务名称	实验：戴维南定理验证				总得分	
评价依据	学生完成的 2.2.12.7-1、2.2.12.8-2、2.2.12.9-3、2.2.12.10-4 任务工作单					
序号	任务内容及要求		配分	评分标准	教师评价	
					结论	得分
1	能阅读实验指导书，明确实验目的，选择实验器具。	（1）描述正确；	10 分	缺一个要点扣 1 分		
		（2）语言表达流畅。	10 分	酌情赋分		
2	能正确制定每一个实验目的的检测方案。	（1）描述正确；	10 分	缺一个要点扣 1 分		
		（2）语言流畅。	10 分	酌情赋分		
3	能按照实验方案，正确开展实验，并记录实验数据。	（1）描述正确；	10 分	缺一个要点扣 2 分		
		（2）语言流畅。	10 分	酌情赋分		
4	能分析测量误差产生的原因，并提出相应的措施。	（1）描述正确；	10 分	缺一个要点扣 2 分		
		（2）语言流畅。	10 分	酌情赋分		
5	至少包含5份文献的检索文献的目录清单。	（1）数量；	5 分	每少一个扣 2 分		
		（2）参考的主要内容要点。	5 分	酌情赋分		

续表

序号	任务内容及要求		配分	评分标准	教师评价	
					结论	得分
6	素质素养评价。	（1）沟通交流能； （2）团队合作； （3）课堂纪律； （4）合作探学； （5）自主研学； （6）动手能力； （7）分析问题，融会贯通； （8）爱护工器具及环境卫生； （9）讲原则、守规矩； （10）热爱劳动。	10 分	酌情赋分，但违反课堂纪律，不听从组长、教师安排，不得分。		

任务 13　实验：诺顿定理验证

2.2.13.1　任务描述

设计实验方案，验证诺顿定理的正确性，加深对诺顿定理的理解。

2.2.13.2　学习目标

知识目标

验证诺顿定理的正确性，加深对诺顿定理的理解。

能力目标

（1）能够设计正确的电路，动手完成实验电路连接；

（2）能够正确记录数据并进行分析，用数据验证诺顿定理的正确性。

素质素养目标

（1）培养学生动手操作的能力；

（2）培养学生理论联系实际的能力；

（3）培养学生遵章守纪、规范操作的工作习惯；

（4）培养学生劳动光荣、技能宝贵的生产意识。

2.2.13.3　任务分析

重　点

（1）深刻理解诺顿定理的内涵；

（2）深刻理解诺顿等效电路的求解方法；

难　点

（1）设计合适的电路验证诺顿定理的正确性；

（2）正确记录实验数据并进行数据分析，得出正确结论。

2.2.13.4　相关知识链接

2.2.13.4.1　实验原理说明

诺顿定理指出：一个含独立电源、线性电阻的线性一端口网络，对外电路来说，可以用一个电流源和电阻的并联组合等效置换，电流源的激励电流等于一端口的短路电流，电阻等于一端口中全部独立源置零后的输入电阻。

测量端口的短路电流即将感兴趣的支路移走，用一根导线短接端口，在导线上串入电流表，电流表的示数即是端口的短路电流。

测量输入电阻时，需要注意将网络中的所有独立源置零，即电压源短接，电流源开路，将万用表调至欧姆挡的合适量程，将红黑表笔分别接在端口两端，万用表液晶显示屏的示数就是输入电阻。

为了验证诺顿定理的正确性，需要先搭建一个电路（见图 2.2.13.1），在电路中选择某个感兴趣的支路，测量该支路的电压或电流，然后将该支路移走，测量该端口的短路电流和输入电阻，记录下数据，根据数据的大小搭建诺顿等效电路和感兴趣支路连接，再次测量感兴趣支路的电压或电流，若与原网络连接时的电压或电流数值一致，说明诺顿定理就是原网络的等效电路，对外等效。

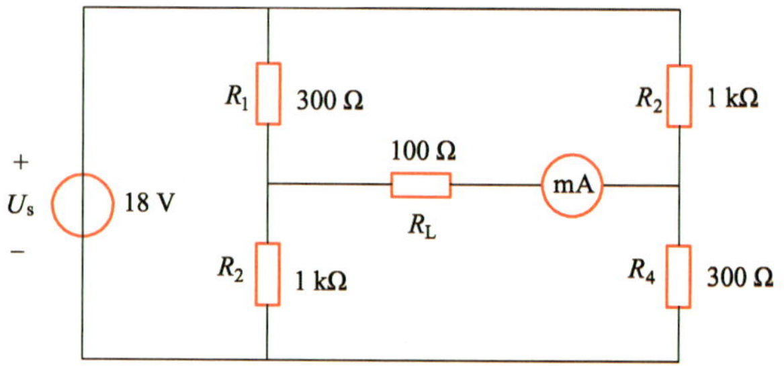

图 2.2.13.1　诺顿定理验证

2.2.13.4.2　安全危险点

实验台配有漏电保护，但是在使用过程中依旧要注意安全，在连接导线过程中以及每次更改线路时，一定要注意切断电源，不可将电压源短接，不可将电流源开路，否则容易造成实验台损坏。

2.2.13.5　素质素养养成

通过本实验的学习，希望同学们进一步深化对诺顿定理的理解，强化输入电阻和短路电流的求解方式，将理论与实践结合在一起，在实验过程中注意遵守实验室的管理规定，爱惜设备，共同维护好干净整洁、严肃认真的实验氛围，通过实验练习进一步巩固实验仪器设备的使用方法。

2.2.13.6 任务分组

见附表 1。

2.2.13.7 工作准备

任务工作单 1

组号：　　姓名：　　学号：　　检索号：2.2.13.7-1

引导问题：

（1）为了验证诺顿定理，需要准备哪些实验工器具？

表 2.2.13.1 实验工器具

序号	实验器具	型号	数量

（2）简述实验过程中的注意事项

____

____

____

2.2.13.8 方案制定

任务工作单 2

组号：　　姓名：　　学号：　　检索号：2.2.13.8-2

引导问题：

（1）诺顿定理的内容是什么？

（2）实验的设计思路是什么？

（3）如何说明诺顿定理是正确的？

（4）实验中需要用到哪些工器具？

制定实验方案：

____

____

____

2.2.13.9 方案汇报与优化

任务工作单 3

组号：　　　姓名：　　　学号：　　　检索号：2.2.13.9-3

引导问题：

（1）搭建一个验证诺顿定理的电路，画出电路的示意图。

（2）针对小组搭建的电路说一说设计思路。

（3）针对小组搭建的电路，说说具体的测量步骤？

（4）根据小组搭建的电路，设计数据记录表格，说明如何根据数据说明诺顿定理的正确性。

方案汇报：

方案优化：

2.2.13.10 方案实施与结论

任务工作单 4

组号：　　　姓名：　　　学号：　　　检索号：2.2.13.10-4

引导问题：

（1）如何测量短路电流？

（2）如何测量输入电阻？

（3）画出诺顿等效电路。

（4）写出每一步的具体工作。

（5）画出数据记录表格。

方案实施：

实验结论：

2.2.13.11 评价反馈

任务工作单 5

组号：　　　姓名：　　　学号：　　　检索号：2.2.13.11-5

表 2.2.13.2 个人自评表

班级		姓名		日期	年　月　日
评价指标	评价内容			分数	分数评定
信息检索	能有效利用网络、图书资源查找有用的相关信息等；能将查到的信息有效地传递到学习中。			10 分	
感知课堂生活	熟悉工器具使用，认同工作价值；在学习中是否能获得满足感。			10 分	
参与态度	积极主动与教师、同学交流，相互尊重、理解、平等；与教师、同学之间是否能够保持多向、丰富、适宜的信息交流。			10 分	
	能处理好合作学习和独立思考的关系，做到有效学习；能提出有意义的问题或能发表个人见解。			10 分	
知识获得	1. 能说出诺顿定理的内容。			10 分	
	2. 能设计合适的电路完成诺顿定理的验证。			10 分	
	3. 能说出实验过程中的注意事项。			10 分	
	4. 能正确记录实验数据，分析数据得出结论。			10 分	
思维态度	是否能发现问题、提出问题、分析问题、解决问题、创新问题。			10 分	
自评反馈	按时按质完成任务；较好地掌握了知识点；具有较强的信息分析能力和理解能力；具有较为全面严谨的思维能力，并能条理清楚明晰表达成文。			10 分	
自评分数					
有益的经验和做法					
总结与反馈建议					

任务工作单 6

组号：　　　姓名：　　　学号：　　　检索号：2.2.13.11-6

表 2.2.13.3 小组内互评验收表

验收组长		组名		日期	年　月　日
组内验收成员					
任务要求	设计合理的实验电路，完成诺顿定理的验证，记录实验数据，分析实验结果，得出实验结论。				
验收文档清单	被验收者 2.2.13.7-1 任务工作单 被验收者 2.2.13.8-2 任务工作单 被验收者 2.2.13.9-3 任务工作单 被验收者 2.2.13.10-4 任务工作单				
	文献检索清单				

续表

	评分标准	分数	得分
验收评分	能正确确定检测需要的工器具，列举实验中的注意事项，错误一处扣 5 分。	20 分	
	能正确制定每一个实验目的的检测方案，错误一处扣 5 分。	20 分	
	能按照实验方案，正确开展实验，并记录检测数据，错一处扣 2 分。	20 分	
	能分析测量误差产生的原因，并提出相应的措施，错一处扣 2 分。	20 分	
	提供文献检索清单，少于 5 项，缺一项扣 4 分。	20 分	
评价分数			
不足之处			

任务工作单 7

被评组号：　　　　　　　　检索号：2.2.13.11-7

表 2.2.13.4　小组间互评表

班级		评价小组		日期	年　月　日
评价指标	评价内容			分数	分数评定
汇报表述	表述准确			15 分	
	语言流畅			10 分	
	准确完整描述实验方案			15 分	
内容正确度	内容正确			30 分	
	内容完整			30 分	
互评分数					
简要评述					

任务工作单 8

组号：　　　　姓名：　　　　学号：　　　　检索号：2.2.13.11-8

表 2.2.13.5　任务完成情况评价表

任务名称	实验：诺顿定理验证				总得分	
评价依据	学生完成的 2.2.13.7-1、2.2.13.8-2、2.2.13.9-3、2.2.13.10-4 任务工作单					
序号	任务内容及要求		配分	评分标准	教师评价	
					结论	得分
1	能阅读实验指导书，明确实验目的，选择实验器具。	（1）描述正确；	10 分	缺一个要点扣 1 分		
		（2）语言表达流畅。	10 分	酌情赋分		

续表

<table>
<tr><th rowspan="2">序号</th><th colspan="2" rowspan="2">任务内容及要求</th><th rowspan="2">配分</th><th rowspan="2">评分标准</th><th colspan="2">教师评价</th></tr>
<tr><th>结论</th><th>得分</th></tr>
<tr><td rowspan="2">2</td><td rowspan="2">能正确制定每一个实验目的的检测方案。</td><td>（1）描述正确；</td><td>10 分</td><td>缺一个要点扣 1 分</td><td></td><td></td></tr>
<tr><td>（2）语言流畅。</td><td>10 分</td><td>酌情赋分</td><td></td><td></td></tr>
<tr><td rowspan="2">3</td><td rowspan="2">能按照实验方案，正确开展实验，并记录实验数据。</td><td>（1）描述正确；</td><td>10 分</td><td>缺一个要点扣 2 分</td><td></td><td></td></tr>
<tr><td>（2）语言流畅。</td><td>10 分</td><td>酌情赋分</td><td></td><td></td></tr>
<tr><td rowspan="2">4</td><td rowspan="2">能分析测量误差产生的原因，并提出相应的措施。</td><td>（1）描述正确；</td><td>10 分</td><td>缺一个要点扣 2 分</td><td></td><td></td></tr>
<tr><td>（2）语言流畅。</td><td>10 分</td><td>酌情赋分</td><td></td><td></td></tr>
<tr><td rowspan="2">5</td><td rowspan="2">至少包含5份文献的检索文献的目录清单。</td><td>（1）数量；</td><td>5 分</td><td>每少一个扣 2 分</td><td></td><td></td></tr>
<tr><td>（2）参考的主要内容要点。</td><td>5 分</td><td>酌情赋分</td><td></td><td></td></tr>
<tr><td rowspan="10">6</td><td rowspan="10">素质素养评价。</td><td>（1）沟通交流能；</td><td rowspan="10">10 分</td><td rowspan="10">酌情赋分，但违反课堂纪律，不听从组长、教师安排，不得分。</td><td rowspan="10"></td><td rowspan="10"></td></tr>
<tr><td>（2）团队合作；</td></tr>
<tr><td>（3）课堂纪律；</td></tr>
<tr><td>（4）合作探学；</td></tr>
<tr><td>（5）自主研学；</td></tr>
<tr><td>（6）动手能力；</td></tr>
<tr><td>（7）分析问题，融会贯通；</td></tr>
<tr><td>（8）爱护工器具及环境卫生；</td></tr>
<tr><td>（9）讲原则、守规矩；</td></tr>
<tr><td>（10）热爱劳动。</td></tr>
</table>

任务 14　实验：负载获得最大功率的条件验证

2.2.14.1　任务描述

设计实验方案，验证负载获得最大功率的条件（见图 2.2.14.1）。

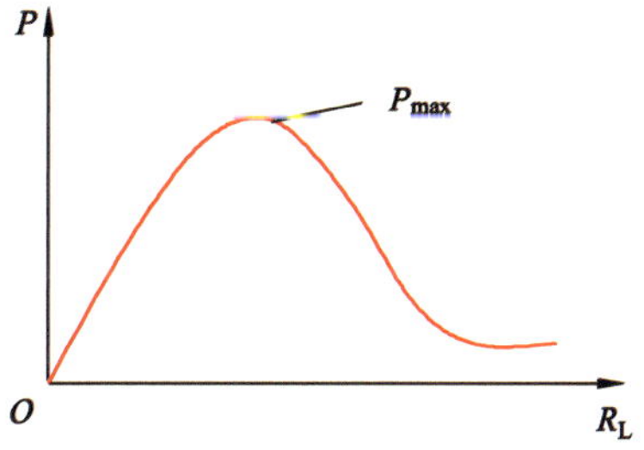

图 2.2.14.1　负载获得最大功率条件验证

2.2.14.2 学习目标

知识目标

（1）掌握负载获得最大功率的条件及计算方法；

（2）掌握功率与效率的区别。

能力目标

（1）能够设计正确的电路，动手完成实验电路连接；

（2）能够说出功率和效率的区别。

素质素养目标

（1）培养学生动手操作的能力；

（2）培养学生理论联系实际的能力；

（3）培养学生遵章守纪、规范操作的工作习惯；

（4）培养学生劳动光荣、技能宝贵的生产意识。

2.2.14.3 任务分析

重　点

（1）负载获得最大功率的条件；

（2）负载上的最大功率。

难　点

（1）负载获得最大功率条件的推导；

（2）正确设计电路，完成负载获得最大功率的条件验证。

2.2.14.4 相关知识链接

2.2.14.4.1 负载获得最大功率的条件

在闭合电路中，电源电动势所提供的功率，一部分消耗在电源内阻 R_0 上，另一部分消耗在负载电路 R_L 上。

对于图 2.2.14.2 所示的电路，负载 R_L 上获得的功率为：

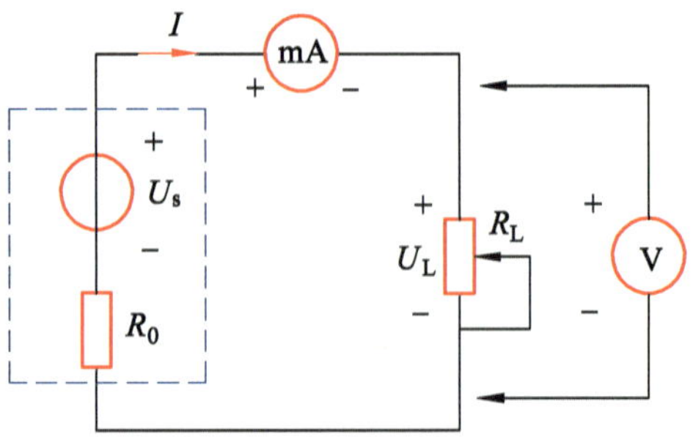

图 2.2.14.2　负载获得最大功率条件验证电路

$$P=\left(\frac{U_s}{R_0+R_L}\right)^2 R_L = U_s{}^2\frac{R_L}{(R_0+R_L)^2} \qquad (2.2.14.1)$$

要使 P 最大，应用高数理论，应使 $\mathrm{d}P/\mathrm{d}R_L=0$，可得：

$$\frac{\mathrm{d}P}{\mathrm{d}R_L}=U_s^2\left[\frac{(R+R_L)^2-2(R_o+R_L)R_L}{(R_o+R_L)^4}\right]=\frac{U_s^2(R_o-R_L)}{(R_o+R_L)^3}=0 \qquad (2.2.14.2)$$

易得，当负载电阻等于电源内阻时，即 $R_L=R_o$ 时，负载上获得的最大功率为 $P_{max}=\frac{U_s^2}{4R_o}$，这就是负载获得最大功率的条件和负载上的最大功率。

2.2.14.4.2 负载的最大功率与效率

当负载电阻等于电源内阻时，称之为电路处于匹配状态，此时负载上获得电源功率的 50%，能量交换的速度最大。但此时，由于电源内阻上消耗了一半的功率，电源的效率只有 50%。显然，这对电力系统的能量传输是绝对不允许的，因为电力系统的目的是发出的电能尽可能被用户使用，尽可能地创造最大的效益，最好是发电机发出的电能 100%被用户使用，发电机的内阻一般较小，负载的电阻一般会远远大于电源内阻，即不会运行在匹配状态，具有较高的效率。

而在电子技术领域里却完全不同，一般信号源本身的功率较小，且都有较大的内阻，而负载电阻（如扬声器等）往往是较小的定值，且希望能从电源获得最大的功率输出，而电源的效率往往不考虑，所以在电子电路中应尽可能让电路工作在匹配状态，如果电路不匹配，往往是设法改变负载电阻，或者在信号源与负载之间加阻抗变换器，使电路处于工作匹配状态，以使负载能获得最大的输出功率。

总之，对于效率优先的电路（如电力系统），不允许工作在匹配状态，但对于功率优先的电路（如电子电路），尽可能使电路工作在匹配状态，匹配状态的功率最大，但电源效率只有 50%。

2.2.14.5 素质素养养成

本任务希望同学们通过实验验证负载获得最大功率的条件。在完成任务的过程中，同学们可以通过独立思考、小组讨论、团结协作的方式碰撞出思想的火花。在动手的过程中，加深对负载获得最大功率条件的理解，将理论与实践有机结合，锻炼自己的动手动脑能力。在实验过程中要注意遵守实验室安全规定，爱护实验仪器和实验环境。

2.2.14.6 任务分组

见附表 1。

2.2.14.7 工作准备

任务工作单 1

组号：　　　姓名：　　　学号：　　　检索号：2.2.14.7-1

引导问题：

（1）实验中需要用到哪些工器具？

表 2.2.14.1 实验工器具

序号	实验器具	型号	数量

（2）简述实验过程中的注意事项。

____

____

____

____

2.2.14.8 方案制定

任务工作单 2

组号：　　　姓名：　　　学号：　　　检索号：2.2.14.8-2

引导问题：

（1）负载什么时候获得最大功率？怎样验证负载获得最大功率的条件。

（2）如何测量负载上的功率？

（3）画出测量电路图。

（4）设计测量数据记录表格。

（5）写出每一步的操作步骤。

制定实验方案：

____

____

____

____

2.2.14.9 方案汇报与优化

任务工作单 3

组号： 姓名： 学号： 检索号：2.2.14.9-3

引导问题：

（1）说出实验设计思路。

（2）数据记录表格包含哪些内容？

（3）说出实验的具体步骤。

方案汇报：

____

____

____

方案优化：

____

____

____

2.2.14.10 方案实施与结论

任务工作单 4

组号： 姓名： 学号： 检索号：2.2.14.10-4

引导问题：

（1）如何根据实验数据验证负载获得最大功率的条件？

（2）负载获得最大功率的条件是什么？最大功率如何计算？

（3）当负载获得最大功率时，电源效率是多少？

方案实施：

____

____

____

实验结论：

____

____

____

2.2.14.11 评价反馈

任务工作单 5

组号：　　　　姓名：　　　　学号：　　　　检索号：2.2.14.11-5

表 2.2.14.2 个人自评表

<table>
<tr><td>班级</td><td></td><td>姓名</td><td></td><td>日期</td><td>年　月　日</td></tr>
<tr><td>评价指标</td><td colspan="3">评价内容</td><td>分数</td><td>分数评定</td></tr>
<tr><td>信息检索</td><td colspan="3">能有效利用网络、图书资源查找有用的相关信息等；能将查到的信息有效地传递到学习中。</td><td>10 分</td><td></td></tr>
<tr><td>感知课堂生活</td><td colspan="3">熟悉工器具使用，认同工作价值；在学习中是否能获得满足感。</td><td>10 分</td><td></td></tr>
<tr><td rowspan="2">参与态度</td><td colspan="3">积极主动与教师、同学交流，相互尊重、理解、平等；与教师、同学之间是否能够保持多向、丰富、适宜的信息交流。</td><td>10 分</td><td></td></tr>
<tr><td colspan="3">能处理好合作学习和独立思考的关系，做到有效学习；能提出有意义的问题或能发表个人见解。</td><td>10 分</td><td></td></tr>
<tr><td rowspan="4">知识获得</td><td colspan="3">1. 能说出负载获得最大功率的条件。</td><td>10 分</td><td></td></tr>
<tr><td colspan="3">2. 能说出负载上的最大功率是多少。</td><td>10 分</td><td></td></tr>
<tr><td colspan="3">3. 能说出功率与效率的区别。</td><td>10 分</td><td></td></tr>
<tr><td colspan="3">4. 能设计正确的实验电路，完成实验，并验证结论。</td><td>10 分</td><td></td></tr>
<tr><td>思维态度</td><td colspan="3">是否能发现问题、提出问题、分析问题、解决问题、创新问题。</td><td>10 分</td><td></td></tr>
<tr><td>自评反馈</td><td colspan="3">按时按质完成任务；较好地掌握了知识点；具有较强的信息分析能力和理解能力；具有较为全面严谨的思维能力，并能条理清楚明晰表达成文。</td><td>10 分</td><td></td></tr>
<tr><td colspan="4">自评分数</td><td colspan="2"></td></tr>
<tr><td>有益的经验和做法</td><td colspan="5"></td></tr>
<tr><td>总结与反馈建议</td><td colspan="5"></td></tr>
</table>

任务工作单 6

组号：　　　　姓名：　　　　学号：　　　　检索号：2.2.14.11-6

表 2.2.14.3 小组内互评验收表

<table>
<tr><td>验收组长</td><td></td><td>组名</td><td></td><td>日期</td><td>年　月　日</td></tr>
<tr><td>组内验收成员</td><td colspan="5"></td></tr>
<tr><td>任务要求</td><td colspan="5">设计合理的实验电路和数据记录表格，验证负载获得最大功率的条件，能够计算负载上的最大功率，能够说出功率与效率的区别。</td></tr>
<tr><td rowspan="2">验收文档清单</td><td colspan="5">被验收者 2.2.14.7-1 任务工作单
被验收者 2.2.14.8-2 任务工作单
被验收者 2.2.14.9-3 任务工作单
被验收者 2.2.14.10-4 任务工作单</td></tr>
<tr><td colspan="5">文献检索清单</td></tr>
</table>

续表

	评分标准	分数	得分
验收评分	能正确确定检测需要的工器具，列举实验中的注意事项，错误一处扣 5 分。	20 分	
	能正确制定每一个实验目的的检测方案，错误一处扣 5 分。	20 分	
	能按照实验方案，正确开展实验，并记录检测数据，错一处扣 2 分。	20 分	
	能分析测量误差产生的原因，并提出相应的措施，错一处扣 2 分。	20 分	
	提供文献检索清单，少于 5 项，缺一项扣 4 分。	20 分	
评价分数			
不足之处			

任务工作单 7

被评组号：　　　　　　　　检索号：2.2.14.11-7

表 2.2.14.4　小组间互评表

班级		评价小组		日期	年　月　日
评价指标	评价内容			分数	分数评定
汇报表述	表述准确			15 分	
	语言流畅			10 分	
	准确完整描述实验方案			15 分	
内容正确度	内容正确			30 分	
	内容完整			30 分	
互评分数					
简要评述					

任务工作单 8

组号：　　　　姓名：　　　　学号：　　　　检索号：2.2.14.11-8

表 2.2.14.5　任务完成情况评价表

任务名称	实验：负载获得最大功率的条件验证				总得分	
评价依据	学生完成的 2.2.14.7-1、2.2.14.8-2、2.2.14.9-3、2.2.14.10-4 任务工作单					
序号	任务内容及要求		配分	评分标准	教师评价	
					结论	得分
1	能阅读实验指导书，明确实验目的，选择实验器具。	1. 描述正确；	10 分	缺一个要点扣 1 分		
		2. 语言表达流畅。	10 分	酌情赋分		
2	能正确制定每一个实验目的的检测方案。	1. 描述正确；	10 分	缺一个要点扣 1 分		
		2. 语言流畅。	10 分	酌情赋分		

续表

序号	任务内容及要求		配分	评分标准	教师评价	
					结论	得分
3	能按照实验方案，正确开展实验，并记录实验数据。	1. 描述正确；	10分	缺一个要点扣2分		
		2. 语言流畅。	10分	酌情赋分		
4	能分析测量误差产生的原因，并提出相应的措施。	1. 描述正确；	10分	缺一个要点扣2分		
		2. 语言流畅。	10分	酌情赋分		
5	至少包含5份文献的检索文献的目录清单。	1. 数量；	5分	每少一个扣2分		
		2. 参考的主要内容要点。	5分	酌情赋分		
6	素质素养评价。	1. 沟通交流能力； 2. 团队合作； 3. 课堂纪律； 4. 合作探学； 5. 自主研学； 6. 动手能力； 7. 分析问题，解决问题； 8. 爱护工器具及环境卫生； 9. 讲原则、守规矩； 10. 热爱劳动。	10分	酌情赋分，但违反课堂纪律，不听从组长、教师安排，不得分。		

项目 3　单相正弦交流电路认识

任务 1　正弦交流电的基本概念、有效值、相量表示法认识

2.3.1.1　任务描述

根据给定正弦交流电量的瞬时表达式或波形图（见图 2.3.1.1），能说出正弦交流电量的三要素以及有效值；写出正弦量的相量表示形式；比较不同初相位正弦量的超前滞后关系。

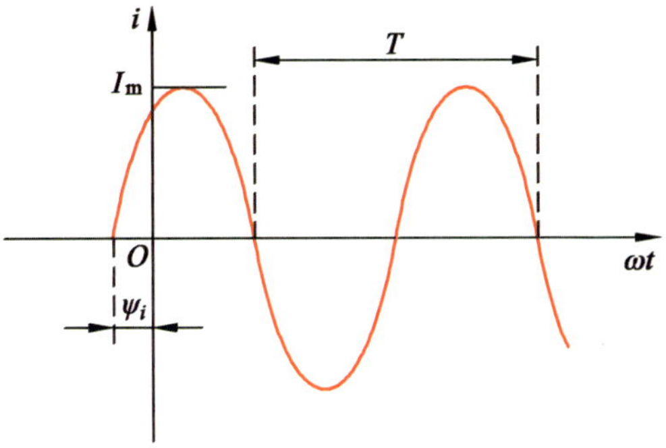

图 2.3.1.1　正弦交流电流波形

2.3.1.2　学习目标

知识目标

（1）掌握正弦交流电的概念；
（2）掌握正弦量三要素、有效值的定义；
（3）掌握正弦量的相量表示方法。

能力目标

（1）能根据正弦量瞬时表达式写出三要素、有效值的大小以及相量表达形式；
（2）能比较不同正弦量的相位关系；
（3）能根据正弦量的任意表达式画出相量图；
（4）能进行正弦量的加减乘除运算。

素质素养目标

（1）培养学生思维逻辑的能力；
（2）培养学生空间想象能力。

2.3.1.3　任务分析

重　点

（1）正弦交流电的概念；
（2）正弦量三要素：幅值、角频率、初相位；
（3）有效值的定义及正弦量有效值的计算；
（4）正弦量的相量表示方法。

难　点

（1）正弦量三要素的确定；
（2）正弦量瞬时表达式与相量表达式的转换；
（3）相量图的绘制。

2.3.1.4 相关知识链接

2.3.1.4.1 正弦交流电的基本概念

交流电广泛应用于电力系统、电子通信领域中。与直流电不同，交流电是指大小及方向都随时间作有规律变化的电压或电流。交流电压和电流在任意时刻的数值称为瞬时值，分别用小写的字母 u、i 表示。当交流电以正弦波作周期性变化时（见图 2.3.1.1）称为正弦交流电，正弦交流电是电力系统电能生产、变换、传输、消费的主要形式。

在直流电路中，为了计算支路电流，要给定电路中各电压和电流的参考方向，否则无法列写方程。在正弦交流电路中，由于电压电流方向是周期性变化的，我们取电压、电流正半轴为参考方向。可以得出，当电压、电流为正，实际方向与参考方向相同；当电压、电流为负，实际方向与参考方向相反。因此，电压、电流的正负代表其实际方向与参考方向相同与否。

2.3.1.4.2 正弦量的三要素

为了准确、快速地描述一个正弦量，根据正弦量的瞬时表达式或正弦量电压电流波形，提取三个参数来反映该正弦量。这三个参数分别是幅值、角频率与初相位。

根据图 2.3.1.1，可列写正弦电流瞬时表达式：

$$i = I_{\mathrm{m}} \sin(\omega t + \psi_i)$$

幅值：正弦量的最大瞬时值。反映正弦量的变化范围。在正弦量波形图中，取正负峰值的绝对值；在正弦量的表达式中，取三角函数系数绝对值。幅值用加注下标 m 的大写字母表示，如 I_{m}、U_{m}、E_{m}，分别表示电流、电压和电动势的幅值。

角频率 ω：正弦量在单位时间内变化的弧度数，单位为 rad/s。反映正弦交流电变化的快慢。ω 越大，正弦量变化越快，单个周期正弦量波形越窄。

正弦量在一个周期内所经历的电角度为 2π弧度。由角频率的定义可得，角频率和周期 T 的关系为

$$\omega = \frac{2\pi}{T} \tag{2.3.1.1}$$

周期是交流电变化一周所需要的时间，单位为秒（s），而频率是表示交流电每秒变化的周数，单位为赫兹（Hz），数值上等于周期的倒数。进一步可以得出角频率与频率之间的关系：

$$\omega = \frac{2\pi}{T} = 2\pi f \tag{2.3.1.2}$$

初相位：将正弦交流电瞬时值函数中 $(\omega t + \psi)$ 称为正弦量的相位角，简称相位，仅当 $t = 0$ 时，此时的相位称为初相位，用“ψ”（或“θ”）。初相位反映正弦交流电的起始状态，决定了起始时刻的电压、电流值。规定 $|\psi| \leqslant \pi$（或 180°）。特别注意，初相位可以由弧度制转化为角度制，一般在书写正弦量瞬时表达式时，初相位使用角度制，但在计算相位时，需注意 ωt 与初相位必须统一在弧度制（或角度制）。

两个具有相同频率的正弦量的相位差等于这两个正弦量初相位之差，而不同频率的正弦量相位差会随时间变化而变化，不具备可比性。

2.3.1.4.3　正弦量的有效值

正弦交流量的值随时间变化而变化，如何合理描述正弦量以区分不同正弦量呢？幅值虽然能够反映出交流量的大小，但其仅是瞬时值的一个特殊值（最大值），难以反映做功效果。通常以有效值来反映正弦量的大小。以正弦交流电流为例，有效值定义为交流电流 i 通过电阻 R 在一个周期 T 内所做的功与直流电流 I 在相同时间内通过相同电阻所做的功相等，直流电流 I 就称为电流 i 的有效值。根据有效值定义，对于正弦交流电流：

$$\int_0^T [I_m \sin(\omega t+\psi)]^2 R\mathrm{d}t = I^2 RT \tag{2.3.1.3}$$

经过计算化解，可得 $I_m=\sqrt{2}I$。推广到任意正弦量，可得正弦量的幅值等于有效值的 $\sqrt{2}$ 倍。

2.3.1.4.4　正弦量的相量表达形式

正弦量可以用三角函数瞬时表达式表示，也可以用正弦曲线表示，但涉及到正弦量计算时，按上述两种方法表示起来较繁琐。在正弦电流电路中，由于各电气量为同频率的正弦量，在分析电压电流只需考虑幅值、初相位即可。为此，引入相量表示法，即用复数形式表示正弦量的幅值（或有效值）和初相位的方法，可使分析计算正弦电路各电气量的过程大为简化。

在正式介绍相量表示法之前，请同学们扫描二维码，进行复数相关知识的学习。

复数相关知识

假设存在一正弦电流：

$$i = I_m \sin(\omega t+\psi)=\sqrt{2}I\sin(\omega t+\psi)$$

如图 2.3.1.2 所示，在复平面上作相量 $\dot{I}_m$，长度等于正弦电流 i 幅值 I_m，幅角等于正弦电流 i 的初相位 ψ。令相量 $\dot{I}_m$ 以角频率 ω 的速度逆时针旋转。$t=0$ 时，相量在虚轴上的投影 $OA=I_m\sin\psi$，即正弦电流在 $t=0$ 时的值。经过时间 t_1，相量 $\dot{I}_m$ 在虚轴上的投影 OB 等于正弦量在 $t=t_1$ 时的瞬时值。由此将旋转相量某一时刻在虚轴上的投影与同一时刻正弦量的瞬时值唯一对应起来了。

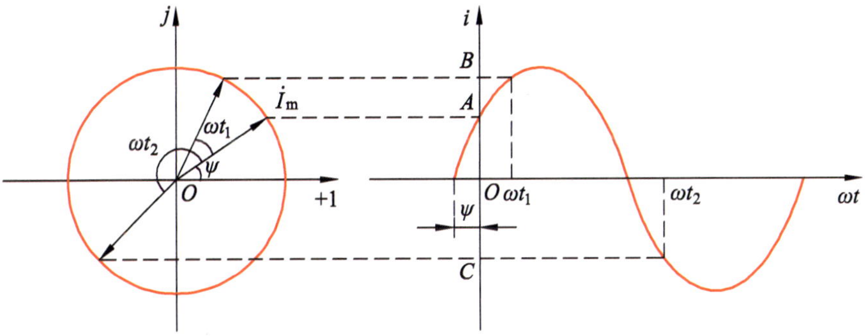

图 2.3.1.2　正弦波与旋转有向线段表示正弦量

有向线段可以用复数进行表示。正弦量可以用旋转的有向线段表示，考虑到在同一正弦电路当中各电气量均为同频率的正弦量，即各旋转相量的角速度相同，处于相对静止的状态。因此可以不必考虑旋转，仅用初始时刻下的相量即可表示正弦量。相量的模等于正弦量的幅值（或有效值）、辐角等于正弦量的初相位。当模长为幅值时，称为正弦量的幅值相量，用 $\dot{I}_m$、$\dot{U}_m$ 表示，当模长为有效值时，称为正弦量的有效值相量，用 $\dot{I}$、$\dot{U}$ 表示。

通常，使用复数的极坐标形式与指数形式表示正弦量。以上述正弦电流瞬时表达式为例，该正弦量的有效值相量的极坐标形式为：$\dot{I}=I\angle\psi$；正弦量的有效值相量的指数形式为 $\dot{I}=I\mathrm{e}^{\mathrm{j}\psi}$。

相量同样可以在复平面上用一条有向线段表示。这种表示相量的图称为向量图。特别注意，只有同频率的正弦量才能画在同一个复平面。

2.3.1.5　素质素养养成

本小节认识了交流电，学习了正弦量新表示方式。请同学们正确认识正弦量波形曲线、瞬时表达式、相量表达式、相量图之间的区别与联系。正弦量的相量表示法涉及高中数学复数的相关知识，结合旧的知识内容，学习新的知识内容可能会获得新的心得体会。

本小节是后续课程的启蒙内容，掌握正弦交流量的基本概念与计算有助于后续课程内容的理解。

2.3.1.6　任务分组

见附表 1。

2.3.1.7　任务实施

任务工作单 1

组号：　　　　姓名：　　　　学号：　　　　检索号：2.3.1.7-1

引导问题：

（1）写出交流电、正弦交流电的概念；

（2）写出正弦量的三要素及其概念；

（3）写出正弦量有效值的定义及幅值与有效值之间的关系；

（4）描述正弦量相量表示方法。

任务工作单 2

组号：　　　　姓名：　　　　学号：　　　　检索号：2.3.1.7-2

引导问题：

（1）写出下列正弦量瞬时表达式的三要素及有效值相量表达式；

$$u(t)=3\sin(100t+30°)\text{，}\quad i(t)=\frac{\sqrt{3}}{2}\cos(50t+40°)$$

（2）根据图 2.3.1.3，假设正弦量 u 的初相位为 ψ_u；正弦量 i 的初相位为 ψ_i，u 与 i 之间的相位差 $\varphi=\psi_u-\psi_i$，若 $\varphi>0$，称 u 超前于 i 相位角 φ，或 i 滞后于 u 相位角 φ，若 $\varphi<0$，称 u 滞后于 i 相位角 $|\varphi|$。

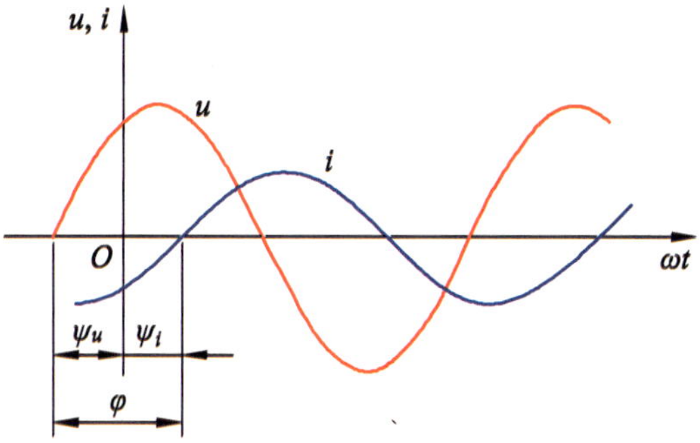

图 2.3.1.3

（3）已知 $i_1(t)=10\sin(\omega t+60°)$，$i_2(t)=5\sin(\omega t-150°)$，比较这两个正弦量的相位关系。

____

____

____

（4）根据（2）中给定的两个正弦量，分别写出其有效值与初相位，建立复平面坐标系，并作有效值相量图。通过向量图，作出 $\dot{I}_1-\dot{I}_2$ 与 $\dot{I}_1+\dot{I}_2$。

____

____

____

任务工作单 3

组号：　　　　姓名：　　　　学号：　　　　检索号：2.3.1.7-3

引导问题：

（1）每小组推荐一位小组长，汇报任务工作单 2 的成果。

____

____

____

任务工作单 4

组号：　　　姓名：　　　学号：　　　检索号：2.3.1.7-4

引导问题：

（1）自查、分析自身工单存在的错误及改正，并填写下表。

表 2.3.1.1　任务工作单自查表

错误	原因	改正

2.3.1.8　评价反馈

任务工作单 1

组号：　　　姓名：　　　学号：　　　检索号：2.3.1.8-1

表 2.3.1.2　个人自评表

<table>
<tr><td>班级</td><td></td><td>姓名</td><td></td><td>日期</td><td>年　月　日</td></tr>
<tr><td>任务名称</td><td colspan="5"></td></tr>
<tr><td>评价指标</td><td colspan="3">评价内容</td><td>分数</td><td>分数评定</td></tr>
<tr><td>信息检索能力</td><td colspan="3">能有效利用网络、图书资源、字典查找有用的相关信息等；能将查到的信息有效地传递到工作中。</td><td>10 分</td><td></td></tr>
<tr><td>感知课堂生活</td><td colspan="3">认同本任务的工作价值，在参与中获得满足感、成就感。</td><td>10 分</td><td></td></tr>
<tr><td rowspan="2">参与态度</td><td colspan="3">积极主动与教师、同学交流，相互尊重、理解、平等；与教师、同学之间是否能够保持多向、丰富、适宜的信息交流。</td><td>10 分</td><td></td></tr>
<tr><td colspan="3">能处理好合作学习和独立思考的关系，做到有效学习；能提出有意义的问题或能发表个人见解。</td><td>10 分</td><td></td></tr>
<tr><td rowspan="7">知识、能力获得情况</td><td colspan="3">1. 能说出正弦交流电的概念。</td><td>10 分</td><td></td></tr>
<tr><td colspan="3">2. 能说出正弦量三要素含义。</td><td>10 分</td><td></td></tr>
<tr><td colspan="3">3. 能说出交流有效值的定义。</td><td>5 分</td><td></td></tr>
<tr><td colspan="3">4. 能描述正弦量的相量表示方法。</td><td>5 分</td><td></td></tr>
<tr><td colspan="3">5. 能对正弦交流瞬时表达式、波形图、相量表达式进行正确变换，作出相量图。</td><td>10 分</td><td></td></tr>
<tr><td colspan="3">6. 能正确比较两个正弦量的相位关系</td><td>5 分</td><td></td></tr>
<tr><td colspan="3">7. 能找到自己的不足。</td><td>5 分</td><td></td></tr>
<tr><td>思维态度</td><td colspan="3">是否能发现问题、提出问题、分析问题、解决问题、创新问题。</td><td>5 分</td><td></td></tr>
</table>

续表

评价指标	评价内容	分数	分数评定
自评反馈	按时按质任务；较好地掌握了知识点；具有较强的信息分析能力和理解能力；具有较为全面严谨的思维能力，并能条理清楚明晰表达成文。	5分	
自评分数			
有益的经验和做法			
总结反馈建议			

任务工作单 2

组号：　　　　姓名：　　　　学号：　　　　检索号：2.3.1.8-2

表 2.3.1.3　小组内互评验收表

<table>
<tr><td>验收组长</td><td></td><td>组名</td><td></td><td>日期</td><td>年　月　日</td></tr>
<tr><td>组内验收成员</td><td colspan="5"></td></tr>
<tr><td>任务要求</td><td colspan="5">根据给定正弦交流电量的瞬时表达式或波形图，能说出正弦交流电量的三要素以及有效值；写出正弦量的相量表示形式；比较不同初相位正弦量的超前滞后关系；能够按时完成任务工作单，能够反思自己的不足并改进。</td></tr>
<tr><td rowspan="2">验收文档清单</td><td colspan="5">被验收者 2.3.1.7-1 任务工作单
被验收者 2.3.1.7-2 任务工作单
被验收者 2.3.1.7-3 任务工作单
被验收者 2.3.1.7-4 任务工作单</td></tr>
<tr><td colspan="5">文献检索清单</td></tr>
<tr><td rowspan="7">验收评分</td><td colspan="3">评分标准</td><td>分数</td><td>得分</td></tr>
<tr><td colspan="3">能说出交流电和正弦交流电的概念，错一处扣 10 分。</td><td>20 分</td><td></td></tr>
<tr><td colspan="3">能够说出正弦量的三要素及有效值的定义，错一处扣 5 分。</td><td>20 分</td><td></td></tr>
<tr><td colspan="3">能够根据正弦量瞬时表达式正确写有效值相量表达式，错一处扣 5 分。</td><td>20 分</td><td></td></tr>
<tr><td colspan="3">能够正确比较两个正弦量相位关系，错误扣 10 分。</td><td>10 分</td><td></td></tr>
<tr><td colspan="3">能够正确绘制相量图，错误扣 10 分。</td><td>10 分</td><td></td></tr>
<tr><td colspan="3">提供文献检索清单，少于 5 项，缺一项扣 4 分。</td><td>20 分</td><td></td></tr>
<tr><td colspan="4">评价分数</td><td colspan="2"></td></tr>
<tr><td>不足之处</td><td colspan="5"></td></tr>
</table>

任务工作单 3

被评组号：　　　　　　　　　　检索号：2.3.1.8-3

表 2.3.1.4　小组间互评表

班级		评价小组		日期	年　月　日
评价指标	评价内容			分数	分数评定
汇报表述	表述准确			15 分	
	语言流畅			10 分	
	声音洪亮、自信大方			15 分	
内容正确度	内容正确			30 分	
	口述准确			30 分	
互评分数					
简要评述					

任务工作单 4

组号：　　　　姓名：　　　　学号：　　　　检索号：2.3.1.8-4

表 2.3.1.5　任务完成情况评价表

任务名称	正弦交流电的基本概念、有效值、相量表示法认识			总得分		
组号及成员						
评价依据	学生完成的 2.3.1.7 所有任务工作单					
序号	任务内容及要求		配分	评分标准	教师评价	
					结论	得分
1	能说交流电、正弦交流电的概念。	（1）描述正确；	10 分	缺一个要点扣 1 分		
		（2）语言表达流畅。	5 分	酌情赋分		
2	能说出正弦量的三要素及其概念。	（1）描述正确；	10 分	缺一个要点扣 1 分		
		（2）语言流畅。	5 分	酌情赋分		
3	能描述正弦量相量表示方法。	（1）描述正确；	10 分	缺一个要点扣 2 分		
		（2）语言流畅。	5 分	酌情赋分		
4	能根据正弦量瞬时表达式说出三要素及有效值相量表达式。	（1）描述正确；	10 分	缺一个要点扣 2 分		
		（2）语言流畅。	5 分	酌情赋分		
5	能比较两个正弦量的相位关系。	（1）描述正确；	5 分	缺一个要点扣 2 分		
		（2）语言流畅。	5 分	酌情赋分		

续表

<table>
<tr><th rowspan="2">序号</th><th colspan="2" rowspan="2">任务内容及要求</th><th rowspan="2">配分</th><th rowspan="2">评分标准</th><th colspan="2">教师评价</th></tr>
<tr><th>结论</th><th>得分</th></tr>
<tr><td>6</td><td>能正确绘制相量图。</td><td>绘制正确。</td><td>10 分</td><td>酌情赋分</td><td></td><td></td></tr>
<tr><td rowspan="2">7</td><td rowspan="2">至少包含 5 份文献的检索文献的目录清单。</td><td>（1）数量；</td><td>5 分</td><td>每少一个扣 2 分</td><td></td><td></td></tr>
<tr><td>（2）参考的主要内容要点。</td><td>5 分</td><td>酌情赋分</td><td></td><td></td></tr>
<tr><td rowspan="7">8</td><td rowspan="7">素质素养评价。</td><td>（1）沟通交流能力；</td><td rowspan="7">10 分</td><td rowspan="7">酌情赋分，但违反课堂纪律，不听从组长、教师安排，不得分。</td><td rowspan="7"></td><td rowspan="7"></td></tr>
<tr><td>（2）团队合作；</td></tr>
<tr><td>（3）课堂纪律；</td></tr>
<tr><td>（4）合作探学；</td></tr>
<tr><td>（5）自主研学；</td></tr>
<tr><td>（6）培养抽象思维建模能力；</td></tr>
<tr><td>（7）培养仔细观察，严谨求学的学习习惯。</td></tr>
</table>

任务 2　正弦交流电路中的电阻、电感、电容元件认识

2.3.2.1　任务描述

正确描述正弦交流电路中电阻、电感、电容元件的物理特征、电压电流时域关系、相位关系、有功与无功功率计算。

2.3.2.2　学习目标

知识目标

（1）掌握正弦电路中 *RLC* 元件电压与电流大小及相位关系；

（2）掌握感抗、容抗的概念；

（3）掌握瞬时功率、平均功率、无功功率的概念。

能力目标

（1）能定性画出电阻、电感、电容电压电流相量图；

（2）能计算正弦电路中电阻、电感、电容功率。

素质素养目标

（1）培养学生分析问题、解决问题的能力；

（2）培养学生类比学习、数理分析的能力。

2.3.2.3 任务分析

重 点

（1）正弦交流电路的电阻、电感、电容相位关系；

（2）感抗与容抗的概念；

（3）瞬时功率、平均功率、无功功率的概念。

难 点

（1）正弦电路中电感、电容的电压电流时域关系及相位关系；

（2）无功功率的概念。

2.3.2.4 相关知识链接

2.3.2.4.1 交流电路中的电阻元件

如图 2.3.2.1（a）所示，一个线性电阻元件的交流电路，电压与电流为关联参考方向，假定流过电阻 R 的电流 $i = I_m \sin\omega t$，根据欧姆定律，则

$$u = Ri = RI_m \sin\omega t = U_m \sin\omega t \tag{2.3.2.1}$$

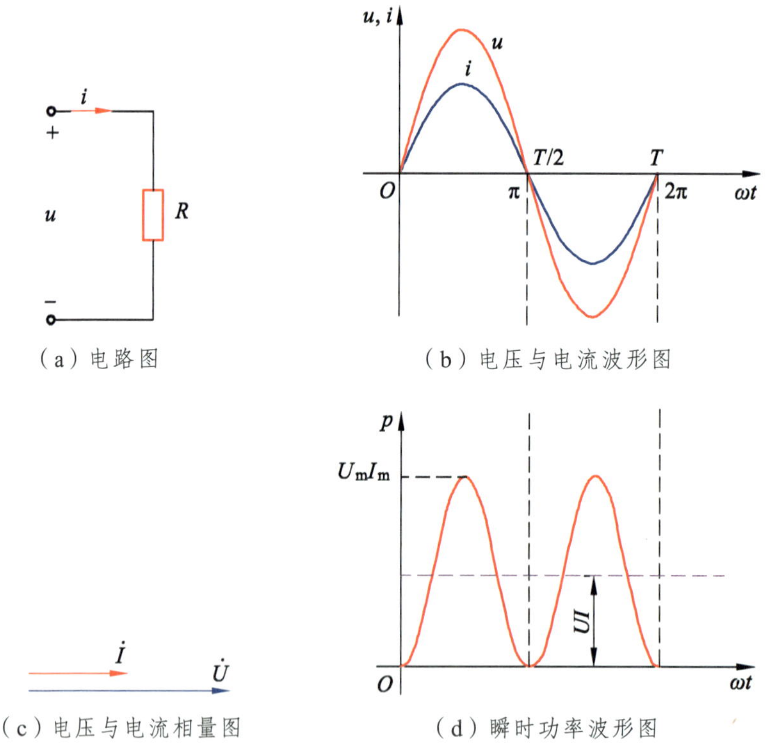

（a）电路图　（b）电压与电流波形图

（c）电压与电流相量图　（d）瞬时功率波形图

图 2.3.2.1　交流电路中的电阻元件

比较 u 与 i 可得，两者的初相位角相同，波形图如图 2.3.2.1（b）所示。根据公式（2.3.2.1）可得，电阻元件在交流电路中，其阻值 R 为电阻两端电压与流经电阻电流的幅值（或有效值）之比。

$$R = \frac{U_m}{I_m} = \frac{U}{I} \tag{2.3.2.2}$$

采用正弦量有效值相量表达形式，式（2.3.2.1）可改写为：

$$\dot{U} = R\dot{I} \tag{2.3.2.3}$$

式（2.3.2.3）为相量形式的欧姆定律。正弦交流电路中电阻元件的电压电流相量图如图 2.3.2.1（c）所示。

直流电路中，电阻上消耗的功率为电压与电流的乘积，而在交流电路中，流经电阻电流以及在电阻两端产生的电压随时间变化而变化。定义电路在任意瞬间吸收或释放出的功率为瞬时功率，用小写字母 p 表示，数值上等于瞬时电压与电流的乘积。对于电阻元件瞬时功率为（假定电流初相位为 0）：

$$p = ui = U_m \sin\omega t \cdot I_m \sin\omega t = UI(1-\cos 2\omega t) \tag{2.3.2.4}$$

瞬时功率 p 变化曲线如图 2.3.2.1（d）所示，可得任意时刻，电阻元件瞬时功率 $p \geqslant 0$，表明电阻元件总是吸收功率，是耗能元件。由于瞬时功率是变化的，难以衡量电阻元件的消耗交流电能的速率,定义在瞬时功率在一个周期内的平均值为平均功率，用大写字母 P 表示。对于电阻元件，其平均功率为：

$$\begin{aligned} P &= \frac{1}{\pi}\int_0^{\pi} p\,\mathrm{d}\omega t = \frac{1}{\pi}\int_0^{\pi} UI(1-\cos 2\omega t)\,\mathrm{d}\omega t \\ &= UI = I^2 R = \frac{U^2}{R} \end{aligned} \tag{2.3.2.5}$$

电阻元件的平均功率是电阻实际消耗的功率，又称为有功功率。

2.3.2.4.2　交流电路中的电感元件

如图 2.3.2.2（a）所示，正弦交流电路中，假定流过电感元件电流为 $i = I_m \sin\omega t$，电感元件两端的电压与电流之间的关系满足：

$$\begin{aligned} u &= L\frac{\mathrm{d}i}{\mathrm{d}t} = L\frac{\mathrm{d}(I_m \sin\omega t)}{\mathrm{d}t} = \omega L I_m \cos\omega t \\ &= \omega L I_m \sin(\omega t + 90^\circ) = U_m \sin(\omega t + 90^\circ) \end{aligned} \tag{2.3.2.6}$$

电感元件的电压电流为同频率的正弦量，电压的相位超前电流 90°，电压电流的时域波形图如图 2.3.2.2（b）所示。

上式中，$U_m = \omega L I_m$，可得有效值形式为 $U = \omega L I$，令

$$X_L = \omega L = 2\pi f L \tag{2.3.2.7}$$

X_L 为电感元件两端电压幅值（或有效值）与流经电感元件的电流幅值（有效值）之比，单位为欧（Ω），这与电阻是类似的。X_L 反映电感元件对电流起阻碍作用，称为感抗。

根据式（2.3.2.7），感抗与交流电的频率成正比，频率越高，感抗越大，电感对电流的阻碍作用就越大。在直流电路中，频率为 0，感抗为 0，故纯电感在直流电路中，呈短路状态。

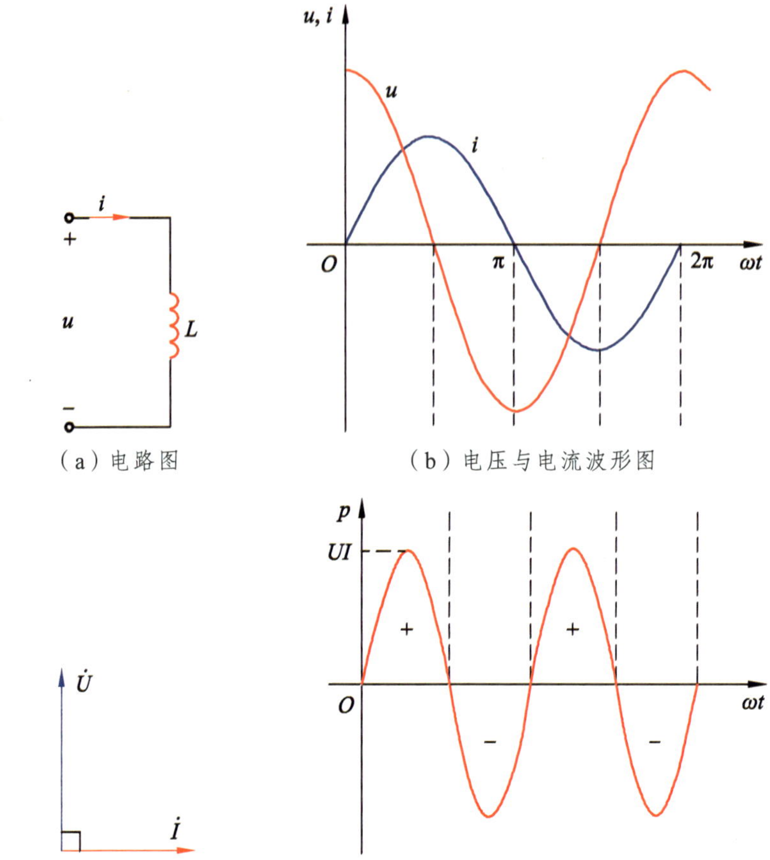

（a）电路图　（b）电压与电流波形图

（c）电压与电流相量图　（d）瞬时功率波形图

图 2.3.2.2　交流电路中的电感元件

将式（2.3.2.7）用有效值相量形式表示：

$$U\angle 90°=\omega LI\angle 90° = \mathrm{j}X_L I\angle 0° \text{ 或 } \dot{U} = \mathrm{j}X_L\dot{I} \qquad (2.3.2.7)$$

电感元件电压电流相量图如图 2.3.2.2（c）所示，从公式与相量图都可以看出电感元件电压相位超前于电流相位 90°。

电感元件的瞬时功率为

$$p = ui = U_{\mathrm{m}}I_{\mathrm{m}}\sin\omega t\cdot\sin(\omega t + 90°) = UI\sin 2\omega t \qquad (2.3.2.8)$$

经过整理化简可以得电感元件的瞬时功率是一个幅值为 UI，角频率为 2ω的正弦量，波形图如图 2.3.2.2（d）所示。瞬时功率 p 在一个周期内有正有负，$p>0$ 时，代表电感元件从电源吸收电能，以磁场能量形式存储起来；$p<0$ 时，代表电感元件将储存的磁场能量向外释放，转化为电能送还给电网。这两部分能量相同，故电感元件的平均功率为 0。能量转化的整个过程中没有能量的损耗，因此电感元件称为储能元件。为了衡量电感与电源交换能量的大小，将瞬时功率幅值 UI，即电压电流有效值的乘积，定义为无功功率，用 Q_L 表示，单位为乏（var）。

$$Q_L = UI = I^2X_L = \frac{U^2}{X_L} \qquad (2.3.2.9)$$

2.3.2.4.3　正弦电路中的电容元件

如图 2.3.2.3（a）所示的正弦交流电路中，假定施加在电容元件两端的电压为 $u=U_{\mathrm{m}}\sin(\omega t-90°)$，流过电容元件电流与电压之间的关系满足：

$$\begin{aligned} i &= C\frac{\mathrm{d}u}{\mathrm{d}t}=C\frac{\mathrm{d}[U_{\mathrm{m}}\sin(\omega t-90°)]}{\mathrm{d}t}=\omega CU_{\mathrm{m}}\cos(\omega t-90°) \\ &=\omega CU_{\mathrm{m}}\sin\omega t=I_{\mathrm{m}}\sin\omega t \end{aligned} \qquad (2.3.2.10)$$

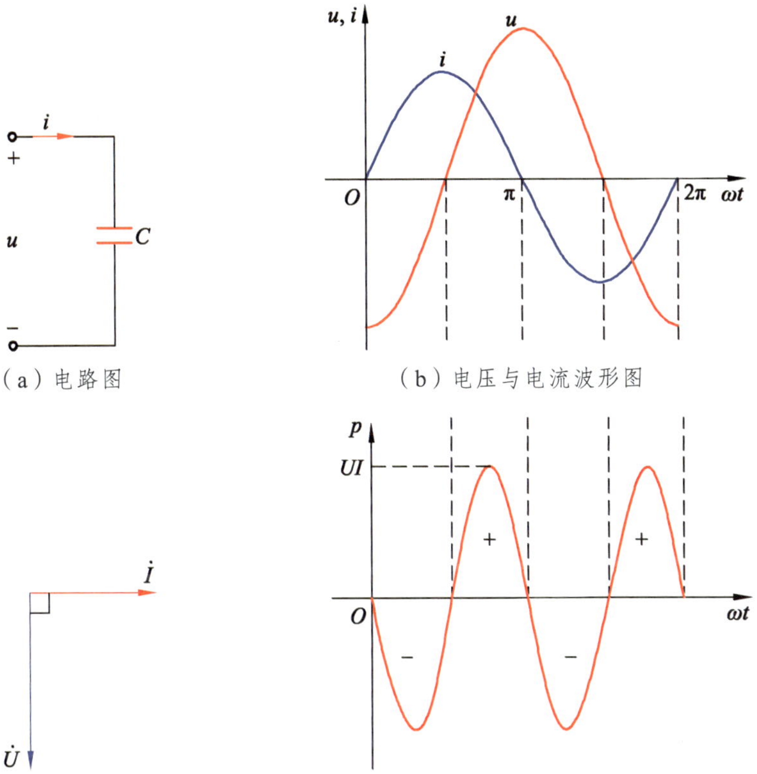

（a）电路图　　（b）电压与电流波形图

（c）电压与电流相量图　　（d）瞬时功率波形图

图 2.3.2.3　交流电路中的电容元件

电容元件的电流电压为同频率的正弦量，电流的相位超前电压 90°，电压电流的时域波形图如图 2.3.2.3（b）所示。

上式中，$U_{\mathrm{m}}=\dfrac{1}{\omega C}I_{\mathrm{m}}$，可得有效值形式为 $U=\dfrac{1}{\omega C}I$，令

$$X_C=\frac{1}{\omega C}=\frac{1}{2\pi fC} \qquad (2.3.2.11)$$

X_C 为电容元件两端电压幅值（或有效值）与流经电容元件的电流幅值（有效值）之比，单位为欧（Ω），这与电阻、电感元件类似。X_C 反映电容元件对电流的阻碍作用，称为容抗。容抗与频率成反比，频率越高，容抗越小，在直流电路中，频率为 0，则容抗为无穷大，呈开路状态。

将式（2.3.2.10）用有效值相量形式表示：

$$I\angle 0° = \omega CU\angle -90° \cdot \angle 90° = \mathrm{j}\frac{1}{X_C}U\angle -90° \text{ 或 } \dot{U} = -\mathrm{j}X_C\dot{I} \quad (2.3.2.12)$$

电容元件电压电流相量图如图 2.3.2.3（c）所示，从公式与相量图都可以看出电容元件电压相位滞后于电流相位 90°。

电容元件的瞬时功率为

$$p = ui = U_m I_m \sin\omega t \cdot \sin(\omega t - 90°) = -UI\sin 2\omega t \quad (2.3.2.13)$$

经过整理化简可以得电容元件的瞬时功率是一个幅值为 UI，角频率为 2ω的正弦量，波形图如图 2.3.2.3（d）所示。瞬时功率 p 在一个周期内有正有负，$p>0$ 时，电容充电，代表电容元件从电源吸收电能，以电场能量形式存储起来；$p<0$ 时，电容放电，代表电容元件将储存的电场能量向外释放，转化为电能送还给电网。这两部分能量相同，故电容元件的平均功率为 0。能量转化的整个过程中没有能量的损耗，因此电容元件称为储能元件。为了衡量电容与电源交换能量的大小，将瞬时功率幅值 UI，即电压电流有效值的乘积，定义为无功功率，用 Q_C 表示，单位为乏（var）。这与电感元件是类似的。

$$Q_C = UI = I^2 X_C = \frac{U^2}{X_C} \quad (2.3.2.14)$$

2.3.2.5 素质素养养成

本小节进一步加深了同学们对交流电路的认识，特别是电阻、电感、电容元件在正弦电路中电压电流相位关系、感抗与容抗的概念。电阻元件、电感元件、电容元件在正弦交流电路中的特征既有相似之处，也有不同之处。因此在学习过程中，请同学们学会对比学习的方法，帮助理解记忆。

后续章节、课程的学习中，或多或少能够在本小节找到熟悉的影子。因此，掌握本节涉及的一些概念，如感抗、容抗、储能元件的相位关系，能够为后续的学习做好支撑。

2.3.2.6 任务分组

见附表 1。

2.3.2.7 任务实施

任务工作单 1

组号：　　姓名：　　学号：　　检索号：2.3.2.7-1

引导问题：

（1）写出感抗、容抗的概念；

（2）比较瞬时功率、平均功率（有功功率）、无功功率的区别；

（3）写出正弦电路中电阻、电感、电容元件的电压电流有效值相量表达式；

(4) 填写完成下表。

表 2.3.2.1

电路元件		R	L	C
物理特征		电能转变为的特征	表明存在的特征	表明存在的特征
时域电压-电流方程		$u=Ri$		
电压与电流	有效值大小关系	$U=RI$		
	相位关系			
	相量图			
功率	有功功率	$P=UI$		
	无功功率	0		
能量转换特点		耗能元件 将电能转换为热能消耗掉		
与频率的关系		R 的大小与频率无关		

任务工作单 2

组号：　　　姓名：　　　学号：　　　检索号：2.3.2.7-2

引导问题：

(1) 一个白炽灯的电压为 220 V、功率为 100 W。

① 求电阻；

② 电流的初相为 30°，写出它的电流电压的瞬时解析式，并作出相量图。

(2) 一个 0.8 H 的电感元件两端电压为：

$$u(t)=220\sqrt{2}\sin(314t-120°)\ \text{V}$$

① 求电感元件电流的瞬时解析式和吸收的无功功率；

② 如果电源的频率改为 150 Hz，电压有效值不变，电感元件的电流和吸收的无功功率各为多少？并画出电感元件上电压电流的相量图。

（3）已知加在 2 μF 电容两端的电压为 10 V，初相位为 60°，角频率为 106 rad/s。试求流过电容的电流，写出其正弦量瞬时值解析式并画出相量图。

____

____

____

任务工作单 3

组号：　　　　姓名：　　　　学号：　　　　检索号：2.3.2.7-3

引导问题：

（1）每小组推荐一位小组长，汇报任务工作单 2 的成果。

____

____

____

任务工作单 4

组号：　　　　姓名：　　　　学号：　　　　检索号：2.3.2.7-4

引导问题：

（1）自查、分析自身工单存在的错误及改正，并填写下表。

表 2.3.2.2　任务工作单自查表

错误	原因	改正

2.3.2.8　评价反馈

任务工作单 1

组号：　　　　姓名：　　　　学号：　　　　检索号：2.3.2.8-1

表 2.3.2.3　个人自评表

班级		姓名		日期	年　月　日
任务名称					
评价指标	评价内容			分数	分数评定
信息检索能力	能有效利用网络、图书资源、字典查找有用的相关信息等；能将查到的信息有效地传递到工作中。			10 分	

续表

评价指标	评价内容	分数	分数评定
感知课堂生活	认同本任务的工作价值，在参与中获得满足感、成就感。	10分	
参与态度	积极主动与教师、同学交流，相互尊重、理解、平等；与教师、同学之间是否能够保持多向、丰富、适宜的信息交流。	10分	
	能处理好合作学习和独立思考的关系，做到有效学习；能提出有意义的问题或能发表个人见解。	10分	
知识、能力获得情况	1. 能说出正弦电路中电阻、电感、电容的电压-电流相位关系。	10分	
	2. 能说出感抗与容抗的概念并正确描述其与频率的关系。	10分	
	3. 能说出瞬时功率、有功功率、无功功率的概念。	5分	
	4. 能够计算正弦电路电阻、电容、电感上的功率。	10分	
	5. 能画出电阻电容电感的电压电流相量图。	10分	
	6. 能找到自己的不足。	5分	
思维态度	是否能发现问题、提出问题、分析问题、解决问题、创新问题。	5分	
自评反馈	按时按质任务；较好地掌握了知识点；具有较强的信息分析能力和理解能力；具有较为全面严谨的思维能力，并能条理清楚明晰表达成文。	5分	
自评分数			
有益的经验和做法			
总结反馈建议			

任务工作单 2

组号：　　　姓名：　　　学号：　　　检索号：2.3.2.8-2

表 2.3.2.4　小组内互评验收表

验收组长		组名		日期	年　月　日
组内验收成员					
任务要求	正确描述正弦交流电路中电阻、电感、电容元件的物理特征、电压电流时域关系、相位关系、有功与无功功率概念及计算；能够按时完成任务工作单，能够反思自己的不足并改进。				
验收文档清单	被验收者 2.3.2.7-1 任务工作单 被验收者 2.3.2.7-2 任务工作单 被验收者 2.3.2.7-3 任务工作单 被验收者 2.3.2.7-4 任务工作单				
	文献检索清单				

续表

	评分标准	分数	得分
验收评分	正确描述正弦交流电路中电阻、电感、电容元件的物理特征，错一处扣 5 分。	20 分	
	正确描述正弦交流电路中电阻、电感、电容元件的电压电流时域关系，错一处扣 5 分。	20 分	
	正确描述正弦交流电路中电阻、电感、电容元件的电压电流相位关系，错一处扣 5 分。	20 分	
	正确描述正弦交流电路中电阻、电感、电容元件有功与无功功率概念及计算，错误一处扣 5 分。	20 分	
	提供文献检索清单，少于 5 项，缺一项扣 4 分。	20 分	
评价分数			
不足之处			

任务工作单 3

被评组号：　　　　检索号：2.3.2.8-3

表 2.3.2.5　小组间互评表

班级		评价小组		日期	年　月　日
评价指标	评价内容			分数	分数评定
汇报表述	表述准确			15 分	
	语言流畅			10 分	
	声音洪亮、自信大方			15 分	
内容正确度	内容正确			30 分	
	口述准确			30 分	
互评分数					
简要评述					

任务工作单 4

组号：　　姓名：　　学号：　　检索号：2.3.2.8-4

表 2.3.2.6　任务完成情况评价表

任务名称	正弦交流电路中的电阻、电感、电容元件认识			总得分		
组号及成员						
评价依据	学生完成的 2.3.2.7 所有任务工作单					
序号	任务内容及要求		配分	评分标准	教师评价	
					结论	得分
1	正确描述正弦交流电路中电阻、电感、电容元件的物理特征。	（1）描述正确；	10 分	缺一个要点扣 1 分		
		（2）语言表达流畅。	10 分	酌情赋分		

续表

序号	任务内容及要求		配分	评分标准	教师评价	
					结论	得分
2	正确描述正弦交流电路中电阻、电感、电容元件的电压电流时域关系。	（1）描述正确；	10分	缺一个要点扣1分		
		（2）语言流畅。	10分	酌情赋分		
3	正确描述正弦交流电路中电阻、电感、电容元件的电压电流相位关系。	（1）描述正确；	10分	缺一个要点扣2分		
		（2）语言流畅。	10分	酌情赋分		
4	正确描述正弦交流电路中电阻、电感、电容元件有功与无功功率概念及计算。	（1）描述正确；	10分	缺一个要点扣2分		
		（2）语言流畅。	10分	酌情赋分		
5	至少包含5份文献的检索文献的目录清单。	（1）数量；	5分	每少一个扣2分		
		（2）参考的主要内容要点。	5分	酌情赋分		
6	素质素养评价。	（1）沟通交流能力；	10分	酌情赋分，但违反课堂纪律，不听从组长、教师安排，不得分。		
		（2）团队合作；				
		（3）课堂纪律；				
		（4）合作探学；				
		（5）自主研学；				
		（6）培养抽象思维建模能力；				
		（7）培养仔细观察，严谨求学的学习习惯。				

任务3　实验：电阻 R、电感 L、电容 C 的认识

2.3.3.1　任务描述

给出若干元件，说出元件名称、参数及其在电路中的作用。使用万用表对元件属性进行判别。

2.3.3.2　学习目标

知识目标

能说明 R、L、C 元件分类及用途。

能力目标

（1）能够正确识别电路元件类型并读出其参数；
（2）能够设计实验，使用万用表对元件进行判别。

素质素养目标

（1）培养学生事物辨别能力；
（2）培养学生理论联系实际的能力；
（3）培养学生遵章守纪、规范操作的工作习惯；
（4）培养学生劳动光荣、技能宝贵的生产意识。

2.3.3.3　任务分析

重　点

（1）对电路元件进行识别；
（2）对电路元件参数进行读取。

难　点

（1）电路元件参数的换算；
（2）根据 *RLC* 电路元件特性，设计实验，使用万用表对电路元件进行辨别。

2.3.3.4　相关知识链接

2.3.3.4.1　电阻 *R* 的认识

电阻普遍存在于电力系统与电力电子中。在电力系统中，发电机绕组、变压器绕组、输电线路均可以表示为含有电阻元件的电路模型。在电力电子中有多种多样的电阻器。本次实验主要认识以下几种电阻器结构。

碳合成电阻：主要是由碳粉末和黏合剂一起烧结成圆柱形的电阻体，其中碳粉末的浓度决定了电阻值的大小，在两端加镀锡铜引线，最后封装成型。

绕线电阻：将镍铬合金导线绕在氧化铝陶瓷基底上，一圈一圈控制电阻大小。绕线电阻可以制作为精密电阻，容差可以到 0.005%，同时温度系数非常低。缺点是绕线电阻的寄生电感比较大，不能用于高频。绕线电阻的体积可以做得很大，然后加外部散热器，可以用作大功率电阻。

碳膜电阻：主要是在陶瓷棒上形成一层碳混合物膜，例如直接涂一层，碳膜的厚度和其中碳浓度可以控制电阻的大小。为了更加精确地控制电阻，可以在碳膜上加工出螺旋沟槽，螺旋越多电阻越大。最后加金属引线，树脂封装成型。碳膜电阻的工艺更加复杂一点，可以做精密电阻，但由于碳质的原因，还是温度特性不太好。

金属氧化膜电阻：主要是在陶瓷棒形成一层锡氧化物膜，为了增加电阻，可以在锡氧化物膜上加一层锑氧化物膜，然后在氧化物膜上加工出螺旋沟槽来精确控制电阻。金属氧化物膜电阻最大的优势就是耐高温。

电阻的符号是 R。

在国际单位制里，电阻的单位是欧姆，简称欧，符号是Ω。常用的电阻单位有欧姆（Ω）、千欧（kΩ）、兆欧（MΩ）等，换算关系如下：

$$1\text{ 兆欧（MΩ）}=10^3\text{ 千欧（kΩ）}=10^6\text{ 欧姆（Ω）}$$

2.3.3.4.2　电容 C 的认识

电容（或称电容量）是表征电容器容纳电荷本领的物理量。我们把电容器的两极板间的电势差增加 1 V 所需的电量，叫作电容器的电容。电容器从物理学上讲，它是一种静态电荷存储介质（就像一只水桶一样可以储存水，可以把电荷储存进去，忽略电导，在没有放电回路的情况下，电荷会永久存在，这是它的特征）。电容的用途较广，它是电子、电力领域中不可缺少的电子元件。要用于电源滤波、信号滤波、信号耦合谐振、隔直流等电路中。

电容的符号是 C，计算公式为：

$$C=\frac{\varepsilon S}{4\pi kd}(\text{真空})=\frac{Q}{U} \tag{2.3.4.1}$$

式中，ε 为介电常数，S 为电容极板的相对面积，k 为静电力常数，d 为两极板间距离。在国际单位制里，电容的单位是法拉，简称法，符号是 F。常用的电容单位有毫法（mF）、微法（μF）、纳法（nF）和皮法（pF）等，换算关系如下：

$$1\text{ 法拉（F）}=10^3\text{ 毫法（mF）}=10^6\text{ 微法（μF）}$$

$$1\text{ 微法（μF）}=10^3\text{ 纳法（nF）}=10^6\text{ 皮法（pF）}$$

2.3.3.4.3　电感 L 的认识

当线圈通过电流时，在线圈中形成磁场感应，感应磁场又产生感应电流抵制通过线圈的电流，我们把这种电流与线圈的相互作用关系称为电的感抗，也就是电感，单位“亨利”（H）。利用此性质制成电感元件。

电感（inductance）是闭合回路的一种属性，即当通过闭合回路的电流改变时，会出现电动势来抵制电流的改变。这种电感称为自感（self-inductance），是闭合回路自己本身的属性。假设一个闭合回电流改变。由于感应作用而产生电动势于另外一个闭合回路，这种电感称为互感（mutual inductanc）。

2.3.3.5　素质素养养成

本次实验为认知实验，通过观察电阻器、电容、电感实体元件，对电阻、电感、电容建立更深刻的认知。想要了解一个设备器件的基本参数，除了查阅手册、实验测量，最简单的方法就是读取设备器件的标识参数。

2.3.3.6　任务分组

见附表 1。

2.3.3.7 工作准备

任务工作单 1

组号： 姓名： 学号： 检索号： 2.3.3.7-1

引导问题：

（1）电阻、电感、电容结构？量纲是什么？

____

____

____

（2）使用万用表对元件进行判别是需要准备什么实验器具呢？

表 2.3.3.1 实验工器具

序号	实验器具	型号	数量

2.3.3.8 方案制定

任务工作单 2

组号： 姓名： 学号： 检索号： 2.3.3.8-2

引导问题：

（1）观察并写出各元件的参数。

（2）电阻、电感、电容在直流电路中有什么特征呢？

（3）如何使用万用表对元件属性进行判别？

制定实验方案：

____

____

____

2.3.3.9 方案汇报与优化

任务工作单 3

组号： 姓名： 学号： 检索号： 2.3.3.9-3

引导问题：

（1）电子器件上标识的参数单位是什么？

（2）对任意元件采用万用表识别的方法需要几步？

方案汇报：

____

____

____

方案优化：

____

____

____

2.3.3.10 方案实施与结论

任务工作单 4

组号： 姓名： 学号： 检索号：2.3.3.10-4

引导问题：

（1）电阻、电容、电感三种元件常用单位换算是怎样的？

（2）识别元件过程需要记录哪些现象？

（3）根据实验数据说明元件的物理特性。

方案实施：

____

____

____

实验结论：

____

____

____

2.3.3.11 评价反馈

任务工作单 5

组号： 姓名： 学号： 检索号：2.3.3.11-5

表 2.3.3.2 个人自评表

班级		姓名		日期	年 月 日
评价指标	评价内容			分数	分数评定
信息检索	能有效利用网络、图书资源查找有用的相关信息等；能将查到的信息有效地传递到学习中。			10 分	

续表

评价指标	评价内容	分数	分数评定
感知课堂生活	熟悉工器具使用，认同工作价值；在学习中是否能获得满足感。	10 分	
参与态度	积极主动与教师、同学交流，相互尊重、理解、平等；与教师、同学之间是否能够保持多向、丰富、适宜的信息交流。	10 分	
	能处理好合作学习和独立思考的关系，做到有效学习；能提出有意义的问题或能发表个人见解。	10 分	
知识获得	1. 能说明 *R*、*L*、*C* 元件分类及用途。	10 分	
	2. 能够正确识别电路元件类型并读出其参数。	10 分	
	3. 能够设计实验，使用万用表对元件进行判别。	10 分	
	4. 能正确记录实验数据，分析数据得出结论。	10 分	
思维态度	是否能发现问题、提出问题、分析问题、解决问题、创新问题。	10 分	
自评反馈	按时按质完成任务；较好地掌握了知识点；具有较强的信息分析能力和理解能力；具有较为全面严谨的思维能力，并能条理清楚明晰表达成文。	10 分	
自评分数			
有益的经验和做法			
总结与反馈建议			

任务工作单 6

组号：　　　姓名：　　　学号：　　　检索号：<u>2.3.3.11-6</u>

表 2.3.3.3　小组内互评验收表

验收组长		组名		日期	年　月　日
组内验收成员					
任务要求	给出若干元件，说出元件名称，参数及其在电路中的作用。使用万用表对元件属性进行判别。				
验收文档清单	被验收者 2.3.3.7-1 任务工作单 被验收者 2.3.3.8-2 任务工作单 被验收者 2.3.3.9-3 任务工作单 被验收者 2.3.3.10-4 任务工作单				
	文献检索清单				
验收评分	评分标准			分数	得分
	能正确说明 *R*、*L*、*C* 元件分类及用途，错误一处扣 5 分。			20 分	
	能正确制定每一个实验目的的检测方案，错误一处扣 5 分。			20 分	
	能按照实验方案，正确开展实验，并记录检测数据，错一处扣 2 分。			20 分	

续表

验收评分	能分析测量误差产生的原因，并提出相应的措施，错一处扣 2 分。	20 分	
	提供文献检索清单，少于 5 项，缺一项扣 4 分。	20 分	
评价分数			
不足之处			

任务工作单 7

被评组号：　　　　　　　　　　　检索号：2.3.3.11-7

表 2.3.3.4　小组间互评表

班级		评价小组		日期	年　月　日
评价指标	评价内容			分数	分数评定
汇报表述	表述准确			15 分	
	语言流畅			10 分	
	准确完整描述实验方案			15 分	
内容正确度	内容正确			30 分	
	内容完整			30 分	
互评分数					
简要评述					

任务工作单 8

组号：　　　　姓名：　　　　学号：　　　　检索号：2.3.3.11-8

表 2.3.3.5　任务完成情况评价表

任务名称	实验：电阻 R、电感 L、电容 C 的认识				总得分	
评价依据	学生完成的 2.3.3.7-1、2.3.3.8-2、2.3.3.9-3、2.3.3.10-4 任务工作单					
序号	任务内容及要求		配分	评分标准	教师评价	
					结论	得分
1	能阅读实验指导书，明确实验目的，选择实验器具。	（1）描述正确；	10 分	缺一个要点扣 1 分		
		（2）语言表达流畅。	10 分	酌情赋分		
2	能正确制定每一个实验目的的检测方案。	（1）描述正确；	10 分	缺一个要点扣 1 分		
		（2）语言流畅。	10 分	酌情赋分		
3	能按照实验方案，正确开展实验，并记录实验数据。	（1）描述正确；	10 分	缺一个要点扣 2 分		
		（2）语言流畅。	10 分	酌情赋分		

续表

序号	任务内容及要求		配分	评分标准	教师评价	
					结论	得分
4	能分析测量误差产生的原因，并提出相应的措施。	（1）描述正确；	10 分	缺一个要点扣 2 分		
		（2）语言流畅。	10 分	酌情赋分		
5	至少包含5份文献的检索文献的目录清单。	（1）数量；	5 分	每少一个扣 2 分		
		（2）参考的主要内容要点。	5 分	酌情赋分		
6	素质素养评价。	（1）沟通交流能；	10 分	酌情赋分，但违反课堂纪律，不听从组长、教师安排，不得分。		
		（2）团队合作；				
		（3）课堂纪律；				
		（4）合作探学；				
		（5）自主研学；				
		（6）动手能力；				
		（7）分析问题，融会贯通；				
		（8）爱护工器具及环境卫生；				
		（9）讲原则、守规矩；				
		（10）热爱劳动。				

任务 4　KCL、KVL 相量形式及 *RLC* 串联电路及复阻抗、复导纳的认识

2.3.4.1　任务描述

正确描述 KCL 与 KVL 的相量形式，并基于 KVL 正确分析 *RLC* 串联电路特点及各元件电压电流相位关系，会计算电路复阻抗、复导纳。

2.3.4.2　学习目标

知识目标

（1）掌握 KCL、KVL 的相量形式；

（2）掌握复阻抗、复导纳的概念。

能力目标

（1）能分析 *RLC* 串联电路各元件电压与电流关系；

（2）画出 *RLC* 串联电路各元件电压与电流相量图。

素质素养目标

（1）培养学生分析问题、解决问题的能力；
（2）培养学生类比学习、数理分析的能力；
（3）培养学生综合分析能力。

2.3.4.3　任务分析

重　点

（1）KCL、KVL 的相量形式的理解；
（2）复阻抗的概念；
（3）*RLC* 串联电路分析。

难　点

（1）基于 KCL、KVL 相量形式，分析 *RLC* 串联电路元件电压电流关系；
（2）*RLC* 串联电路元件电压-电流相量图的绘制。

2.3.4.4　相关知识链接

2.3.4.4.1　基尔霍夫定律的相量形式

在项目一中，我们学习了基尔霍夫定律。它包括基尔霍夫电流定律（KCL）与基尔霍夫电压定律（KVL）。这一定律不仅在直流电路中适用，而且在正弦交流电路中同样适用。不同点在于表达式略有不同，即将瞬时值表达式替换为相量表达式。

基尔霍夫电流定律告诉我们，对电路中任一节点而言，与之相连接的各支路电流在任意时刻的瞬时值代数和为零。即

$$\sum i = 0 \tag{2.3.4.1}$$

在正弦电路中，各支路电流均为同频率的正弦量，把各支路电流用相量表示可得，对于电路任一节点，与之相连接的所有支路电流的相量代数和为零（若取流入为正，流入即为负），表达式为：

$$\sum \dot{I} = 0 \tag{2.3.4.2}$$

基尔霍夫电压定律告诉我们，对任一闭合回路，各段电压在任意时刻的瞬时值代数和为零，即：

$$\sum u = 0 \tag{2.3.4.3}$$

在正弦电路中，任一闭合回路，各段电压均为同频率的正弦量，将其用相量表示可得，对于任一闭合回路，各段电压相量代数和为零（若取顺时针为绕行方向，各元件参考电压方向与之相同取正，相反取负），表达式为：

$$\sum \dot{U} = 0 \tag{2.3.4.4}$$

2.3.4.4.2 *RLC* 串联电路及复阻抗

实际正弦电路是由电阻、电感、电容三种元件串并联构成。分析方法和直流电路类似，本小节以 *RLC* 串联电路为例进行分析。

如图 2.3.4.1（a）所示 *RLC* 串联电路中，选定顺时针为绕行方向，各元件参考电压方向为所标定方向。根据 KVL 可得：

$$\dot{U}=\dot{U}_R+\dot{U}_C+\dot{U}_L$$

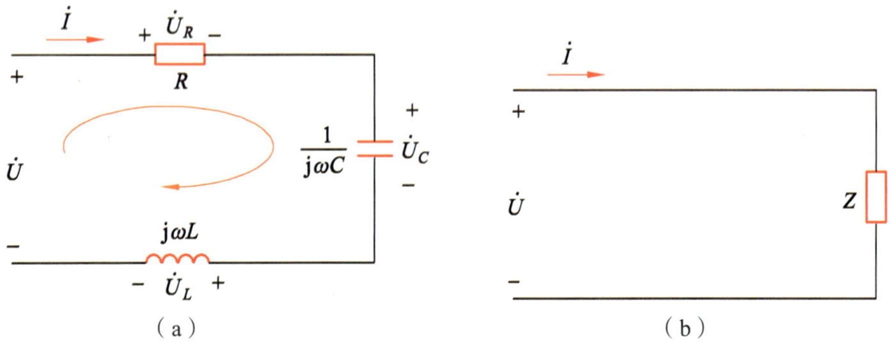

图 2.3.4.1 *RLC* 串联电路模型及复阻抗

串联电路各元件的电流相等，将各元件电压与电流的相量关系代入上式，可得：

$$\dot{U}=R\dot{I}+\frac{1}{j\omega L}\dot{I}+j\omega L\dot{I}=R\dot{I}-jX_C\dot{I}+jX_L\dot{I}$$
$$=\left[R+j(X_L-X_C)\right]\dot{I}=(R+jX)\dot{I}$$

令 $$Z=R+jX \tag{2.3.4.5}$$

则 $$\dot{U}=Z\dot{I}\ ;\ Z=\frac{\dot{U}}{\dot{I}} \tag{2.3.4.6}$$

式（2.3.4.5）中 Z 称为电路的复阻抗，单位为欧（Ω）。复阻抗本质是电路等效阻抗，是一个复数。实部为电路等效电阻值，虚部 $X=X_L-X_C$，称为电路的电抗值，其值的正负完全取决于串联等效感抗与串联等效容抗之差。

线性电路中，复阻抗 Z 取决于电路元件参数及电源频率，可用图 2.3.4.1（b）中的图形符号进行表示，类似电阻。单一电阻、电感、电容元件可以看成是复阻抗的特例。复阻抗 Z 是复数，式（2.3.4.5）是代数形式，其极坐标形式为：

$$Z=|Z|\angle\varphi_Z$$

式中，$|Z|$ 是复阻抗的模，φ_Z 是辐角，其值为：

$$\begin{cases}|Z|=\sqrt{R^2+X^2}=\dfrac{U}{I}\\ \varphi_Z=\arctan\dfrac{X}{R}=\varphi_u-\varphi_i\end{cases} \tag{2.3.4.7}$$

复阻抗的模是两端电压与电流有效值之比，称为电路的阻抗。辐角是电压超前电流的相位角，称为电路的阻抗角，故复阻抗 Z 综合反映了电压与电流的大小及相位关系。

在 RLC 串联电路中，选择电流为参考正弦量，假设初相位为 0。则 $\dot{U}_R$ 与 $\dot{I}$ 同相位，$\dot{U}_L$ 比 $\dot{I}$ 超前 90°，$\dot{U}_C$ 比 $\dot{I}$ 滞后 90°，可定性画出该电路的相量图。

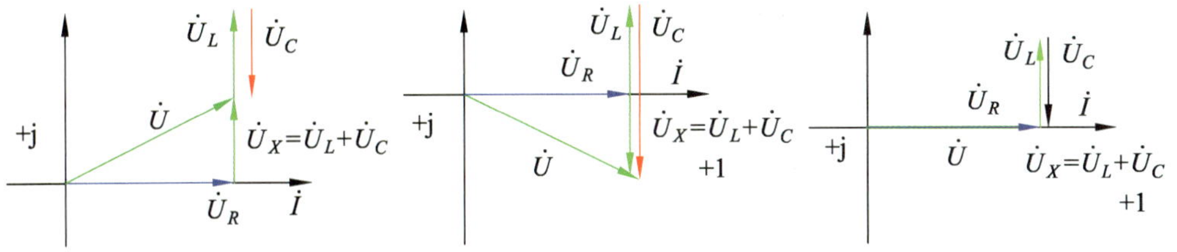

图 2.3.4.2　RLC 串联电路相量图

若 $X_L > X_C$，则 $X=(X_L-X_C)>0$，电路端电压相位超前于电流，电路呈感性，相量图如图 2.3.4.2（a）所示；

若 $X_L < X_C$，则 $X=(X_L-X_C)<0$，电路端电压相位滞后于电流，电路呈容性，相量图如图 2.3.4.2（b）所示；

若 $X_L = X_C$，则 $X=(X_L-X_C)=0$，电路端电压相位与电流相同，电路呈阻性，RLC 串联电路这种状态称为串联谐振，相量图如图 2.3.4.2（c）所示。

2.3.4.4.3　*RLC* 并联电路及复导纳

实际 RLC 电路另外一种基本结构为 RLC 并联电路，正弦并联电路的特点与直流电路相同，同学们可以进行对比分析。具体内容可以扫描二维码进行自主学习。注意 RLC 并联电路电压电流的特点，特别是复导纳的概念。

RLC 并联电路及复导纳

2.3.4.5　素质素养养成

本小节是前面章节的延伸，学习了正弦电路中基尔霍夫定律，并认识 RLC 串并联电路基本特点及阻抗与导纳，对电阻、电感、电容进行综合性表示。这一综合过程沿用直流电路中电阻串并联等效的思想。在 RLC 串并联电路的相量图比单一参数正弦电路电压电流相量图复杂一些，因此同学们在学习过程中，注意新旧知识的联系，学会迁移学习。

2.3.4.6　任务分组

见附表 1。

2.3.4.7 任务实施

任务工作单 1

组号：　　姓名：　　学号：　　检索号：2.3.4.7-1

引导问题：

（1）写出基尔霍夫定律的相量形式；

（2）说明 *RLC* 串联电路特点及各元件电压电流相位关系；

（3）写出阻抗的概念。

任务工作单 2

组号：　　姓名：　　学号：　　检索号：2.3.4.7-2

引导问题：

（1）针对图 2.3.4.3（a）、（b），自行选定参考方向并列写 KCL 与 KVL 方程。

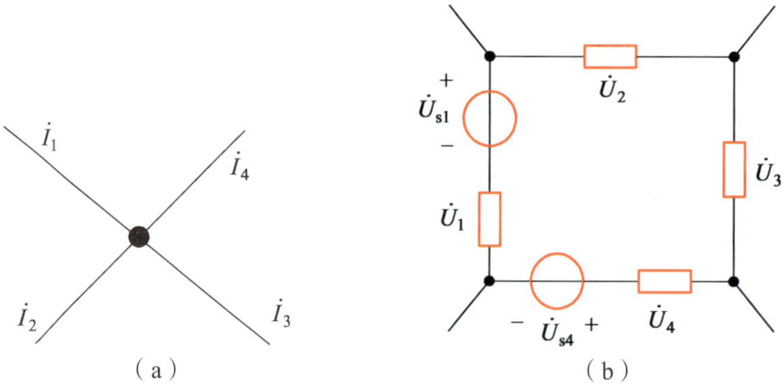

图 2.3.4.3

（2）计算图 2.3.4.4 所示电路中的阻抗，并判断电路的性质是感性、容性、还是阻性。

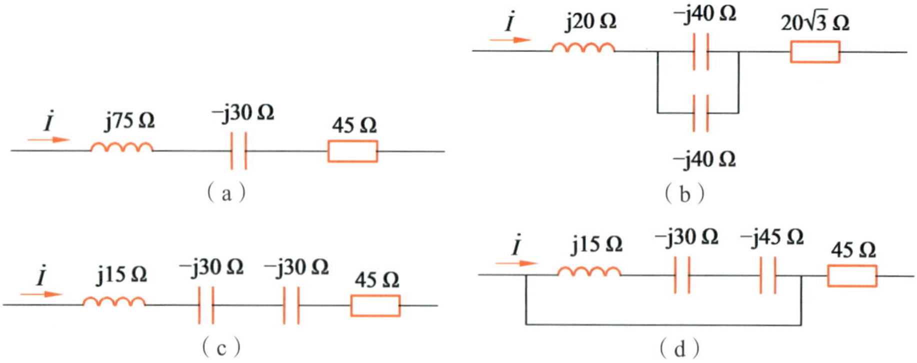

图 2.3.4.4

（3）如图 2.3.4.1 所示 RLC 串联电路中，$R=30\,\Omega$，$L=254\text{ mH}$，$C=80\,\mu\text{F}$，电源电压为 $u=220\sqrt{2}\sin(314t+20^\circ)\text{ V}$，求电路中电流和各元件上电压正弦解析式，尝试画出电压电流相量图。

______

______

______

任务工作单 3

组号：　　　　姓名：　　　　学号：　　　　检索号：2.3.4.7-3

引导问题：

（1）每小组推荐一位小组长，汇报任务工作单 2 的成果。

______

______

______

任务工作单 4

组号：　　　　姓名：　　　　学号：　　　　检索号：2.3.4.7-4

引导问题：

（1）自查、分析自身工单存在的错误及改正，并填写下表。

表 2.3.4.1　任务工作单自查表

错误	原因	改正

2.3.4.8　评价反馈

任务工作单 1

组号：　　　　姓名：　　　　学号：　　　　检索号：2.3.4.8-1

表 2.3.4.2　个人自评表

班级		姓名		日期	年　月　日
任务名称					
评价指标	评价内容			分数	分数评定
信息检索能力	能有效利用网络、图书资源、字典查找有用的相关信息等；能将查到的信息有效地传递到工作中。			10 分	

续表

评价指标	评价内容	分数	分数评定
感知课堂生活	认同本任务的工作价值，在参与中获得满足感、成就感。	10 分	
参与态度	积极主动与教师、同学交流，相互尊重、理解、平等；与教师、同学之间是否能够保持多向、丰富、适宜的信息交流。	10 分	
	能处理好合作学习和独立思考的关系，做到有效学习；能提出有意义的问题或能发表个人见解。	10 分	
知识、能力获得情况	1. 能写出 KCL、KVL 的相量形式。	10 分	
	2. 能说出复阻抗、复导纳的概念。	10 分	
	3. 能分析 *RLC* 串联电路特点及各元件电压与电流关系。	10 分	
	4. 能画出 *RLC* 串联电路各元件电压与电流相量图。	10 分	
	5. 能分析 *RLC* 并联电路特点及各元件电压与电流关系。	5 分	
	6. 能画出 *RLC* 并联电路各元件电压与电流相量图。	5 分	
思维态度	是否能发现问题、提出问题、分析问题、解决问题、创新问题。	5 分	
自评反馈	按时按质任务；较好地掌握了知识点；具有较强的信息分析能力和理解能力；具有较为全面严谨的思维能力，并能条理清楚明晰表达成文。	5 分	
自评分数			
有益的经验和做法			
总结反馈建议			

任务工作单 2

组号：　　　　姓名：　　　　学号：　　　　检索号：2.3.4.8-2

表 2.3.4.3　小组内互评验收表

验收组长		组名		日期	年　月　日
组内验收成员					
任务要求	正确描述 KCL 与 KVL 的相量形式，并基于 KVL 正确分析 *RLC* 串联电路各元件电压电流相位关系，计算出电路复阻抗、复导纳；能够按时完成任务工作单，能够反思自己的不足并改进。				
验收文档清单	被验收者 2.3.4.7-1 任务工作单 被验收者 2.3.4.7-2 任务工作单 被验收者 2.3.4.7-3 任务工作单 被验收者 2.3.4.7-4 任务工作单				
	文献检索清单				

续表

	评分标准	分数	得分
验收评分	正确描述 KCL 与 KVL 的相量形式，错一处扣 10 分。	20 分	
	正确分析 *RLC* 串联电路特点及各元件电压电流相位关系，错一处扣 5 分。	20 分	
	正确描述复阻抗概念，会计算复阻抗、复导纳，错一处扣 5 分。	20 分	
	正确画出 *RLC* 串联电路电压电流相量图，错误一处扣 5 分	20 分	
	提供文献检索清单，少于 5 项，缺一项扣 4 分。	20 分	
评价分数			
不足之处			

任务工作单 3

被评组号：　　　　　　　　　　检索号：2.3.4.8-3

表 2.3.4.4　小组间互评表

班级		评价小组		日期	年　月　日
评价指标	评价内容			分数	分数评定
汇报表述	表述准确			15 分	
	语言流畅			10 分	
	声音洪亮、自信大方			15 分	
内容正确度	内容正确			30 分	
	口述准确			30 分	
互评分数					
简要评述					

任务工作单 4

组号：　　　　姓名：　　　　学号：　　　　检索号：2.3.4.8-4

表 2.3.4.5　任务完成情况评价表

<table>
<tr><td>任务名称</td><td colspan="4">KCL、KVL 相量形式及 RLC 串联电路及复阻抗、复导纳的认识</td><td>总得分</td><td></td></tr>
<tr><td>组号及成员</td><td colspan="6"></td></tr>
<tr><td>评价依据</td><td colspan="6">学生完成的 2.3.4.7 所有任务工作单</td></tr>
<tr><td rowspan="2">序号</td><td rowspan="2" colspan="2">任务内容及要求</td><td rowspan="2">配分</td><td rowspan="2">评分标准</td><td colspan="2">教师评价</td></tr>
<tr><td>结论</td><td>得分</td></tr>
<tr><td rowspan="2">1</td><td rowspan="2">正确描述 KCL 与 KVL 的相量形式。</td><td>（1）书写正确；</td><td>10 分</td><td>错误一个扣 5 分</td><td></td><td></td></tr>
<tr><td>（2）语言流畅。</td><td>10 分</td><td>酌情赋分</td><td></td><td></td></tr>
</table>

续表

序号	任务内容及要求		配分	评分标准	教师评价	
					结论	得分
2	正确分析 *RLC* 串联电路特点及各元件电压电流相位关系。	（1）描述正确；	10 分	缺一个要点扣 2 分		
		（2）语言流畅。	10 分	酌情赋分		
3	正确描述复阻抗概念，会计算复阻抗、复导纳。	（1）描述正确；	10 分	缺一个要点扣 2 分		
		（2）语言流畅。	10 分	酌情赋分		
4	正确画出 *RLC* 串联电路电压电流相量图。	（1）绘制正确	10 分	错误一处扣 2 分		
		（2）语言流畅。	10 分	酌情赋分		
5	至少包含 5 份文献的检索文献的目录清单。	（1）数量；	5 分	每少一个扣 2 分		
		（2）参考的主要内容要点。	5 分	酌情赋分		
6	素质素养评价。	（1）沟通交流能；	10 分	酌情赋分，但违反课堂纪律，不听从组长、教师安排，不得分。		
		（2）团队合作；				
		（3）课堂纪律；				
		（4）合作探学；				
		（5）自主研学；				
		（6）培养抽象思维建模能力；				
		（7）培养仔细观察，严谨求学的学习习惯。				

任务 5　正弦电路的功率及功率因数的提高

2.3.5.1　任务描述

区分瞬时功率、有功功率、无功功率、视在功率、复功率的概念、量纲及计算方法；描述功率因数低的不利影响及提高方法。

2.3.5.2　学习目标

知识目标

（1）掌握瞬时功率、有功功率、无功功率、视在功率、复功率的概念及量纲；

（2）掌握提高功率因数的意义与方法。

能力目标

（1）能计算正弦电路的有功功率、无功功率、视在功率、复功率；

（2）能描述提高功率因数的方法。

素质素养目标

（1）培养学生分析问题、解决问题的能力；

（2）培养学生解决实际问题的思维能力；

（3）培养学生综合分析能力。

2.3.4.3 任务分析

重 点

（1）瞬时功率、有功功率、无功功率、视在功率、复功率的概念；

（2）提高功率因数的意义与方法。

难 点

有功功率、无功功率、视在功率、复功率的理解。

2.3.5.4 相关知识链接

2.3.5.4.1 瞬时功率

图 2.3.5.1（a）所示的无源二端网络。设端电压 u 与电流 i 在关联参考方向下为：

$$i=\sqrt{2}I\sin\omega t\ ,\quad u=\sqrt{2}U\sin(\omega t+\varphi)$$

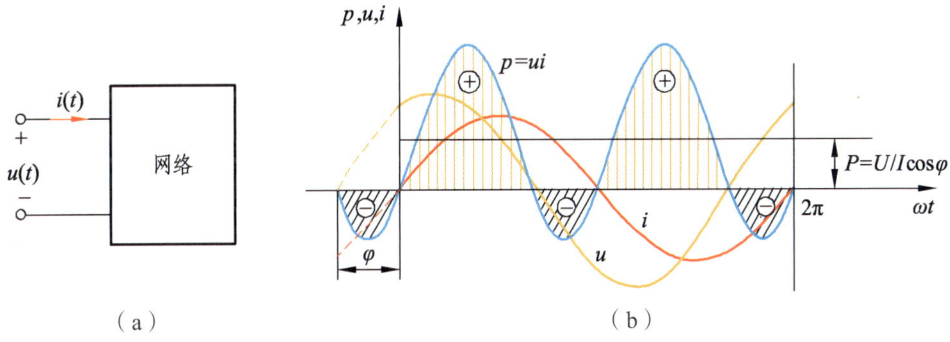

图 2.3.5.1 无源二端网络的正弦电压电流及瞬时功率波形

φ 是端电压超前与电流的相位角，则这个二端口网络的瞬时功率为：

$$p=ui=2UI\sin(\omega t+\varphi)\cdot\sin\omega t \tag{2.3.5.1}$$

瞬时功率的波形如图 2.3.5.1（b）所示，二端网络的 u、i 方向相同时，p 为正，代表网络吸收功率，二端网络的 u、i 方向不同时，p 为负，代表网络发出功率。这说明二端网络与外界有能量交换。有能量交换的原因在于二端无源网络中存在电感、电容这两类储能元件。

2.3.5.4.2 有功功率（平均功率）和功率因数

二端网络消耗功率意味着存在有功功率。任务二中学习了正弦电路中的平均功率，基于这一概念，求二端网络有功功率（平均功率）：

$$P = \frac{1}{T}\int_0^T p\mathrm{d}t = \frac{1}{T}\int_0^T [2UI\sin(\omega t + \varphi)\cdot\sin\omega t]\mathrm{d}t = UI\cos\varphi \qquad (2.3.5.2)$$

经过三角变换及积分计算，可以得出，二端网络有功功率不仅与端电压与电流的有效值有关，同时还与电压电流相位差有关。$P = UI\cos\varphi$，这一公式是计算正弦电路有功功率的重要公式。

其中，$\cos\varphi$ 称为功率因数。φ 既是端电压与电流的相位差，也是二端网络的阻抗角，称为功率因数角。由于阻抗角介于 $-90°\sim90°$，因此 $0\leqslant\cos\varphi\leqslant1$。

利用二端网络的阻抗角的正负可以判断二端网络的性质（感性、容性、阻性）。$\varphi>0$，网络呈感性；$\varphi=0$，网络呈阻性；$\varphi<0$，网络呈容性。但是功率因数不能作为判断依据。如 $\varphi_Z=60°$ 呈感性，$\varphi_Z=-60°$ 呈容性，但两者的功率因数都等于 0.5。为了使功率因数也能反映二端网络的性质，习惯上将感性写成 $\cos\varphi$（滞后），容性写成 $\cos\varphi$（超前）。“滞后”或“超前”表示电路电流“滞后”或“超前”于电压。

2.3.5.4.3 无功功率

将式（2.3.5.1）瞬时功率的表达式按三角函数展开，可得另外一种表达形式

$$p = UI\cos\varphi(1-\cos2\omega t)+UI\sin\varphi\sin2\omega t \qquad (2.3.5.3)$$

式中，第一项在一个周期内的平均值为 $UI\cos\varphi$，即为二端网络的平均功率（有功功率）；第二项为以 $UI\sin\varphi$ 为幅值，2ω 为角频率的正弦周期量，平均值为零，反映了二端网络和电源进行能量交换的最大速度，其幅值定义为二端网络的无功功率，单位为乏（Var）。即

$$Q = UI\sin\varphi \qquad (2.3.5.4)$$

当二端网络中电感、电容元件同时存在时，电感元件 $Q_L>0$，意味着消耗无功；电容元件 $Q_C<0$，意味着释放无功。它们在网络内部先自行交换一部分能量后，不足的部分再与电源进行交换。故二端网络的无功功率应为电感元件和电容元件无功功率的代数和。即：

$$Q = Q_L + Q_C \qquad (2.3.5.5)$$

由此可得 Q 是一个代数量，可正可负。

2.3.5.4.4 视在功率与复功率

正弦电路的有功功率与无功功率都与电压电流有效值乘积相关。将电压和电流的有效值乘积定义为视在功率，用大写的 S 表示，单位为伏安（V·A）。

$$S = UI \qquad (2.3.5.6)$$

视在功率 S 通常用来表示电气设备的额定容量，表明电气设备可能发出的最大功率。如发电机、变压器等电气设备，它们发出的有功功率不仅与电压电流有关，而且与负载的功率因数有关。

基于有功功率、无功功率、视在功率与功率因数的关系

$$\begin{cases} P = S\cos\varphi = UI\cos\varphi \\ Q = S\sin\varphi = UI\sin\varphi \\ S = \sqrt{P^2 + Q^2} = UI \\ \varphi = \arctan\dfrac{Q}{P} \end{cases} \tag{2.3.5.7}$$

根据上式，可以看出 S、P、Q 大小可构成一直角三角形，如图 2.3.5.2 所示。此三角形称为二端网络的功率三角形，便于大家对 S、P、Q 进行理解记忆。

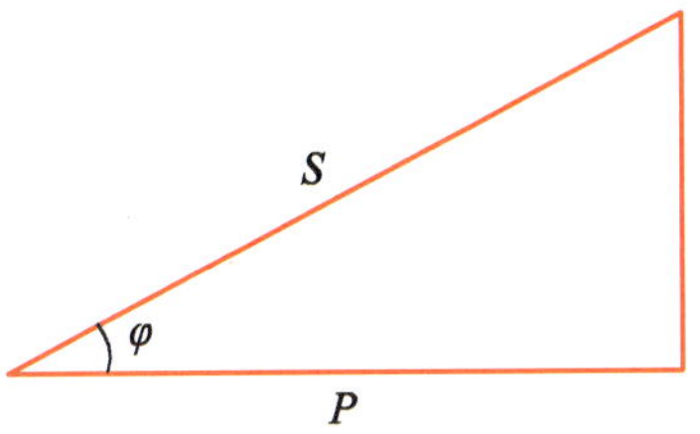

图 2.3.5.2　功率三角形

工程上为了方便，常把有功功率作为实部，无功功率作为虚部，组成复功率，用 $\tilde{S}$ 表示。

设二端网络端口电压相量为 $\dot{U}$ 、电流相量为 $\dot{I}$ ，复功率定义为：

$$\begin{aligned} \tilde{S} &= \dot{U}\dot{I}^* = UI\angle(\varphi_u - \varphi_i) = UI\angle\varphi \\ &= UI\cos\varphi + \mathrm{j}UI\sin\varphi = P + \mathrm{j}Q \end{aligned} \tag{2.3.5.8}$$

式中，$\dot{I}^*$ 是 $\dot{I}$ 的共轭复数。复功率是一个复数，将正弦稳态电路的有功功率、无功功率、视在功率和功率因数统一在一个公式中。只要计算出电路的电压电流相量，有功功率、无功功率、视在功率与功率因数也就能方便地计算出来。

值得注意的是，有功功率，无功功率和复功率均守恒，即在正弦稳态电路中，包括电源在内的所有元件吸收的功率代数和为零，但视在功率不守恒，这是因为视在功率是有功平方与无功平方的和再开方，它是一个模，有功和无功都可以写成复数的形式，在数学上模值不等于两个复数的算数方之和。

2.3.5.4.5　功率因数的提高方法

正弦交流电路的有功功率 $P = UI\cos\varphi$，功率因数 $\cos\varphi$可以用λ表示，体现了有功功率在视在功率中的占比。$\cos\varphi$大小取决于网络的性质，即阻抗角φ。在电力系统中，一般负载多为感性负载，如交流感应电动机、日光灯等。交流感应电动机在额定负载时，功率因数为 0.8 ~ 0.85，轻载时只有 0.4 ~ 0.5，空载时更低，仅为 0.2 ~ 0.3，不装电容器的日光灯的功率因数为 0.45 ~ 0.6。

功率因数偏低会对电力系统产生以下两个方面的不良影响。

（1）电源设备的容量利用率低。

通常电源设备，如发电机、变压器都有一个额定容量，但能否全部为负载所利用就取决于负载的性质。如果负载是纯电阻，即功率因数等于 1，那么负载所获得的有功功率就等于电源的额定容量。而在实际电路中感性负载居多，即功率因数小于 1，

此时电源必须把一部分功率作为与储能元件间的能量交换，而供给负载的有功功率只能是一部分。因 $\cos\varphi$值越低，所供给负载的有功功率 P 就越小，所以电源设备就不能充分利用。

（2）增加了线路上的功率损耗和电压降。

若用电设备在一定电压与一定功率之下运行，线路功率损耗：

$$P_L = I^2 r = \left(\frac{P}{U\cos\varphi}\right)^2 r \tag{2.3.5.9}$$

那么当功率因数高时，线路上电流就小；反之，当功率因数低时，线路上电流就大，线路电阻中与设备绕组中的功率损耗也就越大。同时线路上的电压降也就增大，会使负载上电压降低，从而影响负载的正常工作。

可见较高的功率因数可保证良好经济性。为提高用户的功率因数，工程上一般从两方面来考虑提高功率因数。

一方面是提高自然功率因数，主要办法有改进电动机的运行条件，合理选择电动机的容量，或采用同步电动机等措施。

另一方面是采用人工补偿，也叫无功补偿。在系统末端人为地并联电容性负载，利用电容性负载的超前电流来补偿滞后的电感性电流，以达到提高功率因数的目的。

2.3.5.5　素质素养养成

本小节涉及的几个功率的概念，在后续课程的学习中会频繁使用。要注意区分有功功率、无功功率、视在功率的概念、量纲及计算方法。关于功率因数的意义及提高方法的内容最能反映工程实际。在分析低功率因数的不良影响及提高方法时，学会理论联系实际，综合前面章节所学习内容分析工程实际。

2.3.5.6　任务分组

见附表 1。

2.3.5.7　任务实施

任务工作单 1

组号：　　　　姓名：　　　　学号：　　　　检索号：<u>2.3.5.7-1</u>

引导问题：

（1）写出瞬时功率、有功功率、无功功率、视在功率、复功率的概念、量纲及计算公式；

（2）写出功率因数偏低的不良影响及提高方法。

___

___

___

任务工作单 2

组号：　　　　姓名：　　　　学号：　　　　检索号：2.3.5.7-2

引导问题：

（1）如图 2.3.5.3 所示，求各支路吸收的和电源提供的有功功率、无功功率、视在功率，并验证整个电路的功率平衡。试将有功功率与无功功率用复功率进行表示。

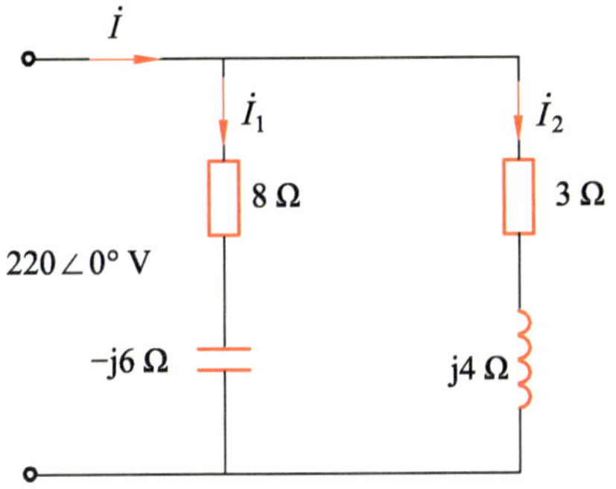

图 2.3.5.3

____

____

（2）我们知道在系统末端并联电容可以提高功率因数。利用画相量图的方法，尝试说明并联电容器（见图 2.3.5.4）提高功率因数的原因。

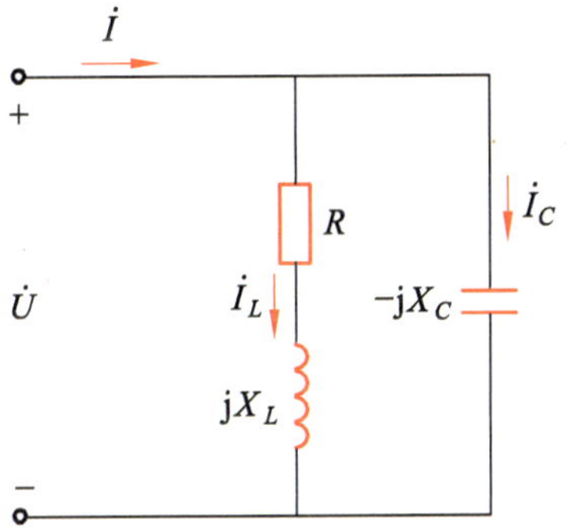

图 2.3.5.4

____

____

任务工作单 3

组号：　　　　姓名：　　　　学号：　　　　检索号：2.3.5.7-3

引导问题：

（1）每小组推荐一位小组长，汇报任务工作单 2 的成果。

____

____

任务工作单 4

组号：　　　　姓名：　　　　学号：　　　　检索号：2.3.5.7-4

引导问题：

（1）自查、分析自身工单存在的错误及改正，并填写下表。

表 2.3.5.1　任务工作单自查表

错误	原因	改正

2.3.5.8　评价反馈

任务工作单 1

组号：　　　　姓名：　　　　学号：　　　　检索号：2.3.5.8-1

表 2.3.5.2　个人自评表

<table>
<tr><td>班级</td><td></td><td>姓名</td><td></td><td>日期</td><td>年　月　日</td></tr>
<tr><td>任务名称</td><td colspan="5"></td></tr>
<tr><td>评价指标</td><td colspan="3">评价内容</td><td>分数</td><td>分数评定</td></tr>
<tr><td>信息检索能力</td><td colspan="3">能有效利用网络、图书资源、字典查找有用的相关信息等；能将查到的信息有效地传递到工作中。</td><td>10 分</td><td></td></tr>
<tr><td>感知课堂生活</td><td colspan="3">认同本任务的工作价值，在参与中获得满足感、成就感。</td><td>10 分</td><td></td></tr>
<tr><td rowspan="2">参与态度</td><td colspan="3">积极主动与教师、同学交流，相互尊重、理解、平等；与教师、同学之间是否能够保持多向、丰富、适宜的信息交流。</td><td>10 分</td><td></td></tr>
<tr><td colspan="3">能处理好合作学习和独立思考的关系，做到有效学习；能提出有意义的问题或能发表个人见解。</td><td>10 分</td><td></td></tr>
<tr><td rowspan="3">知识、能力获得情况</td><td colspan="3">1. 能说出瞬时功率、有功功率、无功功率、视在功率、复功率的概念及量纲。</td><td>15 分</td><td></td></tr>
<tr><td colspan="3">2. 能写出瞬时功率、有功功率、无功功率、视在功率、复功率计算公式。</td><td>15 分</td><td></td></tr>
<tr><td colspan="3">3. 能说出功率因数低的不利影响及提高方法。</td><td>20 分</td><td></td></tr>
<tr><td>思维态度</td><td colspan="3">是否能发现问题、提出问题、分析问题、解决问题、创新问题。</td><td>5 分</td><td></td></tr>
<tr><td>自评反馈</td><td colspan="3">按时按质任务；较好地掌握了知识点；具有较强的信息分析能力和理解能力；具有较为全面严谨的思维能力，并能条理清楚明晰表达成文。</td><td>5 分</td><td></td></tr>
<tr><td colspan="4">自评分数</td><td colspan="2"></td></tr>
<tr><td>有益的经验和做法</td><td colspan="5"></td></tr>
<tr><td>总结反馈建议</td><td colspan="5"></td></tr>
</table>

任务工作单 2

组号：　　　姓名：　　　学号：　　　检索号：2.3.5.8-2

表 2.3.5.3　小组内互评验收表

验收组长		组名		日期	年　月　日
组内验收成员					
任务要求	区分瞬时功率、有功功率、无功功率、视在功率、复功率的概念、量纲及计算方法；描述功率因数低的不利影响及提高方法；能够按时完成任务工作单，能够反思自己的不足并改进。				
验收文档清单	被验收者 2.3.5.7-1 任务工作单 被验收者 2.3.5.7-2 任务工作单 被验收者 2.3.5.7-3 任务工作单 被验收者 2.3.5.7-4 任务工作单				
	文献检索清单				
验收评分	评分标准			分数	得分
	正确描述瞬时功率、有功功率、无功功率、视在功率、复功率的概念及量纲，错一处扣 4 分。			20 分	
	正确写出瞬时功率、有功功率、无功功率、视在功率、复功率计算公式，错一处扣 4 分。			20 分	
	正确描述功率因数低的不利影响，错一处扣 10 分。			20 分	
	正确描述功率因数的提高方法，错误一处扣 10 分			20 分	
	提供文献检索清单，少于 5 项，缺一项扣 4 分。			20 分	
评价分数					
不足之处					

任务工作单 3

被评组号：　　　检索号：2.3.5.8-3

表 2.3.5.4　小组间互评表

班级		评价小组		日期	年　月　日
评价指标	评价内容			分数	分数评定
汇报表述	表述准确			15 分	
	语言流畅			10 分	
	声音洪亮、自信大方			15 分	
内容正确度	内容正确			30 分	
	口述准确			30 分	
互评分数					
简要评述					

任务工作单 4

组号：　　　　姓名：　　　　学号：　　　　检索号：2.3.5.8-4

表 2.3.5.5　任务完成情况评价表

任务名称	正弦电路的功率及功率因数的提高			总得分		
组号及成员						
评价依据	学生完成的 2.3.5.7 所有任务工作单					
序号	任务内容及要求		配分	评分标准	教师评价	
					结论	得分
1	正确描述瞬时功率、有功功率、无功功率、视在功率、复功率的概念及量纲。	（1）书写正确；	10 分	错误一个扣 2 分		
		（2）语言流畅。	10 分	酌情赋分		
2	正确书写瞬时功率、有功功率、无功功率、视在功率、复功率计算公式。	（1）描述正确；	10 分	缺一个要点扣 2 分		
		（2）语言流畅。	10 分	酌情赋分		
3	正确描述功率因数低的不利影响。	（1）描述正确；	10 分	缺一个要点扣 5 分		
		（2）语言流畅。	10 分	酌情赋分		
4	正确描述功率因数的提高方法。	（1）绘制正确；	10 分	错误一处扣 5 分		
		（2）语言流畅。	10 分	酌情赋分		
5	至少包含 5 份文献的检索文献的目录清单。	（1）数量；	5 分	每少一个扣 2 分		
		（2）参考的主要内容要点。	5 分	酌情赋分		
6	素质素养评价。	（1）沟通交流能； （2）团队合作； （3）课堂纪律； （4）合作探学； （5）自主研学； （6）培养抽象思维建模能力； （7）培养仔细观察，严谨求学的学习习惯。	10 分	酌情赋分，但违反课堂纪律，不听从组长、教师安排，不得分。		

任务 6　实验：日光灯电路及功率因数的提高及正弦交流电路的认识

2.3.6.1　任务描述

在给定正弦电路图基础上画出电压电流相量图；连接日光灯电路，测量功率因数；通过改善电路结构，提高功因数。

2.3.6.2　学习目标

知识目标

（1）能说明正弦稳态交流电路中电压、电流相量之间的关系；

（2）能说出日光灯等效电路结构；

（3）能说出改善功率因数的方法及意义。

能力目标

（1）能够正确连接日光灯电路，接通电路使其正常工作；

（2）能够测量日光灯电路电压、电流、功率及功率因数；

（3）能够改善日光灯电路结构，提高功率因数，并通过实验数据说明结果；

（4）能够利用电压电流相量图简单分析提高功率因数的原因。

素质素养目标

（1）培养学生动作操作能力；

（2）培养学生理论联系实际的能力；

（3）培养学生遵章守纪、规范操作的工作习惯；

（4）培养学生劳动光荣、技能宝贵的生产意识。

2.3.6.3　任务分析

重　点

（1）日光灯电路原理图及连接方法；

（2）功率因数提高方法。

难　点

（1）功率因数的测量；

（2）改善功率因数后的结果分析。

2.3.6.4　相关知识链接

2.3.6.4.1　单相正弦交流电路的认识

在单相正弦交流电路中，用交流电流表测得各支路的电流值，用交流电压表测得回路各元件两端的压值，它们之间的关系满足相量形式的基尔霍夫定律，即 $\sum \dot{I}=0$ 和 $\sum \dot{U}=0$。

如图 2.3.6.1 所示的 RC 串联电路，在正弦稳态信号 $\dot{U}$ 的激励下，$\dot{U}_C$ 与 $\dot{U}_R$ 保持有 90°的相位差，当 R 阻值改变时，$\dot{U}_R$ 的相量轨迹是一个半圆。$\dot{U}$、$\dot{U}_R$ 与 $\dot{U}_C$ 三者形成一个直角形的电压三角形，如图 2.3.6.2 所示，R 值改变时，可改变 φ 角的大小，从而达到移相的目的。

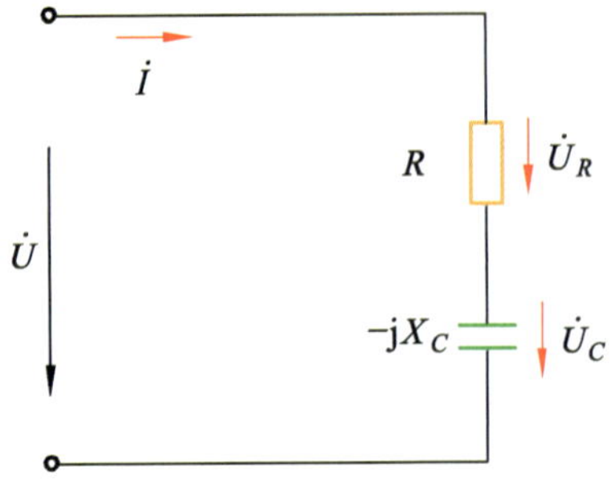

图 2.3.6.1　单相正弦交流电路

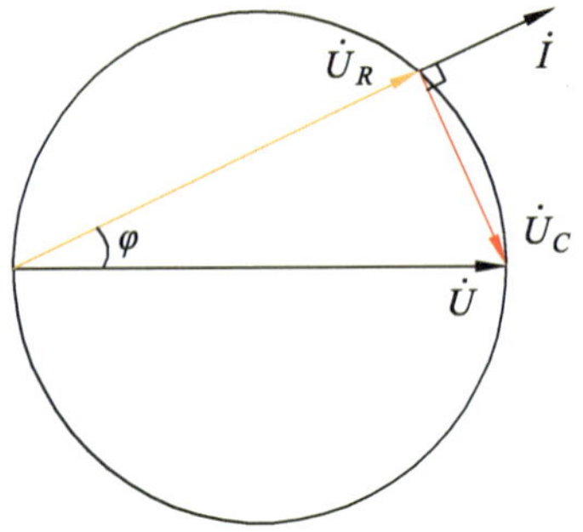

图 2.3.6.2　电压电流相量图

2.3.6.4.2　日光灯的组成及工作原理简述

日光灯线路如图 2.3.6.3（a）所示，包括日光灯管、镇流器、启辉器、补偿电容器。

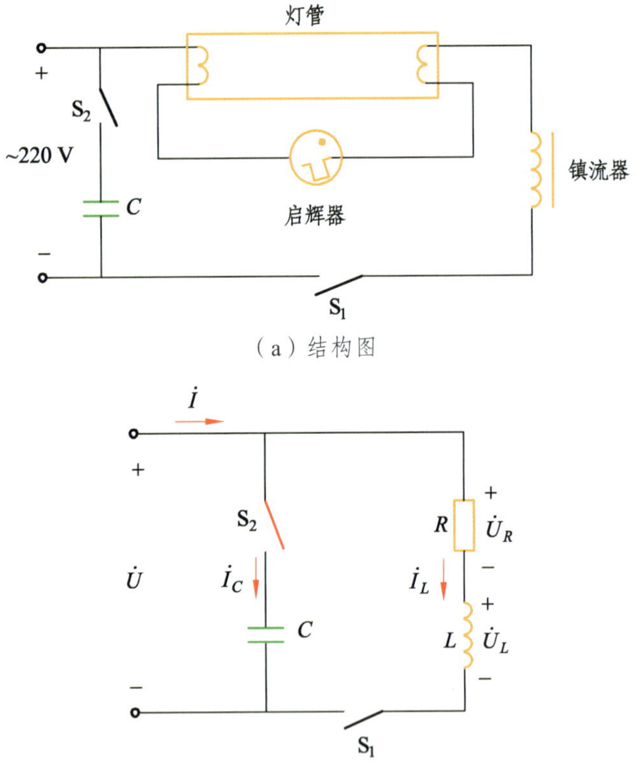

（a）结构图

（b）电路图

图 2.3.6.3　日光灯结构图及电路图

灯管：日光灯管是一根玻璃管，它的内壁均匀地涂有一层薄薄的荧光粉，灯管两端各有一个阳极和一根灯丝。灯丝由钨丝制成，其作用是发射电子。阳极是两根镍丝，焊在灯丝上，与灯丝具有相同的电位，其主要作用是当它具有正电位时吸收部分电子，以减少电子对灯丝的撞击。此外，它还具有帮助灯管点燃的作用。灯管内还充有惰性气体（如氮气）与水银蒸汽。由于有水银蒸汽，当管内产生辉光放电时，就会放射紫外线。这些紫外线照射到荧光粉上就会发出可见光。

镇流器：它是绕在硅钢片铁芯上的电感线圈，在电路上与灯管相串联。其作用为：在日光灯启动时，产生足够的自感电势，使灯管内的气体放电；在日光灯正常工作时，限制灯管电流。不同功率的灯管应配以相应的镇流器。日光灯电路因有镇流器的存在形成一个功因数很低的感性电路。

启辉器：它是一个小型的辉光管，管内充有惰性气体，并装有两个电极：一个是固定电极，一个是倒“U”形的可动电极。两电极上都焊接有触头。倒“U”形可动电极由热膨胀系数不同的两种金属片制成。

2.3.6.5 素质素养养成

通过本次实验，同学们对正弦电路电压电流关系有更深入的认识，理论联系实际，实验结果反哺理论基础。测量日光灯功率因数实验过程涉及接线、测量，稍有不慎容易导致短路跳闸，损坏设备，甚至危及自身及同学安全。因此，同学们在实验过程中要树立安全意识，在今后的工作中也是如此，做到“四不害”；树立团队精神，通过与同组同学团队协作，共同设计完成实验。

2.3.6.6 任务分组

见附表 1。

2.3.6.7 工作准备

任务工作单 1

组号：　　　姓名：　　　学号：　　　检索号：2.3.6.7-1

引导问题：

（1）根据图 2.3.6.1 电路，写出电源电压、电阻电压与电容电压的相量关系、代数关系。

____

____

____

（2）测量日光灯电路需要准备哪些实验设备可参照 2.3.6.3 图（a）列举。

表 2.3.6.1　实验工器具

序号	实验器具	型号	数量

续表

序号	实验器具	型号	数量

2.3.6.8 方案制定

任务工作单 2

组号：　　　姓名：　　　学号：　　　检索号：2.3.6.8-2

引导问题：

（1）按照图 2.3.6.1，设计实验 1，验证 2.3.6.2 中 3 个电压的代数关系。

（2）如何利用日光灯电路验证 *RL* 电路电压关系？（提示：参照图 2.3.6.3）设计实验 2。

（3）试验证日光灯电路并联电容提高功率因数。设计实验 3。

制定实验方案：

____

____

____

2.3.6.9 方案汇报与优化

任务工作单 3

组号：　　　姓名：　　　学号：　　　检索号：2.3.6.9-3

引导问题：

（1）*RC*、*RL* 电路各元件电压与电源电压满足什么代数关系？

（2）如何根据交流电压表、电流表、功率表，计算电路的功率因数？

（3）根据实验方法，设计优化实验数据记录表格。

方案汇报：

____

____

____

方案优化：

____

____

____

2.3.6.10　方案实施与结论

任务工作单 4

组号：　　　　姓名：　　　　学号：　　　　检索号：2.3.6.10-4

引导问题：

（1）电路仅由日光灯、整流器工作时，比较实测功率因数与计算值的误差，并作电压电流相量图。

（2）在电源两端并联电容，比较实测功率因数与计算值的误差，并作电压电流相量图。

（3）并联电容的大小与功率因数提高的大小关系是怎样的？

方案实施：

实验结论：

2.3.6.11　评价反馈

任务工作单 5

组号：　　　　姓名：　　　　学号：　　　　检索号：2.3.6.11-5

表 2.3.6.2　个人自评表

班级		姓名		日期	年　月　日
评价指标	评价内容			分数	分数评定
信息检索	能有效利用网络、图书资源查找有用的相关信息等；能将查到的信息有效地传递到学习中。			10 分	
感知课堂生活	熟悉工器具使用，认同工作价值；在学习中是否能获得满足感。			10 分	
参与态度	积极主动与教师、同学交流，相互尊重、理解、平等；与教师、同学之间是否能够保持多向、丰富、适宜的信息交流。			10 分	
	能处理好合作学习和独立思考的关系，做到有效学习；能提出有意义的问题或能发表个人见解。			10 分	

续表

评价指标	评价内容	分数	分数评定
知识获得	1. 能正确分析正弦交流电路电压电流关系。	10 分	
	2. 能说出改善功率因数的方法及意义。	10 分	
	3. 能正确连接日光灯电路，测量日光灯电路电压、电流、功率及功率因数。	10 分	
	4. 能够改善日光灯电路结构，提高功率因数，并通过实验数据说明结果。	10 分	
思维态度	是否能发现问题、提出问题、分析问题、解决问题、创新问题。	10 分	
自评反馈	按时按质完成任务；较好地掌握了知识点；具有较强的信息分析能力和理解能力；具有较为全面严谨的思维能力，并能条理清楚明晰表达成文。	10 分	
自评分数			
有益的经验和做法			
总结与反馈建议			

任务工作单 6

组号： 姓名： 学号： 检索号： 2.3.6.11-6

表 2.3.6.3 小组内互评验收表

验收组长		组名		日期	年 月 日
组内验收成员					
任务要求	给定正弦电路图基础上画出电压电流相量图；连接日光灯电路，测量功率因数；通过改善电路结构，提高功因数。				
验收文档清单	被验收者 2.3.6.7-1 任务工作单 被验收者 2.3.6.8-2 任务工作单 被验收者 2.3.6.9-3 任务工作单 被验收者 2.3.6.10-4 任务工作单				
	文献检索清单				
验收评分	评分标准		分数		得分
	能根据图 2.3.6.1 电路，写出电源电压、电阻电压与电容电压的相量关系、代数关系，错误一处扣 10 分。		20 分		
	能正确制定每一个实验目的的检测方案，错误一处扣 5 分。		20 分		
	能按照实验方案，正确开展实验，并记录检测数据，错一处扣 2 分。		20 分		
	能分析测量误差产生的原因，并提出相应的措施，错一处扣 2 分。		20 分		
	提供文献检索清单，少于 5 项，缺一项扣 4 分。		20 分		
评价分数					
不足之处					

任务工作单 7

被评组号：　　　　　　　　　　检索号：2.3.6.11-7

表 2.3.6.4　小组间互评表

班级		评价小组		日期	年　月　日
评价指标	评价内容			分数	分数评定
汇报表述	表述准确			15 分	
	语言流畅			10 分	
	准确完整描述实验方案			15 分	
内容正确度	内容正确			30 分	
	内容完整			30 分	
互评分数					
简要评述					

任务工作单 8

组号：　　　　姓名：　　　　学号：　　　　检索号：2.3.6.11-8

表 2.3.6.5　任务完成情况评价表

任务名称	实验：日光灯电路及功率因数的提高及正弦交流电路的认识			总得分		
评价依据	学生完成的 2.3.6.7-1、2.3.6.8-2、2.3.6.9-3、2.3.6.10-4 任务工作单					
序号	任务内容及要求		配分	评分标准	教师评价	
					结论	得分
1	能阅读实验指导书，明确实验目的，选择实验器具。	（1）描述正确；	10 分	缺一个要点扣 1 分		
		（2）语言表达流畅。	10 分	酌情赋分		
2	能正确制定每一个实验目的的检测方案。	（1）描述正确；	10 分	缺一个要点扣 1 分		
		（2）语言流畅。	10 分	酌情赋分		
3	能按照实验方案，正确开展实验，并记录实验数据。	（1）描述正确；	10 分	缺一个要点扣 2 分		
		（2）语言流畅。	10 分	酌情赋分		
4	能分析测量误差产生的原因，并提出相应的措施。	（1）描述正确；	10 分	缺一个要点扣 2 分		
		（2）语言流畅。	10 分	酌情赋分		
5	至少包含 5 份文献的检索文献的目录清单。	（1）数量；	5 分	每少一个扣 2 分		
		（2）参考的主要内容要点。	5 分	酌情赋分		

续表

序号	任务内容及要求		配分	评分标准	教师评价	
					结论	得分
6	素质素养评价。	（1）沟通交流能； （2）团队合作； （3）课堂纪律； （4）合作探学； （5）自主研学； （6）动手能力； （7）分析问题，融会贯通； （8）正确使用工器具及环境卫生； （9）讲原则、守规矩； （10）热爱劳动。	10 分	酌情赋分，但违反课堂纪律，不听从组长、教师安排，不得分。		

任务 7　非正弦交流电的分解及有效值、平均值、有功功率认识

2.3.7.1　任务描述

会用谐波分析法分析非正弦周期电流电路，能说出分析的步骤，知道傅里叶级数展开式一般表达式及各分量含义，会分解常见的非正弦周期函数，会分析非正弦周期函数的有效值、平均值和有功功率。

2.3.7.2　学习目标

知识目标

（1）掌握非正弦周期量的概念及一般分析方法；

（2）掌握傅里叶级数展开式一般表达式及各分量含义，了解频谱的概念；

（3）掌握应用谐波分析法计算非正弦周期电流电路的步骤，了解滤波器的概念；

（4）掌握非正弦周期量的有效值、平均值和有功功率的分析方法。

能力目标

（1）能够判断一个激励是否是非正弦周期量，并说出电路分析求解的具体步骤；

（2）会计算非正弦周期量的有效值、平均值和有功功率。

素质素养目标

（1）培养学生不怕困难、团结协作的精神；

（2）培养学生分析问题、解决问题的能力。

2.3.7.3 任务分析

重 点

（1）傅里叶级数展开式一般表达式及各分量含义；

（2）谐波分析的具体步骤及注意事项；

（3）非正弦周期量的有效值、平均值和有功功率的分析。

难 点

（1）傅里叶级数分解；

（2）谐波分析法的应用——滤波器；

（3）非正弦周期量的有效值、平均值和有功功率的分析。

2.3.7.4 相关知识链接

2.3.7.4.1 非正弦周期量

经过正弦波交流电路的学习，对理想的正弦波信号激励已经可以分析其响应，而实际电路中的正弦波往往会有畸变。例如，给变压器加正弦波电压，空载时产生的励磁电流 i_0 随时间 t 变化的波形不是正弦波，如图 2.3.7.1 第四象限所示，电流随时间的变化波形是尖顶波。

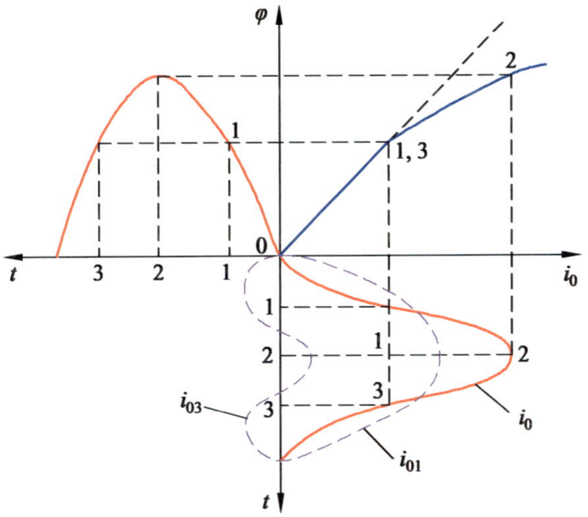

图 2.3.7.1 变压器空载电流波形

随时间周期变化，波形不是正弦波的量都是非正弦周期量。非正弦周期电流的产生有许多原因，当电路中有几个不同频率的正弦激励时，响应一般是非正弦的。电力工程中应用的正弦电压，严格地说只是近似的，或多或少存在着非正弦成分。在电子设备、自动控制中广泛采用的脉冲电压和电流一般都是非正弦的，例如图 2.3.7.2（a）、（b）所示的周期脉冲电流和方波电压，图 2.3.7.2（c）所示的锯齿波扫描电压。另外，当电路中含有非线性元件时，即使在正弦电压作用下，电路中也会产生非正弦电流，如图 2.3.7.2（d）所示为通过半波整流器得到的电流波形。由于磁路的磁饱和特性，发电机和变压器等设备的电压或电流中都会产生一些非正弦分量。

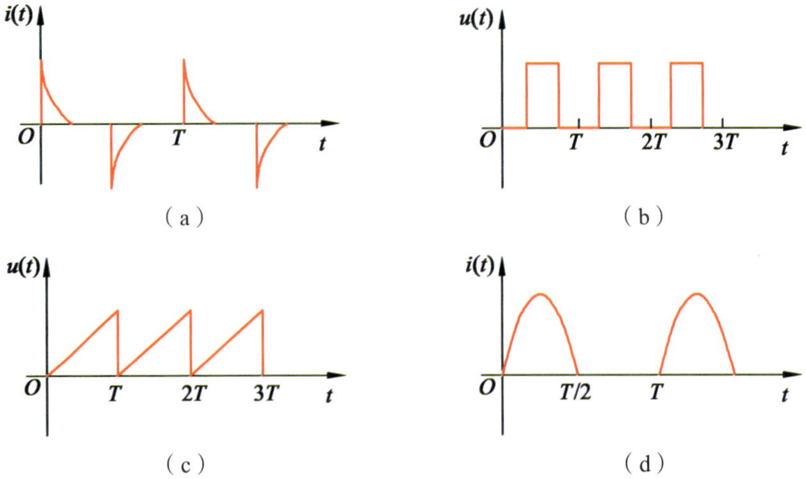

图 2.3.7.2　非正弦周期量示例

分析计算非正弦周期电流电路的一般方法是谐波分析法。它的实质就是把非正弦周期电流电路的计算化为一系列正弦电流电路的计算。先把作为激励的非正弦周期量分解为傅里叶级数，得到一系列不同频率的正弦量，然后分别计算它们单独作用下的响应，最后把各个响应分量按瞬时值叠加，得到的就是非正弦激励下电路的实际响应。

2.3.7.4.2　非正弦周期函数的分解

凡是满足狄利克雷（Dirichlet）条件的周期函数都可以分解为傅里叶级数，电工中遇到的周期函数一般都是满足狄利克雷条件的。

狄利克雷（Dirichlet）条件

设 $f(t)$ 是一个周期为 T 的周期函数，其角频率为 $\omega=2\pi f=\dfrac{2\pi}{T}$，分解成傅里叶级数如下：

$$f(t)=\frac{a_0}{2}+\sum_{k=1}^{\infty}[a_k\cos(k\omega t)+b_k\sin(k\omega t)] \tag{2.3.7.1}$$

式中，a_0、a_k、b_k 为傅里叶系数。

$$\left.\begin{aligned} a_0&=\frac{2}{T}\int_0^T f(t)\mathrm{d}t\\ a_k&=\frac{2}{T}\int_0^T f(t)\cos(k\omega t)\mathrm{d}t\\ b_k&=\frac{2}{T}\int_0^T f(t)\sin(k\omega t)\mathrm{d}t\end{aligned}\right\} \tag{2.3.7.2}$$

将式（2.3.7.1）中同频率的正弦项与余弦项合并，可得到傅里叶级数另一种常用的表达式：

$$f(t)=A_0+\sum_{k=1}^{\infty}A_k\sin(k\omega t+\psi_k) \tag{2.3.7.3}$$

其中

$$\left.\begin{aligned}A_0&=\frac{a_0}{2}\\A_k&=\sqrt{a_k^2+b_k^2}\\\psi_k&=\arctan\left(\frac{a_k}{b_k}\right)\end{aligned}\right\} \tag{2.3.7.4}$$

其中，A_0 项为常数项，它为非正弦周期函数一周期内的平均值，并与时间无关，称为直流分量。

$k=1$ 项表达式为 $A_0+A_1\sin(\omega t+\psi_1)$，此项频率与原非正弦周期函数 $f(t)$ 的频率相同，称为正弦周期函数 $f(t)$ 的基波。

$k\geqslant 2$ 的各项统称为高次谐波。当谐波频率为基波频率的 k 倍时，称为 k 次谐波，如 $k=2$ 时，称 2 次谐波等。A_k 及 ψ_k 为 k 次谐波的幅值及初相位。

由以上分析可以看出：一个周期函数可以分解为直流分量、基波和各次谐波之和，这一过程称为谐波分析。若要确定各次谐波分量，则需计算各分量的振幅 A_k 和初相 ψ_k，它可利用公式求解。确定周期函数的各分量，实质上是计算傅里叶系数的值，但工程上更多利用的是查表法。表 2.3.7.1 列出了电工技术中常遇到的几种典型非正弦周期函数的傅里叶级数展开式。

表 2.3.7.1　几种典型非正弦周期函数的傅里叶级数

名称	函数波形	傅里叶级数	有效值	整流平均值
半波整流	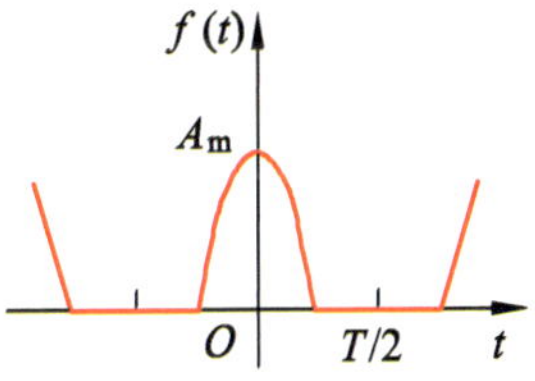	$f(t)=\frac{2A_m}{\pi}\left[\frac{1}{2}+\frac{\pi}{4}\cos(\omega t)+\frac{1}{1\times3}\cos(2\omega t)-\frac{1}{3\times5}\cos(4\omega t)+\frac{1}{5\times7}\cos(6\omega t)-\cdots\right]$	$\frac{A_m}{2}$	$\frac{A_m}{\pi}$
全波整流	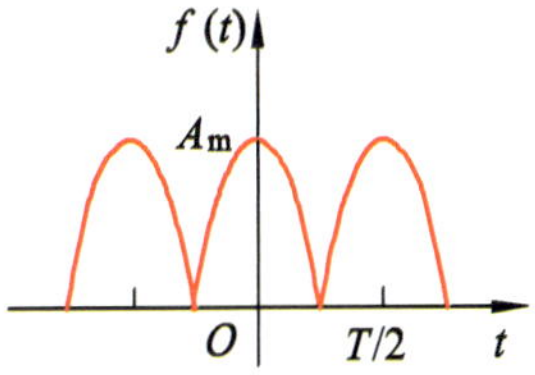	$f(t)=\frac{4A_m}{\pi}\left[\frac{1}{2}+\frac{1}{1\times3}\cos(2\omega t)-\frac{1}{3\times5}\cos(4\omega t)+\frac{1}{5\times7}\cos(6\omega t)-\cdots\right]$	$\frac{A_m}{\sqrt{2}}$	$\frac{2A_m}{\pi}$
矩形波	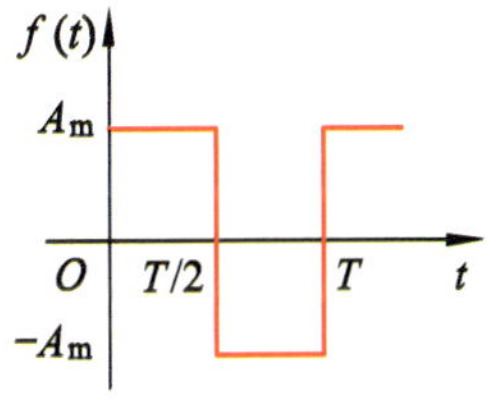	$f(t)=\frac{4A_m}{\pi}\left[\sin(\omega t)+\frac{1}{3}\sin(3\omega t)+\frac{1}{5}\sin(5\omega t)+\cdots+\frac{1}{k}\cdot\sin(k\omega t)+\cdots\right]$	A_m	A_m

续表

名称	函数波形	傅里叶级数	有效值	整流平均值
锯齿波	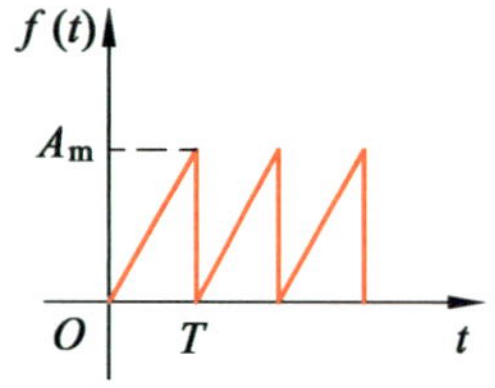	$f(t)=A_m\left\{\frac{1}{2}-\frac{1}{\pi}\left[\sin(\omega t)+\frac{1}{2}\sin(2\omega t)+\frac{1}{3}\cdot\sin(3\omega t)+\cdots\right]\right\}$ （k 为奇数）	$\frac{A_m}{\sqrt{3}}$	$\frac{A_m}{2}$
梯形波	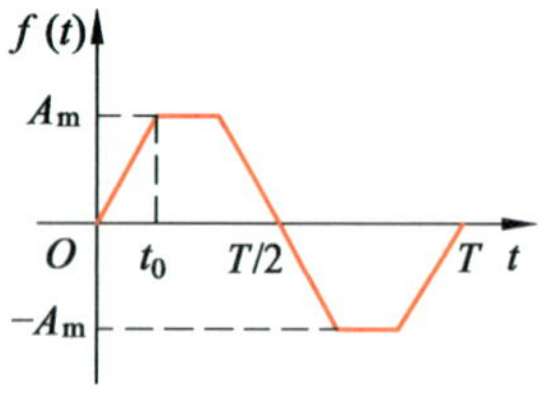	$f(t)=\frac{4A_m}{a\pi}\left[\sin a\sin(\omega t)+\frac{1}{9}\sin 3a\sin(3\omega t)+\frac{1}{25}\sin 5a\sin(5\omega t)+\cdots+\frac{1}{k^2}\sin(ka)\sin(k\omega t)+\cdots\right]$ （式中 $a=\frac{2\pi t_0}{T}$，k 为奇数）	$A_m\sqrt{1-\frac{4a}{3\pi}}$	$A_m\left(1-\frac{a}{\pi}\right)$
三角波	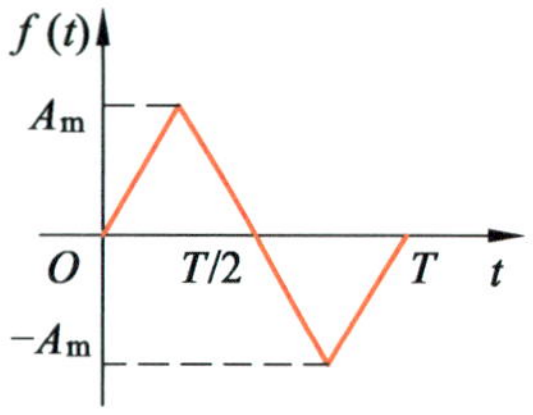	$f(t)=\frac{8A_m}{\pi^2}\left[\sin(\omega t)-\frac{1}{9}\sin(3\omega t)+\frac{1}{25}\sin(5\omega t)-\cdots+\frac{(-1)^{\frac{k-1}{2}}}{k^2}\cdot\sin(k\omega t)+\cdots\right]$ （k 为奇数）	$\frac{A_m}{\sqrt{3}}$	$\frac{A_m}{2}$

傅里叶级数是一个无穷三角级数，理论上应取无限多项方能准确表示原来的非正弦周期函数，在实际工程计算时取多少项合适，要根据所需的精度而定，通常只取级数的前几项就可以了。图 2.3.7.3（a）中的粗实线为矩形波的傅里叶展开式取到 5 次谐波的合成波形；图 2.3.7.3（b）为取到 7 次谐波的合成波形。可以看出，后者比前者更接近于矩形波。

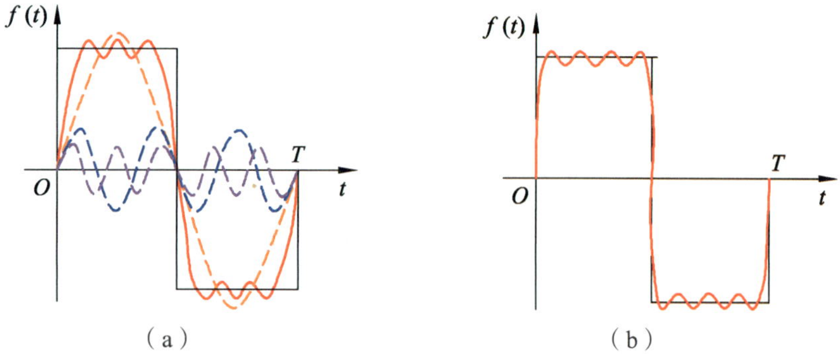

图 2.3.7.3　谐波合成示意图

为了直观地表示周期函数分解为各次谐波后，其中包含哪些频率分量及各分量占有多大比重，可将各次谐波的幅度与谐波的次数对应地画出来，这一图形称为频谱图。用横坐标表示各次谐波的频率，用纵坐标方向的线段长度表示各次谐波的振幅大小。这种频谱只表示各谐波振幅，所以称为振幅频谱。如图 2.3.7.4 所示，一般谐波次数 k 越大，其振幅越小。

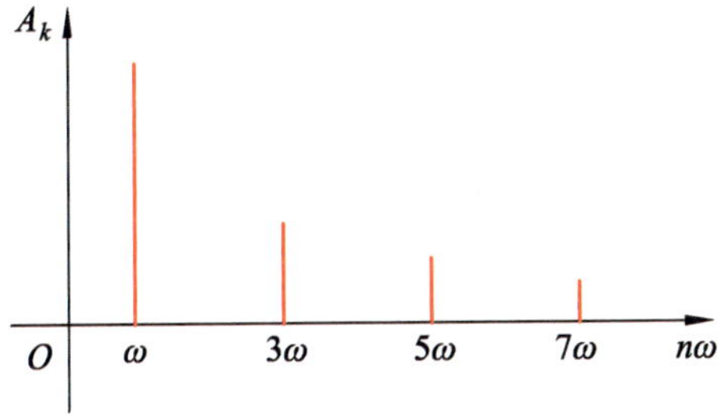

图 2.3.7.4　矩形波的振幅频谱

对某非正弦波进行傅里叶分解时，可先根据波的对称性，直观地判断出某些谐波分量存在与否，从而可简化傅里叶级数分解计算。

（1）期函数的波形在横轴上、下部分包围的面积相等。

此时，函数的平均值等于零，傅里叶级数中展开式中 $a_0=0$，即无直流分量。

（2）周期函数为奇函数。

满足 $f(t)=-f(-t)$ 的周期函数称为奇函数，如图 2.3.7.5（a）所示，其波形对称于原点。其傅里叶级数展开式中 $a_0=0$、$a_k=0$，即无直流分量，无余弦谐波分量。

（3）周期函数为偶函数。

满足 $f(t)=f(-t)$ 的函数称为偶函数，如图 2.3.7.5（b）所示，其波形对称于纵轴。表 2.5.5.1 中的半波整流波形也是偶函数。它们的傅里叶级数展开式中 $b_k=0$，即无正弦谐波分量，只有直流分量和余弦谐波分量。

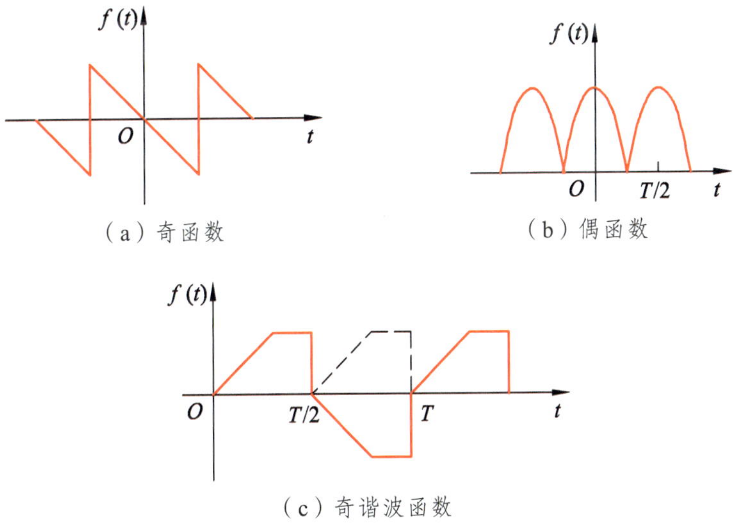

图 2.3.7.5　函数类型示例

（4）周期函数为奇谐波函数。

满足 $f(t)=-f\left(t+\dfrac{T}{2}\right)$ 的周期函数称为奇谐波函数。如图 2.3.7.5（c）所示，其波形特点是：将函数 $f(t)$ 波形移动半个周期后（图中虚线），与原函数波形对称于横轴，即镜像对称。表 2.3.7.1 中的矩形波、梯形波、三角波都是奇谐波函数。它们的傅里叶级数展开式中 $a_{2k}=0$，$b_k=0$，即无偶次谐波分量，只有奇次谐波分量。

2.3.7.4.3 非正弦周期电流电路的计算步骤

已知电路的参数和非正弦周期量激励时，其稳态响应的计算步骤如下：

（1）分解——把非正弦周期量分解为傅里叶级数，谐波取到第几项，视计算精度的要求而定。

（2）求分量响应——分别求激励的直流分量、基波和各次谐波单独作用下的响应。

① 直流分量作用下的响应。在直流稳态下，电感元件相当于短路，电容元件相当于开路，电路成为电阻性电路。

② 基波和各次谐波作用下的响应。在基波和各次谐波作用下，电路成为正弦电流电路，采用相量法计算。需要注意的是，电感元件、电容元件对基波和各次谐波的感抗、容抗不同。若周期函数角频率为 ω，谐波次数 k 越大，感抗 $k\omega L$ 就越大，容抗 $\dfrac{1}{k\omega C}$ 就越小。

（3）叠加——应用叠加定理，把由第（2）步求得的各个分量按瞬时值进行叠加。应当注意：不同频率的电流或电压相量直接相加是没有意义的，必须先将它们变为瞬时值后方可求其代数和。最终求得的响应是用时间函数表示的电压和电流。

例 2.3.7.1 设输入电压波形如图 2.3.7.6（a）所示，幅值 $U_m = 157\ \text{V}$，$f = 50\ \text{Hz}$，T 为整流前电压的周期。图 2.3.7.6（b）为一全波整流器的滤波电路，它由电感 $L = 5\ \text{H}$ 和电容 $C = 10\ \mu\text{F}$ 组成，负载电阻 $R = 2\ 000\ \Omega$。求负载电阻两端电压的各次谐波分量。

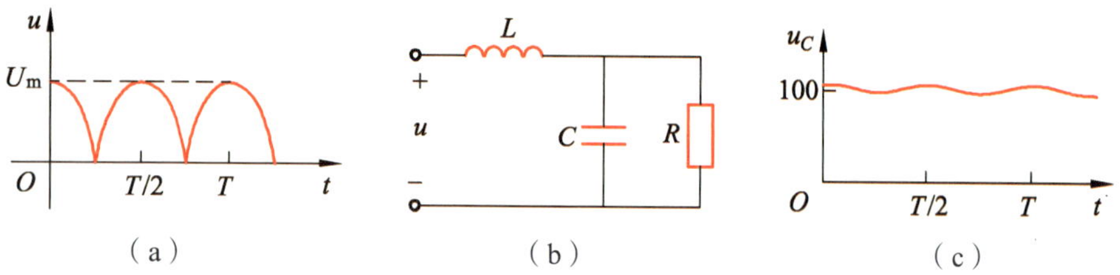

图 2.3.7.6 滤波电路

解 （1）按表 2.3.7.1 将全波整流电压分解为傅里叶级数，取到 4 次谐波：

$$u = \frac{4U_m}{\pi}\left[\frac{1}{2} + \frac{1}{3}\cos(2\omega t) - \frac{1}{15}\cos(4\omega t) + \cdots\right]$$
$$= \left[100 + 66.7\cos(2\omega t) - 13.33(4\omega t)\right]\text{V}$$

对于直流分量，电感相当于短路，电容相当于开路，故负载电阻两端电压的直流分量 $U_0 = 100\ \text{V}$。

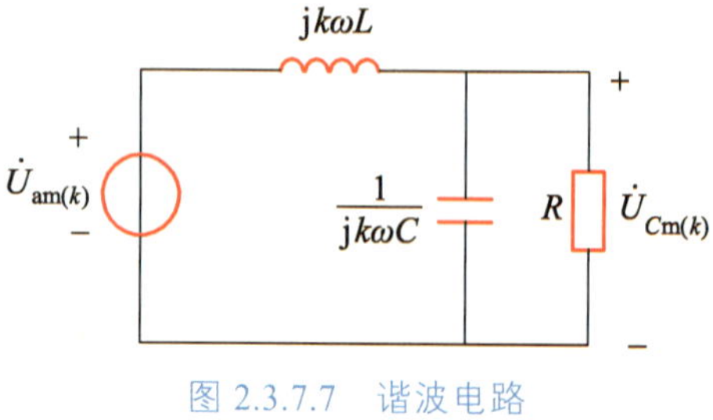

图 2.3.7.7 谐波电路

对于 2 次和 4 次谐波，可按图 2.3.7.7 计算，得

$$\dot{U}_{Cm(k)}=\frac{\frac{1}{jk\omega L}}{\frac{1}{R}+jk\omega C+\frac{1}{jk\omega L}}\dot{U}_{sm(k)}=\frac{R}{R+jk\omega L(1+jk\omega RC)}\dot{U}_{sm(k)}$$

$k=2$ 时，$U_{sm(2)}=66.7\,V$，代入已知数据得 $U_{Cm(2)}=3.53\,V$；

$k=4$ 时，$U_{sm(4)}=13.33\,V$，代入已知数据得 $U_{Cm(4)}=0.17\,V$。

图 2.3.7.6（b）电路利用了电感对高频电流的抑制作用，电容对高频电流的分流作用，使得输入电压中的 2 次和 4 次谐波分量大大削弱，而负载两端的电压接近直流电压，波形如图 2.3.7.6（c）所示。但尚有 3.5%的 2 次谐波和 0.17%的 4 次谐波。

电感和电容对各次谐波的电抗是不同的，这种特性在工程上得到了广泛的应用。例如可以组成含有电感和电容的各种不同电路，将这种电路接在输入和输出之间时，可以让某些需要的频率分量顺利通过而抑制某些不需要的频率分量。这种电路称为滤波器。本例中图 2.3.7.6（b）所示电路使低频分量通过而抑制高频分量，故称低通滤波器。

图 2.3.7.8（a）也是工程上常见的低通滤波器。在图 2.3.7.8（b）所示电路中，电容对低频分量有抑制作用，电感对低频分量有分流作用，从而使高频分量通过，故称高通滤波器。

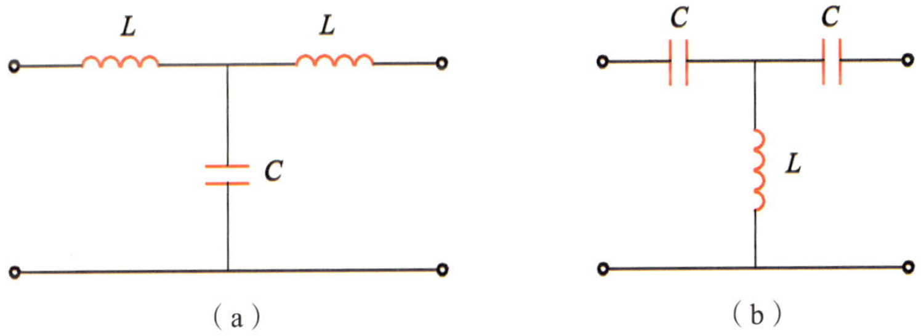

图 2.3.7.8　简单滤波器

2.3.7.4.4　非正弦周期电流电路中的有效值和有功功率

1. 有效值

周期电流的有效值是它的均方根值，即

$$I=\sqrt{\frac{1}{T}\int_0^T i^2 dt} \tag{2.3.7.5}$$

非正弦周期电流的有效值可用上式直接计算。如果该电流已经展开成傅里叶级数，则可由直流分量、基波和各高次谐波的有效值来计算其有效值，即

$$I=\sqrt{I_0^2+I_1^2+I_2^2+\cdots} \tag{2.3.7.6}$$

式（2.3.7.6）表明，周期量的有效值等于直流分量、基波与各高次谐波有效值的平方和的平方根。同理，电压的有效值为

$$U=\sqrt{U_0^2+U_1^2+U_2^2+\cdots} \tag{2.3.7.7}$$

例 2.3.7.2 某电压的傅里叶级数展开式为 $u=40+180\sin(\omega t)+60\sin(3\omega t+45^\circ)$（V），求它的有效值。

解 $U=\sqrt{U_0^2+U_1^2+U_2^2}=\sqrt{40^2+180^2+60^2}=140$（V）。

2. 平均值

除有效值外，对非正弦周期量还引用平均值。非正弦周期电流的平均值是它的直流分量，即

$$I_{\text{av}}=\frac{1}{T}\int_0^T i\text{d}t=I_0 \tag{2.3.7.8}$$

当周期电流在一个周期内有正有负时，其平均值可能很小，甚至为零。这种定义不能反映周期电流幅度的平均效果。为此，对周期电流先取绝对值后再求平均，并将其定义为整流平均值：

$$I_{\text{rect}}=\frac{1}{T}\int_0^T |i|\text{d}t \tag{2.3.7.9}$$

电工技术中几种非正弦周期电流典型波形的整流平均值、有效值参见表 2.3.7.1。

3. 波形因数

为了反映周期量在波形方面的大致特征，工程上引用波形因数 K_{f}，其定义为

$$K_{\text{f}}=\frac{\text{有效值}}{\text{整流平均值}} \tag{2.3.7.10}$$

按式（2.3.7.10）可求得正弦波的波形因数为

$$K_{\text{f}}=\frac{I_{\text{m}}/\sqrt{2}}{\dfrac{2}{\pi}I_{\text{m}}}=1.11 \tag{2.3.7.11}$$

如果以正弦波的 $K_{\text{f}}=1.11$ 作为标准，当非正弦波的 $K_{\text{f}}>1.11$ 时，则可估计它的波形比正弦波尖；当非正弦波的 $K_{\text{f}}<1.11$ 时，则它的波形比正弦波平坦。例如表 2.3.7.1 中，三角波的波形因数 $1.15>1.11$，显然，三角波比正弦波要尖。

电工实验中，测量非正弦电压和电流时，要注意选择合适的仪表并注意仪表读数的含义。例如用磁电系仪表（直流仪表）测量，所得结果为被测量的直流分量；用全波整流系仪表测量，所得结果为被测量的整流平均值；用电磁系及电动系仪表测量，所得结果为被测量的有效值，故这种仪表可用来测量非正弦量的有效值。

万用表一般为磁电系全波整流仪表，指针的偏转角与被测量的整流平均值成正比，按照正弦波的波形因数 $K_{\text{f}}=1.11$，将直流挡的刻度扩大 1.11 倍作为交流挡的刻度。所以，用万用表测量正弦量的有效值时，其读数是准确的；但测量非正弦周期量时，因为其波形因数不一定是 1.11，故测量将有误差。

4. 非正弦周期电流电路的功率

设无源二端网络的端口电压 u 和电流 i 取关联参考方向，则二端网络吸收的瞬时功率为：

$$p = ui = \left[U_0 + \sum_{k=1}^{\infty} U_{km} \sin(k\omega t + \psi_{ku}) \right] \times \left[I_0 + \sum_{k=1}^{\infty} I_{km} \sin(k\omega t + \psi_{ki}) \right] \tag{2.3.7.12}$$

电路吸收的平均功率为

$$\begin{aligned} P &= \frac{1}{T}\int_0^T p\mathrm{d}t = \frac{1}{T}\int_0^T ui\mathrm{d}t \\ &= \frac{1}{T}\int_0^T \left[U_0 + \sum_{k=1}^{\infty} U_{km} \sin(k\omega t + \psi_{ku}) \right] \times \left[I_0 + \sum_{k=1}^{\infty} I_{km} \sin(k\omega t + \psi_{ki}) \right] \mathrm{d}t \end{aligned} \tag{2.3.7.13}$$

根据三角函数的正交性，不同次谐波电压、电流乘积的平均值为零。直流分量及同次谐波电压、电流乘积的平均值为

$$P_0 = \frac{1}{T}\int_0^T U_0 I_0 \mathrm{d}t = U_0 I_0 \tag{2.3.7.14}$$

$$\begin{aligned} P_k &= \frac{1}{T}\int_0^T U_{km} \sin(k\omega t + \psi_{ku}) I_{km} \sin(k\omega t + \psi_{ki}) \mathrm{d}t \\ &= \frac{1}{2} U_{km} I_{km} \cos(\psi_{ku} - \psi_{ki}) = U_k I_k \cos(\varphi_k) \end{aligned} \tag{2.3.7.15}$$

U_k、I_k 为 k 次谐波电压、电流的有效值，φ_k 为 k 次谐波电压和电流之间的相位差。于是有功功率为

$$P = U_0 I_0 + \sum_{k=1}^{\infty} U_k I_k \cos(\varphi_k) = P_0 + P_1 + P_2 + \cdots + P_k \tag{2.3.7.16}$$

上式表明：非正弦周期电流电路中，只有同次谐波电压、电流的乘积才构成平均功率，电路的平均功率等于直流分量和各次谐波构成的平均功率之和。

例 2.3.7.3 设二端网络在关联方向下的电压和电流为

$$u = [10 + 141.4\sin(\omega t) + 50\sin(3\omega t + 60°)]\ \mathrm{V}$$

$$i = [\sin(\omega t - 70°) + 0.3\sin(3\omega t + 60°)]\ \mathrm{A}$$

求二端网络吸收的平均功率。

解

$$P_0 = U_0 I_0 = 0$$

$$P_1 = U_1 I_1 \cos(\varphi_1) = \frac{141.4}{\sqrt{2}} \times \frac{141.4}{\sqrt{2}} \cos(0° + 70°) = 24.2\ (\mathrm{W})$$

$$P_3 = U_3 I_3 \cos(\varphi_3) = \frac{50}{\sqrt{2}} \times \frac{0.3}{\sqrt{2}} \cos(60° - 60°) = 7.5\ (\mathrm{W})$$

所以二端网络吸收的平均功率为

$$P = P_0 + P_1 + P_3 = 24.2 + 7.5 = 31.7\ (\mathrm{W})$$

2.3.7.5 素质素养养成

本小节涉及较多高数知识，公式较复杂，需要同学们在学习中克服畏难情绪，首

先抓住傅里叶级数分解的基本公式，务必弄清楚式中所有符号的含义，然后在此基础上再看其他公式即可较快理解。本小节涉及的各种分析方法、结论公式要求会应用，对于公式推导的过程，最好能借助高数及前面基本知识理解，若理解较困难也无需纠结。

谐波分析法这种先分解、各分量单独求解再叠加的思路可以解决后面专业课中很多复杂的实际问题，需要同学们熟练掌握这种方法，为后续分析问题、解决问题奠定基础。

2.3.7.6 任务分组

见附表 1。

2.3.7.7 任务实施

任务工作单 1

组号：　　　姓名：　　　学号：　　　检索号：2.3.7.7-1

引导问题：

（1）写出非正弦周期量的概念、产生的原因及一般分析方法；

（2）写出傅里叶级数展开式一般表达式及各系数含义；

（3）写出傅里叶级数分解出的三种分量的名称及其振幅和频率，频谱的含义；

（4）写出非正弦周期电路分析的具体步骤；

（5）写出非正弦周期量的有效值、整流平均值、波形因数、有功功率的求解公式；

（6）写出测量电流的有效值、整流平均值、平均值（直流分量）各应用什么类型的仪表。

____

____

____

任务工作单 2

组号：　　　姓名：　　　学号：　　　检索号：2.3.7.7-2

引导问题：

（1）写出图 2.3.7.9 所示波形的傅里叶级数展开式（利用表 2.3.7.1）。

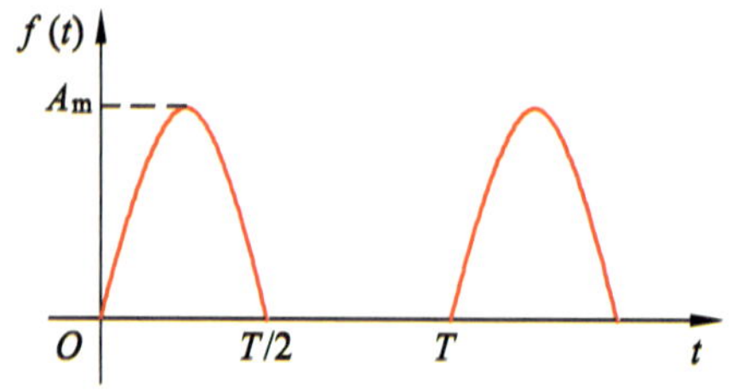

图 2.3.7.9

（2）电路如图 2.3.7.10（a）所示，电压 $u(t)$ 波形如图 2.3.7.10（b）所示。试写出电压瞬时表达式、有效值 U 和平均值 U_{av}；当 $R=\omega L=\dfrac{1}{\omega C}=40\ \Omega$ 时，求 $u_L(t)$ 和 $i_L(t)$ 表达式，并计算 L 上的有功功率。

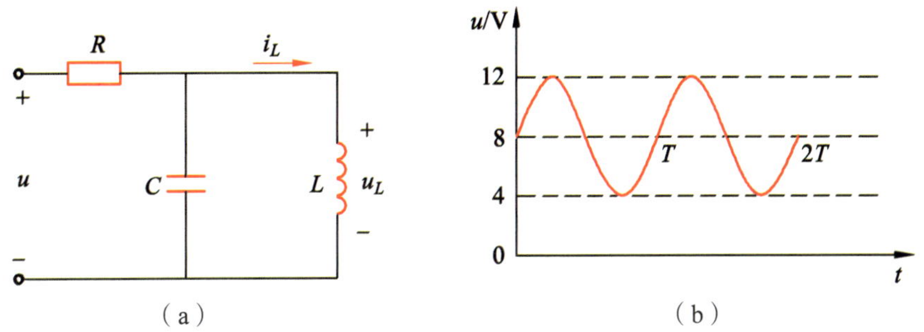

图 2.3.7.10

（3）画出能滤掉高频信号的滤波电路。

任务工作单 3

组号：　　　姓名：　　　学号：　　　检索号：2.3.7.7-3

引导问题：

（1）每小组推荐一位小组长，汇报任务工作单 2 的成果。

任务工作单 4

组号：　　　姓名：　　　学号：　　　检索号：2.3.7.7-4

引导问题：

（1）自查、分析自身工单存在的错误及改正，并填写下表。

表 2.3.7.2　任务工作单自查表

错误	原因	改正

2.3.7.8 评价反馈

任务工作单 1

组号：　　　　姓名：　　　　学号：　　　　检索号：2.3.7.8-1

表 2.3.7.3 个人自评表

<table>
<tr><td>班级</td><td></td><td>姓名</td><td></td><td>日期</td><td>年　月　日</td></tr>
<tr><td>任务名称</td><td colspan="5"></td></tr>
<tr><td>评价指标</td><td colspan="3">评价内容</td><td>分数</td><td>分数评定</td></tr>
<tr><td>信息检索能力</td><td colspan="3">能有效利用网络、图书资源、字典查找有用的相关信息等；能将查到的信息有效地传递到工作中。</td><td>10 分</td><td></td></tr>
<tr><td>感知课堂生活</td><td colspan="3">认同本任务的工作价值，在参与中获得满足感、成就感。</td><td>10 分</td><td></td></tr>
<tr><td rowspan="2">参与态度</td><td colspan="3">积极主动与教师、同学交流，相互尊重、理解、平等；与教师、同学之间是否能够保持多向、丰富、适宜的信息交流。</td><td>10 分</td><td></td></tr>
<tr><td colspan="3">能处理好合作学习和独立思考的关系，做到有效学习；能提出有意义的问题或能发表个人见解。</td><td>10 分</td><td></td></tr>
<tr><td rowspan="6">知识、能力获得情况</td><td colspan="3">1. 能说出非正弦周期量的概念、产生的原因及一般分析方法。</td><td>10 分</td><td></td></tr>
<tr><td colspan="3">2. 能说出傅里叶级数展开式一般表达式中各系数的含义；三种分量的名称及其振幅和频率。</td><td>10 分</td><td></td></tr>
<tr><td colspan="3">3. 能说出非正弦周期电路分析的具体步骤。</td><td>10 分</td><td></td></tr>
<tr><td colspan="3">4. 能说出非正弦周期量的有效值、平均值、整流平均值、波形因数、有功功率的求解方法。</td><td>10 分</td><td></td></tr>
<tr><td colspan="3">5. 能说出写出测量电流的有效值、整流平均值、平均值（直流分量）各应用什么类型的仪表。</td><td>5 分</td><td></td></tr>
<tr><td colspan="3">6. 能找到自己的不足。</td><td>5 分</td><td></td></tr>
<tr><td>思维态度</td><td colspan="3">是否能发现问题、提出问题、分析问题、解决问题、创新问题。</td><td>5 分</td><td></td></tr>
<tr><td>自评反馈</td><td colspan="3">按时按质任务；较好地掌握了知识点；具有较强的信息分析能力和理解能力；具有较为全面严谨的思维能力，并能条理清楚明晰表达成文。</td><td>5 分</td><td></td></tr>
<tr><td colspan="4">自评分数</td><td colspan="2"></td></tr>
<tr><td>有益的经验和做法</td><td colspan="5"></td></tr>
<tr><td>总结反馈建议</td><td colspan="5"></td></tr>
</table>

任务工作单 2

组号：　　　　姓名：　　　　学号：　　　　检索号：2.3.7.8-2

表 2.3.7.4　小组内互评验收表

验收组长		组名		日期	年　月　日
组内验收成员					
任务要求	会用谐波分析法分析非正弦周期电流电路，能说出分析的步骤，知道傅里叶级数展开式一般表达式及各分量含义，会分解常见的非正弦周期函数，会分析非正弦周期函数的有效值、平均值和有功功率，能够按时完成任务工作单，能够反思自己的不足并改进。				
验收文档清单	被验收者 2.3.7.7-1 任务工作单 被验收者 2.3.7.7-2 任务工作单 被验收者 2.3.7.7-3 任务工作单 被验收者 2.3.7.7-4 任务工作单				
	文献检索清单				
验收评分	评分标准			分数	得分
	能说出非正弦周期量的概念、产生的原因及一般分析方法，错一处扣 5 分。			20 分	
	能说出傅里叶级数展开式一般表达式中各系数的含义、三种分量的名称及其振幅和频率，错一处扣 5 分。			20 分	
	能说出非正弦周期电路分析的具体步骤，错一处扣 5 分。			20 分	
	能说出非正弦周期量的有效值、平均值、整流平均值、波形因数、有功功率的求解方法，错一处扣 2 分。			10 分	
	能说出写出测量电流的有效值、整流平均值、平均值（直流分量）各应用什么类型的仪表，错一处扣 3 分。			10 分	
	提供文献检索清单，少于 5 项，缺一项扣 4 分。			20 分	
评价分数					
不足之处					

任务工作单 3

被评组号：　　　　检索号：2.3.7.8-3

表 2.3.7.5　小组间互评表

班级		评价小组		日期	年　月　日
评价指标	评价内容			分数	分数评定
汇报表述	表述准确			15 分	
	语言流畅			10 分	
	声音洪亮、自信大方			15 分	
内容正确度	内容正确			30 分	
	口述准确			30 分	
互评分数					
简要评述					

任务工作单 4

组号：　　　　姓名：　　　　学号：　　　　检索号：2.3.7.8-4

表 2.3.7.6　任务完成情况评价表

任务名称	非正弦交流电的分解及有效值、平均值、有功功率认识			总得分		
组号及成员						
评价依据	学生完成的 2.3.7.7 所有任务工作单					
序号	任务内容及要求		配分	评分标准	教师评价	
					结论	得分
1	能说出非正弦周期量的概念、产生的原因及一般分析方法。	（1）描述正确；	10 分	缺一个要点扣 2 分		
		（2）语言表达流畅。	5 分	酌情赋分		
2	能说出傅里叶级数展开式一般表达式中各系数的含义、三种分量的名称及其振幅和频率。	（1）描述正确；	15 分	缺一个要点扣 2 分		
		（2）语言流畅。	5 分	酌情赋分		
3	能说出非正弦周期电路分析的具体步骤。	（1）描述正确；	10 分	缺一个要点扣 2 分		
		（2）语言流畅。	5 分	酌情赋分		
4	能说出非正弦周期量的有效值、平均值、整流平均值、波形因数、有功功率的求解方法。	（1）描述正确；	10 分	缺一个要点扣 2 分		
		（2）语言流畅。	5 分	酌情赋分		
5	能说出写出测量电流的有效值、整流平均值、平均值（直流分量）各应用什么类型的仪表。	（1）描述正确；	10 分	缺一个要点扣 2 分		
		（2）语言流畅。	5 分	酌情赋分		
6	至少包含5份文献的检索文献的目录清单。	（1）数量；	5 分	每少一个扣 2 分		
		（2）参考的主要内容要点。	5 分	酌情赋分		
7	素质素养评价。	（1）沟通交流能； （2）团队合作； （3）课堂纪律； （4）合作探学； （5）自主研学； （6）培养抽象思维建模能力； （7）培养仔细观察，严谨求学的学习习惯。	10 分	酌情赋分，但违反课堂纪律，不听从组长、教师安排，不得分。		

高等职业学校新型活页式教材

电工基础与运用（下册）

主　编　张煌竟　甄　理
副主编　王玉婷

西南交通大学出版社
·成　都·

图书在版编目（CIP）数据

电工基础与运用. 2 / 张煌竟，甄理主编. —成都：西南交通大学出版社，2022.12
ISBN 978-7-5643-9077-8

Ⅰ. ①电… Ⅱ. ①张… ②甄… Ⅲ. ①电工 – 高等职业教育 – 教材 Ⅳ. ①TM1

中国版本图书馆 CIP 数据核字（2022）第 247730 号

目录

CONTENTS

项目 4　三相正弦交流电路认识

任务 1　三相电源的产生及三相负载的连接

2.4.1.1　任务描述

三相交流供电方式在世界各国的电力系统中都在使用，生活中使用的单相交流电也只是三相电中的一相。本任务主要学习三相电源的产生，三相电源的两种连接方式及特点，三相负载的连接方式及特点、相序的概念等知识，并且要求正确绘制对应的相量图。

2.4.1.2　学习目标

知识目标

（1）掌握三相电源的产生、三相电源的连接方式及特点；

（2）掌握三相负载的连接方式及特点；

（3）掌握相序的概念。

能力目标

（1）能够绘制三相电源两种连接方式的相量图；

（2）能够绘制三相负载两种连接方式的相量图。

素质素养目标

（1）培养学生自学与理解的能力；

（2）培养学生分析问题、团结协作的能力。

2.4.1.3　任务分析

重　点

（1）三相电源的产生及连接方式；

（2）三相负载的连接方式及特点。

难　点

（1）三相电源的 Y、△ 的理解，相量图的绘制；

（2）三相负载的 Y、△ 的理解，相量图的绘制。

2.4.1.4　相关知识链接

2.4.1.4.1　三相电路的优点

（1）三相交流发电机和变压器比同容量的单相交流发电机和变压器节省材料，体积小，有利于制造大容量发电机组。

（2）在输电电压、输送功率和线路损耗等相同的条件下，三相输电比单相输电节省有色金属，所需的金属材料为单相供电的 75%。

（3）三相电流产生旋转磁场，所以能制造出结构简单、性能良好、运行可靠的异步电动机。

2.4.1.4.2　三相电源的产生

一、定　义

三相交流电通常是由三相交流同步发电机产生，如图 2.4.1.1 所示。三相交流发电机的定子上安装有三个完全相同的绕组，分别定义为 AX 或 U1U2，BY 或 V1V2，CZ 或 W1W2，A、B、C 或 U1、V1、W1 为首端；X、Y、Z 或 U2、V2、W2 为尾端，三个绕组在空间位置上彼此间隔 120°，当转子以均匀角速度ω转动时，在三相绕组中产生感应电压，从而形成对称三相电源。三相电源是三个频率相同、振幅相同、相位彼此相差 120°的正弦电源。

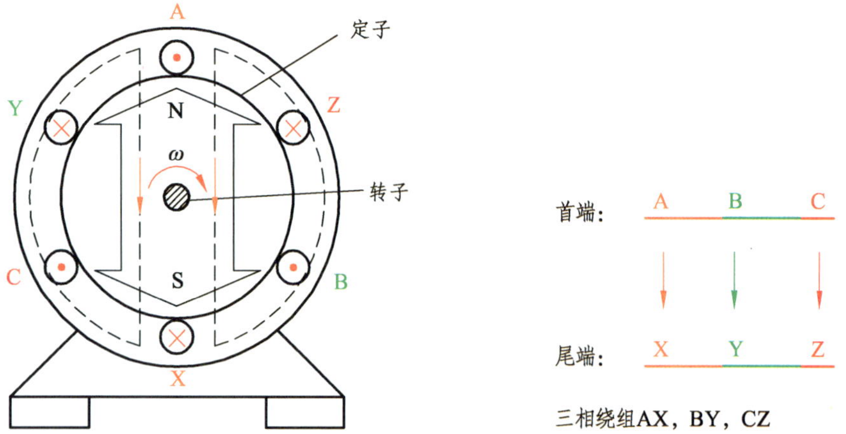

图 2.4.1.1　三相电源的产生原理

二、表达形式

1. 瞬时值表达式及波形图

三相电源示意图和波形如图 2.4.1.2 所示。

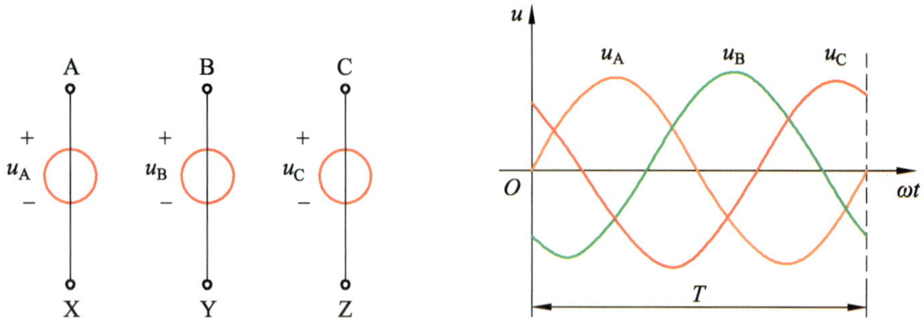

（a）三相电源示意图　　（b）对称三相电源波形图

图 2.4.1.2　三相电源的示意图

设图 2.4.1.2 中 A、B、C 为三相绕组首端，记为三相电源正极性，X、Y、Z 为三相绕组的末端，记为三相电源负极性。AX、BY、CZ 称为三相电源的 A 相、B 相、C 相。则三相电源瞬时表达式为：

$$\begin{aligned} u_A &= \sqrt{2}U \sin \omega t \text{ V} \\ u_B &= \sqrt{2}U \sin(\omega t - 120°) \text{ V} \\ u_C &= \sqrt{2}U \sin(\omega t + 120°) \text{ V} \end{aligned} \quad (2.4.1.1)$$

大小相等，频率相同，相位相差 120°。

2. 相量表示式及相量图

三相电源相量图如图 2.4.1.3 所示，相量表达式如下：

$$\begin{aligned} \dot{U}_A &= U\angle 0° \text{ V} \\ \dot{U}_B &= U\angle -120° \text{ V} = a^2\dot{U}_A \\ \dot{U}_C &= U\angle +120° \text{ V} = a\dot{U}_A \end{aligned} \quad (2.4.1.2)$$

式中，a 为旋转因子，表示模等于 1，幅角为 120°，用 a 乘以任意复数，相当于将该复数由原来位置沿逆时针方向旋转 120°。

$$a = 1\angle 120° = e^{j120°} = -\frac{1}{2} + j\frac{\sqrt{3}}{2}$$

$$a^2 = 1\angle -120° = e^{-j120°} = -\frac{1}{2} - j\frac{\sqrt{3}}{2}$$

3. 对称三相电源的相序

三相电源各相达到同一值（如最大值）的先后顺序，如图 2.4.1.4 所示。

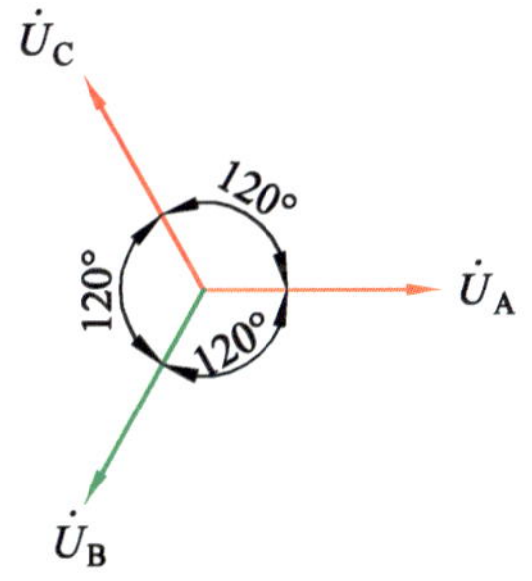

图 2.4.1.3　三相电源相量图

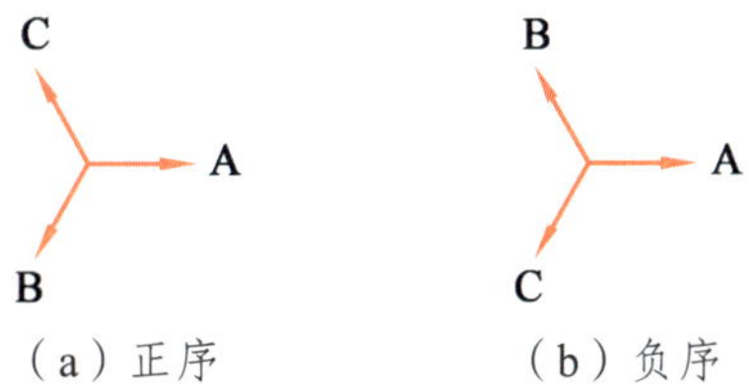

图 2.4.1.4　三相电源相序

正序（顺序）：如 A—B—C—A。这种相序是 A 超前 B 相，B 超前 C 相，称为正序。工业中通常在交流发电机的相量图三相引出线及配电装置的三相母线上涂以黄、绿、红三种颜色，分别表示 A、B、C 三相。

负序（逆序）：如 A—C—B—A 或 A—C—B。

无特别说明时，三相电源均为正相序。

4. 对称三相电源的特点

$$1 + a + a^2 = 1 + \left(-\frac{1}{2} + j\frac{\sqrt{3}}{2}\right) + \left(-\frac{1}{2} - j\frac{\sqrt{3}}{2}\right)$$

则 $$\dot{U}_A+\dot{U}_B+\dot{U}_C=\dot{U}_A+a^2\dot{U}_A+a\dot{U}_A=\dot{U}_A(1+a+a^2)=0$$

所以 $$u_A+u_B+u_C=0$$

对称三相电源的特点为：$u_A+u_B+u_C=0$，$\dot{U}_A+\dot{U}_B+\dot{U}_C=0$。

2.4.1.4.3　三相电源的连接

一、三相电源的星形（Y）连接方式

1. 连接方式

如果把三个电压源（三相电源）的尾端 X、Y、Z 连接在一起，形成一个公共端点，即为 N 点，称为电源中性点。把三个电压源的首端 A、B、C 作为对外连接的端点，引出三根导线称为相线（也称为端线、火线）。从电源中性点 N 引出的导线称为中性线，当中性点接地时，中性线又称为零线或地线。

三相四线制：由三根相线和一根零线构成的供电系统。低压配电线路通常采用这种形式如图 2.4.1.5 所示。住宅用电的两根导线，就是其中的一根相线和一根零线。

三相三线制：没有中线的三相供电系统。动力用电都是三相三线制，三相高压输电则都采用三相三线制。

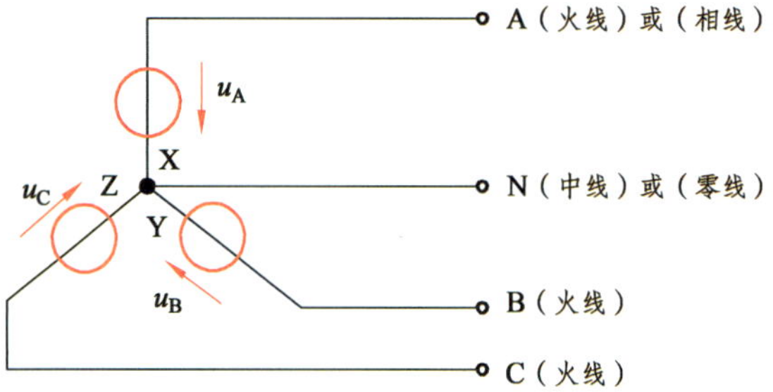

图 2.4.1.5　三相四线制

2. 星形（Y）连接特点

三相电源 Y 接时可向负载提供线电压 U_l 和相电压 U_P 两种电压。

相电压：火线与中线间的电压，如图 2.4.1.6 所示的 u_{AN}、u_{BN}、u_{CN} 三相相电压。三相相电压是对称的。大小为：

$$\begin{aligned}u_{AN}&=u_A,\quad \dot{U}_{AN}=U_P\angle 0^\circ\ \mathrm{V}\\u_{BN}&=u_B,\quad \dot{U}_{BN}=U_P\angle -120^\circ\ \mathrm{V}\\u_{CN}&=u_C,\quad \dot{U}_{CN}=U_P\angle +120^\circ\ \mathrm{V}\end{aligned}\tag{2.4.1.3}$$

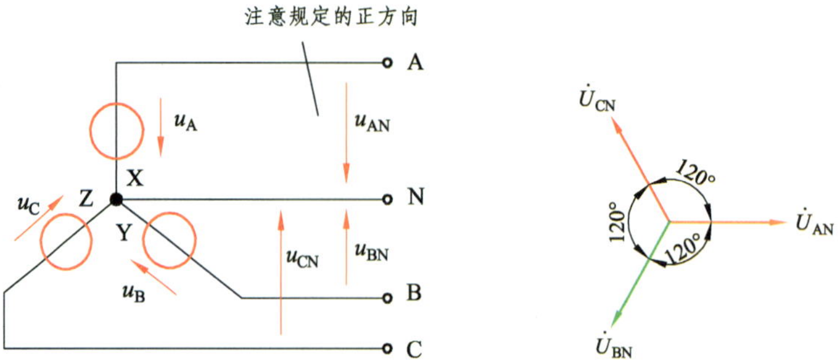

（a）U_P 标示图　　（b）U_P 相量图

图 2.4.1.6　三相电源星形连接相电压标示及相量图

线电压：相线与相线之间的电压。如图 2.4.1.7 所示，u_{AB}、u_{BC}、u_{CA} 三个线电压也是对称的，线电压时对应两相相电压之差，线电压的相位超前与其相对应的相电压的相位 30°。大小为：

$$\dot{U}_{AB}=\dot{U}_{AN}+(-\dot{U}_{BN}),\quad \dot{U}_{AB}=\sqrt{3}\dot{U}_{AN}\angle 30°=U_l\angle 30°\text{V}$$
$$\dot{U}_{BC}=\dot{U}_{BN}+(-\dot{U}_{CN}),\quad \dot{U}_{BC}=\sqrt{3}\dot{U}_{BN}\angle 30°=U_l\angle -90°\text{V}$$
$$\dot{U}_{CA}=\dot{U}_{CN}+(-\dot{U}_{AN}),\quad \dot{U}_{CA}=\sqrt{3}\dot{U}_{CN}\angle 30°=U_l\angle 150°\text{V}$$

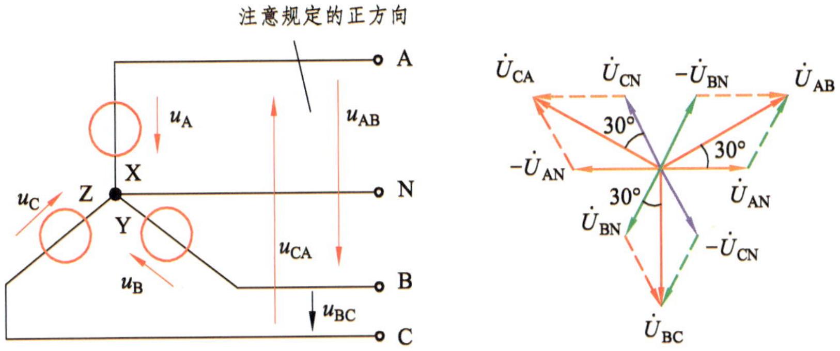

（a）U_l 标示图　　（b）U_l 相量图

图 2.4.1.7　三相电源星形连接线电压标示及相量图

线电压与相电压的关系：$U_l=\sqrt{3}U_p$，且线电压相位超前相电压相位 30°。

二、三相电源的三角形（△）连接方式

把一相电源的末端与另一相电源的始端依次相连（即 X 与 B，Y 与 C，Z 与 A 相连），构成一个闭合三角形，而把三个连接点作为对外连接的端点，这样的连接称为三角形连接，又称为△连接，如图 2.4.1.8（a）所示。但电源三角形连接时只能向负载提供一种电压：电源线电压有效值等于相电压有效值，即：$U_l=U_p$。

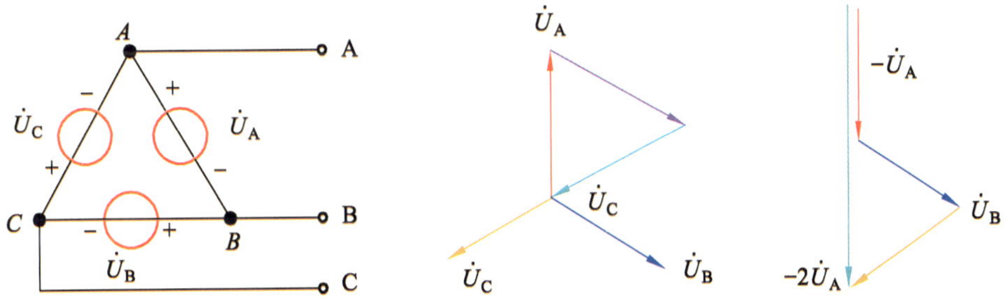

（a）　（b）　（c）

图 2.4.1.8　三相电源星形连接电压标示及相量图

三角形连接没有中线，由图 2.4.1.8（a）可见，三相电源三角形连接时线电压等于相电压。但要注意接线的正确性。当三相电源连接正确时，在三角形闭合回路中总的电压为零，即

$$\dot{U}_A+\dot{U}_B+\dot{U}_C=U_P(\angle 0°+\angle -120°+\angle 120°)=0$$

相量图如图 2.4.1.8（b）所示，这样才能保证在没有输出的情况下，电源内部没

有环形电流。但是，如果将某一相电源（例如 A 相）接反，则这时三角形回路中总的电压在闭合前为

$$\dot{U}_A+\dot{U}_B+\dot{U}_C=U_P(\angle 180°+\angle -120°+\angle 120°)=-2\dot{U}_A$$

它是一相（A 相）电压的两倍，其相量图如图 2.4.1.8（c）所示。闭合后，由于电源阻抗很小，在三角形回路内将产生很大的环形电流，会把三相电源烧坏。为了使三角形连接正确，可以先连接成开口三角形，在开口处接一电压表，如电压表的读数为零或接近于零，说明连接正确。如读数为每相电压的两倍，说明一相电源接反，应予改正。

2.4.1.4.4　三相负载的连接

一、三相负载的星形（Y）连接方式

1. 连接方式

如果各相负载是有极性的(例如各负载间存在着磁耦合),则必须同三相电源一样，按各相末端（或各相始端）相连接成中性点，否则将造成不对称。

如果各相负载是无极性的,则将三相负载的一端连在一起,形成负载的中性点 N′,另一端 A′、B′、C′与三相电源 A、B、C 相连。这种用四根导线把电源和负载连接起来的三相电路为三相四线制电路，若去掉中性线即为三相三线制电路。

电压：负载的电压也有线电压和相电压之分，每一相负载两端的电压为相电压，其参考方向规定由负载始端指向负载中点 N′，各相负载始端之间或端线之间的电压为线电压。

电流：负载中通过的电流称为相电流 i_p，中线上通过的电流称为中线电流 i_l，相线上通过的电流称为线电流 i_N，其参考方向如图 2.4.1.9 所示。

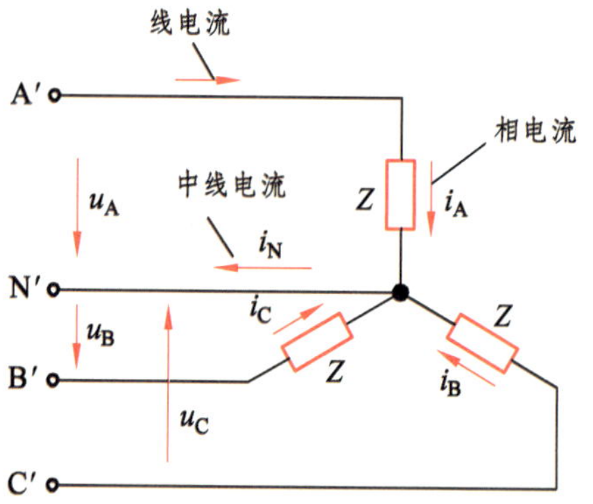

图 2.4.1.9　三相负载星形连接电流、电压标示图

各相负载中通过的电流分别为：

$$\dot{I}_A=\frac{\dot{U}_A}{Z_A};\ \dot{I}_B=\frac{\dot{U}_B}{Z_B};\ \dot{I}_C=\frac{\dot{U}_C}{Z_C}$$

2. 星形（Y）连接特点

① 电压关系：负载上的线电压有效值是相电压有效值的 $\sqrt{3}$ 倍，即：$U_l=\sqrt{3}U_p$，且线电压相位超前对应相电压相位 30°。

② 电流关系：线电流等于相电流，即：$\dot{I}_l = \dot{I}_p$。

③ 中线电流：$\dot{I}_N = \dot{I}_A + \dot{I}_B + \dot{I}_C$，当三相电源对称、三相 Y 接负载也对称的情况下，三相负载电流也是对称的，此时中线电流为零，即：$\dot{I}_N = \dot{I}_A + \dot{I}_B + \dot{I}_C = 0$。

④ 中线的作用：使星形连接的不对称负载得到对称的相电压。为了确保零线在运行中不断开，其中线上不允许装接保险丝、刀闸、开关等。

二、三相负载的三角形（△）连接方式

1. 连接方式

三相负载的三角形连接，如图 2.4.1.10 所示。这种连接是将三相负载的始末端相连，构成一个封闭三角形，再将三个连接点与三相电源相连。

由于各相负载都接在端线之间，所以三角形连接的负载，其相电压有效值等于线电压有效值。因此，不论负载对称与否，其相电压总是对称的，即 $U_P = U_L$。

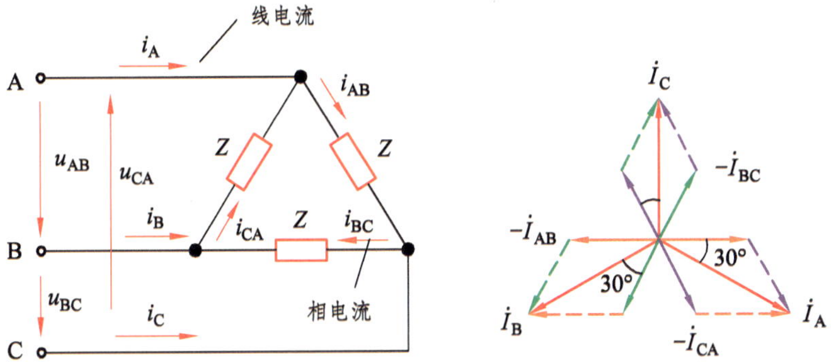

（a）三相负载三角形连接电流、电压标示　　（b）电流相量图

图 2.4.1.10　三相负载三角形连接电流、电压标示及电流相量图

流过各相负载的电流为相电流用 i_{AB}、i_{BC}、i_{CA} 表示，流过各端线的电流为线电流用 i_A、i_B、i_C 表示。由 KCL 可知：

$$\begin{aligned} \dot{I}_A &= \dot{I}_{AB} - \dot{I}_{CA} \\ \dot{I}_B &= \dot{I}_{BC} - \dot{I}_{AB} \\ \dot{I}_C &= \dot{I}_{CA} - \dot{I}_{BC} \end{aligned} \tag{2.4.1.4}$$

如果三相电流对称，设 $\dot{I}_{AB} = I_P\angle 0°$，$\dot{I}_{BC} = I_P\angle -120°$，$\dot{I}_{CA} = I_P\angle 120°$，代入上述关系式可得：$\dot{I}_A = I_P\angle 0° - I_P\angle 120° = \sqrt{3}I_P\angle -30°$

$$\dot{I}_B = I_P\angle 120° - I_P\angle 0° = \sqrt{3}I_P\angle -150°$$

$$\dot{I}_C = I_P\angle 120° - I_P\angle -120° = \sqrt{3}I_P\angle 90°$$

上式可写作

$$\begin{aligned} \dot{I}_A &= \sqrt{3}\dot{I}_{AB}\angle -30° \\ \dot{I}_B &= \sqrt{3}\dot{I}_{BC}\angle -30° \\ \dot{I}_C &= \sqrt{3}\dot{I}_{CA}\angle -30° \end{aligned} \tag{2.4.1.5}$$

即在三角形连接中，若相电流对称，线电流也对称，且线电流的有效值等于相电流的$\sqrt{3}$倍，即$I_L=\sqrt{3}I_P$。而线电流的相位滞后于对应相电流30°，如图2.1.4.10所示。

应该指出，由KCL定律可知，负载作三角形连接时，不论三相是否对称，总有线电流

$$\dot{I}_U+\dot{I}_V+\dot{I}_W=0 \tag{2.4.1.6}$$

2. 三角形（△）连接特点

① 电压关系：线电压等于相电压，即：$\dot{U}_l=\dot{U}_p$。

② 电流关系：负载上的线电流有效值是相电流有效值的$\sqrt{3}$倍，即：$I_l=\sqrt{3}I_p$，且线电流相位滞后对应相电流相位30°。

③ 三相电源对称、三相Y接负载也对称的情况下，三相负载中的相电流i_{AB}、i_{BC}、i_{CA}也是对称的，火线上通过的三个线电流i_A、i_B、i_C也对称。

2.4.1.5 素质素养养成

目前，世界各国的电力系统中电能的生产、传输和供电方式绝大多数都采用三相交流供电方式，生活中使用的单相交流电也只是三相电中的一相，在许多需要直流的地方也是将三相交流电经过整流转换为直流的。同学们在学习中要注意观察，理论知识与实际生产相结合，在学习中逐渐养成举一反三、灵活应变、选择最优方法解决问题的能力。

2.4.1.6 任务分组

见附表1。

2.4.1.7 任务实施

任务工作单1

组号：　　　　姓名：　　　　学号：　　　　检索号：<u>2.4.1.7-1</u>

引导问题：

（1）三相电源是如何产生的?

（2）三相电源的两种连接方式及特点是什么?

（3）三相负载的两种连接方式及特点是什么?

（4）相序的概念是什么?

____

____

____

任务工作单 2

组号：　　　　姓名：　　　　学号：　　　　检索号：2.4.1.7-2

引导问题：

（1）绘制三相电源的 Y、△的相量图。

（2）绘制三相负载的 Y、△的相量图。

任务工作单 3

组号：　　　　姓名：　　　　学号：　　　　检索号：2.4.1.7-3

引导问题：

（1）小组交流讨论，教师参与，绘制出正确的三相电源的 Y、△连接的相量图。

（2）小组交流讨论，教师参与，绘制出正确的三相负载的 Y、△连接的相量图。

任务工作单 4

组号：　　　　姓名：　　　　学号：　　　　检索号：2.4.1.7-4

引导问题：

（1）每小组推荐一位小组长，绘制三相电源的两种连接方式的电压和电流的相量图。

（2）每小组推荐一位小组长，绘制三相负载的两种连接方式的电压和电流的相量图。

____

____

____

任务工作单 5

组号：　　　　姓名：　　　　学号：　　　　检索号：2.4.1.7-5

引导问题：

自查、分析存在的不足及改进方法，并填写下表。

表 2.4.1.1　自查绘制相量图错误的原因

错误信息	产生的原因	改进的措施

2.4.1.8　评价反馈

任务工作单 1

组号：　　　　姓名：　　　　学号：　　　　检索号：2.4.1.8-6

表 2.4.1.2　个人自评表

<table>
<tr><td>班级</td><td></td><td>组名</td><td></td><td>日期</td><td>年　月　日</td></tr>
<tr><td>评价指标</td><td colspan="3">评价内容</td><td>分数</td><td>分数评定</td></tr>
<tr><td>信息检索能力</td><td colspan="3">能有效利用网络、图书资源、字典查找有用的相关信息等；能将查到的信息有效地传递到工作中。</td><td>10 分</td><td></td></tr>
<tr><td>感知课堂生活</td><td colspan="3">在学习中是否能获得满足感。</td><td>10 分</td><td></td></tr>
<tr><td rowspan="2">参与态度</td><td colspan="3">积极主动与教师、同学交流，相互尊重、理解、平等；与教师、同学之间是否能够保持多向、丰富、适宜的信息交流。</td><td>10 分</td><td></td></tr>
<tr><td colspan="3">能处理好合作学习和独立思考的关系，做到有效学习；能提出有意义的问题或能发表个人见解。</td><td>10 分</td><td></td></tr>
<tr><td rowspan="2">知识、能力获得情况</td><td colspan="3">1. 能说掌握三相电源的产生及连接特点。</td><td>10 分</td><td></td></tr>
<tr><td colspan="3">2. 能掌握三相负载的连接特点。</td><td>10 分</td><td></td></tr>
</table>

续表

评价指标	评价内容	分数	分数评定
知识、能力获得情况	3. 能正确绘制三相电源的相量图。	10分	
	4. 能正确绘制三相负载的相量图。	10分	
	5. 能正确说出三相电源的相序。	10分	
	6. 能找到自己的不足。	5分	
思维态度	是否能发现问题、提出问题、分析问题、解决问题、创新问题。	5分	
自评反馈	按时按质任务；较好地掌握了知识点；具有较强的信息分析能力和理解能力；具有较为全面严谨的思维能力，并能条理清楚明晰表达成文。	5分	
自评分数			
有益的经验和做法			
总结反馈建议			

任务工作单 2

组号：　　姓名：　　学号：　　检索号：2.4.1.8-7

表 2.4.1.3　小组内互评验收表

验收组长		组名		日期	年　月　日
组内验收成员					
任务要求	1. 能正确说出掌握三相电源的产生及连接特点；2. 能掌握三相负载的连接特点；3. 能正确绘制三相电源、三相负载的相量图；5. 能正确说出三相电源的相序；6. 能找到自己的不足。				
验收文档清单	被验收者 2.4.1.7-1 任务工作单 1 被验收者 2.4.1.7-2 任务工作单 2 被验收者 2.4.1.7-3 任务工作单 3 被验收者 2.4.1.7-4 任务工作单 4 被验收者 2.4.1.8-5 任务工作单 1				
	文献检索清单				
验收评分	评分标准			分数	得分
	能说出三相电源的产生，错误一处扣2分。			10分	
	能说出三相电源的连接方式及特点，错误一处扣5分。			20分	
	能说出三相负载的连接方式及特点，错误一处扣2分。			20分	
	能说出相序的定义，错一处扣2分。			10分	
	能正确绘制相量图。			20分	
	提供文献检索清单，少于5项，缺一项扣4分。			20分	
评价分数					
不足之处					

任务工作单 3

被评组号：　　　　　　　　　　检索号：2.4.1.8-8

表 2.4.1.4　小组间互评表

班级		评价小组			日期	年　月　日
评价指标		评价内容			分数	分数评定
汇报表述		表述准确			15 分	
		语言流畅			10 分	
		准确反映改组完成情况			15 分	
内容正确度		内容正确			30 分	
		句型表达到位			30 分	
互评分数						
简要评述						

任务 2　对称和不对称三相电路计算

2.4.2.1　任务描述

三相电路就是由三相电源和三相负载连接起来所组成的系统。工程上根据实际需要可以组成 Y-Y 、 Y-△ 、 △-Y 、 △-△。

本次任务主要学习对称三相电路和不对称三相电路的计算方法，对称三相电路可以转换为一相电路的计算，根据三相电路的特点进行。三相不对称电路的几种特殊情况分析。

2.4.2.2　学习目标

知识目标

（1）掌握对称三相电路的计算方法；

（2）掌握不对称三相电路的几种特殊情况；

（3）掌握电路相量图的绘制方法。

能力目标

（1）能够绘制三相电路相量图；

（2）能够正确分析出不对称三相电路的几种特殊情况。

素质素养目标

（1）培养学生自学与理解的能力；

（2）培养学生分析问题、团结协作的能力。

2.4.2.3 任务分析

重　点

（1）对称三相电路的计算；

（2）不对称三相电路的计算。

难　点

（1）绘制三相电路相量图；

（2）正确分析出不对称三相电路的几种特殊情况。

2.4.2.4 相关知识链接

2.4.2.4.1 对称三相电路的分析

当三相电源和三相负载都对称时，称为对称三相电路。

1. 对称三相电路的原理分析

如图 2.4.2.1 所示，其中 Z_l 为输电线阻抗，Z_N 为中性线阻抗，N 和 N′ 为中性点，负载阻抗 $Z_A = Z_B = Z_C = Z$。对于这类电路，一般用节点电压法进行分析，以 N 参考节点，有

$$\left(\frac{1}{Z_N}+\frac{3}{Z+Z_l}\right)\dot{U}_{N'N}=\frac{1}{Z_l+Z}(\dot{U}_A+\dot{U}_B+\dot{U}_C) \quad (2.4.2.1)$$

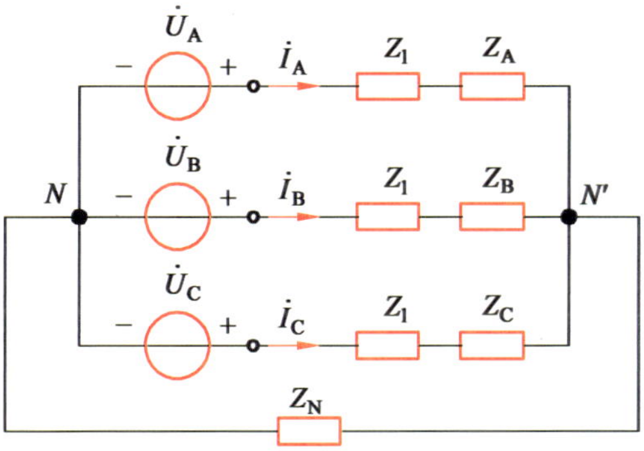

图 2.4.2.1　对称三相电路

又因为 $\dot{U}_A+\dot{U}_B+\dot{U}_C=0$，所以 $\dot{U}_{N'N}=0$，各相电源和负载的相电流等于线电流，即：

$$\dot{I}_A=\frac{\dot{U}_A-\dot{U}_{N'N}}{Z+Z_l}=\frac{\dot{U}_A}{Z+Z_l} \quad (2.4.2.2)$$

$$\dot{I}_B=\frac{\dot{U}_B}{Z+Z_l}=a^2\dot{I}_A \quad (2.4.2.3)$$

$$\dot{I}_C=\frac{\dot{U}_C}{Z+Z_l}=a\dot{I}_A \quad (2.4.2.4)$$

由此可见，各线（相）电流独立，$\dot{U}_{N'N}=0$ 使得各线（相）电流独立。

因此，对称的 Y-Y 电路可以拆分为三个独立的单相电路，根据三相电源、三相负载和三相输电线路的对称性，分析计算三相中任意一相，而将其他两线（相）可以根据相序关系依次写出，这时对称三相电路可归结为一相的计算方法。如图 2.4.2.2 所示，可将图 2.4.2.2 中的三相选一相电路计算（例如 A 相），再由对称性可以直接算出其他两相的电压和电流值。

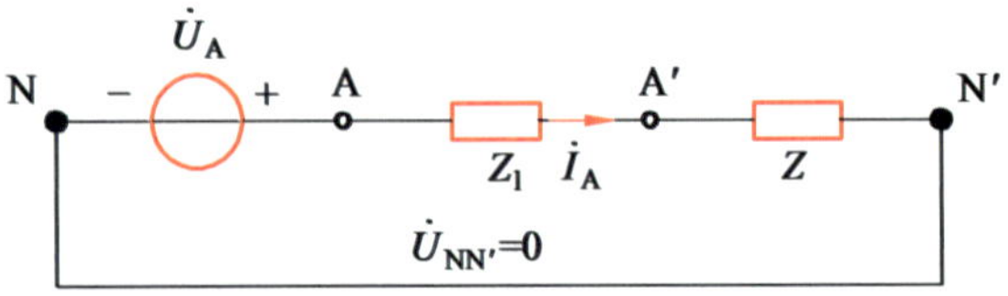

图 2.4.2.2　取一相（A 相）电路计算

注意，在一相计算电路中，连接 N 、N′ 的关系线是 $\dot{U}_{N'N}=0$ 的等效线，与中性线阻抗 Z_N 无关，此外，中性线的电流为

$$\dot{I}_N=\dot{I}_A+\dot{I}_B+\dot{I}_C=0 \tag{2.4.2.5}$$

2. 对称三相电路的一般计算方法

对称三相电路的一般计算方法如下：

（1）将三相电源、负载都化为等值 Y-Y 接电路，即将△连接等效为 Y 连接。

（2）画出其中一相（一般选 A 相）计算电路，求出 A 相的电压、电流。当为三相四线制电路，每相电路和中线单独构成回路；当为三相三线制时，可假设有中线存在，每相和中线单独构成回路。

（3）根据△接、Y 接时线电压、相量电压，线电流、相电流之间的关系，求出原电路的电流电压值。

（4）由对称性，得出其他两相的电压、电流。

3. 对称三相电路例题讲解

例 2.4.2.1　图 2.4.2.3（a）所示电路中，加在星形连接负载上的三相电压对称，其线电压为 380 V。试求：① 三相负载每相阻抗为 $Z_A=Z_B=Z_C=(17.3+\mathrm{j}10)\,\Omega$ 时各相电流和中线电流；② 断开中线后的各相电流；③ 仍保留中线，但 $Z_C=20\,\Omega$ 时各相电流和中线电流。

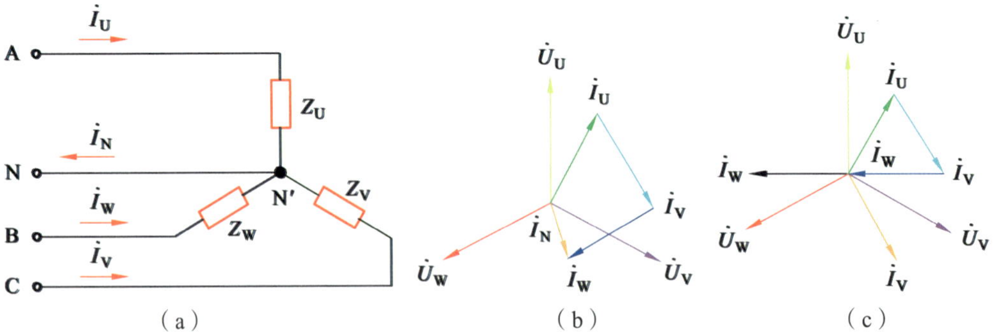

图 2.4.2.3　例 2.4.2.1 图

解　① 由于三相电压对称，每相负载电压为

$$U_{\mathrm{P}}=\frac{U_{\mathrm{L}}}{\sqrt{3}}=\frac{380}{\sqrt{3}}=220\ \mathrm{V}$$

设$\dot{U}_{\mathrm{A}}=220\angle 0°\mathrm{V}$，则：

$$\dot{U}_{\mathrm{B}}=220\angle -120°\ \mathrm{V}$$

$$\dot{U}_{\mathrm{C}}=220\angle 120°\ \mathrm{V}$$

各相电流为：

$$\dot{I}_{\mathrm{A}}=\frac{\dot{U}_{A}}{Z_{\mathrm{A}}}=\frac{220\angle 0°}{17.3+\mathrm{j}10}=11\angle -30°\ \mathrm{A}$$

$$\dot{I}_{\mathrm{B}}=\frac{\dot{U}_{B}}{Z_{\mathrm{B}}}=\frac{220\angle -120°}{17.3+\mathrm{j}10}=11\angle -150°\ \mathrm{A}$$

$$\dot{I}_{\mathrm{C}}=\frac{\dot{U}_{C}}{Z_{\mathrm{C}}}=\frac{220\angle -120°}{17.3+\mathrm{j}10}=11\angle 90°\ \mathrm{A}$$

中线电流为：

$$\dot{I}_{\mathrm{N}}=\dot{I}_{\mathrm{A}}+\dot{I}_{\mathrm{B}}+\dot{I}_{\mathrm{C}}=11\angle -30°+11\angle -150°+11\angle 90°=0$$

其相量图如图 2.4.2.3（b）所示。

② 由于三相电流对称，中线电流为零，断开中线时三相电流不变。

③ $\dot{I}_{\mathrm{A}}$、$\dot{I}_{\mathrm{B}}$不变，$\dot{I}_{\mathrm{C}}$及$\dot{I}_{\mathrm{N}}$变为：

$$\dot{I}_{\mathrm{C}}=\frac{\dot{U}_{\mathrm{C}}}{Z_{\mathrm{C}}}=11\angle 120°\ \mathrm{A}$$

$$\dot{I}_{\mathrm{N}}=\dot{I}_{\mathrm{A}}+\dot{I}_{\mathrm{B}}+\dot{I}_{\mathrm{C}}=11\angle -30°+11\angle -150°+11\angle 120°=5.7\angle -165°\ \mathrm{A}$$

其相量图如图 2.4.2.3（c）所示。

例 2.4.2.2 将上例中的负载改为三角形连接，接到同样电源上，如图 2.4.2.4（a）所示。试求：负载对称时各相电流和线电流。

解 （1）为了与上例比较，仍设$\dot{U}_{\mathrm{A}}=220\angle 0°\mathrm{V}$，得：

$$\dot{U}_{\mathrm{AB}}=\sqrt{3}\dot{U}_{\mathrm{A}}\angle 30°=380\angle 30°\mathrm{V}$$

$$\dot{U}_{\mathrm{BC}}=\sqrt{3}\dot{U}_{\mathrm{B}}\angle 30°=\sqrt{3}\times 220\angle\times 120°\times\angle 30°=380\angle -90°\mathrm{V}$$

$$\dot{U}_{\mathrm{CA}}=\sqrt{3}\dot{U}_{\mathrm{C}}\angle 30°=\sqrt{3}\times 220\angle 120°\times\angle 30°=380\angle 150°\mathrm{V}$$

三角形连接负载承受线电压，各相电流为：

$$\dot{I}_{\mathrm{AB}}=\frac{\dot{U}_{\mathrm{AB}}}{Z_{\mathrm{AB}}}-\frac{380\angle 30°}{17.3+\mathrm{j}10}=19\angle 0°\mathrm{A}$$

$$\dot{I}_{\mathrm{BC}}=\frac{\dot{U}_{\mathrm{BC}}}{Z_{\mathrm{VWBC}}}=\frac{380\angle -90°}{17.3+\mathrm{j}10}=19\angle -120°\mathrm{A}$$

$$\dot{I}_{\mathrm{CA}}=\frac{\dot{U}_{\mathrm{CA}}}{Z_{\mathrm{CA}}}=\frac{380\angle 150°}{17.3+\mathrm{j}10}=19\angle 120°\mathrm{A}$$

各线电流为：

$$\dot{I}_A=\sqrt{3}\dot{I}_{AB}\angle-30°=\sqrt{3}\times19\angle-30°=32.9\angle-30°\text{A}$$

$$\dot{I}_B=\sqrt{3}\dot{I}_{BC}\angle-30°=\sqrt{3}\times19\angle-120°\times\angle-30°=32.9\angle-150°\text{A}$$

$$\dot{I}_C=\sqrt{3}\dot{I}_{CA}\angle-30°=\sqrt{3}\times19\angle120°\times\angle-30°=32.9\angle90°\text{A}$$

其相量图如图 2.4.2.4（b）、(c）所示。

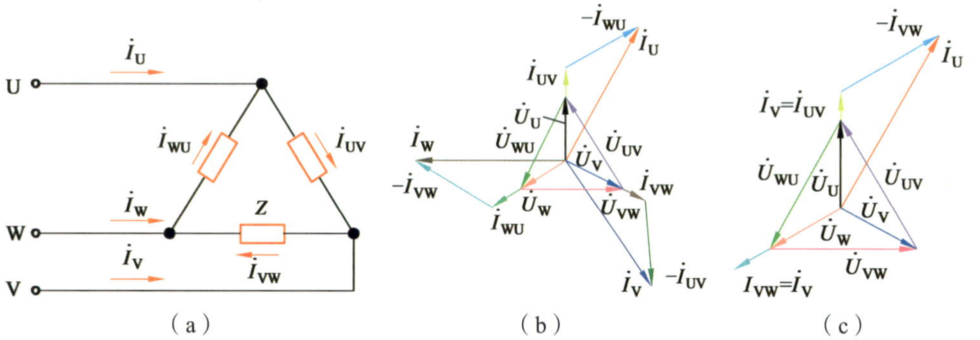

图 2.4.2.4　例 2.4.2.2 图

例 2.4.2.3　线电压为 380 V 的三相电压源对两组对称负载供电，如图 2.4.2.5 所示，Y 连接负载 1，每相复阻抗 $Z_1=(12+\text{j}16)\,\Omega$，△连接负载 2，每相复阻抗 $Z_2=(48+\text{j}36)\,\Omega$，每根端线的复阻抗 $Z_L=(1+\text{j}2)\,\Omega$。试求：各负载的相电流、各端线电流。

解　在图 2.4.2.5（a）中，把电压源看成 Y 连接，则

$$U_P=\frac{U}{\sqrt{3}}=\frac{380}{\sqrt{3}}=220°\text{V}$$

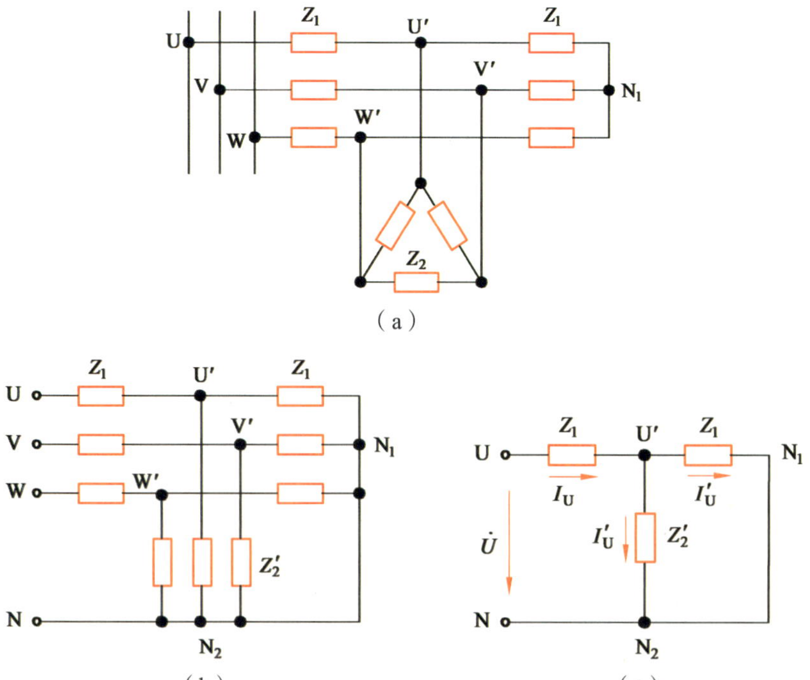

图 2.4.2.5　例 2.4.2.3 图

把负载 Z_2 化成等效 Y 连接，其等效星形阻抗为：

$$Z_2' = \frac{Z_2}{3} = 16 + \mathrm{j}12 = 20\angle 36.9°\Omega$$

用虚设的、阻抗为零的中线连接三个中点 N、N_2、N_1，电路化为图 2.4.2.5（b）所示。

取出 U 相进行计算，单线图如图 2.4.2.5（c）所示。

在图 2.4.2.5（c）中，有

$$Z_1 = 12 + \mathrm{j}16 = 20\angle 53.1°\Omega$$

Z_1 与 Z_2' 并联的等效复阻抗：

$$Z_{12}' = \frac{Z_1 Z_2'}{Z_1 + Z_2'} = \frac{20\angle 53.1° \times 20\angle 36.9°}{12 + \mathrm{j}16 + 16 + \mathrm{j}12} = 10.1\angle 45° = (7.14 + \mathrm{j}7.14)\ \Omega$$

Z_{12}' 与 Z_L 串联的等效复阻抗：

$$Z = Z_L + Z_{12}' = 1 + \mathrm{j}2 + 7.14 + \mathrm{j}7.14 = 12.2\angle 48.3°\Omega$$

设 $\dot{U}_U = U_P = 220\ \mathrm{V}$，则

$$\dot{I}_U = \frac{\dot{U}_U}{Z} = \frac{220}{12.2\angle 48.3°} = 18.0\angle -48.3°\mathrm{A}$$

$$\dot{I}_{U1} = \frac{Z_2'}{Z_1 + Z_2'}\dot{I}_U = \frac{16 + \mathrm{j}12}{(12 + \mathrm{j}16) + (16 + \mathrm{j}12)} \times 18.0\angle -48.3° = 9.08\angle -56.4°\mathrm{A}$$

$$\dot{I}_{U2} = \dot{I}_U - \dot{I}_{U1} = 18.0\angle -48.3° - 9.08\angle -56.4° = 9.08\angle -40.2°\mathrm{A}$$

Z_2 的相电流：

$$\dot{I}_{U'V'} = \frac{1}{\sqrt{3}}\dot{I}_{U2}'\angle 30° = \frac{1}{\sqrt{3}} \times 9.08\angle -40.2° \times \angle 30° = 5.24\angle -10.2°\mathrm{A}$$

其他各电流根据对称性类推如下：

$$\dot{I}_V = 18.0\angle -168.3°\mathrm{A}，\quad \dot{I}_W = 18.0\angle 71.7°\mathrm{A}$$

$$\dot{I}_{V1} = 9.08\angle -176.4°\mathrm{A}，\quad \dot{I}_{W1} = 9.08\angle 63.6°\mathrm{A}$$

$$\dot{I}_{V'W'} = 5.24\angle -130°\mathrm{A}，\quad \dot{I}_{W'U'} = 5.24\angle 110°\mathrm{A}$$

2.4.2.4.2　不对称三相电路的分析

一、定　义

三相电源对称、三相负载不对称的三相电路就构成了不对称三相电路。

二、不对称三相电路的分析

1. 开关 S 断开

如图 2.4.2.6 所示电路中，开关 S 断开（不连中性线）时，由于 Z_A、Z_B、Z_C 不相

等，就构成了不对称的 Y-Y 电路。该电路的节点电压方程为

$$\dot{U}_{N'N}\left(\frac{1}{Z_A}+\frac{1}{Z_B}+\frac{1}{Z_C}\right)=\frac{\dot{U}_A}{Z_A}+\frac{\dot{U}_B}{Z_B}+\frac{\dot{U}_C}{Z_C} \tag{2.4.2.6}$$

即有

$$\dot{U}_{N'N}=\frac{\dfrac{\dot{U}_A}{Z_A}+\dfrac{\dot{U}_B}{Z_B}+\dfrac{\dot{U}_C}{Z_C}}{\dfrac{1}{Z_A}+\dfrac{1}{Z_B}+\dfrac{1}{Z_C}}\neq 0 \tag{2.4.2.7}$$

由于负载中性点与电源中性点之间的电压不等于零，所以形成了不对称电压相量图（见图 2.4.2.7），中性点不重合，这种现象称为中性点位移。在电源对称的情况下，可以根据中性点位移的情况判断负载的不对称程度。当中性点位移较大时，会造成负载端的电压严重不对称，从而可能使负载的工作不正常；另一方面，某相负载发生变化时，由于各相的工作相互关联，因此，彼此都相互影响。

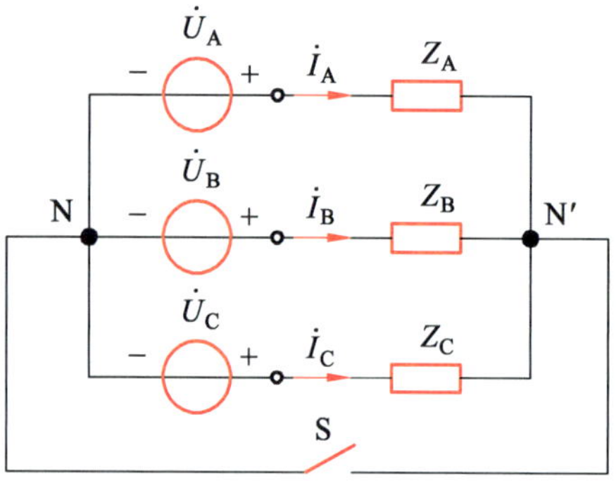

图 2.4.2.6　三相不对称 Y-Y 电路

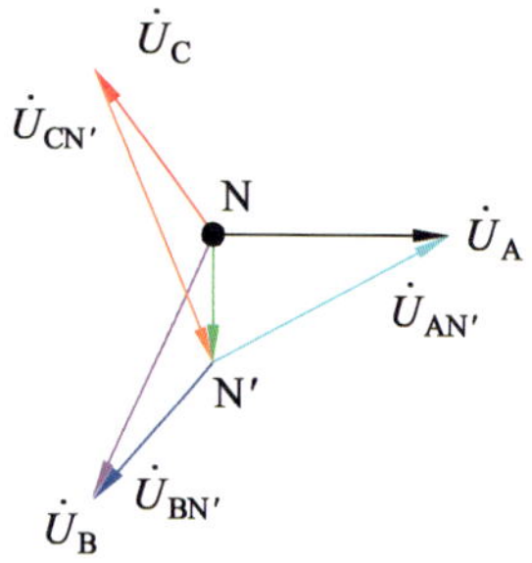

图 2.4.2.7　不对称电压相量图

例 2.4.2.4　有一三相四线制接法的电阻性负载，已知 $R_U=22\,\Omega$，$R_V=R_W=11\,\Omega$，电源电压对称，相电压为 220 V。试求各相电流和中线电流。

解　各负载相电流为

$$\dot{I}_U=\frac{\dot{U}_U}{R_U}=\frac{220\angle 0^\circ}{22}=10\angle 0^\circ \text{A}$$

$$\dot{I}_V=\frac{\dot{U}_V}{R_V}=\frac{220\angle -120^\circ}{11}=20\angle -120^\circ \text{A}$$

$$\dot{I}_W=\frac{\dot{U}_W}{R_W}=\frac{220\angle 120^\circ}{11}=20\angle 120^\circ \text{A}$$

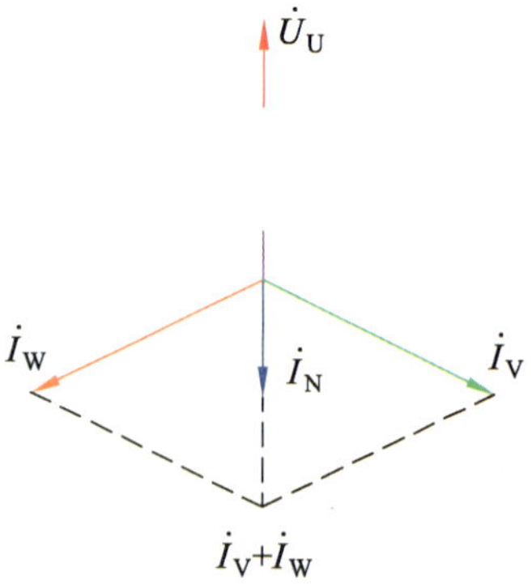

图 2.4.2.8　例 2.4.2.4 相量图

以 $\dot{U}_U$ 为参考相量，作相量图如图 2.4.2.8 所示，将各相电流相量相加，得中线电流：

$$\begin{aligned}\dot{I}_N&=\dot{I}_U+\dot{I}_V+\dot{I}_W\\&=10\angle 0^\circ+20\angle -120^\circ+20\angle 120^\circ\\&=10\angle 180^\circ=-10\text{ A}\end{aligned}$$

2. 中点位移

一般不对称星形负载的电压相量图如图 2.4.2.9（a）所示，先作 Y 连接电压源的对称相电压 $\dot{U}_U$、$\dot{U}_V$、$\dot{U}_W$，将算出的中点电压 $\dot{U}_{N'N}$ 在图中作出，就可作出负载各相电压 $\dot{U}'_U$、$\dot{U}'_V$、$\dot{U}'_W$。

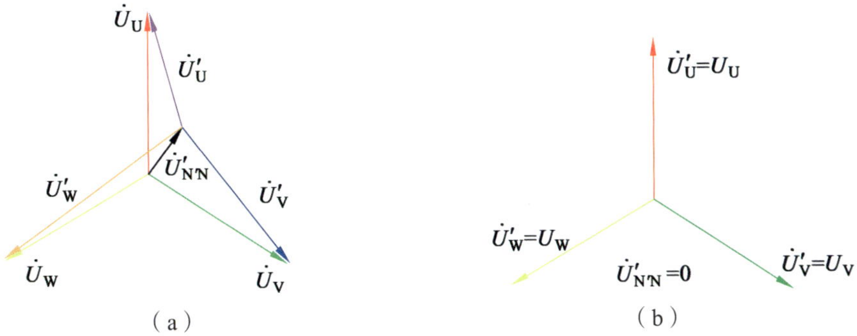

图 2.4.2.9　例 2.4.2.4 中性点位移图

如果 Y 连接负载对称，不管有无中线，中点电压都等于零，见图 2.4.2.9（b）。由于 $\dot{U}_{N'N}=0$，于是 $\dot{U}'_U=\dot{U}_U$，$\dot{U}'_V=\dot{U}_V$，$\dot{U}'_W=\dot{U}_W$ 也是对称的。Y 连接负载不对称时，如果没有中线，或是中线阻抗较大，就出现了中点电压，这种现象叫作中点位移。

实际三相电路中，如果是对称电路，由于中线不起作用，一般不装设中线，如三相 Y 连接的电动机。对于不对称 Y 连接负载，如果装设中线，而且中线阻抗很小就能迫使中点电压很小（$Y_N\approx\infty$ 时 $\dot{U}_{N'N}\approx 0$），从而迫使负载相电压约等于电源相电压，并且几乎不随负载的变化而变化，所以三相 Y 连接的照明负载都装设中线。但如中线断开，电路便不能正常工作，所以四线制电路中，中线要有足够的机械强度，同时总中线上不允许装开关和熔断丝。

例 2.4.2.5　示相器是用来测定三相电源相序的，任意指定电源的一相为 U 相后，示相器指示出其他两相哪个是 V 相、哪个是 W 相。一种示相器由 Y 连接的两个白炽灯的一个电容器组成，如图 2.4.2.10（a）所示。把电容器接到指定的 U 相，两个白炽灯分别接到另两相。由于这组负载不对称，两个白炽灯的电压不等、亮暗不同，可以判断相序。设电容器的容纳与每个白炽灯的电导 G 相等，试问较亮的白炽灯接的是 V 相还是 W 相？

解　把电源看作 Y 连接，并设其 $\dot{U}_U=U_P=0°$，则 $\dot{U}_V=a^2U_P$、$\dot{U}_W=aU_P$。

中性点电压：

$$\begin{aligned}\dot{U}_{N'N}&=\frac{jGU_P+Ga^2U_P+GaU_P}{jG+G+G}\\&=\frac{j+a^2+a}{j+2}U_P=\frac{-1+j}{2+j}U_P\\&=(-0.2+j0.6)U_P=0.63U_P\angle 108°\end{aligned}$$

作相量图如图 2.4.2.10（b）所示，先作 $\dot{U}_U$、$\dot{U}_V$、$\dot{U}_W$，再作出 $\dot{U}_{N'N}$，就可作出两个白炽灯的电压 $\dot{U}'_V$、$\dot{U}'_W$。从 2.4.2.10（b）图看出 $\dot{U}'_V>\dot{U}'_W$，从而知道较亮的白炽灯所接的是 V 相。

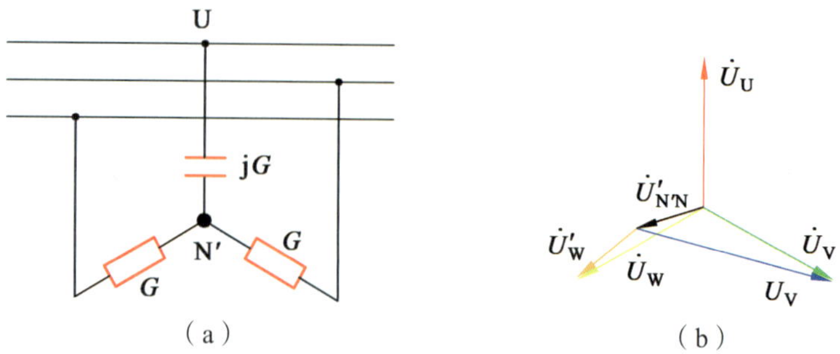

图 2.4.2.10 例 2.4.2.5 中性点位移图

也可以算出：

$$\dot{U}'_V = \dot{U}_V - \dot{U}_{N'N} = a^2U_P - (-0.2 + j0.6)U_P = 1.5U_P\angle -102°$$

$$\dot{U}'_W = \dot{U}_W - \dot{U}_{N'N} = aU_P - (-0.2 + j0.6)U_P = 0.4U_P\angle 138°$$

因为 V 相白炽灯的电压会超过额定电压，实际每相用两只白炽灯串联。

2.4.2.5 素质素养养成

三相电路就是由三相电源和三相负载连接起来所组成的系统。工程上根据实际需要可以组成 Y-Y、Y-△、△-Y、△-△。当三相电源和三相负载都对称时，称为对称三相电路。当三相电源对称、三相负载不对称时，称为三相不对称电路。同学们在学习中要注意观察，理论知识与实际生产相结合，在学习中逐渐养成举一反三、灵活应变、选择最优方法解决问题的能力。

2.4.2.6 任务分组

见附表 1。

2.4.2.7 任务实施

任务工作单 1

组号：　　　　姓名：　　　　学号：　　　　检索号：2.4.2.7-1

引导问题：

（1）何为对称三相电路?

（2）对称三相电路的工作原理及计算方法是什么?

（3）何为不对称三相电路?

（4）不对称三相电路有哪几种情况分析方法?

____

____

____

任务工作单 2

组号：　　　　姓名：　　　　学号：　　　　检索号：2.4.2.7-2

引导问题：

（1）绘制对称三相电路的 Y-Y 连接的电压、电流相量图。

____

____

____

（2）绘制不对称三相电路 Y-Y 连接时的几种特殊情况的电压、电路相量图。

____

____

____

任务工作单 3

组号：　　　　姓名：　　　　学号：　　　　检索号：2.4.2.7-3

引导问题：

（1）小组交流讨论，教师参与，正确绘制对称三相电路的 Y-Y 连接的电压、电流相量图。

____

____

____

（2）小组交流讨论，教师参与，正确绘制不对称三相电路 Y-Y 连接时的几种特殊情况的电压、电路相量图。

____

____

____

任务工作单 4

组号：　　　　姓名：　　　　学号：　　　　检索号：2.4.2.7-4

引导问题：

（1）每小组推荐一位小组长，绘制对称三相电路的 Y-Y 连接的电压、电流相量图。

____

____

____

（2）每小组推荐一位小组长，绘制不对称三相电路 Y-Y 连接时的几种特殊情况的电压、电路相量图。

____

____

____

任务工作单 5

组号：　　　　姓名：　　　　学号：　　　　检索号：2.4.2.7-5

引导问题：

自查、分析存在的不足及改进方法，并填写下表。

表 2.4.2.1　自查绘制相量图错误的原因

错误信息	产生的原因	改进的措施

2.4.2.8　评价反馈

任务工作单 1

组号：　　　　姓名：　　　　学号：　　　　检索号：2.4.2.8-1

表 2.4.2.2　个人自评表

<table>
<tr><td>班级</td><td></td><td>组名</td><td></td><td>日期</td><td>年　月　日</td></tr>
<tr><td>评价指标</td><td colspan="3">评价内容</td><td>分数</td><td>分数评定</td></tr>
<tr><td>信息检索能力</td><td colspan="3">能有效利用网络、图书资源、字典查找有用的相关信息等；能将查到的信息有效地传递到工作中。</td><td>10 分</td><td></td></tr>
<tr><td>感知课堂生活</td><td colspan="3">在学习中是否能获得满足感。</td><td>10 分</td><td></td></tr>
<tr><td rowspan="2">参与态度</td><td colspan="3">积极主动与教师、同学交流，相互尊重、理解、平等；与教师、同学之间是否能够保持多向、丰富、适宜的信息交流。</td><td>10 分</td><td></td></tr>
<tr><td colspan="3">能处理好合作学习和独立思考的关系，做到有效学习；能提出有意义的问题或能发表个人见解。</td><td>10 分</td><td></td></tr>
<tr><td rowspan="3">知识、能力获得情况</td><td colspan="3">1. 能说出对称三相电路的工作原理。</td><td>10 分</td><td></td></tr>
<tr><td colspan="3">2. 能掌握对称三相电路的计算方法。</td><td>10 分</td><td></td></tr>
<tr><td colspan="3">3. 能正确绘制对称三相电路的电压、电流相量图。</td><td>10 分</td><td></td></tr>
</table>

续表

评价指标	评价内容	分数	分数评定
知识、能力获得情况	4. 能正确分析不对称三相电路的几种特殊情况。	10 分	
	5. 能正确绘制不对称三相电路的电压、电流相量图。	10 分	
	6. 能找到自己的不足。	5 分	
思维态度	是否能发现问题、提出问题、分析问题、解决问题、创新问题。	5 分	
自评反馈	按时按质任务；较好地掌握了知识点；具有较强的信息分析能力和理解能力；具有较为全面严谨的思维能力，并能条理清楚明晰表达成文。	5 分	
自评分数			
有益的经验和做法			
总结反馈建议			

任务工作单 2

组号：　　　　姓名：　　　　学号：　　　　检索号：<u>2.4.2.8-2</u>

表 2.4.2.3　小组内互评验收表

验收组长		组名		日期	年　月　日
组内验收成员					
任务要求	1. 能说出对称三相电路的工作原理；2. 能掌握对称三相电路的计算方法；3. 能正确绘制对称三相电路的电压、电流相量图；4. 能正确分析不对称三相电路的几种特殊情况；5. 能正确绘制不对称三相电路的电压、电流相量图；6. 能找到自己的不足。				
验收文档清单	被验收者 2.4.2.7-1 任务工作单 1 被验收者 2.4.2.7-2 任务工作单 2 被验收者 2.4.2.7-3 任务工作单 3 被验收者 2.4.2.7-4 任务工作单 4				
	文献检索清单				
验收评分	评分标准			分数	得分
	能说出对称三相电路的工作原理，错误一处扣 2 分。			10 分	
	能说出对称三相电路的计算方法并正确计算，错误一处扣 5 分。			20 分	
	能说出不对称三相电路的几种特殊情况分析并正确计算，错误一处扣 2 分。			20 分	
	能说正确绘制对称三相电路的相量图，错一处扣 2 分。			10 分	
	能正确绘制不对称三相电路的相量图。			20 分	
	提供文献检索清单，少于 5 项，缺一项扣 4 分。			20 分	
评价分数					
不足之处					

任务工作单 3

被评组号：　　　　　　　　　　检索号：2.4.2.8-3

表 2.4.2.4　小组间互评表

班级		评价小组	日期	年　月　日
评价指标		评价内容	分数	分数评定
汇报表述		表述准确	15 分	
		语言流畅	10 分	
		准确反映改组完成情况	15 分	
内容正确度		内容正确	30 分	
		句型表达到位	30 分	
互评分数				
简要评述				

任务 3　三相电路的功率

2.4.3.1　任务描述

本次任务主要学习三相电路的瞬时功率、有功功率、无功功率、视在功率的定义及计算，学习三相功率的几种测量方法。

2.4.3.2　学习目标

知识目标

（1）掌握三相电路各种功率的求解方法；

（2）掌握三相电路的几种测量方法。

能力目标

（1）能够正确求解三相电路的功率；

（2）能够正确测量三相电路的功率。

素质素养目标

（1）培养学生自学与理解的能力；

（2）培养学生分析问题、团结协作的能力。

2.4.3.3　任务分析

重　点

（1）三相电路各种功率的计算；

（2）三相电路功率的测量。

难 点

（1）能正确计算各种电路的功率；

（2）能正确测量三相电路的功率。

2.4.3.4 相关知识链接

2.4.3.4.1 三相电路的瞬时功率

对称三相正弦交流电路各相瞬时功率随时间按正弦规律变化，总瞬时功率等于各相瞬时功率之和，即：

$$p = p_A + p_B + p_C = u_A i_A + u_B i_B + u_C i_C \qquad (2.4.3.1)$$

设 $u_U = \sqrt{2}U_P \sin \omega t$ ，则 $u_V = \sqrt{2}U_P \sin(\omega t - 120°)$ ， $u_W = \sqrt{2}U_P \sin(\omega t + 120°)$ ，那么：

$$i_U = \sqrt{2}I_P \sin(\omega t - \varphi_P)$$

$$i_V = \sqrt{2}I_P \sin(\omega t - \varphi_P - 120°)$$

$$i_W = \sqrt{2}I_P \sin(\omega t - \varphi_P + 120°)$$

因此，瞬时功率：

$$\begin{aligned} p_U &= \sqrt{2}U_P \sin \omega t \times \sqrt{2}I_P \sin(\omega t - \varphi_P) \\ &= U_P I_P \cos\varphi - U_P I_P \cos(2\omega t - \varphi) \end{aligned}$$

$$\begin{aligned} p_V &= \sqrt{2}U_P \sin(\omega t - 120°) \times \sqrt{2}I_P \sin(\omega t - \varphi_P - 120°) \\ &= U_P I_P \cos\varphi - U_P I_P \cos(2\omega t - \varphi + 120°) \end{aligned}$$

$$\begin{aligned} p_W &= \sqrt{2}U_P \sin(\omega t + 120°) \times \sqrt{2}I_P \sin(\omega t - \varphi_P + 120°) \\ &= U_P I_P \cos\varphi - U_P I_P \cos(2\omega t - \varphi - 120°) \end{aligned}$$

总的瞬时功率：

$$\begin{aligned} p &= p_U + p_V + p_W = u_U i_U + u_V i_V + u_W i_W \\ &= 3U_P I_P \cos\varphi = P = \text{恒定值} \end{aligned}$$

可见，对称三相正弦交流电路总的瞬时功率等于其总的有功功率。这是对称三相电路的一个优点，三相旋转电机因为瞬时功率是恒定的，其瞬时转矩也是恒定的，运转就比较平稳，噪声也就小。

2.4.3.4.2 三相电路的平均功率（有功功率）*P*

一般情况下，无论三相负载的接法、三相负载是否对称，三相电路总的有功功率总是等于各相有功功率之和。即：

$$P = P_A + P_B + P_C = U_A I_A \cos\varphi_A + U_B I_B \cos\varphi_B + U_C I_C \cos\varphi_C \qquad (2.4.3.2)$$

式中，φ_U、φ_V、φ_W 分别是各相电压与各相电流相位差角。

当三相电源对称、三相负载也对称时，即：

$$U_A = U_B = U_C = U_p\text{，}\quad I_A = I_B = I_C = I_p\text{，}\quad \varphi_A = \varphi_B = \varphi_C = \varphi$$

在对称三相电路中，三相电路的平均功率为

$$P = P_A + P_B + P_C = 3U_P I_P \cos\varphi \ = \sqrt{3}U_l I_l \cos\varphi \tag{2.4.3.3}$$

2.4.3.4.3 三相电路的无功功率 Q

三相电路总的无功功率等于各相无功功率的代数和，即：

$$Q = Q_A + Q_B + Q_C = U_A I_A \sin\varphi_A + U_B I_B \sin\varphi_B + U_C I_C \sin\varphi_C \tag{2.4.3.4}$$

当三相电源对称、三相负载也对称时，即：$U_A = U_B = U_C = U_p$，$I_A = I_B = I_C = I_p$，$\varphi_A = \varphi_B = \varphi_C = \varphi$。

在对称三相电路中，三相电路的无功功率为

$$Q = Q_A + Q_B + Q_C = 3U_p I_P \sin\varphi \ = \sqrt{3}U_l I_l \sin\varphi \tag{2.4.3.5}$$

2.4.3.4.4 三相电路的视在功率 S

三相电路的视在功率 S：

$$S = \sqrt{P^2 + Q^2}\text{，}\quad S = S_A + S_B + S_C = U_A I_A + U_B I_B + U_C I_C \tag{2.4.3.6}$$

当三相电源对称，三相负载也对称时，即：$U_A = U_B = U_C = U_p$，$I_A = I_B = I_C = I_p$，$S = 3U_P I_P$。

其中功率因数为

$$\cos\varphi = \frac{P}{S} \tag{2.4.3.7}$$

当负载作星形连接时，$I_L = I_P$，$U_L = \sqrt{3}U_P$。

当负载作三角形连接时，$I_L = \sqrt{3}I_P$，$U_L = U_P$。

此时，无论对称三相负载是星形连接还是三角形连接，均有

$$P = \sqrt{3}U_L I_L \cos\varphi \tag{2.4.3.8}$$

$$Q = \sqrt{3}U_L I_L \sin\varphi \tag{2.4.3.9}$$

$$S = \sqrt{P^2 + Q^2} = \sqrt{3}U_L I_L \tag{2.4.3.10}$$

式中，U_L 是线电压；I_L 是线电流；φ 仍然是相电压与相电流之间的相位差，等于负载的阻抗角。

例 2.4.3.1 有一台三相电动机，其绕组接成三角形，铭牌值为：$U = 380$ V，$P =$ 7.5 kW，功率因数 $\lambda = 0.8$，效率 $\eta = 0.95$。试求额定情况下电动机的线电流和相电流。

解 若电动机效率为 1，则线电流：

$$I' = \frac{P}{\sqrt{3}U\cos\varphi} = \frac{7.5\times10^3}{\sqrt{3}\times380\times0.8} = 14.2\ \text{A}$$

当效率为 0.95 时，线电流 $I=\frac{I'}{0.95}=15\ \text{A}$。

所以，三角形连接绕组的相电流为：

$$I_{\text{P}}=\frac{I}{\sqrt{3}}=\frac{15}{\sqrt{3}}=8.7\ \text{A}$$

例 2.4.3.2 有一对称三相负载，每相阻抗为 $12+\text{j}16\ \Omega$，对称三相电源线电压为 380 V，试计算负载星形连接和三角形连接时的有功功率，并加以比较。

解 先计算每相负载阻抗：

$$|Z|=\sqrt{12^2+16^2}=20\ \Omega$$

当负载作星形连接时，每相负载的相电压：

$$U_{\text{P}}=\frac{U_L}{\sqrt{3}}=\frac{380}{\sqrt{3}}=220\ \text{V}$$

负载的相电流：$$I_{\text{P}}=I_{\text{L}}=\frac{U_{\text{P}}}{|Z|}=\frac{220}{20}=11\ \text{A}$$

$$\cos\varphi_{\text{P}}=\frac{R}{|Z|}=\frac{12}{20}=0.6$$

因此，有功功率：

$$P_{\text{Y}}=\sqrt{3}U_{\text{L}}I_{\text{L}}\cos\varphi=\sqrt{3}\times380\times11\times0.6=4.34\ \text{kW}$$

当负载作三角形连接时，每相负载的相电压：

$$U_P=U_L=380\ \text{V}$$

负载的相电流：

$$I_{\text{P}}=\frac{U_{\text{P}}}{|Z|}=\frac{380}{20}=19\ \text{A}$$

线电流：

$$I_{\text{L}}=\sqrt{3}I_{\text{P}}=\sqrt{3}\times19=32.9\ \text{A}$$

仍有：$$\cos\varphi_{\text{P}}=\frac{R}{|Z|}=\frac{12}{20}=0.6$$

因此，有功功率：

$$P_{\triangle}=\sqrt{3}U_{\text{L}}I_{\text{L}}\cos\varphi=\sqrt{3}\times380\times32.9\times0.6=13\ \text{kW}$$

将 P_{Y} 与 $P_{\triangle}$ 比较可见，在相同的电源线电压作用下，负载作三角形连接时的线电流是星形连接负载时的 3 倍，因此，三角形连接负载的有功功率是星形连接负载的有功功率的 3 倍。

2.4.3.4.5 三相功率的测量

1. 三相四线制电路（三表法）

在三相四线制电路中，当负载不对称时须用三个单相功率表测量三相负载的功率，接线如图 2.4.3.1 所示，称为三表法。当负载对称时，可以用一个单相功率表分别去测各相的功率，三相之和即为总功率，称为三表法。

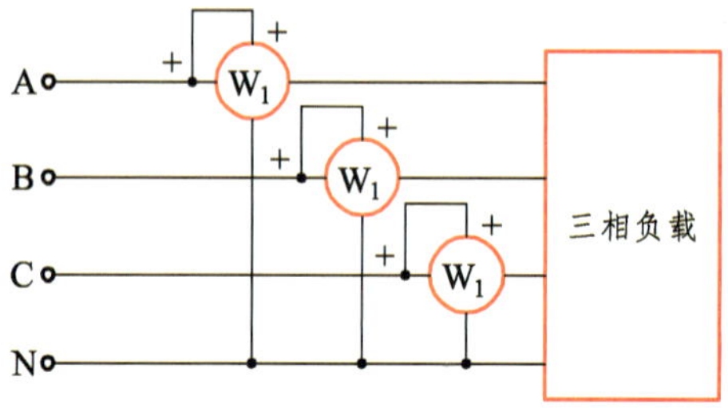

图 2.4.3.1 三表法测功率

2. 三相三线制（两表法）

对于三相三线制电路，不管负载对称还是不对称，也不管负载是星形还是三角形连接，都可以用两个单相功率表测量三相负载的功率，接线如图 2.4.3.2 所示，称为二瓦计法。

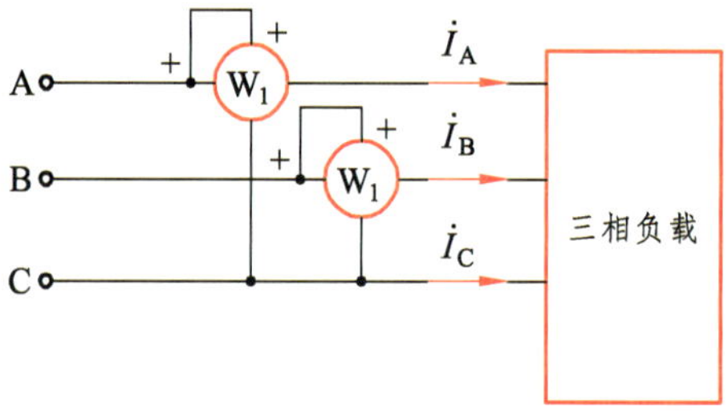

图 2.4.3.2 两表法测功率

设两个功率表的读数分别用 P_1 和 P_2 表示，根据功率表的工作原理，令 $\dot{U}_A = U_A\angle 0°$，$\dot{I}_A = I_A\angle -\varphi$，则有

$$\left.\begin{aligned} P_1 &= \dot{U}_{AC}\dot{I}_A^* = U_{AC}I_A\cos(\varphi - 30°) \\ P_2 &= \dot{U}_{BC}\dot{I}_B^* = U_{BC}I_B\cos(\varphi + 30°) \end{aligned}\right\} \tag{2.4.3.11}$$

其中，φ 为负载的阻抗角。值得注意的是：在一定条件下，两个功率表之一的读数可能为负，求代数和时读数应取负值。所以，单独的一个功率表的读数是没有意义的。

3. 三相四线制（一表法）

对称三相四线制电路，由于每相负载是对称的，则可用一只有功功率表先测出一相的功率，它的三倍就是三相负载总的功率，即 $P = 3P_U$，这种测量方法称为“一表法”，如图 2.4.3.3 所示。

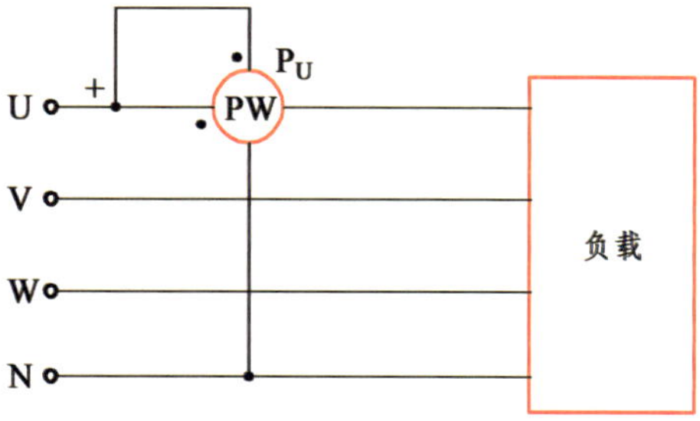

图 2.4.3.3　一表法测功率

2.4.3.5　素质素养养成

同学们在学习中要注意观察，理论知识与实际生产相结合，在学习中逐渐养成举一反三、灵活应变、选择最优方法解决问题的能力。

2.4.3.6　任务分组

见附表 1。

2.4.3.7　任务实施

任务工作单 1

组号：　　　　姓名：　　　　学号：　　　　检索号：<u>2.4.3.7-1</u>

引导问题：

（1）三相电路功率有哪几种?

（2）三相功率的测量有哪几种方法?

（3）何为二表法测量三相电路功率，有什么特点?

____

____

____

任务工作单 2

组号：　　　　姓名：　　　　学号：　　　　检索号：<u>2.4.3.7-2</u>

引导问题：

（1）绘制二表法测量三相电路的有功功率。

____

____

____

（2）绘制一表法测量三相电路的有功功率。

____

____

____

任务工作单 3

组号：　　　　姓名：　　　　学号：　　　　检索号：2.4.3.7-3

引导问题：

（1）小组交流讨论，教师参与，正确绘制二表法测量三相电路的有功功率。

____

____

____

（2）小组交流讨论，教师参与，绘制一表法测量三相电路的有功功率。

____

____

____

任务工作单 4

组号：　　　　姓名：　　　　学号：　　　　检索号：2.4.3.7-4

引导问题：

（1）每小组推荐一位小组长，绘制二表法测量三相电路的有功功率。

____

____

____

（2）每小组推荐一位小组长，绘制一表法测量三相电路的有功功率。

____

____

____

任务工作单 5

组号：　　　　姓名：　　　　学号：　　　　检索号：2.4.3.7-5

引导问题：

自查、分析存在的不足及改进方法，并填写下表。

表 2.4.3.1　自查绘制相量图错误的原因

错误信息	产生的原因	改进的措施

2.4.3.8　评价反馈

任务工作单 1

组号：　　　姓名：　　　学号：　　　检索号：2.4.3.8-1

表 2.4.3.2　个人自评表

<table>
<tr><td>班级</td><td colspan="2"></td><td>组名</td><td></td><td>日期</td><td>年　月　日</td></tr>
<tr><td>评价指标</td><td colspan="4">评价内容</td><td>分数</td><td>分数评定</td></tr>
<tr><td>信息检索能力</td><td colspan="4">能有效利用网络、图书资源、字典查找有用的相关信息等；能将查到的信息有效地传递到工作中。</td><td>10 分</td><td></td></tr>
<tr><td>感知课堂生活</td><td colspan="4">在学习中是否能获得满足感。</td><td>10 分</td><td></td></tr>
<tr><td rowspan="2">参与态度</td><td colspan="4">积极主动与教师、同学交流，相互尊重、理解、平等；与教师、同学之间是否能够保持多向、丰富、适宜的信息交流。</td><td>10 分</td><td></td></tr>
<tr><td colspan="4">能处理好合作学习和独立思考的关系，做到有效学习；能提出有意义的问题或能发表个人见解。</td><td>10 分</td><td></td></tr>
<tr><td rowspan="6">知识、能力获得情况</td><td colspan="4">1. 能说出三相瞬时功率的定义及求解。</td><td>10 分</td><td></td></tr>
<tr><td colspan="4">2. 能说出三相有功功率的定义及求解。</td><td>10 分</td><td></td></tr>
<tr><td colspan="4">3. 能说出三相无功功率的定义及求解。</td><td>10 分</td><td></td></tr>
<tr><td colspan="4">4. 能说出三相视在功率的定义及求解。</td><td>10 分</td><td></td></tr>
<tr><td colspan="4">5. 能正确绘制二表法测功率的电路图。</td><td>10 分</td><td></td></tr>
<tr><td colspan="4">6. 能找到自己的不足。</td><td>5 分</td><td></td></tr>
<tr><td>思维态度</td><td colspan="4">是否能发现问题、提出问题、分析问题、解决问题、创新问题。</td><td>5 分</td><td></td></tr>
<tr><td>自评反馈</td><td colspan="4">按时按质任务；较好地掌握了知识点；具有较强的信息分析能力和理解能力；具有较为全面严谨的思维能力，并能条理清楚明晰表达成文。</td><td>5 分</td><td></td></tr>
<tr><td colspan="5">自评分数</td><td colspan="2"></td></tr>
<tr><td colspan="2">有益的经验和做法</td><td colspan="5"></td></tr>
<tr><td colspan="2">总结反馈建议</td><td colspan="5"></td></tr>
</table>

任务工作单 2

组号：　　　　姓名：　　　　学号：　　　　检索号：2.4.3.8-2

表 2.4.3.3　小组内互评验收表

验收组长		组名		日期	年　月　日
组内验收成员					
任务要求	1. 能说出三相瞬时功率、有功功率、无功功率、视在功率的定义及求解；2. 能正确绘制两表法测功率的电路图；3. 能找到自己的不足。				
验收文档清单	被验收者 2.4.3.7-1 任务工作单 1 被验收者 2.4.3.7-2 任务工作单 2 被验收者 2.4.3.7-3 任务工作单 3 被验收者 2.4.3.7-4 任务工作单 4				
	文献检索清单				
验收评分	评分标准			分数	得分
	能说出三相瞬时功率的求解方法，错误一处扣 2 分。			20 分	
	能说出三相平均功率的求解方法，错误一处扣 2 分。			20 分	
	能说出三相无功功率的求解方法，错误一处扣 2 分。			20 分	
	能说正确绘制二表法测功率的电路图，错一处扣 2 分。			20 分	
	能正确绘制一表法测功率的电路图，错一处口 2 分。			10 分	
	提供文献检索清单，少于 5 项，缺一项扣 4 分。			10 分	
评价分数					
不足之处					

任务工作单 3

被评组号：　　　　检索号：2.4.3.8-3

表 2.4.3.4　小组间互评表

班级		评价小组			日期	年　月　日
评价指标		评价内容			分数	分数评定
汇报表述		表述准确			15 分	
		语言流畅			10 分	
		准确反映改组完成情况			15 分	
内容正确度		内容正确			30 分	
		句型表达到位			30 分	
互评分数						
简要评述						

任务 4　实验：三相负载的 Y/△形连接

2.4.4.1　任务描述

本次任务主要学习三相负载的 Y 形连接和△形连接，如图 2.4.4.1 所示。分别测量 Y 形连接和△形连接的相电压、相电流、线电压、线电流及中线电流。

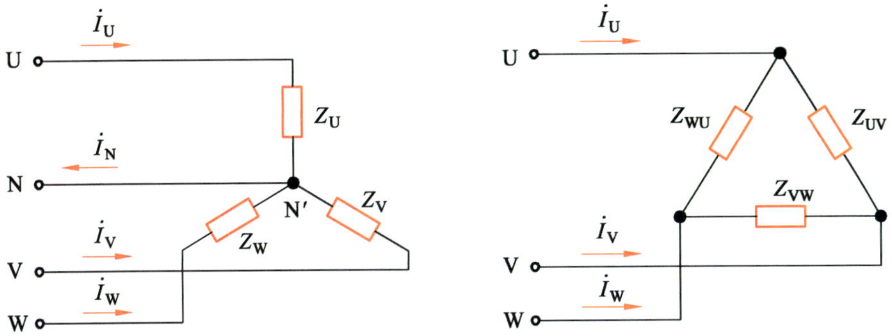

图 2.4.4.1　三相负载星形连接和三角形连接

2.4.4.2　学习目标

知识目标

（1）掌握三相负载星形连接时电路电压、电流、中线电流的测试方法；

（2）掌握三相负载三角形连接时电路电压、电流的测试方法。

能力目标

（1）能够正确三相负载星形连接时电路电压、电流、中线电流；

（2）能够正确测量三相负载星形连接时电路电压、电流。

素质素养目标

（1）培养学生自学与理论联系实际的能力；

（2）培养学生分析问题、团结协作、选择最优方法解决问题的能力。

2.4.4.3　任务分析

重　点

（1）三相负载星形连接时电路电压、电流的测量；

（2）三相负载三角形连接时电路电压、电流的测量。

难　点

（1）三相负载星形连接的接线；

（2）三相负载三角形连接的接线。

2.4.4.4 相关知识链接

2.4.4.4.1 原理说明

（1）三相负载可接成星形（又称“Y”接）或三角形又称“△”接）。当三相对称负载作 Y 形连接时，线电压 U_L 是相电压 U_P 的 $\sqrt{3}$ 倍，线电流 I_L 等于相电流 I_P，即 $U_L=\sqrt{3}U_P$，$I_L=I_P$。在这种情况下，流过中线的电流 $I=0$，所以可以省去中线。当对称三相负载作△形连接时，有 $I_L=\sqrt{3}I_P$，$U_L=U_P$ 。

（2）中性线的作用。

对于星形连接的三相负载，当其不对称时，若没有中性线，则负载的三个相电压将不再对称。如果负载是灯泡，三相灯泡的亮度则不同。如果负载极不对称，则负载较小的一相相电压将可能远超过负载的额定电压值，以致会损坏该相负载；而负载较大的一相相电压将可能远低于负载的额定电压值，使该相负载不能正常工作。因此，对于不对称的星形负载，应该连接中性线，即采用三相四线制。

（3）接中性线后，负载中性点与电源中性点被强制为等电位，各相负载的相电压与相应的电源电压相等。因为电源电压是对称的，所以负载的相电压也是对称的，从而可以保证各相负载正常工作。

（4）在实际应用中，中性线上是不允许装开关和熔断器的。另外，中性线的阻抗也不能过大，否则也会造成负载相电压不对称。

（5）当不对称负载作△接时，$I_L\neq\sqrt{3}I_P$，但只要电源的线电压对称，在忽略线路阻抗情况下，加在三相负载上的电压仍是对称的，对负载工作没有影响。

2.4.4.4.2 实验设备

表 2.4.4.1 实验设备

序号	名称	型号与规格	数量	备注
1	交流电压表		1	
2	交流电流表		1	
3	万用表		1	
4	三相灯组负载		9	

2.4.4.4.3 注意事项

（1）实验时要严格按照要求，正确地进行实验线路的连接，否则将烧坏试验台。

（2）实验时，严格按照实验项目顺序进行，完成前一个后，再进行下一个，严禁同时做两项或两项以上的实验，否则很容易损坏电源隔离变压器。

（3）实验时间尽量缩短，记录完实验数据后，马上断开电源。将 XKDG04 挂箱中的电容断开后，再进行以下实验，调节三相自耦调压器旋钮选择所需的电压。

1. 三相负载星形连接（三相四线制供电）

实验电路如图 2.4.4.2 所示。即三相灯组负载星形接法，接 220 V 输出的三相线电压并按下述内容完成各项实验，分别测量三相负载的线电压、相电压、线电流、相电流、中线电流、电源与负载中点间的电压。将所测得的数据记入表 2.4.4.2 中，并观察各相灯组亮暗的变化程度，特别要注意观察中线的作用。

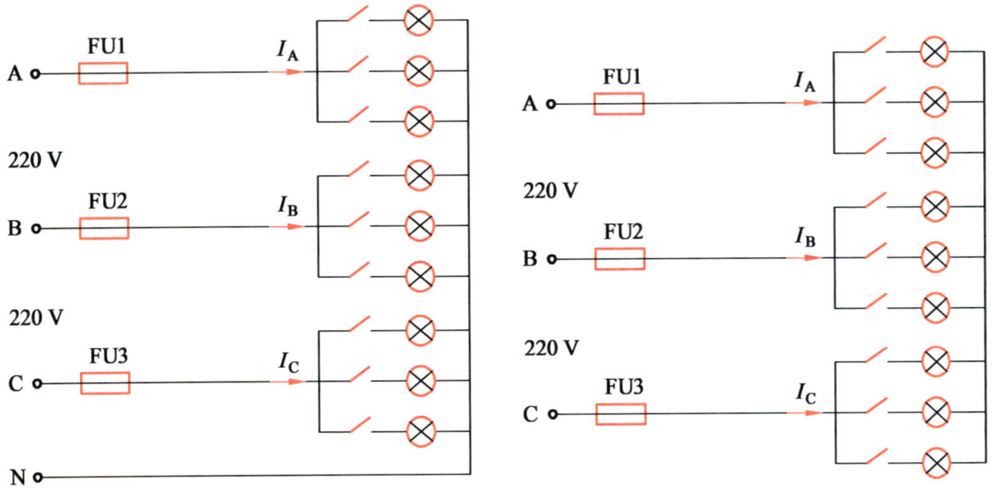

图 2.4.4.2　三相负载三相四线和三相三线星形接线图

表 2.4.4.2　三相负载星形连接数据记录表

项目		负载线电压			负载相电压			线电流			中线电流	中点电压
内容		U_{AB}	U_{BC}	U_{CA}	U_{AN}	U_{BN}	U_{CN}	I_A	I_B	I_C	I_N	$U_{N'N}$
负载平衡	有中线											
	无中线											
负载不平衡	有中线											
	无中线											
U 相开路	有中线											
	无中线											

2. 三相负载三角形连接

三相负载三角形连接如图 2.4.4.3 所示，经指导教师检查合格后接通三相电源 220 V，并按表 2.4.4.3 的内容进行测试。

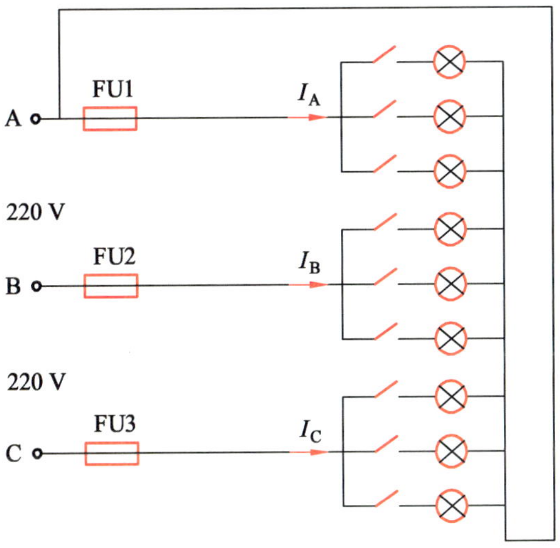

图 2.4.4.3　三相负载三角形接线图

实验数据表格如表 2.4.4.3 所示。

表 2.4.4.3　三相负载角形连接数据记录表

项目	负载线电压			相电流			线电流		
内容	U_{AB}	U_{BC}	U_{CA}	I_{AB}	I_{BC}	I_{CA}	I_A	I_B	I_C
对称									
不对称									
AB 相断路									

2.4.4.4.4　实验注意事项

（1）本实验采用三相交流市电，线电压为 220 V，应穿绝缘鞋进实验室。实验时要注意人身安全，不可触及导电部件，防止意外事故发生。

（2）每次接线完毕，同组同学应自查一遍，然后由指导教师检查后，方可接通电源，必须严格遵守先断电、再接线、后通电；先断电、后拆线的实验操作原则。

（3）星形负载作短路实验时，必须首先断开中线，以免发生短路事故。

（4）不得使用线电压为 380 V 的交流电源。

2.4.4.4.5　实验报告

（1）用实验测得的数据验证对称三相电路中的关系。

（2）用实验数据和观察到的现象，总结三相四线供电系统中中线的作用。

（3）不对称三角形连接的负载，能否正常工作？实验是否能证明这一点？

2.4.4.5　素质素养养成

通过三相负载星形连接和三角形连接电压、电流的测量，使同学们对这两种连接方式有了更进一步的理解。在学习中要注意观察，培养理论知识与实际生产相结合、选择最优方法解决问题的能力。在实验中，注意严格遵守实验规程，安全用电，谨防触电，每次改线前都要断电，养成安全生产、文明生产的工作作风。

2.4.4.6　任务分组

见附表 1。

2.4.4.7　工作准备

任务工作单 1

组号：　　　　姓名：　　　　学号：　　　　检索号：<u>2.4.4.7-1</u>

引导问题：

（1）认真阅读实验报告指导书，列写需要准备的实验器具。

表 2.4.4.4　实验工器具

序号	实验器具	型号	数量

（2）简述实验过程中的注意事项。

____

____

____

2.4.4.8　方案制定、优化与汇报

任务工作单 2

组号：　　　　姓名：　　　　学号：　　　　检索号：2.4.4.8-2

引导问题：

（1）三相负载根据星形或三角形连接各有什么特点？

（2）试分析三相星形连接不对称负载在无中线情况下，当某相负载开路或短路时会出现什么情况？如果接上中线，情况又如何？

（3）本次实验中为什么要使用 220 V 的三相电源？

制定实验方案：

____

____

____

优化实验方案：

____

____

____

汇报实验方案：

____

____

____

2.4.4.9 工作实施与结论

任务工作单 3

组号：　　　　姓名：　　　　学号：　　　　检索号：2.4.4.9-3

引导问题：

（1）三相负载星形连接的原理及方式是什么？

（2）三相负载三角形连接的原理及方式是什么？

实验实施：

____

____

____

实验结论：

____

____

____

心得体会：

____

____

____

2.4.4.10 评价反馈

任务工作单 4

组号：　　　　姓名：　　　　学号：　　　　检索号：2.4.4.10-4

表 2.4.4.5　个人自评表

班级		组名		日期	年　月　日
评价指标	评价内容			分数	分数评定
信息检索	能有效利用网络、图书资源查找有用的相关信息等；能将查到的信息有效地传递到学习中。			10 分	
感知课堂生活	是否熟悉工器具使用，认同工作价值；在学习中是否能获得满足感。			10 分	
参与态度	积极主动与教师、同学交流，相互尊重、理解、平等；与教师、同学之间是否能够保持多向、丰富、适宜的信息交流。			10 分	
	能处理好合作学习和独立思考的关系，做到有效学习；能提出有意义的问题或能发表个人见解。			10 分	

续表

评价指标	评价内容	分数	分数评定
知识获得	1. 能设计正确的实验方案测量出三相负载星形连接电路图。	15 分	
	2. 能正确设计出三相负载三角形连接电路图。	15 分	
	3. 能正确说出三相负载星形连接和三角形连接的区别。	10	
思维态度	是否能发现问题、提出问题、分析问题、解决问题、创新问题。	10 分	
自评反馈	按时按质完成任务；较好地掌握了知识点；具有较强的信息分析能力和理解能力；具有较为全面严谨的思维能力，并能条理清楚明晰表达成文。	10 分	
自评分数			
有益的经验和做法			
总结反馈建议			

任务工作单 5

组号：　　　姓名：　　　学号：　　　检索号：2.4.4.10-5

表 2.4.4.6　小组内互评验收表

<table>
<tr><td>验收组长</td><td></td><td>组名</td><td></td><td>日期</td><td>年　月　日</td></tr>
<tr><td>组内验收成员</td><td colspan="5"></td></tr>
<tr><td>任务要求</td><td colspan="5">能设计正确三相负载星形和三角形电压电流测量的电路接线并完成其测量，记录数据，分析实验结果。</td></tr>
<tr><td rowspan="2">验收文档清单</td><td colspan="5">被验收者 2.4.4.7-1 任务工作单 1
被验收者 2.4.4.8-2 任务工作单 2
被验收者 2.4.4.9-3 任务工作单 3</td></tr>
<tr><td colspan="5">文献检索清单</td></tr>
<tr><td rowspan="6">验收评分</td><td colspan="3">评分标准</td><td>分数</td><td>得分</td></tr>
<tr><td colspan="3">能正确确定检测需要的工器具，列举实验中的注意事项，错误一处扣 5 分。</td><td>20 分</td><td></td></tr>
<tr><td colspan="3">能正确制定每一个实验目的的检测方案，错误一处扣 5 分。</td><td>20 分</td><td></td></tr>
<tr><td colspan="3">能按照实验方案，正确开展实验，并记录检测数据，错一处扣 2 分。</td><td>20 分</td><td></td></tr>
<tr><td colspan="3">能分析测量误差产生的原因，并提出相应的措施，错一处扣 2 分。</td><td>20 分</td><td></td></tr>
<tr><td colspan="3">提供文献检索清单，少于 5 项，缺一项扣 4 分。</td><td>20 分</td><td></td></tr>
<tr><td colspan="4">评价分数</td><td colspan="2"></td></tr>
<tr><td>不足之处</td><td colspan="5"></td></tr>
</table>

任务工作单 6

被评组号：　　　　　　　　检索号：2.4.4.10-6

表 2.4.4.7　小组间互评表

班级		评价小组		日期	年　月　日
评价指标	评价内容			分数	分数评定
汇报表述	表述准确			15 分	
	语言流畅			10 分	
	准确完整描述实验方案			15 分	
内容正确度	内容正确			30 分	
	内容完整			30 分	
互评分数					
简要评述					

任务工作单 7

组号：　　　姓名：　　　学号：　　　检索号：2.4.4.10-7

表 2.4.4.8　任务完成情况评价表

任务名称	实验：三相负载 Y/△的连接			总得分		
评价依据	学生完成的 2.4.4.7-2.4.4.9 任务工作单					
序号	任务内容及要求		配分	评分标准	教师评价	
					结论	得分
1	能阅读实验指导书，明确实验目的，选择实验器具。	（1）描述正确；	10 分	缺一个要点扣 1 分		
		（2）语言表达流畅。	10 分	酌情赋分		
2	能正确制定每一个实验目的的检测方案。	（1）描述正确；	12 分	缺一个要点扣 1 分		
		（2）语言流畅。	10 分	酌情赋分		
3	能按照实验方案，正确开展实验，并记录实验数据。	（1）描述正确；	18 分	缺一个要点扣 2 分		
		（2）语言流畅。	10 分	酌情赋分		
4	能分析测量误差产生的原因，并提出相应的措施。	（1）描述正确；	10 分	缺一个要点扣 2 分		
		（2）语言流畅。	10 分	酌情赋分		
5	至少包含 5 份文献的检索文献的目录清单。	（1）数量；	2 分	每少一个扣 0.5 分		
		（2）参考的主要内容要点。	3 分	酌情赋分		

续表

序号	任务内容及要求		配分	评分标准	教师评价	
					结论	得分
6	素质素养评价。	（1）沟通交流能； （2）团队合作； （3）课堂纪律； （4）合作探学； （5）自主研学； （6）培养安全生产，文明作业的工作作风； （7）培养分析解决问题的能力； （8）培养讲原则、守规矩的意识； （9）培养热爱劳动的意识。	5分	酌情赋分，但违反课堂纪律，不听从组长、教师安排，不得分。		

任务5　实验：对称三相电路有功功率的测量

2.4.5.1　任务描述

本次任务主要学习学习用“一表法”和“两表法”测量三相电路的有功功率。

2.4.5.2　学习目标

知识目标

（1）掌握“一表法”接线方法和测量功率的方法；

（2）掌握“两表法”接线方法和测量功率的方法。

能力目标

（1）能够正确使用有功功率表；

（2）能够正确使用“两表法”测量有功功率。

素质素养目标

（1）培养学生自学与理论联系实际的能力；

（2）培养学生分析问题、团结协作的能力以及选择最优方法解决问题的能力。

2.4.5.3　任务分析

重　点

（1）有功功率表的使用方法；

（2）“一表法”和“两表法”测量功率的方法。

难　点

（1）“一表法”的接线过程；

（2）“两表法”的测量有功功率的接线过程。

2.4.5.4　相关知识链接

2.4.5.4.1　实验原理

（1）对于三相四线制供电的三相星形连接的负载，可用一只功率表测量各相的有功功率 P_U、P_V、P_W（功率表的电压线圈接在火线和中线之间），三相功率之和（$\sum P = P_U + P_V + P_W$）即为三相负载的总有功功率值（所谓“一表法”就是用一只单相功率表去分别测量各相的有功功率）。若三相负载是对称的，则只需测量一相的功率即可，该相功率乘以 3 即得三相总的有功功率。

（2）在三相三线制电路中，不论负载对称与否，也不论负载是星形还是三角形连接，通常用两只功率表测量三相功率，故称二瓦计法，如图 2.4.5.1 所示。

若一只功率表接在 U 相，该表的测量有功功率为 $P_U = U_{UV} I_U \cos\varphi(U_{UV}, I_U)$，另一只功率表接在 W 相，该表的测量有功功率为 $P_W = U_{WU} I_W \cos\varphi(U_{WU}, I_W)$。

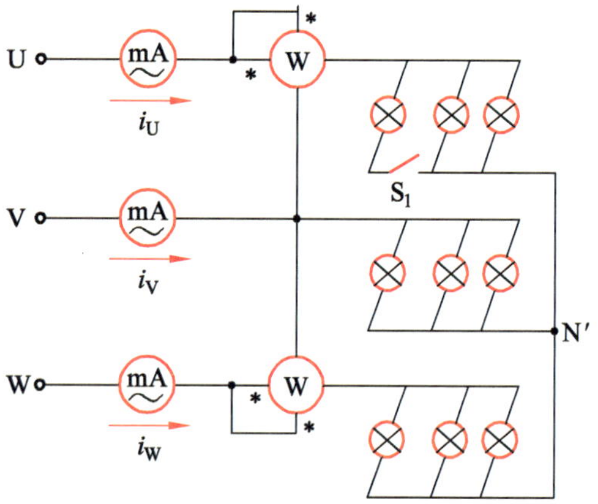

图 2.4.5.1　“两表法”测功率电路

电路的三相瞬时总功率为 $p = p_u + p_v + p_w = u_u i_u + u_v i_v + u_w i_w$。

对于三相三线制电路，有：

$$i_u + i_v + i_w = 0$$

所以，总的瞬时功率：

$$\begin{aligned} p &= p_u + p_v + p_w = u_u i_u + u_v i_v + u_w i_w \\ &= u_u i_u - u_v (i_u + i_w) + u_w i_w = u_{uv} i_u + u_{wv} i_w \end{aligned}$$

三相负载所消耗总的平均功率 P 为：

$$\begin{aligned} P &= P_1 + P_2 \\ &= U_{UV} I_U \cos\varphi_1 + U_{WV} I_W \cos\varphi_2 \\ &= P_U + P_V + P_W \end{aligned} \tag{2.4.5.1}$$

式中，P_1 和 P_2 表示两只功率表的读数。即两只功率表读数的代数和是三相负载所消耗总的平均功率 P。

若负载为感性或容性，且当相位差 $\varphi > 60°$ 时，线路中的一只功率表的指针将反偏（对于数字式功率表将会出现负读数），这时应将功率表电流线圈的两个端子调换（不能调换电压线圈端子），而读数应记为负值。

“两表法”适用于对称或不对称的三相三线制电路，而对于三相四线制电路一般不适用。

图 2.4.5.1 是“两表法”的一种接线方式。一般的接线原则是：

（1）两只功率表的电流线圈分别串接于任意两相火线，电流线圈的发电机端（*号端，也称为同名端）必须接在电源侧。

（2）两只功率表电压线圈的发电机端必须各自接到电流线圈的发电机端，而两只功率表电压线圈的非发电机端必须同时接到没有接功率表电流线圈的第三相火线上。

2.4.5.4.2 实验器材

表 2.4.5.1 实验器材

序号	名称	型号与规格	数量	备注
1	交流电压表		1	
2	交流电流表		1	
3	单相功率表		2	
4	白炽灯组负载		3	

2.4.5.4.3 实验内容及步骤

（1）用“一表法”测量三相四线制负载与对称负载的总功率 $\sum P$，实验线路自拟。将拟好的实验线路连接好，并将测量数据记入表 2.4.5.2。（线路中可接电压表和电流表，监视三相电流和电压，以免超过功率表电压和电流的量程。）

表 2.4.5.2 一表法测量数据记录表

项目 负载 情况	线电压 U_{xn}	相电压 $U_{UN'}$	相电压 $U_{VN'}$	相电压 $U_{WN'}$	I_U (mA)	I_V (mA)	I_W (mA)	测量值			计算值			
								P_1	P_2	P	P_U	P_V	P_W	P
对称														
不对称														

（2）用“两表法”测量三相三线制供电星形连接负载的总功率，并将测试数据计入表 2.4.5.3。

表 2.4.5.3　两表法测量数据记录表

项目 负载 情况	线电压 U_{xn}	相电压 $U_{UN'}$	相电压 $U_{VN'}$	相电压 $U_{WN'}$	I_U (mA)	I_V (mA)	I_W (mA)	测量值			计算值			
								P_1	P_2	P	P_U	P_V	P_W	P
对称														
不对称														

（3）整理实验数据和结果，说明用“一表法”和“两表法”测量三相电路有功功率的适用场合。

（4）将“一表法”和“两表法”测量三相对称负载所消耗的功率进行比较，并与理论计算值进行比较分析。

2.4.5.4.4　注意事项

（1）注意三相电源和三相负载的正确连接，特别是中性点 N 与 N′要连在一起。

（2）注意功率表的连接方式、电压量程与电流量程的选择以及功率表的读数方法。

（3）用“两表法”测量时，如果按照规则接线，功率表指针反向偏转时，应将功率表电流线圈的接头对调，或通过功率表的转换旋钮倒换，并把读数记为负值。

（4）每次改变接线时，均须断开电源，以确保人身与仪器设备安全。

（5）在测量有功功率时，由于被测功率低，在测量过程中有一定误差。

2.4.5.4.5　报告要求

将“两表法”测量三相对称负载有功功率的实验结果与理论计算值进行比较分析。

2.4.5.5　素质素养养成

通过“一表法”和“二表法”测量有功功率，使同学们对这两种测量功率的方法有了更进一步的巩固。在学习中要注意观察，培养理论知识与实际生产相结合、选择最优方法解决问题的能力。在实验中，注意严格遵守实验规程，安全用电，谨防触电，每次改线前都要断电，养成安全生产、文明生产的工作作风。

2.4.5.6　任务分组

见附表 1。

2.4.5.7　工作准备

任务工作单 1

组号：　　　　姓名：　　　　学号：　　　　检索号：2.4.5.7-1

引导问题：

（1）认真阅读实验报告指导书，列写需要准备的实验器具。

表 2.4.5.4　实验工器具

序号	实验器具	型号	数量

（2）简述实验过程中的注意事项。

2.4.5.8　方案制定、优化与汇报

任务工作单 2

组号：　　姓名：　　学号：　　检索号：2.4.5.8-2

引导问题：

（1）三相有功功率表的使用方法是什么？

（2）“一表法”和“两表法”测量功率的区别在哪？

制定实验方案：

优化实验方案：

汇报实验方案：

2.4.5.9　工作实施与结论

任务工作单 3

组号：　　　　姓名：　　　　学号：　　　　检索号：2.4.5.9-3

引导问题：

（1）“一表法”测量有功功率的接线方法是什么？

（2）“两表法”测量有功功率的接线方法是什么？

实验实施：

____

____

____

实验结论：

____

____

____

心得体会：

____

____

____

2.4.5.10　评价反馈

任务工作单 4

组号：　　　　姓名：　　　　学号：　　　　检索号：2.4.5.10-4

表 2.4.5.5　个人自评表

<table>
<tr><td>班级</td><td></td><td>组名</td><td></td><td>日期</td><td>年　月　日</td></tr>
<tr><td>评价指标</td><td colspan="3">评价内容</td><td>分数</td><td>分数评定</td></tr>
<tr><td>信息检索</td><td colspan="3">能有效利用网络、图书资源查找有用的相关信息等；能将查到的信息有效地传递到学习中。</td><td>10 分</td><td></td></tr>
<tr><td>感知课堂生活</td><td colspan="3">是否熟悉工器具使用，认同工作价值；在学习中是否能获得满足感。</td><td>10 分</td><td></td></tr>
<tr><td rowspan="2">参与态度</td><td colspan="3">积极主动与教师、同学交流，相互尊重、理解、平等；与教师、同学之间是否能够保持多向、丰富、适宜的信息交流。</td><td>10 分</td><td></td></tr>
<tr><td colspan="3">能处理好合作学习和独立思考的关系，做到有效学习；能提出有意义的问题或能发表个人见解。</td><td>10 分</td><td></td></tr>
</table>

续表

<table>
<tr><td>评价指标</td><td>评价内容</td><td>分数</td><td>分数评定</td></tr>
<tr><td rowspan="3">知识获得</td><td>1. 能设计正确的“一表法”测量有功功率的电路图。</td><td>15 分</td><td></td></tr>
<tr><td>2. 能设计正确的“两表法”测量有功功率的电路图。</td><td>15 分</td><td></td></tr>
<tr><td>3. 能正确说出“一表法”和“两表法”的区别。</td><td>10</td><td></td></tr>
<tr><td>思维态度</td><td>是否能发现问题、提出问题、分析问题、解决问题、创新问题。</td><td>10 分</td><td></td></tr>
<tr><td>自评反馈</td><td>按时按质完成任务；较好地掌握了知识点；具有较强的信息分析能力和理解能力；具有较为全面严谨的思维能力，并能条理清楚明晰表达成文。</td><td>10 分</td><td></td></tr>
<tr><td colspan="3">自评分数</td><td></td></tr>
<tr><td>有益的经验和做法</td><td colspan="3"></td></tr>
<tr><td>总结反馈建议</td><td colspan="3"></td></tr>
</table>

任务工作单 5

组号：　　姓名：　　学号：　　检索号：2.4.5.10-5

表 2.4.5.6　小组内互评验收表

<table>
<tr><td>验收组长</td><td></td><td>组名</td><td></td><td>日期</td><td>年　月　日</td></tr>
<tr><td>组内验收成员</td><td colspan="5"></td></tr>
<tr><td>任务要求</td><td colspan="5">能设计正确完成“一表法”和“两表法”的接线，并完成其测量，记录数据，分析实验结果。</td></tr>
<tr><td rowspan="2">验收文档清单</td><td colspan="5">被验收者 2.4.5.7-1 任务工作单 1
被验收者 2.4.5.8-2 任务工作单 1
被验收者 2.4.5.9-3 任务工作单 3</td></tr>
<tr><td colspan="5">文献检索清单</td></tr>
<tr><td rowspan="6">验收评分</td><td colspan="3">评分标准</td><td>分数</td><td>得分</td></tr>
<tr><td colspan="3">能正确确定检测需要的工器具，列举实验中的注意事项，错误一处扣 5 分。</td><td>20 分</td><td></td></tr>
<tr><td colspan="3">能正确制定每一个实验目的的检测方案，错误一处扣 5 分。</td><td>20 分</td><td></td></tr>
<tr><td colspan="3">能按照实验方案，正确开展实验，并记录检测数据，错一处扣 2 分。</td><td>20 分</td><td></td></tr>
<tr><td colspan="3">能分析测量误差产生的原因，并提出相应的措施，错一处扣 2 分。</td><td>20 分</td><td></td></tr>
<tr><td colspan="3">提供文献检索清单，少于 5 项，缺一项扣 4 分。</td><td>20 分</td><td></td></tr>
<tr><td colspan="4">评价分数</td><td colspan="2"></td></tr>
<tr><td>不足之处</td><td colspan="5"></td></tr>
</table>

任务工作单 6

被评组号：　　　　　　　　　检索号：2.4.5.10-6

表 2.4.5.7　小组间互评表

班级		评价小组		日期	年　月　日
评价指标	评价内容			分数	分数评定
汇报表述	表述准确			15 分	
	语言流畅			10 分	
	准确完整描述实验方案			15 分	
内容正确度	内容正确			30 分	
	内容完整			30 分	
互评分数					
简要评述					

任务工作单 7

组号：　　　姓名：　　　学号：　　　检索号：2.4.5.10-7

表 2.4.5.8　任务完成情况评价表

任务名称	实验：对称三相电路的有功功率测量				总得分	
评价依据	学生完成的 2.4.5.7～2.4.5.9 任务工作单					
序号	任务内容及要求		配分	评分标准	教师评价	
					结论	得分
1	能阅读实验指导书，明确实验目的，选择实验器具。	（1）描述正确；	10 分	缺一个要点扣 1 分		
		（2）语言表达流畅。	10 分	酌情赋分		
2	能正确制定每一个实验目的的检测方案。	（1）描述正确；	12 分	缺一个要点扣 1 分		
		（2）语言流畅。	10 分	酌情赋分		
3	能按照实验方案，正确开展实验，并记录实验数据。	（1）描述正确；	18 分	缺一个要点扣 2 分		
		（2）语言流畅。	10 分	酌情赋分		
4	能分析测量误差产生的原因，并提出相应的措施。	（1）描述正确；	10 分	缺一个要点扣 2 分		
		（2）语言流畅。	10 分	酌情赋分		
5	至少包含 5 份文献的检索文献的目录清单。	（1）数量；	2 分	每少一个扣 0.5 分		
		（2）参考的主要内容要点。	3 分	酌情赋分		

续表

序号	任务内容及要求		配分	评分标准	教师评价	
					结论	得分
6	素质素养评价。	（1）沟通交流能； （2）团队合作； （3）课堂纪律； （4）合作探学； （5）自主研学； （6）培养安全生产，文明作业的工作作风； （7）培养分析解决问题的能力； （8）培养讲原则、守规矩的意识； （9）培养热爱劳动的意识。	5分	酌情赋分，但违反课堂纪律，不听从组长、教师安排，不得分。		

任务6　实验：对称三相电路无功功率的测量

2.4.6.1　任务描述

本次任务主要学习用“两表法”测量三相电路的无功功率。

2.4.6.2　学习目标

知识目标

（1）掌握无功功率的概念及无功功率表的使用方法；

（2）掌握“两表法”接线方法和测量无功功率的方法。

能力目标

（1）能够正确使用无功功率表；

（2）能够正确用“两表法”测量无功功率。

素质素养目标

（1）培养学生自学与理论联系实际的能力；

（2）培养学生分析问题、团结协作、选择最优方法解决问题的能力。

2.4.6.3　任务分析

重　点

（1）无功功率表的使用方法；

（2）“两表法”测量无功功率的方法。

难　点

（1）无功功率表的接线方法和使用注意事项；

（2）“两表法”测量无功功率的接线过程。

2.4.6.4　相关知识链接

2.4.6.4.1　实验原理

采用两表跨相法测无功功率，如图 2.4.6.1 所示。接线是一表接 $I_U U_{VW}$，另一表接 $I_W U_{UV}$。该 $\dot{I}_U$ 滞后 $\dot{U}_U$ 为 φ 角，由相量图看出该表读数为：$P_1 = U_{VW} I_U \cos(90° - \varphi) = UI\sin\varphi$，三相负载对称时，同理得到另一表读数：$P_2 = UI\sin\varphi$，两表读数之和为 $P = P_1 + P_2 = 2UI\sin\varphi$，所以 $Q = \frac{\sqrt{3}}{2}(P_1 + P_2)$。

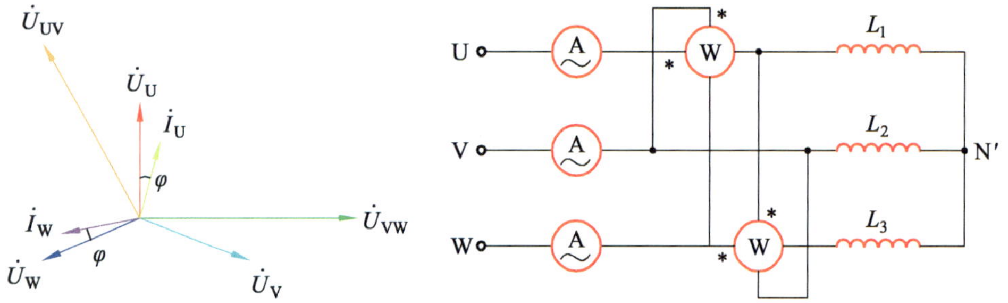

图 2.4.6.1　两表跨相法

2.4.6.4.2　实验器材

表 2.4.6.1　实验器材

序号	名称	型号与规格	数量	备注
1	交流电压表		3	
2	数字万用表		1	
3	单相功率表		2	
4	白炽灯组负载（感性）		3	

2.4.6.4.3　实验内容及步骤

（1）按图 2.4.6.1 接线，负载对称。

（2）读 P_1、P_2 测量各相电流值记入表 2.4.6.2 中。

表 2.4.6.2　实验数据记录表

项目 负载 情况	线电压 U_{xn}	相电压 $U_{UN'}$	相电压 $U_{VN'}$	相电压 $U_{WN'}$	I_U (mA)	I_V (mA)	I_W (mA)	测量值			计算值			
								P_1	P_2	P	P_U	P_V	P_W	P
对称														
不对称														

2.4.6.4.4 注意事项

改变接线时，均须断开电源，以确保人身与仪器设备安全。

2.4.6.4.5 报告要求

将“两表法”测量三相对称负载无功功率的实验结果与理论计算值进行比较分析。

2.4.6.5 素质素养养成

通过“两表法”测量无功功率，使同学们对无功功率的理解更深入。在学习中要注意观察，培养理论知识与实际生产相结合、选择最优方法解决问题的能力。在实验中，注意严格遵守实验规程，安全用电，谨防触电，每次改线前都要断电，养成安全生产、文明生产的工作作风。

2.4.6.6 任务分组

见附表 1。

2.4.6.7 工作准备

任务工作单 1

组号： 姓名： 学号： 检索号： 2.4.6.7-1

引导问题：

（1）认真阅读实验报告指导书，在表 2.4.6.3 中列写需要准备的实验器具。

表 2.4.6.3 实验工器具

序号	实验器具	型号	数量

（2）简述实验过程中的注意事项。

____

____

____

2.4.6.8 方案制定、优化与汇报

任务工作单 2

组号： 姓名： 学号： 检索号： 2.4.6.8-2

引导问题：

（1）三相无功功率表的使用方法是什么？

（2）“两表法”测量无功功率的关键点在哪？

制定实验方案：

优化实验方案：

汇报实验方案：

2.4.6.9　工作实施与结论

任务工作单 3

组号：　　姓名：　　学号：　　检索号：2.4.6.9-3

引导问题：

（1）“两表法”测量无功功率的接线方法有哪些?

（2）“两表法”测量无功功率的注意事项有哪些?

实验实施：

实验结论：

心得体会：

2.4.6.10 评价反馈

任务工作单 4

组号：　　　　姓名：　　　　学号：　　　　检索号：2.4.6.10-4

表 2.4.6.4 个人自评表

班级		组名		日期	年 月 日
评价指标	评价内容			分数	分数评定
信息检索	能有效利用网络、图书资源查找有用的相关信息等；能将查到的信息有效地传递到学习中。			10 分	
感知课堂生活	是否熟悉工器具使用，认同工作价值；在学习中是否能获得满足感。			10 分	
参与态度	积极主动与教师、同学交流，相互尊重、理解、平等；与教师、同学之间是否能够保持多向、丰富、适宜的信息交流。			10 分	
	能处理好合作学习和独立思考的关系，做到有效学习；能提出有意义的问题或能发表个人见解。			10 分	
知识获得	1. 能设计正确的“两表法”测量无功功率的电路图。			15 分	
	2. 能正确的进行“两表法”测量无功功率的接线。			15 分	
	3. 能正确说出“两表法”测量无功功率的关键点。			10	
思维态度	是否能发现问题、提出问题、分析问题、解决问题、创新问题。			10 分	
自评反馈	按时按质完成任务；较好地掌握了知识点；具有较强的信息分析能力和理解能力；具有较为全面严谨的思维能力，并能条理清楚明晰表达成文。			10 分	
自评分数					
有益的经验和做法					
总结反馈建议					

任务工作单 5

组号：　　　　姓名：　　　　学号：　　　　检索号：2.4.6.10-5

表 2.4.6.5 小组内互评验收表

验收组长		组名		日期	年 月 日
组内验收成员					
任务要求	能正确完成无功功率测量的接线并完成测量，记录数据，分析实验结果。				
验收文档清单	被验收者 2.4.6.7-1 任务工作单 1 被验收者 2.4.6.8-2 任务工作单 2 被验收者 2.4.6.9-3 任务工作单 3				
	文献检索清单				

续表

	评分标准	分数	得分
验收评分	能正确确定检测需要的工器具，列举实验中的注意事项，错误一处扣 5 分。	20 分	
	能正确制定每一个实验目的的检测方案，错误一处扣 5 分。	20 分	
	能按照实验方案，正确开展实验，并记录检测数据，错一处扣 2 分。	20 分	
	能分析测量误差产生的原因，并提出相应的措施，错一处扣 2 分。	20 分	
	提供文献检索清单，少于 5 项，缺一项扣 4 分。	20 分	
评价分数			
不足之处			

任务工作单 6

被评组号：　　　　　　　　检索号：2.4.6.10-6

表 2.4.6.6　小组间互评表

班级		评价小组		日期	年　月　日
评价指标	评价内容			分数	分数评定
汇报表述	表述准确			15 分	
	语言流畅			10 分	
	准确完整描述实验方案			15 分	
内容正确度	内容正确			30 分	
	内容完整			30 分	
互评分数					
简要评述					

任务工作单 7

组号：　　　姓名：　　　学号：　　　检索号：2.4.6.10-7

表 2.4.6.7　任务完成情况评价表

任务名称	实验：对称三相电路的无功功率测量				总得分	
评价依据	学生完成的 2.4.6.7～2.4.6.9 任务工作单					
序号	任务内容及要求		配分	评分标准	教师评价	
					结论	得分
1	能阅读实验指导书，明确实验目的，选择实验器具。	（1）描述正确；	10 分	缺一个要点扣 1 分		
		（2）语言表达流畅。	10 分	酌情赋分		
2	能正确制定每一个实验目的的检测方案。	（1）描述正确；	12 分	缺一个要点扣 1 分		
		（2）语言流畅。	10 分	酌情赋分		

续表

序号	任务内容及要求		配分	评分标准	教师评价	
					结论	得分
3	能按照实验方案，正确开展实验，并记录实验数据。	（1）描述正确；	18 分	缺一个要点扣 2 分		
		（2）语言流畅。	10 分	酌情赋分		
4	能分析测量误差产生的原因，并提出相应的措施。	（1）描述正确；	10 分	缺一个要点扣 2 分		
		（2）语言流畅。	10 分	酌情赋分		
5	至少包含 5 份文献的检索文献的目录清单。	（1）数量；	2 分	每少一个扣 0.5 分		
		（2）参考的主要内容要点。	3 分	酌情赋分		
6	素质素养评价。	（1）沟通交流能； （2）团队合作； （3）课堂纪律； （4）合作探学； （5）自主研学； （6）培养安全生产，文明作业的工作作风； （7）培养分析解决问题的能力； （8）培养讲原则、守规矩的意识； （9）培养热爱劳动的意识。	5 分	酌情赋分，但违反课堂纪律，不听从组长、教师安排，不得分。		

项目 5　一阶电路的时域分析

任务 1　换路定则与初始值确定

2.5.1.1　任务描述

描述电路过渡过程成因及特点、换路定则内容；根据换路定则，分析电路换路初始状态；根据 KCL、KVL 及欧姆定律计算各元件电压及支路电流初始值。

2.5.1.2　学习目标

知识目标

（1）掌握电路过渡过程的成因及特点；

（2）掌握换路定律的内容。

能力目标

（1）能画出电路换路后的初始电路；

（2）能计算电路换路后的初始值。

素质素养目标

（1）培养学生分析问题、解决问题的能力；

（2）培养学生解决实际问题的思维能力；

（3）培养学生综合分析能力。

2.5.1.3　任务分析

重　点

（1）换路定则的内容；

（2）电路换路后的初始值计算。

难　点

电路换路后状态分析及初始值计算。

2.5.1.4　相关知识链接

2.5.1.4.1　过渡过程的概念

过渡过程是自然界各种事物的普遍存在的现象，如鲜花从种子到绽放，汽车从启动到匀速运行，闪电从电荷到放电通道等。每一个过渡过程都是从一种稳定的状态经过一定的时间过渡到另外一种状态。这个时间或长或短，取决于事物的性质。对于我们所学习的含有电感、电容元件的电路而言，由于电路的接通或切断，使得电路从一种状态经过一段时间过渡到另外一种新的稳定状态，这一过程也称电路的过渡过程。

电路的过渡过程很短暂，又被称为暂态过程。电路的稳定状态称为稳态。电力系统中的电路暂态过程虽然短暂，但瞬间产生的过电压或过电流有可能危及设备和人身安全，研究清楚这一过程，有助于我们采取措施加以预防。

2.5.1.4.2 换路定则

含有储能元件（电感、电容）的电路，在开关切换后（简称换路）之所以会产生过渡过程，是因为储能元件的能量不能突变，只能连续变化。

电容元件在任意时刻储存的能量为：

$$w_C = \frac{1}{2}Cu_C^2 \tag{2.5.1.1}$$

电感元件在任意时刻储存的能量为：

$$w_L = \frac{1}{2}Li_L^2 \tag{2.5.1.2}$$

由于电感电容储存的能量不能突变，因此换路瞬间，电容电压不能突变，电感电流不能突变，这就是换路定律。这一点也可以从电感电容元件的电压电流关系推导得出。设 $t=0$ 时电路发生换路，根据换路定律，电感的电流在换路瞬间前后相等，电容的电压在换路瞬间前后相等。用数学式表示为：

$$\begin{cases} i_L(0_+) = i_L(0_-) \\ u_C(0_+) = u_C(0_-) \end{cases} \tag{2.5.1.3}$$

$0-$ 表示 t 从负值趋于零值的极限，即换路前瞬间；

$0+$ 表示 t 从正值趋于零值的极限，即换路后瞬间。

2.5.1.4.3 初始值的计算

电路的过渡过程是从换路后的最初瞬间（$t=0+$）开始的，电路中各元件电压、支路电流在 $t=0+$ 的瞬时值是过渡过程的初始值。对过渡过程的分析往往要从计算各元件电压、支路电流的初始值开始。

初始值的计算分两步走：

第一步，计算独立初始值，由换路前的电路状态，计算换路前电感电流 $i(0_-)$、电容电压值 $u(0_-)$；

第二步，使用换路定则，$i(0_-)=i(0_+)$，$u(0_-)=u(0_+)$；

第三步，计算相关初始值，将电容等效为电压源，电感等效为电流源，利用 KCL、KVL 及欧姆定律，计算换路后的电路各元件电压与各支路电流值，即所求初始值。

2.5.1.5 素质素养养成

本小节认识了电路的过渡过程，探究其产生原因及初始值的计算。过渡过程存在的本质原因是能量不能突变，这与我们对自然界事物发展规律是相一致的。同学们可以多举几个类似的案例进行探讨。根据换路定律，采用等效思想，将电容元件看作电压源，电感元件看作电流源，帮助我们分析电路换路初始状态。在学习生活中，同学们可以借用等效思维，将待分析事物用具有相同性质的事物代替，研究替代事物的规律，最后将替代事物的规律迁移至原事物中，帮助我们理解、分析问题。

2.5.1.6 任务分组

见附表 1。

2.5.1.7 任务实施

任务工作单 1

组号：　　　　姓名：　　　　学号：　　　　检索号：2.5.1.7-1

引导问题：

（1）写出电路过渡过程的成因及特点；

（2）写出换路定律的内容。

____

____

____

任务工作单 2

组号：　　　　姓名：　　　　学号：　　　　检索号：2.5.1.7-2

引导问题：

如图 2.5.1.1 所示，直流电压源电压 $U_S = 50$ V, $R_1 = R_2 = 5\ \Omega$, $R_3 = 20\ \Omega$。电路原已达到稳态。在 $t = 0$ 时断开开关 S，按照下图给定各元件电压、支路电流的参考方向，画出换路后初始电路图，求 $t = 0_+$ 时，i_L、u_C、u_{R2}、u_{R3}、u_L、i_C 的值。

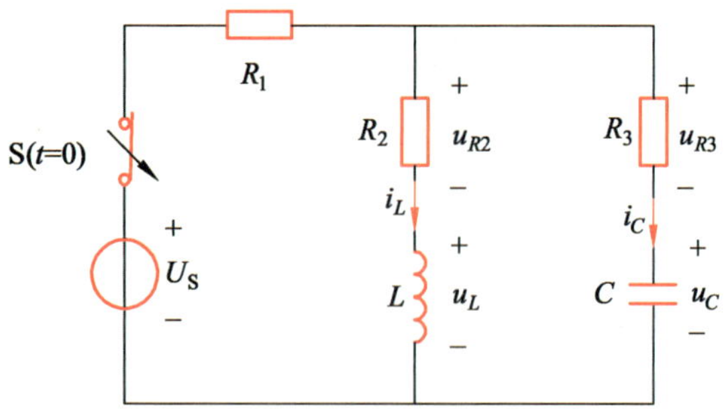

图 2.5.1.1

____

____

____

任务工作单 3

组号：　　　姓名：　　　学号：　　　检索号：2.5.1.7-3

引导问题：

（1）每小组推荐一位小组长，汇报任务工作单 2 的成果。

任务工作单 4

组号：　　　姓名：　　　学号：　　　检索号：2.5.1.7-4

引导问题：

（1）自查、分析自身工单存在的错误及改正，并填写下表。

表 2.5.1.1　任务工作单自查表

错误	原因	改正

2.5.1.8　评价反馈

任务工作单 1

组号：　　　姓名：　　　学号：　　　检索号：2.5.1.8-1

表 2.5.1.2　个人自评表

班级		姓名		日期	年　月　日
任务名称					
评价指标	评价内容			分数	分数评定
信息检索能力	能有效利用网络、图书资源、字典查找有用的相关信息等；能将查到的信息有效地传递到工作中。			10 分	
感知课堂生活	认同本任务的工作价值，在参与中获得满足感、成就感。			10 分	
参与态度	积极主动与教师、同学交流，相互尊重、理解、平等；与教师、同学之间是否能够保持多向、丰富、适宜的信息交流。			10 分	
	能处理好合作学习和独立思考的关系，做到有效学习；能提出有意义的问题或能发表个人见解。			10 分	

续表

评价指标	评价内容	分数	分数评定
知识、能力获得情况	1. 能说出电路过渡过程的成因及特点。	15 分	
	2. 能说出换路定律内容。	15 分	
	3. 能分析电路换路后的状态并计算初始值。	20 分	
思维态度	是否能发现问题、提出问题、分析问题、解决问题、创新问题。	5 分	
自评反馈	按时按质任务；较好地掌握了知识点；具有较强的信息分析能力和理解能力；具有较为全面严谨的思维能力，并能条理清楚明晰表达成文。	5 分	
自评分数			
有益的经验和做法			
总结反馈建议			

任务工作单 2

组号：　　　　姓名：　　　　学号：　　　　检索号：2.5.1.8-2

表 2.5.1.3　小组内互评验收表

验收组长		组名		日期	年　月　日
组内验收成员					
任务要求	描述电路过渡过程成因及特点、换路定律内容；根据换路定律，分析电路换路初始状态；根据 KCL、KVL 及欧姆定律计算各元件电压及支路电流初始值；能够按时完成任务工作单，能够反思自己的不足并改进。				
验收文档清单	被验收者 2.5.1.7-1 任务工作单 被验收者 2.5.1.7-2 任务工作单 被验收者 2.5.1.7-3 任务工作单 被验收者 2.5.1.7-4 任务工作单				
	文献检索清单				
验收评分	评分标准			分数	得分
	正确描述电路过渡过程的成因及特点，错一处扣 10 分。			20 分	
	正确描述换路定律内容，错一处扣 10 分。			20 分	
	正确画出换路后的电路图，错一处扣 5 分。			20 分	
	正确计算电路换路后的初始值，错一处扣 5 分。			20 分	
	提供文献检索清单，少于 5 项，缺一项扣 4 分。			20 分	
评价分数					
不足之处					

任务工作单 3

被评组号：　　　　　　　　　　检索号：2.5.1.8-3

表 2.5.1.4　小组间互评表

<table>
<tr><td>班级</td><td></td><td>评价小组</td><td></td><td>日期</td><td>年　月　日</td></tr>
<tr><td>评价指标</td><td colspan="3">评价内容</td><td>分数</td><td>分数评定</td></tr>
<tr><td rowspan="3">汇报
表述</td><td colspan="3">表述准确</td><td>15 分</td><td></td></tr>
<tr><td colspan="3">语言流畅</td><td>10 分</td><td></td></tr>
<tr><td colspan="3">声音洪亮、自信大方</td><td>15 分</td><td></td></tr>
<tr><td rowspan="2">内容
正确度</td><td colspan="3">内容正确</td><td>30 分</td><td></td></tr>
<tr><td colspan="3">口述准确</td><td>30 分</td><td></td></tr>
<tr><td colspan="4">互评分数</td><td colspan="2"></td></tr>
<tr><td>简要评述</td><td colspan="5"></td></tr>
</table>

任务工作单 4

组号：　　　　姓名：　　　　学号：　　　　检索号：2.5.1.8-4

表 2.5.1.5　任务完成情况评价表

<table>
<tr><td>任务名称</td><td colspan="4">换路定则与初始值确定</td><td>总得分</td><td></td></tr>
<tr><td>组号及成员</td><td colspan="6"></td></tr>
<tr><td>评价依据</td><td colspan="6">学生完成的 2.5.1.7 所有任务工作单</td></tr>
<tr><td rowspan="2">序号</td><td rowspan="2" colspan="2">任务内容及要求</td><td rowspan="2">配分</td><td rowspan="2">评分标准</td><td colspan="2">教师评价</td></tr>
<tr><td>结论</td><td>得分</td></tr>
<tr><td rowspan="2">1</td><td rowspan="2">正确写出电路过渡过程的成因及特点。</td><td>（1）书写正确；</td><td>10 分</td><td>错误一个扣 5 分</td><td></td><td></td></tr>
<tr><td>（2）语言流畅。</td><td>10 分</td><td>酌情赋分</td><td></td><td></td></tr>
<tr><td rowspan="2">2</td><td rowspan="2">正确书写换路定律内容。</td><td>（1）描述正确；</td><td>10 分</td><td>缺一个要点扣 5 分</td><td></td><td></td></tr>
<tr><td>（2）语言流畅。</td><td>10 分</td><td>酌情赋分</td><td></td><td></td></tr>
<tr><td rowspan="2">3</td><td rowspan="2">正确画出换路后的电路图。</td><td>（1）描述正确；</td><td>10 分</td><td>缺一个要点扣 3 分</td><td></td><td></td></tr>
<tr><td>（2）语言流畅。</td><td>10 分</td><td>酌情赋分</td><td></td><td></td></tr>
<tr><td rowspan="2">4</td><td rowspan="2">正确计算电路换路后的初始值。</td><td>（1）绘制正确；</td><td>10 分</td><td>错误一处扣 2 分</td><td></td><td></td></tr>
<tr><td>（2）语言流畅。</td><td>10 分</td><td>酌情赋分</td><td></td><td></td></tr>
<tr><td rowspan="2">5</td><td rowspan="2">至少包含 5 份文献的检索文献的目录清单。</td><td>（1）数量；</td><td>5 分</td><td>每少一个扣 2 分</td><td></td><td></td></tr>
<tr><td>（2）参考的主要内容要点。</td><td>5 分</td><td>酌情赋分</td><td></td><td></td></tr>
</table>

续表

序号	任务内容及要求		配分	评分标准	教师评价	
					结论	得分
6	素质素养评价。	（1）沟通交流能；	10 分	酌情赋分，但违反课堂纪律，不听从组长、教师安排，不得分。		
		（2）团队合作；				
		（3）课堂纪律；				
		（4）合作探学；				
		（5）自主研学；				
		（6）培养抽象思维建模能力；				
		（7）培养仔细观察，严谨求学的学习习惯。				

任务 2　一阶电路的零输入响应

2.5.2.1　任务描述

说出一阶电路、零输入响应、时间常数τ的定义；分析时间常数与电路过渡过程快慢的关系；对一阶电路零输入响应进行分析。

2.5.2.2　学习目标

知识目标

（1）掌握一阶电路、零输入响应、时间常数τ的定义；

（2）掌握时间常数τ的物理意义。

能力目标

（1）能正确根据电压/电流的衰减方程指出电路的时间衰减常数；

（2）能正确计算时间常数τ；

（3）能正确描述一阶电路的零输入响应过程。

素质素养目标

（1）培养学生主动学习习惯，在完成任务过程中能发现问题、分析问题和解决问题；

（2）培养学生解决实际问题的思维能力；

（3）培养学生质疑和独立思考的习惯；

（4）培养学生团队协作能力。

2.5.2.3　任务分析

重　点

（1）一阶电路、零输入响应、时间常数τ的定义；

（2）时间常数的物理意义。

难　点

（1）时间常数的计算；

（2）一阶电路零输入响应分析。

2.5.2.4　相关知识链接

2.5.2.4.1　一阶电路

电容元件的电流与其电压的变化率成正比，电感元件的电压则与其电流的变化率成正比，因而储能元件也称为动态元件。由于动态元件的电压电流关系是微分关系，所以，含动态元件的电路即动态电路都是微分方程（一般称为输入-输出方程）。只含一个动态元件（电感或电容）的电路只需用一阶微分方程来描述，故称为一阶电路。

2.5.2.4.2　一阶电路的零输入响应

激励：电路中，由电源或信号源向电路输入的电压或电流，推动电路工作。这样的电源或信号源称为激励。如理想电压源与电流源。

响应：激励在电路中各元件及支路产生的电压和电流。

一阶电路在没有输入激励且初始储能不为零的情况下，仍能产生响应。这种仅由电路的 $t=0_-$ 时的状态（初始时刻的储能）所引起的响应，称为零输入响应。

对于电容元件，初始储能表现为 $u_C(0_+)=u_C(0_-)=U_0$。

对于电感元件，初始储能表现为 $i_L(0_+)=i_L(0_-)=I_0$。

2.5.2.4.3　一阶 *RC* 电路的零输入响应

如图 2.5.2.1（a）所示，直流电路换路前电容电压被充电至 U_s，储存的电场能量 $W_C=\frac{1}{2}CU_S^2$，$t=0$ 时，开关从 1 换至 2，如图 2.5.2.1（b）所示，电压源被隔离，没有形成回路。电容 C 与电阻 R 构成回路，且回路中没有激励，电容电压与换路前相等，为 U_S，电容储存的能量经回路电阻释放，最终释放完毕，电容电压降为 0，以上过程即换路后的过渡过程。下面分析电容放电过程中电压、电流随时间变化规律，即零输入响应。

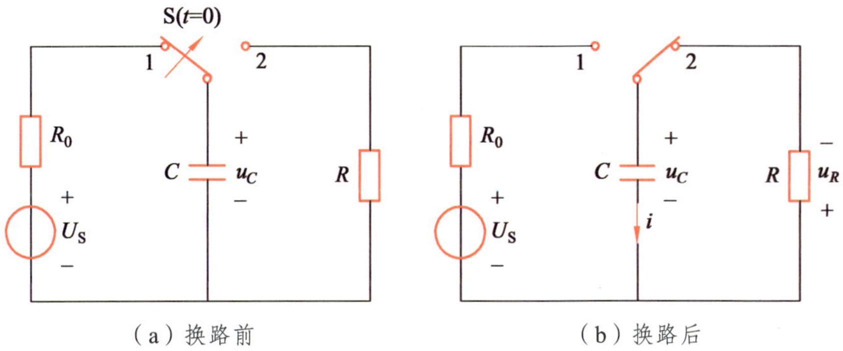

图 2.5.2.1　*RC* 电路的放电过程

如图 2.5.2.1（b）所示，根据 KVL 得

$$\begin{cases} u_C + Ri = 0 \cdots\cdots\cdots\cdots (1) \\ i = C\dfrac{\mathrm{d}u_C}{\mathrm{d}t} \cdots\cdots\cdots\cdots\cdots (2) \end{cases}$$

将（2）代入（1）得

$$u_C + RC\frac{\mathrm{d}u_C}{\mathrm{d}t} = 0$$

这是一个一阶微分方程，解方程可得

$$u_C = U_\mathrm{S}\mathrm{e}^{-\frac{t}{RC}} \tag{2.5.2.1}$$

在整个放电过程（过渡过程）中，电容电压呈指数衰减规律变化。根据欧姆定律，回路中电流大小为

$$i = -\frac{U_\mathrm{S}}{R}\mathrm{e}^{-\frac{t}{RC}} \tag{2.5.2.2}$$

令 $\tau = RC$，具有时间的量纲，定义为时间常数。

$$[\tau] = [R]\cdot[C] = \Omega(\text{欧}) \times \mathrm{F}(\text{法}) = \frac{\mathrm{V}(\text{伏})}{\mathrm{A}(\text{安})}\cdot\frac{\mathrm{C}(\text{库})}{\mathrm{V}(\text{伏})} = \mathrm{s}(\text{秒}) \tag{2.5.2.3}$$

时间常数 τ 是一个取决于电路参数的常数。推广到一般电路中，R 为从电容两端看进去的等效电阻。时间常数决定放电过程中电压（或电流）衰减的快慢，同学们可以思考，时间常数与电容电压（或电流）衰减关系。

电力系统中，发电厂或变电站内的电容器退出运行状态后，必须进行有效放电才能进行操作，以保证操作人员的人身安全。为了缩短电容器放电时间，可以用较小的电阻并联与电容器两端加速放电过程。

2.5.2.4.4　一阶 *RL* 电路的零输入响应

如图 2.5.2.2（a）所示，换路前，电感电流 $i_L = \dfrac{U_\mathrm{S}}{R} = I_0$，储存的磁场能量为 $W_L = \dfrac{1}{2}LI_0^2$。$t = 0$ 时，开关切换至 2，如图 2.5.2.2（b）所示，电源 U_S 和电阻 R_0 被隔离，电感 L 与电阻 R 构成回路，且无电源激励，电感存储的能量经电阻 R 释放，直至释放为 0，电感电流降为 0，以上过程即电路换路后的过渡过程，电感电压、电流即是电路的零输入响应。

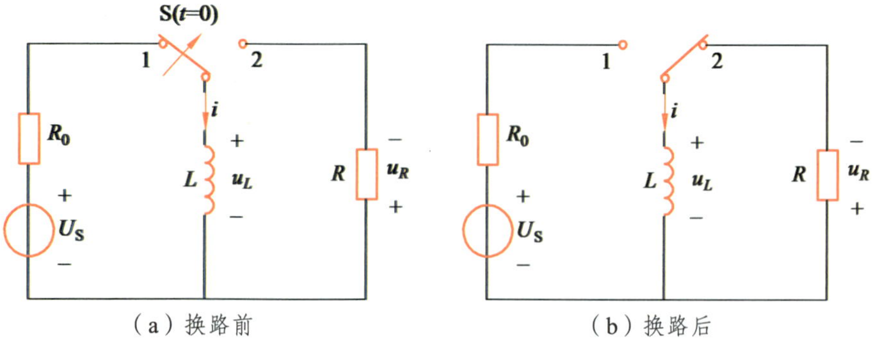

图 2.5.2.2　*RL* 电路的放电过程

如图 2.5.2.2（b）所示，根据 KVL，得

$$\begin{cases} u_L + Ri_L = 0 \cdots\cdots\cdots\cdots (1) \\ u_L = L\dfrac{\mathrm{d}i_L}{\mathrm{d}t} \cdots\cdots\cdots\cdots\cdots (2) \end{cases}$$

将（2）代入（1）整理得

$$i_L + \frac{L}{R}\frac{\mathrm{d}i_L}{\mathrm{d}t} = 0$$

解方程可得

$$i_L = I_0 \mathrm{e}^{-\frac{R}{L}t}$$

在整个过渡过程中，电感电流呈指数衰减规律变化。根据欧姆定律，电感两端的电压为

$$u_L = -u_{\mathrm{R}} = -RI_0 \mathrm{e}^{-\frac{R}{L}t} \tag{2.5.2.4}$$

令 $\tau = L/R$，与一阶 RC 电路类似，τ 具有时间的量纲，定义为时间常数。推广到一般电路，R 为从电感 L 两端看进去的等效电阻。τ 的大小取决于电路参数，决定 RL 电路过渡过程的快慢。

2.5.2.5　素质素养养成

本小节学习了一阶电路的零输入响应，涉及几个概念：一阶电路、零输入响应、时间常数。同学们可以从概念出发，来理解为什么一阶电路存在零输入响应，零输入响应大体上是什么趋势？结合对一阶电路换路分析，列写出一阶微分方程，根据求解结果，可以得出一阶电路零输入响应的基本规律，遵循这一规律列写任意一阶电路动态元件的零输入响应。在日常生活中，善于发现事物发展规律，能帮助我们解决问题。

2.5.2.6　任务分组

见附表 1。

2.5.2.7　任务实施

任务工作单 1

组号：　　　　姓名：　　　　学号：　　　　检索号：<u>2.5.2.7-1</u>

引导问题：

（1）写出一阶电路的定义；

（2）写出零输入响应的定义；

（3）写出一阶电路的时间常数计算公式及物理意义。

____

____

____

任务工作单 2

组号：　　　　姓名：　　　　学号：　　　　检索号：2.5.2.7-2

引导问题：

（1）图 2.5.2.3 中，三条变化曲线分别对应于时间常数为τ、2τ、3τ时的一阶电路电容元件换路后电压变化情况，试标出三条曲线对应时间常数。试分析时间常数的大小与储能元件电压（或电流）衰减快慢的关系。

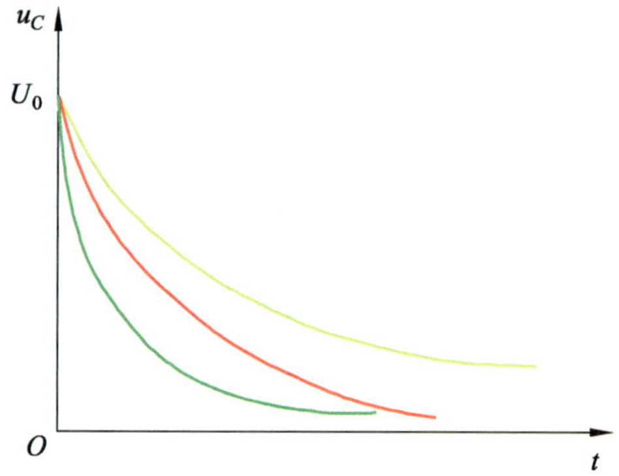

图 2.5.2.3

____

____

（2）图 2.5.2.4 所示电路中，换路前电路已处于稳态。在 $t=0$ 时将开关闭合，求 $t>0$ 时电压 u_C 和电流 i_C、i_1 及 i_2。

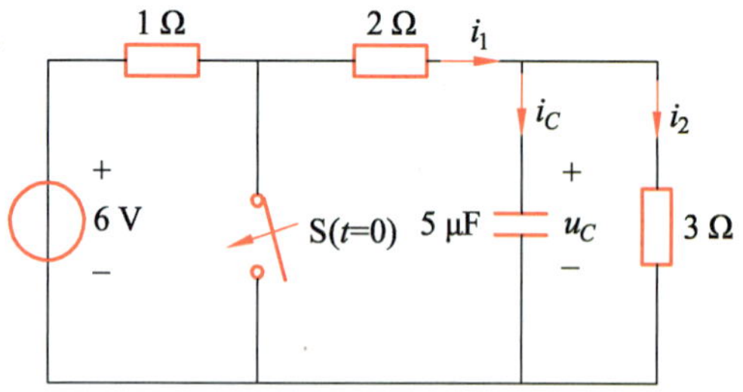

图 2.5.2.4

____

____

任务工作单 3

组号：　　　　姓名：　　　　学号：　　　　检索号：2.5.2.7-3

引导问题：

（1）每小组推荐一位小组长，汇报任务工作单 2 的成果。

____

____

____

任务工作单 4

组号：　　　　姓名：　　　　学号：　　　　检索号：2.5.2.7-4

引导问题：

（1）自查、分析自身工单存在的错误及改正，并填写下表。

表 2.5.2.1　任务工作单自查表

错误	原因	改正

2.5.2.8　评价反馈

任务工作单 1

组号：　　　　姓名：　　　　学号：　　　　检索号：2.5.2.8-1

表 2.5.2.2　个人自评表

班级		姓名		日期	年　月　日
任务名称					
评价指标	评价内容			分数	分数评定
信息检索能力	能有效利用网络、图书资源、字典查找有用的相关信息等；能将查到的信息有效地传递到工作中。			10 分	
感知课堂生活	认同本任务的工作价值，在参与中获得满足感、成就感。			10 分	
参与态度	积极主动与教师、同学交流，相互尊重、理解、平等；与教师、同学之间是否能够保持多向、丰富、适宜的信息交流。			10 分	
	能处理好合作学习和独立思考的关系，做到有效学习；能提出有意义的问题或能发表个人见解。			10 分	

续表

评价指标	评价内容	分数	分数评定
知识、能力获得情况	1. 能说出一阶电路、零输入响应、时间常数τ的定义。	15 分	
	2. 能说出掌握时间常数τ的计算公式及物理意义。	15 分	
	3. 能正确分析一阶电路的零输入响应过程。	20 分	
思维态度	是否能发现问题、提出问题、分析问题、解决问题、创新问题。	5 分	
自评反馈	按时按质任务；较好地掌握了知识点；具有较强的信息分析能力和理解能力；具有较为全面严谨的思维能力，并能条理清楚明晰表达成文。	5 分	
自评分数			
有益的经验和做法			
总结反馈建议			

任务工作单 2

组号：　　　姓名：　　　学号：　　　检索号：2.5.2.8-2

表 2.5.2.3　小组内互评验收表

验收组长		组名		日期	年　月　日
组内验收成员					
任务要求	说出一阶电路、零输入响应、时间常数τ的定义；分析时间常数与电路过渡过程快慢的关系。对一阶电路零输入响应进行分析；能够按时完成任务工作单，能够反思自己的不足并改进。				
验收文档清单	被验收者 2.5.2.7-1 任务工作单 被验收者 2.5.2.7-2 任务工作单 被验收者 2.5.2.7-3 任务工作单 被验收者 2.5.2.7-4 任务工作单				
	文献检索清单				
验收评分	评分标准			分数	得分
	正确写出一阶电路、零输入响应的定义，错一处扣 10 分。			20 分	
	正确写出一阶电路的时间常数计算公式及物理意义，错一处扣 10 分。			20 分	
	正确分析时间常数的大小与储能元件电压（或电流）衰减快慢的关系，错一处扣 10 分。			20 分	
	正确计算一阶电路零输入响应，错一处扣 5 分			20 分	
	提供文献检索清单，少于 5 项，缺一项扣 4 分。			20 分	
评价分数					
不足之处					

任务工作单 3

被评组号：　　　　　　　　　　检索号：2.5.2.8-3

表 2.5.2.4　小组间互评表

班级		评价小组		日期	年　月　日
评价指标	评价内容			分数	分数评定
汇报表述	表述准确			15 分	
	语言流畅			10 分	
	声音洪亮、自信大方			15 分	
内容正确度	内容正确			30 分	
	口述准确			30 分	
互评分数					
简要评述					

任务工作单 4

组号：　　　姓名：　　　学号：　　　检索号：2.5.2.8-4

表 2.5.2.5　任务完成情况评价表

任务名称	一阶电路的零输入响应				总得分	
组号及成员						
评价依据	学生完成的 2.5.2.7 所有任务工作单					
序号	任务内容及要求		配分	评分标准	教师评价	
					结论	得分
1	正确写出一阶电路、零输入响应的定义。	（1）书写正确；	10 分	错误一个扣 5 分		
		（2）语言流畅。	10 分	酌情赋分		
2	正确写出一阶电路的时间常数计算公式及物理意义。	（1）描述正确；	10 分	缺一个要点扣 5 分		
		（2）语言流畅。	10 分	酌情赋分		
3	正确分析时间常数的大小与储能元件电压（或电流）衰减快慢的关系。	（1）描述正确；	10 分	缺一个要点扣 5 分		
		（2）语言流畅。	10 分	酌情赋分		
4	正确计算一阶电路零输入响应。	（1）计算正确	10 分	错误一处扣 2 分		
		（2）语言流畅。	10 分	酌情赋分		
5	至少包含 5 份文献的检索文献的目录清单。	（1）数量；	5 分	每少一个扣 2 分		
		（2）参考的主要内容要点。	5 分	酌情赋分		

续表

序号	任务内容及要求		配分	评分标准	教师评价	
					结论	得分
6	素质素养评价。	（1）沟通交流能； （2）团队合作； （3）课堂纪律； （4）合作探学； （5）自主研学； （6）培养抽象思维建模能力； （7）培养仔细观察，严谨求学的学习习惯。	10分	酌情赋分，但违反课堂纪律，不听从组长、教师安排，不得分。		

任务3　一阶电路的零状态响应

2.5.3.1　任务描述

说出一阶电路零状态响应的定义；对一阶电路零状态响应进行分析。

2.5.3.2　学习目标

知识目标

（1）掌握零状态响应的定义；

（2）掌握一阶电路时间常数的计算；

（3）掌握一阶电路零状态电容电压、电感电流响应规律。

能力目标

能分析一阶电路零状态响应。

素质素养目标

（1）培养学生主动学习习惯，在完成任务过程中能发现问题、分析问题和解决问题；

（2）培养学生解决实际问题的思维能力；

（3）培养学生质疑和独立思考的习惯；

（4）培养学生团队协作能力。

2.5.2.3　任务分析

重　点

零状态响应的定义。

难　点

一阶电路零状态响应分析。

2.5.3.4 相关知识链接

2.5.3.4.1 一阶电路的零状态响应

零状态：换路前电路中的储能元件未储能，即电路 $t=0_-$ 时的状态为零。

零状态响应：零状态的电路在换路后瞬间接通电源激励，则换路后由外施激励在电路中引起的响应。

2.5.3.4.2 一阶 *RC* 电路的零状态响应

如图 2.5.3.1（a）所示，换路前，开关 S 在 2 点，假设电容已充分放电，电压为 0。$t=0$ 瞬间，S 从 2 接至 1，如图 2.5.3.1（b）所示，直流电源通过电阻 R_0 向电容充电，直至电容被充满，电压达 U_S，储存的电场能量 $W_C=\frac{1}{2}CU_S^2$。这一电容充电过程（过渡过程）中电压、电流为直流激励下的 *RC* 电路的零状态响应。

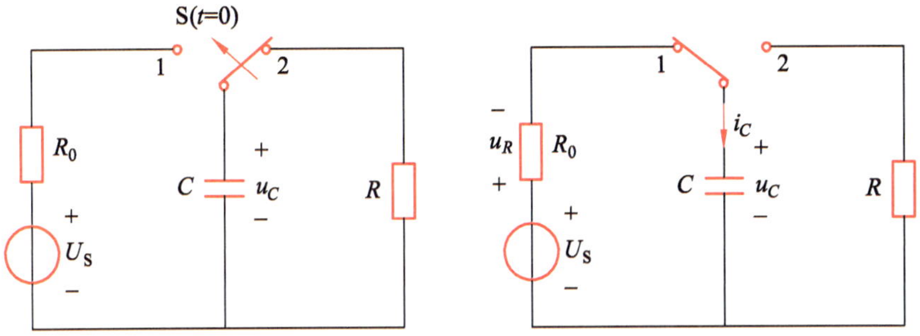

（a）换路前　　（b）换路后

图 2.5.3.1　*RC* 电路的充电过程

如图 2.5.3.1（b）所示，根据 KVL 得

$$\begin{cases} u_C+R_0i_C=U_S \cdots\cdots\cdots\cdots (1) \\ i_C=C\dfrac{\mathrm{d}u_C}{\mathrm{d}t} \cdots\cdots\cdots\cdots\cdots\cdots (2) \end{cases}$$

将（2）代入（1）得

$$u_C+R_0C\frac{\mathrm{d}u_C}{\mathrm{d}t}=U_S$$

这是一个一阶微分方程，解方程可得

$$u_C(t)=U_S(1-\mathrm{e}^{-\frac{t}{R_0C}})=U_S(1-\mathrm{e}^{-\frac{t}{\tau}})=u_C(\infty)(1-\mathrm{e}^{-\frac{t}{\tau}}) \tag{2.5.3.1}$$

在整个充电过程（过渡过程）中，电容电压包括稳态分量（U_S）和暂态分量（$-U_S\mathrm{e}^{-\frac{t}{\tau}}$），随着时间逐渐增加。根据 KVL 及欧姆定律，电阻两端电压及充电电流分别为

$$\begin{cases} u_{R_0}(t)=U_S-u_C=U_S\mathrm{e}^{-\frac{t}{\tau}} \\ i_C(t)=\dfrac{U_S}{R}\mathrm{e}^{-\frac{t}{\tau}} \end{cases} \tag{2.5.3.2}$$

与一阶 RC 电路零输入响应类似，时间常数 $\tau=RC$，其中 R 为从电容 C 两端看进去等效电阻。时间常数的大小反映电容充电过渡过程时间的长短。

2.5.3.4.3 一阶 RL 电路的零状态响应

如图 2.5.3.2（a）所示，换路前，电感电流为 0。$t=0$ 时，开关切换至 1，如图 2.5.3.2（b）所示，电压源 U_S、电感 L 与电阻 R_0 构成回路，电路进入过渡过程，过渡过程中的电压、电流即是直流激励下 RL 电路的零状态响应。

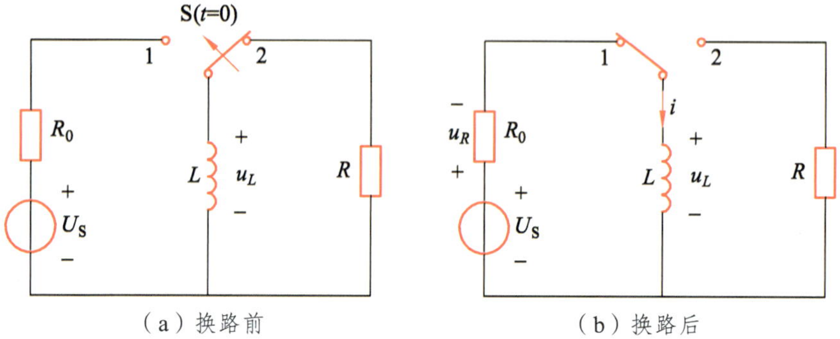

图 2.5.3.2　RL 电路的过渡过程

根据 KVL，得

$$\begin{cases} u_L+R_0 i_L=U_S \cdots\cdots\cdots\cdots\cdots(1) \\ u_L=L\dfrac{\mathrm{d}i_L}{\mathrm{d}t}\cdots\cdots\cdots\cdots\cdots\cdots(2) \end{cases}$$

将（2）代入（1）整理得

$$R_0 i_L+L\frac{\mathrm{d}i_L}{\mathrm{d}t}=U_S$$

解方程可得

$$i_L=\frac{U_S}{R_0}(1-\mathrm{e}^{-\frac{R_0}{L}t})=i_L(\infty)(1-\mathrm{e}^{-\frac{t}{\tau}}) \qquad (2.5.3.3)$$

在整个过渡过程中，电感电流变化规律与 RC 电路电容电压变化规律类似，由稳态分量与暂态分量组成。根据 KVL 及欧姆定律，电阻元件、电感元件两端的电压为：

$$\begin{cases} u_{R0}=R_0 i_L=U_S(1-\mathrm{e}^{-\frac{t}{\tau}}) \\ u_L=U_S-u_{R0}=U_S\mathrm{e}^{-\frac{t}{\tau}} \end{cases} \qquad (2.5.3.4)$$

$\tau=L/R$，与一阶 RL 电路零输入响应类似，R 为从电感 L 两端看进去的等效电阻。τ 的大小取决于电路参数，决定 RL 电路零状态响应过渡过程的快慢。

2.5.3.5　素质素养养成

本小节学习了一阶电路的零状态响应，同学们要学会对比学习，一阶电路的零状态响应与零输入响应有什么相同点、不同点。对比学习法可以帮助我们更有针对性地学习知识点，强化记忆点。

2.5.3.6 任务分组

见附表 1。

2.5.3.7 任务实施

任务工作单 1

组号：　　　　姓名：　　　　学号：　　　　检索号：2.5.3.7-1

引导问题：

（1）写出零状态响应的定义；

（2）写出一阶电路的零状态响应电容电压、电感电流表达式。尝试画出变化曲线。

____

____

____

任务工作单 2

组号：　　　　姓名：　　　　学号：　　　　检索号：2.5.3.7-2

引导问题：

（1）图 2.5.3.3 所示电路中，已知 $U_S = 150\ \text{V}, R_1 = R_2 = R_3 = 100\ \Omega, L = 0.1\ \text{H}$，设开关在 $t = 0$ 时接通，电感电流的初值为零，求电流 i_1 和 i_2。

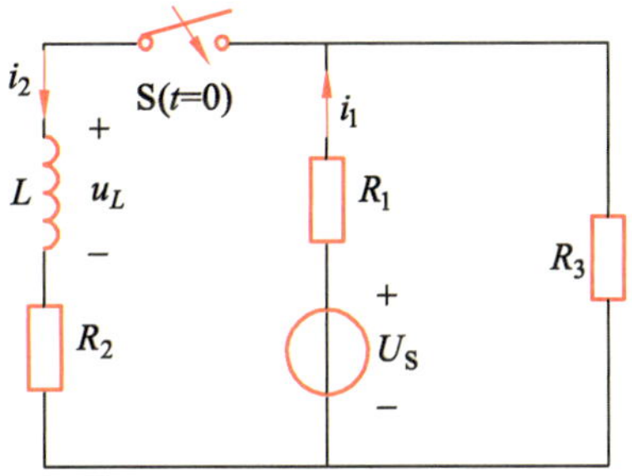

图 2.5.3.3

____

____

____

任务工作单 3

组号：　　　　姓名：　　　　学号：　　　　检索号：2.5.3.7-3

引导问题：

（1）每小组推荐一位小组长，汇报任务工作单 2 的成果。

____

____

____

任务工作单 4

组号：　　　　姓名：　　　　学号：　　　　检索号：2.5.3.7-4

引导问题：

（1）自查、分析自身工单存在的错误及改正，并填写下表。

表 2.5.3.1　任务工作单自查表

错误	原因	改正

2.5.3.8　评价反馈

任务工作单 1

组号：　　　　姓名：　　　　学号：　　　　检索号：2.5.3.8-1

表 2.5.3.2　个人自评表

<table>
<tr><td>班级</td><td></td><td>姓名</td><td></td><td>日期</td><td>年　月　日</td></tr>
<tr><td>任务名称</td><td colspan="5"></td></tr>
<tr><td>评价指标</td><td colspan="3">评价内容</td><td>分数</td><td>分数评定</td></tr>
<tr><td>信息检索能力</td><td colspan="3">能有效利用网络、图书资源、字典查找有用的相关信息等；能将查到的信息有效地传递到工作中。</td><td>10 分</td><td></td></tr>
<tr><td>感知课堂生活</td><td colspan="3">认同本任务的工作价值，在参与中获得满足感、成就感。</td><td>10 分</td><td></td></tr>
<tr><td rowspan="2">参与态度</td><td colspan="3">积极主动与教师、同学交流，相互尊重、理解、平等；与教师、同学之间是否能够保持多向、丰富、适宜的信息交流。</td><td>10 分</td><td></td></tr>
<tr><td colspan="3">能处理好合作学习和独立思考的关系，做到有效学习；能提出有意义的问题或能发表个人见解。</td><td>10 分</td><td></td></tr>
<tr><td rowspan="3">知识、能力获得情况</td><td colspan="3">1. 能说出零状态响应的定义。</td><td>15 分</td><td></td></tr>
<tr><td colspan="3">2. 能说出一阶电路零状态电容电压、电感电流响应规律。</td><td>15 分</td><td></td></tr>
<tr><td colspan="3">3. 能分析一阶电路零状态响应。</td><td>20 分</td><td></td></tr>
</table>

续表

评价指标	评价内容	分数	分数评定
思维态度	是否能发现问题、提出问题、分析问题、解决问题、创新问题。	5分	
自评反馈	按时按质任务；较好地掌握了知识点；具有较强的信息分析能力和理解能力；具有较为全面严谨的思维能力，并能条理清楚明晰表达成文。	5分	
自评分数			
有益的经验和做法			
总结反馈建议			

任务工作单 2

组号：　　　姓名：　　　学号：　　　检索号：2.5.3.8-2

表 2.5.3.3　小组内互评验收表

验收组长		组名		日期	年　月　日
组内验收成员					
任务要求	说出一阶电路零状态响应的定义；对一阶电路零状态响应进行分析；能够按时完成任务工作单，能够反思自己的不足并改进。				
验收文档清单	被验收者 2.5.3.7-1 任务工作单 被验收者 2.5.3.7-2 任务工作单 被验收者 2.5.3.7-3 任务工作单 被验收者 2.5.3.7-4 任务工作单				
	文献检索清单				
验收评分	评分标准			分数	得分
	正确描述零状态响应的定义，错一处扣 10 分。			10分	
	正确写出一阶电路的零状态响应电容电压、电感电流表达式，错一处扣 10 分。			20分	
	正确分析一阶电路零状态响应，错一处扣 5 分。			30分	
	正确计算电路换路后的初始值，错一处扣 5 分。			20分	
	提供文献检索清单，少于 5 项，缺一项扣 4 分。			20分	
评价分数					
不足之处					

任务工作单 3

被评组号：　　　　　　　　　　　检索号：2.5.3.8-3

表 2.5.3.4　小组间互评表

班级		评价小组		日期	年　月　日
评价指标	评价内容			分数	分数评定
汇报表述	表述准确			15 分	
	语言流畅			10 分	
	声音洪亮、自信大方			15 分	
内容正确度	内容正确			30 分	
	口述准确			30 分	
互评分数					
简要评述					

任务工作单 4

组号：　　　姓名：　　　学号：　　　检索号：2.5.3.8-4

表 2.5.3.5　任务完成情况评价表

任务名称	一阶电路的零状态响应				总得分	
组号及成员						
评价依据	学生完成的 2.5.3.7 所有任务工作单					
序号	任务内容及要求		配分	评分标准	教师评价	
					结论	得分
1	正确写出零状态响应的定义。	（1）书写正确；	10 分	错误一个扣 10 分		
		（2）语言流畅。	10 分	酌情赋分		
2	正确写出一阶电路的零状态响应电容电压、电感电流表达式。	（1）书写正确；	10 分	缺一个要点扣 5 分		
		（2）语言流畅。	10 分	酌情赋分		
3	正确分析一阶电路零状态响应。	（1）分析正确；	30 分	缺一个要点扣 5 分		
		（2）语言流畅。	10 分	酌情赋分		
4	至少包含 5 份文献的检索文献的目录清单。	（1）数量；	5 分	每少一个扣 2 分		
		（2）参考的主要内容要点。	5 分	酌情赋分		

续表

序号	任务内容及要求		配分	评分标准	教师评价	
					结论	得分
5	素质素养评价。	（1）沟通交流能； （2）团队合作； （3）课堂纪律； （4）合作探学； （5）自主研学； （6）培养抽象思维建模能力； （7）培养仔细观察，严谨求学的学习习惯。	10 分	酌情赋分，但违反课堂纪律，不听从组长、教师安排，不得分。		

任务 4　一阶电路的三要素法应用

2.5.4.1　任务描述

说出一阶电路全响应的定义。使用三要素法对一阶电路全响应进行分析。

2.5.4.2　学习目标

知识目标

（1）掌握全响应的定义；

（2）掌握全响应的两种分解方法；

（3）掌握三要素方法。

能力目标

能使用三要素法计算一阶电路的响应。

素质素养目标

（1）培养学生主动学习习惯，在完成任务过程中能发现问题、分析问题和解决问题；

（2）培养学生解决实际问题的思维能力；

（3）培养学生质疑和独立思考的习惯；

（4）培养学生团队协作能力。

2.5.4.3　任务分析

重　点

（1）全响应的定义；

（2）三要素法。

难　点

三要素法求解一阶电路的全响应。

2.5.4.4　相关知识链接

2.5.3.4.1　全响应

全响应：一阶电路在非零初始状态和外施直流激励共同作用下的响应。
非零初始状态含义为一阶电路的储能元件初始储能不为零。
外施直流激励含义为电路换路后，回路中有直流电源激励。

2.5.3.4.2　一阶电路的全响应

如图 2.5.4.1 所示，假设在换路前，开关 S 在打开位，电容 C 电压 $u_C(0_-)=U_0$，储存的电场能量 $W_C=\frac{1}{2}CU_0^2$。$t=0$ 瞬间，开关 S 闭合，直流电源通过电阻 R 向电容充电，直至电容被充满，电压达 U_S，储存的电场能量 $W_C=\frac{1}{2}CU_S^2$。这一电容从非零状态的充电过程（过渡过程）中电压、电流即为 RC 电路全响应。

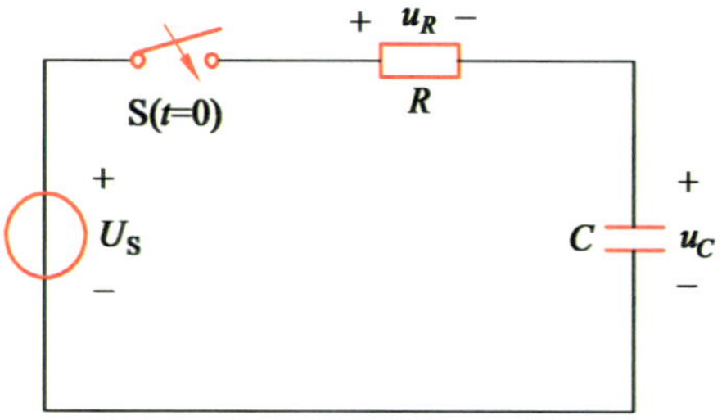

图 2.5.4.1　RC 电路接通直流激励

根据 KVL 得

$$u_C+RC\frac{\mathrm{d}u_C}{\mathrm{d}t}=U_S$$

这是一个一阶微分方程，u_C 初值为 U_0，解为

$$u_C(t)=U_S+(U_0-U_S)\mathrm{e}^{-\frac{t}{\tau}}=u_C(\infty)+[u_C(0_+)-u_C(\infty)]\mathrm{e}^{-\frac{t}{\tau}} \qquad (2.5.4.1)$$

与一阶 RC 电路零输入响应类似，时间常数 $\tau=RC$，其中 R 为从电容 C 两端看进去等效电阻。

习惯上把前一部分 $u_C(\infty)$ 称为稳态分量，即时间趋于无穷大时，电路达到稳态，此时电容两端电压为 U_S；后一部分 $[u_C(0_+)-u_C(\infty)]\mathrm{e}^{-\frac{t}{\tau}}$ 称为暂态分量，时间趋于无穷大时值 0，故暂态分量仅存在与过渡过程。即

全响应 = 稳态分量 + 暂态分量

如果对上式解稍作变形可以的到，一阶 RC 全响应为：

$$u_C(t)=U_S+(U_0-U_S)e^{-\frac{t}{\tau}}=U_0e^{-\frac{t}{\tau}}+U_S(1-e^{-\frac{t}{\tau}}) \tag{2.5.4.2}$$

第一项为 RC 电路零输入响应，第二项为零状态响应，即

$$全响应=零输入响应+零状态响应 \tag{2.5.4.3}$$

一阶电路的全响应是由电路的初始出状态单独作用所引起的零输入响应和由外施激励单独作用所引起的零状态响应之和。这正是叠加定理的体现，但是要注意全响应可以分解为零输入响应和零状态响应的前提是线性电路。

2.5.4.4.3 一阶电路的三要素法

为了简便计算，本小节介绍三要素法求解一阶电路的全响应，其来源于上一小节对直流一阶电路电容电压全响应的解。即：

$$u_C(t)=u_C(\infty)+[u_C(0_+)-u_C(\infty)]e^{-\frac{t}{\tau}} \tag{2.5.4.4}$$

为了直接写出电容电压全响应，只要求出电容电压的初始值、稳态值和电路的时间常数即可。初始值、稳态值和时间常数称为一阶电路的三要素。

推广到求解任意一阶电路过渡过程中的响应三要素法：

$$f(t)=f(\infty)+[f(0_+)-f(\infty)]e^{-\frac{t}{\tau}} \tag{2.5.4.5}$$

式中，$f(0+)$ 为待求响应的换路时刻初始值；$f(\infty)$ 为待求响应稳态时的值；时间常数 τ，对于电容元件 $\tau=RC$；对于电感元件 $\tau=L/R$，R 为从动态元件两端看去的等效电阻。

2.5.4.5 素质素养养成

本小节学习了一阶电路的全响应，是基于一阶电路零输入与零状态响应的升级。求解全响应关键是初始值、稳态值、时间常数三个数值，这也是三要素法。同学们可以通过练习题多加感受求取三要素的过程。通过总结规律，解决一般问题，应是本小节的最大受益点。

2.5.4.6 任务分组

见附表 1。

2.5.4.7 任务实施

任务工作单 1

组号：　　　　姓名：　　　　学号：　　　　检索号：2.5.4.7-1

引导问题：

（1）写出全响应的定义；

（2）写出求解一阶电路全响应三要素法的三个要素；

（3）思考并写出求解时间常数 τ 中 R 的一般方法。

任务工作单 2

组号： 姓名： 学号： 检索号： 2.5.4.7-2

引导问题：

（1）图 2.5.4.2 中，电路已达稳态，$t=0$ 时开关闭合，求 $u(t)$。

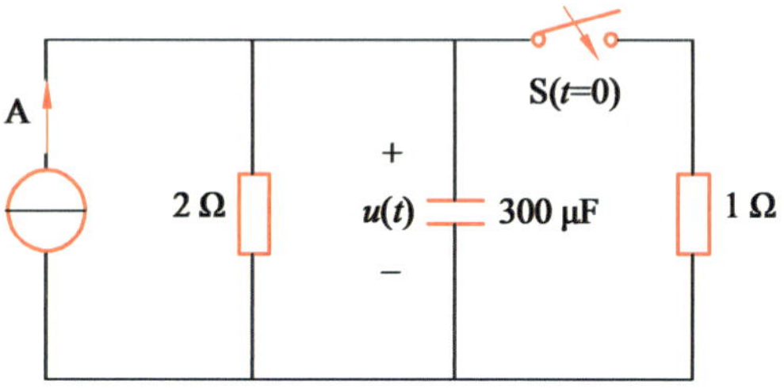

图 2.5.4.2

（2）图图 2.5.4.3 所示电路，$t=0$ 时开关由 1 投向 2，设换路前电路已达稳态，求电流 i 和 i_L。

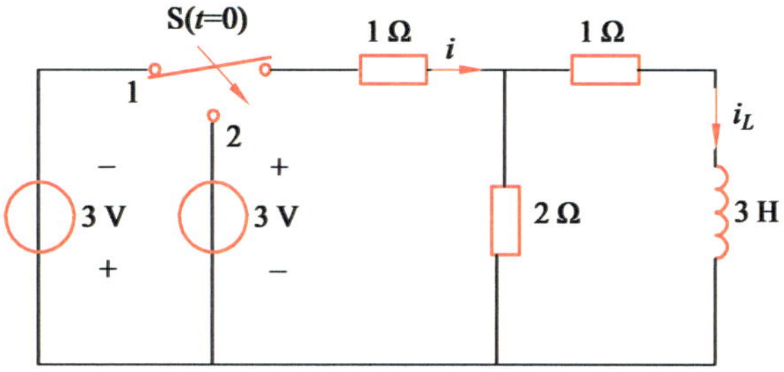

图 2.5.4.3

任务工作单 3

组号： 姓名： 学号： 检索号： 2.5.4.7-3

引导问题：

（1）每小组推荐一位小组长，汇报任务工作单 2 的成果。

任务工作单 4

组号：　　　　姓名：　　　　学号：　　　　检索号：2.5.4.7-4

引导问题：

（1）自查、分析自身工单存在的错误及改正，并填写下表。

表 2.5.4.1　任务工作单自查表

错误	原因	改正

2.5.4.8　评价反馈

任务工作单 1

组号：　　　　姓名：　　　　学号：　　　　检索号：2.5.4.8-1

表 2.5.4.2　个人自评表

<table>
<tr><td>班级</td><td></td><td>姓名</td><td></td><td>日期</td><td>年　月　日</td></tr>
<tr><td>任务名称</td><td colspan="5"></td></tr>
<tr><td>评价指标</td><td colspan="3">评价内容</td><td>分数</td><td>分数评定</td></tr>
<tr><td>信息检索能力</td><td colspan="3">能有效利用网络、图书资源、字典查找有用的相关信息等；能将查到的信息有效地传递到工作中。</td><td>10 分</td><td></td></tr>
<tr><td>感知课堂生活</td><td colspan="3">认同本任务的工作价值，在参与中获得满足感、成就感。</td><td>10 分</td><td></td></tr>
<tr><td rowspan="2">参与态度</td><td colspan="3">积极主动与教师、同学交流，相互尊重、理解、平等；与教师、同学之间是否能够保持多向、丰富、适宜的信息交流。</td><td>10 分</td><td></td></tr>
<tr><td colspan="3">能处理好合作学习和独立思考的关系，做到有效学习；能提出有意义的问题或能发表个人见解。</td><td>10 分</td><td></td></tr>
<tr><td rowspan="3">知识、能力获得情况</td><td colspan="3">1. 能说出全响应的定义。</td><td>15 分</td><td></td></tr>
<tr><td colspan="3">2. 能说出求解一阶电路全响应的三要素法。</td><td>15 分</td><td></td></tr>
<tr><td colspan="3">3. 能使用三要素法计算一阶电路的响应。</td><td>20 分</td><td></td></tr>
<tr><td>思维态度</td><td colspan="3">是否能发现问题、提出问题、分析问题、解决问题、创新问题。</td><td>5 分</td><td></td></tr>
<tr><td>自评反馈</td><td colspan="3">按时按质任务；较好地掌握了知识点；具有较强的信息分析能力和理解能力；具有较为全面严谨的思维能力，并能条理清楚明晰表达成文。</td><td>5 分</td><td></td></tr>
<tr><td colspan="4">自评分数</td><td colspan="2"></td></tr>
<tr><td>有益的经验和做法</td><td colspan="5"></td></tr>
<tr><td>总结反馈建议</td><td colspan="5"></td></tr>
</table>

任务工作单 2

组号：　　　　姓名：　　　　学号：　　　　检索号：2.5.4.8-2

表 2.5.4.3　小组内互评验收表

验收组长		组名		日期	年　月　日
组内验收成员					
任务要求	说出一阶电路全响应的定义。使用三要素法对一阶电路全响应进行分析；能够按时完成任务工作单，能够反思自己的不足并改进。				
验收文档清单	被验收者 2.5.4.7-1 任务工作单 被验收者 2.5.4.7-2 任务工作单 被验收者 2.5.4.7-3 任务工作单 被验收者 2.5.4.7-4 任务工作单				
	文献检索清单				
验收评分	评分标准			分数	得分
	正确描述全响应的定义，错一处扣 10 分。			10 分	
	正确描述求解一阶电路全响应三要素法的三个要素，错一处扣 10 分。			30 分	
	正确说出求解时间常数 τ 中 R 的一般方法，错一处扣 5 分。			20 分	
	正确计算一阶电路全响应，错一处扣 2 分。			20 分	
	提供文献检索清单，少于 5 项，缺一项扣 4 分。			20 分	
评价分数					
不足之处					

任务工作单 3

被评组号：　　　　　　　　检索号：2.5.4.8-3

表 2.5.4.4　小组间互评表

班级		评价小组		日期	年　月　日
评价指标	评价内容			分数	分数评定
汇报表述	表述准确			15 分	
	语言流畅			10 分	
	声音洪亮、自信大方			15 分	
内容正确度	内容正确			30 分	
	口述准确			30 分	
互评分数					
简要评述					

任务工作单 4

组号：　　　　姓名：　　　　学号：　　　　检索号：2.5.4.8-4

表 2.5.4.5　任务完成情况评价表

任务名称	一阶电路的三要素法应用			总得分		
组号及成员						
评价依据	学生完成的 2.5.4.7 所有任务工作单					
序号	任务内容及要求		配分	评分标准	教师评价	
					结论	得分
1	正确写出全响应的定义。	（1）书写正确；	10 分	错误一个扣 10 分		
		（2）语言流畅。	10 分	酌情赋分		
2	正确书写写出求解一阶电路全响应三要素法的三个要素。	（1）描述正确；	10 分	缺一个要点扣 3 分		
		（2）语言流畅。	10 分	酌情赋分		
3	正确写出求解时间常数 τ 中 R 的一般方法。	（1）描述正确；	10 分	缺一个要点扣 5 分		
		（2）语言流畅。	10 分	酌情赋分		
4	正确计算一阶电路的全响应。	（1）计算正确	10 分	错误一处扣 1 分		
		（2）语言流畅。	10 分	酌情赋分		
5	至少包含 5 份文献的检索文献的目录清单。	（1）数量；	5 分	每少一个扣 2 分		
		（2）参考的主要内容要点。	5 分	酌情赋分		
6	素质素养评价。	（1）沟通交流能； （2）团队合作； （3）课堂纪律； （4）合作探学； （5）自主研学； （6）培养抽象思维建模能力； （7）培养仔细观察，严谨求学的学习习惯。	10 分	酌情赋分，但违反课堂纪律，不听从组长、教师安排，不得分。		

项目 6 耦合电感和谐振电路认识

任务 1 耦合电感元件认识

2.6.1.1 任务描述

说出互感的定义和产生原因，耦合因数的物理含义，能够标注出元件的同名端。

2.6.1.2 学习目标

知识目标

（1）掌握互感的定义；

（2）掌握同名端的定义和判断方法。

能力目标

（1）能说出互感产生的原因；

（2）能应用同名端方法正确标注电路的同名端；

（3）能正确描述耦合因数的物理意义。

素质素养目标

（1）培养学生理论联系实际的分析能力；

（2）培养学生的抽象思维和建模能力；

（3）培养学生的团队协作有效沟通能力。

2.6.1.3 任务分析

重 点

（1）互感产生的原因；

（2）同名端的定义及判断方法。

难 点

（1）同名端的定义；

（2）多个线圈同名端的判断。

2.6.1.4 相关知识链接

2.6.1.4.1 耦合线圈的自感和互感

图 2.6.1.1（a）和（b）各画出了一对有耦合的线圈 1 和 2，设线圈的铁芯及周围的介质为非铁磁性物质。若线圈 1 中有电流 i_1 存在，则在线圈铁芯及周围建立了磁场，

在线圈 1 本身形成自感磁链 Ψ_{11}，它与电流 i_1 成正比，即 $\Psi_{11}=L_1 i_1$，L_1 称为线圈 1 的自感。电流 i_1 建立的磁场在线圈 2 中的形成的互感磁链 Ψ_{21}，它也与电流 i_1 成正比，Ψ_{21} 的参考方向与 i_1 的参考方向相关联，所以 $\Psi_{21}=M_{21}i_1$，M_{21} 称为线圈 1 与线圈 2 的互感。磁链与电流是线性关系，L_1、M_{21} 均是与电流和时间无关的常量。

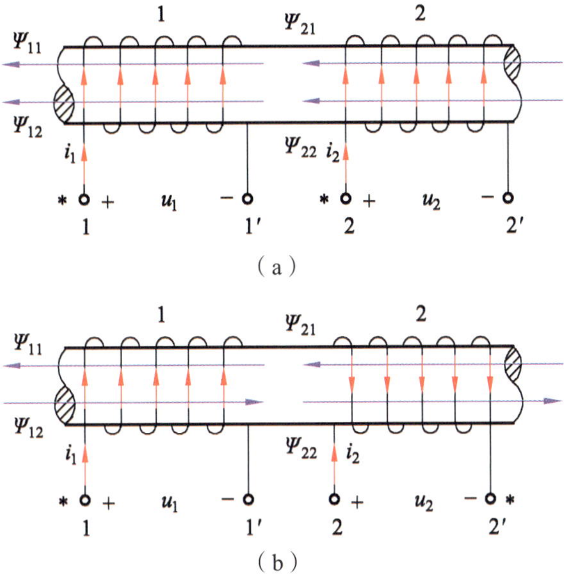

图 2.6.1.1　耦合线圈

相似的，线圈 2 电流 i_2 产生的磁场在线圈 2 本身形成自感磁链 Ψ_{22}，$\Psi_{22}=L_2 i_2$，L_2 称为线圈 2 的自感。电流 i_2 建立的磁场在线圈 1 中形成互感磁链 $\Psi_{12}=M_{12}i_2$，M_{12} 称为线圈 2 与线圈 1 的互感。L_2、M_{12} 均是与电流和时间无关的常量。

只要磁场的介质是静止的，可以证明 $M_{21}=M_{12}$，统一用 M 表示，称为互感。互感的 SI 单位与自感的 SI 单位相同。

互感的量值反映了一个线圈在另一个线圈产生磁链的能力。在一般情况下，一对耦合线圈的电流所产生的磁通只有部分相交链，而彼此不交链的那一部分称为漏磁通。为了表征一对线圈磁耦合的紧密程度，引入耦合因素 k：

$$k=\frac{M}{\sqrt{L_1 L_2}} \tag{2.6.1.1}$$

k 的范围为 $0 \leqslant k \leqslant 1$，其数值反映两个线圈的耦合程度，$k$ 越大，它们的互感 M 也越大。

2.6.1.4.2　同名端和异名端

同名端定义：当电流 i_1 和 i_2 在耦合线圈中产生的自感磁链和互感磁链方向相同时，则电流 i_1 和 i_2 流入（或流出）的两个端钮称为同名端。例如图 2.6.1.1（a）中的端钮 1 和 2（或端钮 1′和 2′）是同名端，标以相同的符号“•”“*”。图 2.6.1.1（b）中电流 i_1 和 i_2 在耦合线圈中产生的磁场方向相反，则端钮 1 和 2（或端钮 1′和 2′）为非同名端（即异名端）。

同名端的实际意义：耦合线圈的同名端与电流的流向和增减无关，只要线圈绕向确定，同名端就确定了。也就是说，知道了耦合线圈的同名端就知道了耦合线圈的相对绕向。这对于无法确定绕向或密封的线圈是很有帮助的。

2.6.1.4.3　同名端标记举例

例 2.6.1.1　在图 2.6.1.2 中有两种绕向和相对位置不同的耦合线圈，试校核它的同名端标记是否正确。

解　图（a）中，因为由端钮 1、2 流入电流时，两个电流产生的磁通方向相同相互增强，所以端钮 1、2 位同名端。

图（b）三个线圈中，两两彼此之间存在磁耦合，同名端应当一对一对地加以标记（每一对必须采用不同的符号），图中所示同名端的标记是正确的。

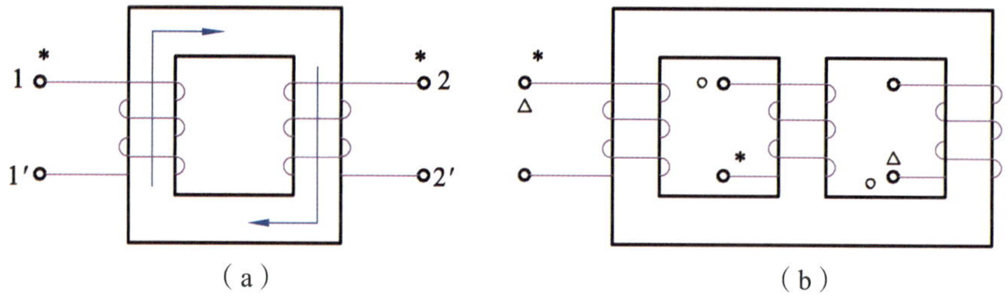

图 2.6.1.2　例 2.6.1.1 图

2.6.1.5　素质素养养成

当同一空间存在多个电感线圈时，电感线圈间的磁场会相互影响，这类问题可归结为含耦合电感的电路问题，在实际电工技术中广泛应用。本小节的学习内容较为抽象，但在实际生产和工作现场应用颇广，在学习中同学们可以与实际生活经验相结合，帮助自己加深理解，通过小组协作、共同探讨的方式加深印象，在不断练习中牢固掌握同名端的判断方法，为以后的工作奠定坚实基础。

2.6.1.6　任务分组

见附表 1。

2.1.6.7　任务实施

任务工作单 1

组号：　　　　姓名：　　　　学号：　　　　检索号：2.1.6.7-1

引导问题：

（1）互感是如何产生的？

（2）如何计算耦合因数？它具有什么物理意义？

（3）什么叫同名端？如何判断同名端？

任务工作单 2

组号：　　　　姓名：　　　　学号：　　　　检索号：__2.1.6.7-2__

引导问题：

（1）写出图 2.6.1.3 两个耦合线圈的耦合因数。

（2）标出图 2.6.1.4 中的同名端。

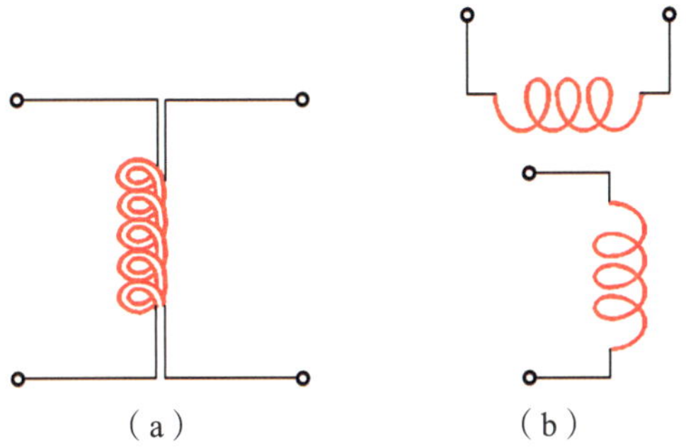

图 2.6.1.3　耦合线圈

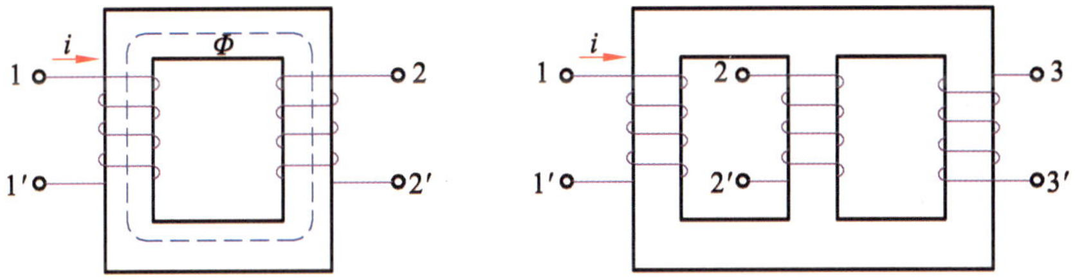

图 2.6.1.4　同名端标记

任务工作单 3

组号：　　　　姓名：　　　　学号：　　　　检索号：__2.6.1.7-3__

引导问题：

（1）每小组推荐两位同学，分别汇报任务工作单 1、2 的成果。

任务工作单 4

组号：　　　　姓名：　　　　学号：　　　　检索号：__2.6.1.7-4__

引导问题：

（1）自查、分析自身工单存在的错误及改正，并填写下表。

表 2.6.1.1　任务工作单自查表

错误	原因	改正

2.6.1.8　评价反馈

任务工作单 1

组号：　　　　姓名：　　　　学号：　　　　检索号：2.6.1.8-1

表 2.6.1.2　个人自评表

班级		姓名		日期	年　月　日
任务名称					
评价指标	评价内容			分数	分数评定
信息检索能力	能有效利用网络、图书资源、字典查找有用的相关信息等；能将查到的信息有效地传递到工作中。			10 分	
感知课堂生活	认同本任务的工作价值，在参与中获得满足感、成就感。			10 分	
参与态度	积极主动与教师、同学交流，相互尊重、理解、平等；与教师、同学之间是否能够保持多向、丰富、适宜的信息交流。			10 分	
	能处理好合作学习和独立思考的关系，做到有效学习；能提出有意义的问题或能发表个人见解。			10 分	
知识、能力获得情况	1. 能说出互感产生的原因。			10 分	
	2. 能说出互感的定义。			10 分	
	3. 能说出耦合因数的物理含义。			10 分	
	4. 能说出耦合因数的计算方法。			10 分	
	5. 能灵活应用同名端标记法判断同名端。			10 分	
思维态度	是否能发现问题、提出问题、分析问题、解决问题、创新问题。			5 分	
自评反馈	按时按质任务；较好地掌握了知识点；具有较强的信息分析能力和理解能力；具有较为全面严谨的思维能力，并能条理清楚明晰表达成文。			5 分	
自评分数					
有益的经验和做法					
总结反馈建议					

任务工作单 2

组号：　　　　姓名：　　　　学号：　　　　检索号：<u>2.6.1.8-2</u>

表 2.6.1.3　小组内互评验收表

验收组长		组名		日期	年　月　日
组内验收成员					
任务要求	能说出互感的定义和产生原因，耦合因数的物理含义和计算方法，同名端的定义以及判断方法。				
验收文档清单	被验收者 2.6.1.7-1 任务工作单 被验收者 2.6.1.7-2 任务工作单 被验收者 2.6.1.7-3 任务工作单 被验收者 2.6.1.7-4 任务工作单				
	文献检索清单				
验收评分	评分标准			分数	得分
	能说出互感产生的原因，错一处扣 10 分。			20 分	
	能说出耦合因数的物理含义。			20 分	
	能说出耦合因数的计算方法。			10 分	
	能说出同名端的定义。			10 分	
	能够灵活应用同名端判断方法标出电路的同名端。			20 分	
	提供文献检索清单，少于 5 项，缺一项扣 4 分。			20 分	
评价分数					
不足之处					

任务工作单 3

被评组号：　　　　检索号：<u>2.6.1.8-3</u>

表 2.6.1.4　小组间互评表

班级		评价小组		日期	年　月　日
评价指标	评价内容			分数	分数评定
汇报表述	表述准确			15 分	
	语言流畅			10 分	
	声音洪亮、自信大方			15 分	
内容正确度	内容正确			30 分	
	口述准确			30 分	
互评分数					
简要评述					

任务工作单 4

组号：　　　　姓名：　　　　学号：　　　　检索号：2.6.1.8-4

表 2.6.1.5　任务完成情况评价表

任务名称	耦合电感元件认识			总得分		
组号及成员						
评价依据	学生完成的 2.6.1.7 所有任务工作单					
序号	任务内容及要求		配分	评分标准	教师评价	
					结论	得分
1	能说出互感的内涵。	（1）描述正确；	10 分	缺一个要点扣 1 分		
		（2）语言表达流畅。	5 分	酌情赋分		
2	能说出耦合因数的物理含义。	（1）描述正确；	10 分	缺一个要点扣 1 分		
		（2）语言流畅。	5 分	酌情赋分		
3	能说出耦合因数的计算方法。	（1）描述正确；	10 分	缺一个要点扣 2 分		
		（2）语言流畅。	5 分	酌情赋分		
4	能说出同名端的定义。	（1）描述正确；	10 分	缺一个要点扣 2 分		
		（2）语言流畅。	5 分	酌情赋分		
5	能够灵活应用同名端判断方法。	（1）描述正确；	10 分	缺一个要点扣 2 分		
		（2）语言流畅。	10 分	酌情赋分		
6	至少包含 5 份文献的检索文献的目录清单。	（1）数量；	5 分	每少一个扣 2 分		
		（2）参考的主要内容要点。	5 分	酌情赋分		
7	素质素养评价。	（1）沟通交流能； （2）团队合作； （3）课堂纪律； （4）合作探学； （5）自主研学； （6）培养学生理论练习实际的能力； （7）培养仔细观察，独立思考的学习习惯。	10 分	酌情赋分，但违反课堂纪律，不听从组长、教师安排，不得分。		

任务 2　耦合电感元件的串联和并联

2.6.2.1　任务描述

能够写出耦合电感元件的电压、电流关系，耦合电感的串联和并联等效化简公式；能正确画出耦合电感元件的相量模型。

2.6.2.2　学习目标

知识目标

（1）掌握耦合电感元件的电压电流关系；

（2）掌握耦合电感元件串联化简公式和相量模型；

（3）掌握耦合电感元件并联化简公式和相量模型。

能力目标

（1）能说出耦合电感元件电压的构成元素；

（2）能正确画出串联等效电路相量模型；

（3）能正确画出并联等效电路相量模型。

素质素养目标

（1）培养学生化繁为简的思维方法；

（2）培养学生的抽象思维和建模能力；

（3）培养学生的团队协作有效沟通能力。

2.6.2.3　任务分析

重　点

（1）耦合电感元件的电压、电流关系；

（2）耦合电感元件串联的相量模型；

（3）耦合电感元件并联的相量模型。

难　点

（1）同侧并联和异侧并联判断；

（2）耦合电感元件的去耦等效模型画法。

2.6.2.4　相关知识链接

2.6.2.4.1　耦合电感元件电压和电流的关系

耦合电感元件是从实际耦合线圈抽象出来的电路模型，由 L_1、L_2 和 M 三个参数表征，是一种线性二端口元件，其元件符号和电压电流的关系如图 2.6.2.1 和式（2.6.2.1）、

（2.6.2.2）所示。图 2.6.2.1（a）对应于式（2.6.2.1），线圈电压的参考方向与另一个线圈电流的参考方向对同名端为相关联；图 2.6.2.1（b）对应于式（2.6.2.2），线圈电压的参考方向与另一个线圈电流的参考方向对同名端为非关联。

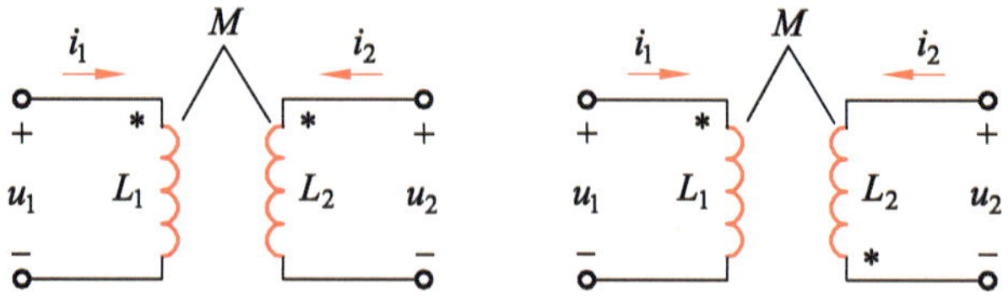

（a）　　　　（b）

图 2.6.2.1　耦合电感元件

$$\left.\begin{aligned} u_1 &= u_{11} + u_{12} = L_1\frac{\mathrm{d}i_1}{\mathrm{d}t} + M\frac{\mathrm{d}i_2}{\mathrm{d}t} \\ u_2 &= u_{22} + u_{21} = L_2\frac{\mathrm{d}i_2}{\mathrm{d}t} + M\frac{\mathrm{d}i_1}{\mathrm{d}t} \end{aligned}\right\} \tag{2.6.2.1}$$

$$\left.\begin{aligned} u_1 &= u_{11} + u_{12} = L_1\frac{\mathrm{d}i_1}{\mathrm{d}t} - M\frac{\mathrm{d}i_2}{\mathrm{d}t} \\ u_2 &= u_{22} + u_{21} = L_2\frac{\mathrm{d}i_2}{\mathrm{d}t} - M\frac{\mathrm{d}i_1}{\mathrm{d}t} \end{aligned}\right\} \tag{2.6.2.2}$$

如上所述，每个线圈的总电压包括自感电压和互感电压两部分。自感电压总是取正，互感电压则与引起该电压的另一个线圈电流的参考方向有关，两者对同名端相关联时取正，非关联时取负。

2.6.2.4.2　耦合电感元件的相量模型

由图 2.6.2.1 和式（2.6.2.1）可得耦合电感元件的相量模型如图 2.6.2.2 和式（2.6.2.3）、（2.6.2.4）所示。图 2.6.2.2（a）对应于式（2.6.2.3），线圈电压的参考方向与另一线圈电流的参考方向相对同名端为关联；图 2.6.2.2（b）对应于式（2.6.2.4），线圈电压的参考方向与另一个线圈电流的参考方向相对同名端为非关联。

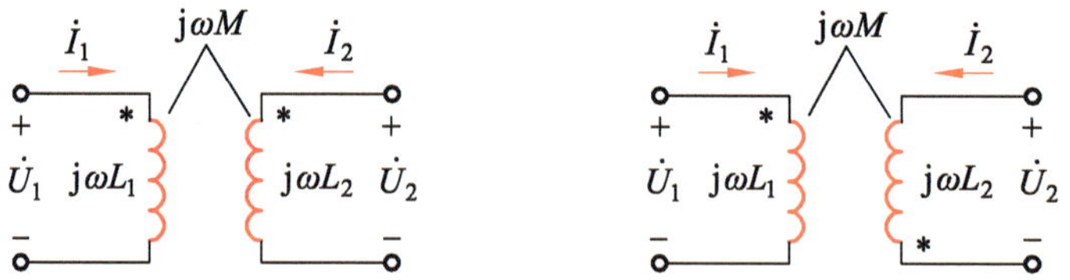

（a）　　　　（b）

图 2.6.2.2　耦合电感元件的相量模型

$$\left.\begin{aligned} \dot{U}_1 &= \dot{U}_{11} + \dot{U}_{12} = \mathrm{j}\omega L_1\dot{I}_1 + \mathrm{j}\omega M\dot{I}_2 = \mathrm{j}X_{L1}\dot{I}_1 + \mathrm{j}X_M\dot{I}_2 \\ \dot{U}_2 &= \dot{U}_{22} + \dot{U}_{21} = \mathrm{j}\omega L_2\dot{I}_2 + \mathrm{j}\omega M\, I_1 = \mathrm{j}X_{L2}\dot{I} + \mathrm{j}X_M\dot{I}_1 \end{aligned}\right\} \tag{2.6.2.3}$$

$$\left.\begin{aligned} \dot{U}_1 &= \dot{U}_{11} + \dot{U}_{12} = \mathrm{j}\omega L_1\dot{I}_1 - \mathrm{j}\omega M\dot{I}_2 = \mathrm{j}X_{L1}\dot{I}_1 - \mathrm{j}X_M\dot{I}_2 \\ \dot{U}_2 &= \dot{U}_{22} + \dot{U}_{21} = \mathrm{j}\omega L_2\dot{I}_2 - \mathrm{j}\omega MI_1 = \mathrm{j}X_{L2}\dot{I}_2 - \mathrm{j}X_M\dot{I}_1 \end{aligned}\right\} \tag{2.6.2.4}$$

式中，X_M 称为互感电抗，其 SI 单位为 Ω。互感电抗只有在正弦电流电路中才有意义。

2.6.2.4.3　耦合电感的串联

耦合电感的串联分为顺向串联和反向串联两种情况。

顺向串联是将两线圈的异名端相连，如图 2.6.2.3 所示，这时，电流从两线圈的同名端流入。选择各线圈电压与电流的参考方向相关联，则总电压相量为

$$\begin{aligned}\dot{U}&=\dot{U}_1+\dot{U}_2=(\dot{U}_{11}+\dot{U}_{12})+(\dot{U}_{21}+\dot{U}_{22})\\&=(\mathrm{j}\omega L_1\dot{I}+\mathrm{j}\omega M\dot{I})+(\mathrm{j}\omega L_2\dot{I}+\mathrm{j}\omega M\dot{I})\\&=\mathrm{j}\omega(L_1+L_2+2M)\dot{I}=\mathrm{j}\omega L\dot{I}\end{aligned}$$

式中，$L=L_1+L_2+2M$ 是两线圈顺向串联时的等效电感。

反向串联是将两线圈的同名端相连，如图 2.6.2.3（b）所示，这时电流从两线圈的异名端流入。选择图示的参考方向，则总电压的相量为：

$$\begin{aligned}\dot{U}&=\dot{U}_1+\dot{U}_2=(\dot{U}_{11}+\dot{U}_{12})+(\dot{U}_{21}+\dot{U}_{22})\\&=(\mathrm{j}\omega L_1\dot{I}-\mathrm{j}\omega M\dot{I})+(\mathrm{j}\omega L_2\dot{I}-\mathrm{j}\omega M\dot{I})\\&=j\omega(L_1+L_2-2M)\dot{I}=\mathrm{j}\omega L\dot{I}\end{aligned}$$

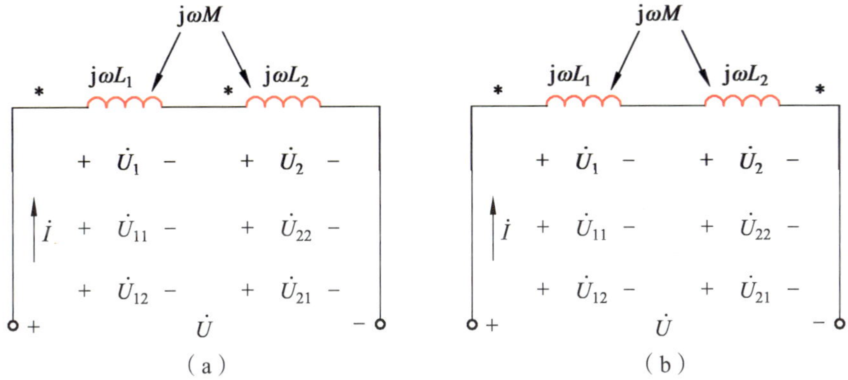

图 2.6.2.3　耦合电感的串联

总之，当耦合电感串联时，其等效电感：

$$L=L_1+L_2\pm 2M \tag{2.6.2.5}$$

式中，顺向串联时取"+"，反向串联时取"－"号。显然，顺向串联时等效电感增大，而反向串联时等效电感减小。利用这个结论，可以用实验方法判断耦合电感的同名端，同时测量它们的互感 M 。

应当注意，即使在反向串联的情况下，串联后的等效电感也必然大于或等于零，即：

$$L=L_1+L_2-2M\geqslant 0$$

因而

$$M\leqslant\frac{1}{2}(L_1+L_2) \tag{2.6.2.6}$$

例 2.6.2.1　图 2.6.2.4 中两个磁耦合线圈反向串联，已知两个线圈的参数为 $R_1=R_2=100\,\Omega$，$L_1=3\,\mathrm{H}$，$L_2=10\,\mathrm{H}$，$M=5\,\mathrm{H}$，电源的电源 $U=220\,\mathrm{V}$，$\omega=314\,\mathrm{rad/s}$，试求通过线圈的电流及两线圈的电压。

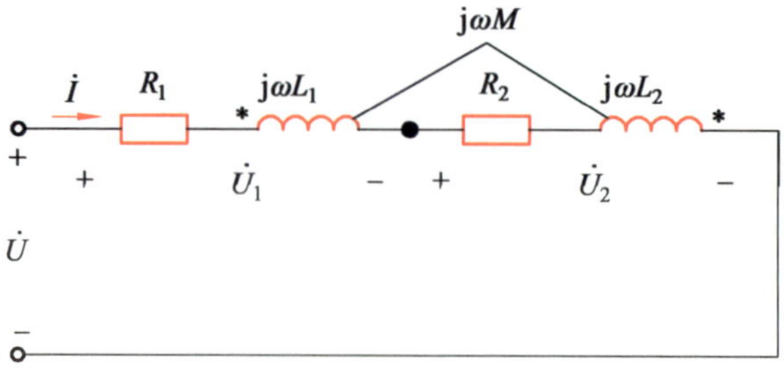

图 2.6.2.4　磁耦合线圈反向串联

解　$\dot U=(R_1+R_2)\dot I+\mathrm{j}\omega(L_1+L_2-2M)\dot I$

电流为

$$\begin{aligned}\dot I&=\frac{\dot U}{(R_1+R_2)+\mathrm{j}\omega(L_1+L_2-2M)}\\&=\frac{220\angle 0^\circ}{(100+100)+\mathrm{j}314(3+10-2\times5)}\mathrm{A}\\&=0.228\angle-78^\circ\mathrm{A}\end{aligned}$$

两线圈的电压分别为

$$\begin{aligned}\dot U_1&=(R_1+\mathrm{j}\omega L_1-\mathrm{j}\omega M)\dot I\\&=(100+\mathrm{j}942-\mathrm{j}1\,570)\times0.228\angle-78^\circ\mathrm{V}\\&=145\angle-159^\circ\mathrm{V}\end{aligned}$$

$$\begin{aligned}\dot U_2&=(R_2+\mathrm{j}\omega L_2-\mathrm{j}\omega M)\dot I\\&=(100+\mathrm{j}\omega3\,140-\mathrm{j}1\,570)\times0.228\angle-78^\circ\mathrm{V}\\&=359\angle8.4^\circ\mathrm{V}\end{aligned}$$

2.6.2.4.4　耦合电感的并联

两个耦合电感的并联也有两种情况：一种是同名端相连，另一种是异名端相连。

1. 同侧并联（同名端相连）

同侧并联如图 2.6.2.5 所示。

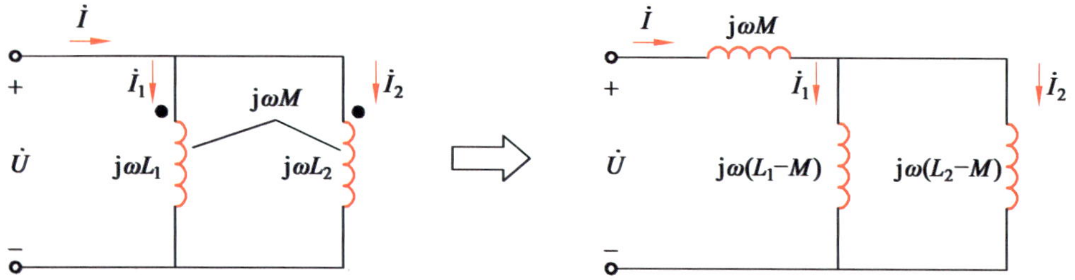

图 2.6.2.5　同侧并联

$$\dot U=\mathrm{j}\omega L_1\dot I_1-\mathrm{j}\omega M(\dot I-\dot I_1)=-\mathrm{j}\omega M\dot I+\mathrm{j}\omega(L_1-M)\dot I_1$$

$$\dot U=\mathrm{j}\omega L_2\dot I_2+\mathrm{j}\omega M(\dot I-\dot I_2)=\mathrm{j}\omega M\dot I+\mathrm{j}\omega(L_2-M)\dot I_2$$

可求得去耦等效电感为

$$L=\frac{L_1L_2-M^2}{L_1+L_2-2M}\tag{2.6.2.7}$$

2. 异侧并联（异名端相连）

异侧并联如图 2.6.2.6 所示。

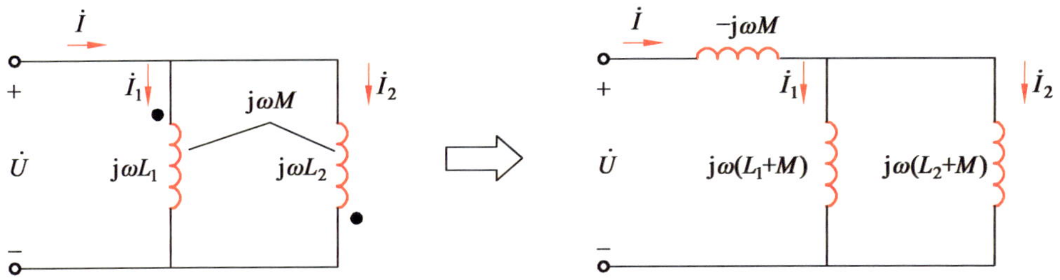

图 2.6.2.6　异侧并联

$$\dot{U}=\mathrm{j}\omega L_1\dot{I}_1-\mathrm{j}\omega M(\dot{I}-\dot{I}_1)=-\mathrm{j}\omega M\dot{I}+\mathrm{j}\omega(L_1+M)\dot{I}_1$$

$$\dot{U}=\mathrm{j}\omega L_2\dot{I}_2-\mathrm{j}\omega M(\dot{I}-\dot{I}_2)=-\mathrm{j}\omega M\dot{I}+\mathrm{j}\omega(L_2+M)\dot{I}_2$$

去耦等效电感为

$$L=\frac{L_1L_2-M^2}{L_1+L_2+2M} \tag{2.6.2.8}$$

2.6.2.5　素质素养养成

本小节的学习内容较为抽象难懂，且与前述相量知识有联系，当耦合电感电路中通入正弦交流电，由于互感的存在，整个相量电路会更加复杂，在学习过程中，同学们要仔细观察化简公式的特征，从而帮助自己进一步理解去耦相量电路的画法，通过练习、总结、反思，从而达到更好的学习效果。

2.6.2.6　任务分组

见附图 1。

2.6.2.7　任务实施

任务工作单 1

组号：　　　　姓名：　　　　学号：　　　　检索号：<u>2.6.2.7-1</u>

引导问题：

（1）写出耦合电感的相量模型公式，说出线圈电压的构成。

（2）写出耦合电感串联等效化简公式。

（3）写出耦合电感并联等效化简公式。

____

____

____

任务工作单 2

组号：　　　　姓名：　　　　学号：　　　　检索号：2.1.6.7-2

引导问题：

（1）电路如图 2.6.2.7 所示，第一个线圈的正弦电源频率为 500 Hz，电流表读数为 1 A，第二个线圈所接电压表读数为 62.8 V，求两个耦合线圈的互感 M。

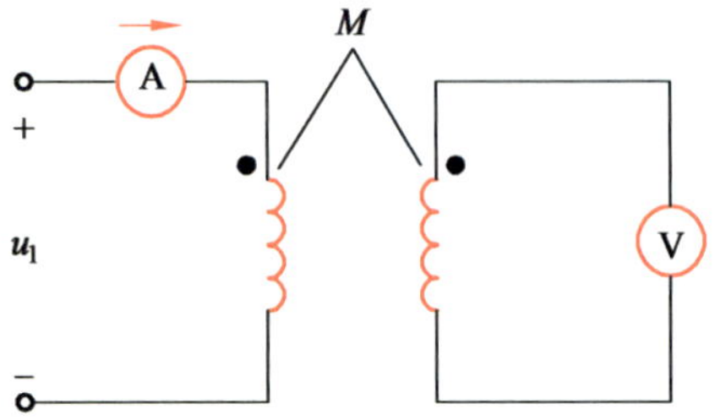

图 2.6.2.7　耦合线圈连接示意图

（2）说出测量线圈互感的方法。

（3）耦合线圈 $L_1=1$ H，$L_2=2$ H，$M=0.5$ H，计算两线圈串联和并联时的等效电感。

（4）画出耦合电感串联和并联以及只有一个公共端的去耦等效电路。

任务工作单 3

组号：　　　　姓名：　　　　学号：　　　　检索号：2.6.2.7-3

引导问题：

（1）每小组推荐两位同学，分别汇报任务工作单 1、2 的成果。

任务工作单 4

组号：　　　　姓名：　　　　学号：　　　　检索号：2.6.2.7-4

引导问题：

（1）自查、分析自身工单存在的错误及改正，并填写下表。

表 2.6.2.1　任务工作单自查表

错误	原因	改正

2.6.2.8　评价反馈

任务工作单 1

组号：　　　　姓名：　　　　学号：　　　　检索号：2.6.2.8-1

表 2.6.2.2　个人自评表

<table>
<tr><td>班级</td><td></td><td>姓名</td><td></td><td>日期</td><td>年　月　日</td></tr>
<tr><td>任务名称</td><td colspan="5"></td></tr>
<tr><td>评价指标</td><td colspan="3">评价内容</td><td>分数</td><td>分数评定</td></tr>
<tr><td>信息检索能力</td><td colspan="3">能有效利用网络、图书资源、字典查找有用的相关信息等；能将查到的信息有效地传递到工作中。</td><td>10 分</td><td></td></tr>
<tr><td>感知课堂生活</td><td colspan="3">认同本任务的工作价值，在参与中获得满足感、成就感。</td><td>10 分</td><td></td></tr>
<tr><td rowspan="2">参与态度</td><td colspan="3">积极主动与教师、同学交流，相互尊重、理解、平等；与教师、同学之间是否能够保持多向、丰富、适宜的信息交流。</td><td>10 分</td><td></td></tr>
<tr><td colspan="3">能处理好合作学习和独立思考的关系，做到有效学习；能提出有意义的问题或能发表个人见解。</td><td>10 分</td><td></td></tr>
<tr><td rowspan="5">知识、能力获得情况</td><td colspan="3">1. 能说出耦合线圈的相量模型。</td><td>10 分</td><td></td></tr>
<tr><td colspan="3">2. 能说出互感的测量方法。</td><td>10 分</td><td></td></tr>
<tr><td colspan="3">3. 能说出耦合电感串联的等效化简公式。</td><td>10 分</td><td></td></tr>
<tr><td colspan="3">4. 能说出耦合电感并联的等效化简公式。</td><td>10 分</td><td></td></tr>
<tr><td colspan="3">5. 能画出耦合电感的去耦等效模型。</td><td>10 分</td><td></td></tr>
<tr><td>思维态度</td><td colspan="3">是否能发现问题、提出问题、分析问题、解决问题、创新问题。</td><td>5 分</td><td></td></tr>
<tr><td>自评反馈</td><td colspan="3">按时按质任务；较好地掌握了知识点；具有较强的信息分析能力和理解能力；具有较为全面严谨的思维能力，并能条理清楚明晰表达成文。</td><td>5 分</td><td></td></tr>
<tr><td colspan="4">自评分数</td><td colspan="2"></td></tr>
<tr><td>有益的经验和做法</td><td colspan="5"></td></tr>
<tr><td>总结反馈建议</td><td colspan="5"></td></tr>
</table>

任务工作单 2

组号：　　　　姓名：　　　　学号：　　　　检索号：2.6.2.8-2

表 2.6.2.3　小组内互评验收表

验收组长		组名		日期	年　月　日
组内验收成员					
任务要求	能说出耦合电感的相量模型，互感的测量方法，耦合电感串联和并联化简公式，画出去耦等效电路。				
验收文档清单	被验收者 2.6.2.7-1 任务工作单 被验收者 2.6.2.7-2 任务工作单 被验收者 2.6.2.7-3 任务工作单 被验收者 2.6.2.7-4 任务工作单				
	文献检索清单				
验收评分	评分标准			分数	得分
	能说出耦合电感的相量模型。			20 分	
	能说出耦合电感串联化简公式。			20 分	
	能说出耦合电感并联化简公式。			10 分	
	能说出耦合电感的互感测量方法。			10 分	
	能画出耦合电感去耦等效电路。			20 分	
	提供文献检索清单，少于 5 项，缺一项扣 4 分。			20 分	
评价分数					
不足之处					

任务工作单 3

被评组号：　　　　检索号：2.6.2.8-3

表 2.6.2.4　小组间互评表

班级		评价小组		日期	年　月　日
评价指标	评价内容			分数	分数评定
汇报表述	表述准确			15 分	
	语言流畅			10 分	
	声音洪亮、自信大方			15 分	
内容正确度	内容正确			30 分	
	口述准确			30 分	
互评分数					
简要评述					

任务工作单 4

组号：　　　　姓名：　　　　学号：　　　　检索号：2.6.2.8-4

表 2.6.2.5　任务完成情况评价表

任务名称	耦合电感元件的串联和并联方式认识				总得分	
组号及成员						
评价依据	学生完成的 2.6.2.7 所有任务工作单					
序号	任务内容及要求		配分	评分标准	教师评价	
					结论	得分
1	能说出耦合电感相量模型。	（1）描述正确；	10 分	缺一个要点扣 1 分		
		（2）语言表达流畅。	5 分	酌情赋分		
2	能说出互感的测量方法。	（1）描述正确；	10 分	缺一个要点扣 1 分		
		（2）语言流畅。	5 分	酌情赋分		
3	能说出耦合电感串联的化简公式。	（1）描述正确；	10 分	缺一个要点扣 2 分		
		（2）语言流畅。	5 分	酌情赋分		
4	能说出耦合电感并联的化简公式。	（1）描述正确；	10 分	缺一个要点扣 2 分		
		（2）语言流畅。	5 分	酌情赋分		
5	能够画出耦合电感的去耦等效电路。	（1）描述正确；	10 分	缺一个要点扣 2 分		
		（2）语言流畅。	10 分	酌情赋分		
6	至少包含 5 份文献的检索文献的目录清单。	（1）数量；	5 分	每少一个扣 2 分		
		（2）参考的主要内容要点。	5 分	酌情赋分		
7	素质素养评价。	（1）沟通交流能；	10 分	酌情赋分，但违反课堂纪律，不听从组长、教师安排，不得分。		
		（2）团队合作；				
		（3）课堂纪律；				
		（4）合作探学；				
		（5）自主研学；				
		（6）培养学生化繁为简的能力；				
		（7）培养仔细观察，独立思考的学习习惯。				

任务 3　实验：互感电路观测

2.6.3.1　任务描述

观察互感现象，测定互感系数，用实验方法，确定两个线圈的同名端。

2.6.3.2　学习目标

知识目标

（1）掌握实验测定互感系数的方法；

（2）掌握实验确定同名端的方法；

（3）掌握互感系数的定义和同名端的定义。

能力目标

（1）能设计实验电路判断同名端；

（2）能正确记录实验数据计算互感系数；

（3）能说出互感系数的定义和同名端定义。

素质素养目标

（1）培养学生认真观察的学习习惯；

（2）培养学生开拓思路、勇于尝试和探索的精神；

（3）培养学生安全第一的生产理念。

2.6.3.3　任务分析

重　点

（1）测定耦合线圈的互感系数；

（2）观察耦合现象；

（3）通过实验现象判断同名端。

难　点

（1）设计合适的实验电路；

（2）设计表格记录数据得出正确的实验结论。

2.6.3.4　相关知识链接

2.6.3.4.1　实验原理

（1）当两个线圈相距足够近时，其中一个线圈电流所产生的磁通，可能有部分（或全部）穿过另一线圈。这种一个线圈的磁通交链另一个线圈的现象称为磁耦合。当一个线圈由于其中电流交变而引起磁通变化时，不仅在本线圈产生感应电动势，还会在邻近的其他线圈中产生感应电动势，这种现象称为互感现象。比如，L_1和L_2是两个电感线圈，它们之间没有电路的连接，当一个线圈通上交流电后，另一个线圈两端连接的灯泡会发亮，这说明两个线圈之间存在磁的耦合。

（2）具有互感的两个线圈的正弦电路中，当顺向串联时，其等效电感为：

$$L' = L_1 + L_2 + 2M = \frac{1}{\omega}\sqrt{\left(\frac{U'}{I'}\right)^2 - (r_1 + r_2)^2}$$

当反向串联时，其等效电感为：

$$L'' = L_1 + L_2 - 2M = \frac{1}{\omega}\sqrt{\left(\frac{U''}{I''}\right)^2 - (r_1 + r_2)^2}$$

上两式相减得：

$$M = \frac{1}{4\omega}\left(\sqrt{\left(\frac{U'}{I'}\right)^2 - (r_1 + r_2)^2} - \sqrt{\left(\frac{U''}{I''}\right)^2 - (r_1 + r_2)^2}\right)$$

（3）具有互感为 M 的两个线圈，在线圈 1 中通以正弦电流 i_1，在线圈 2 两端产生的互感电压 $U_2 = \omega M I_1$，则互感系数 $M = \frac{U_2}{\omega I_1}$；反过来，在线圈 2 中通以正弦电流 i_2，在线圈 1 两端也产生互感电压 $U_1 = \omega I_2 M$，则 $M = \frac{U_1}{\omega I_2}$，如果这两次测量时两个线圈的相对位置未改变，则两次求出的互感系数 M 应相等。

（4）确定线圈的同名端。

当两个线圈的绕行方向一致，两个线圈同时又是顺着同一绕行方向流入时，则两个线圈电流所产生的互感磁通与自感磁通是相互加强的，像这种情形，两个线圈相对应的电流流入端或流出端，便称为它们的同名端，标以相同的记号“*”，由于同名端反映了两个线圈间的相对绕向，因此在电路图中就不需要画出线圈的绕向，如图 2.6.3.1 所示。

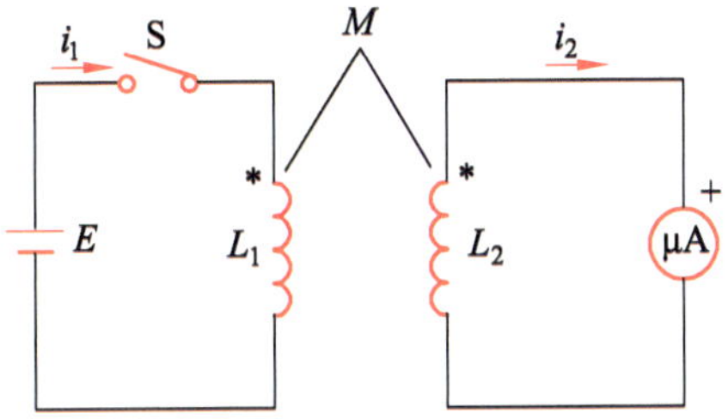

图 2.6.3.1　确定线圈的同名端接线图

2.6.3.4.2　仪器设备

（1）电流表一只：1～2 A（交流）。

（2）万用表一只。

（3）单相功率表一只。

（4）两个电感线圈。

2.6.3.4.3 实验任务

（1）用所学的理论知识和实验方法及现有的仪器设备，自己设计两种测试互感系数 M 的系数电路，测试两个线圈的互感系数（注意两个电感线圈对正靠近，并一直保持位置不变，对所测得的 M 值进行分析比较）。

（2）将所得的数据和计算的各值用表列出。

注意事项：电源电压要逐渐降低，以防在线圈上产生高电压。

2.6.3.5 素质素养养成

本小节通过实验的方式，真切观察互感现象，从而加深对互感的理解。同学们可通过文献检索、小组讨论集思广益设计实验电路，牢牢记住安全第一的生产理念，做到爱护实验环境、爱护实验设施，在动手中体会电工实验的奥妙和趣味。

2.6.3.6 任务分组

见附表 1。

2.6.3.7 任务实施

任务工作单 1

组号：　　　　姓名：　　　　学号：　　　　检索号：2.6.3.7-1

引导问题：

（1）画出实验电路；

（2）写出实验步骤；

（3）设计出实验数据记录表格；

（4）写出实验中的安全注意事项。

____

____

____

任务工作单 2

组号：　　　　姓名：　　　　学号：　　　　检索号：2.6.3.7-2

引导问题：

（1）根据小组的实验电路，计算互感系数；

（2）说说小组是如何根据实验现象判断同名端的。

____

____

____

任务工作单 3

组号：　　　　姓名：　　　　学号：　　　　检索号：<u>2.6.3.7-3</u>

引导问题：

（1）每小组推荐两位同学，分别汇报任务工作单 1、2 的成果。

____

____

____

任务工作单 4

组号：　　　　姓名：　　　　学号：　　　　检索号：<u>2.6.3.7-4</u>

引导问题：

（1）自查、分析自身工单存在的错误及改正，并填写下表。

表 2.6.3.1　任务工作单自查表

错误	原因	改正

2.6.3.8　评价反馈

任务工作单 1

组号：　　　　姓名：　　　　学号：　　　　检索号：<u>2.6.3.8-1</u>

表 2.6.3.2　个人自评表

班级		姓名		日期	年　月　日
任务名称					
评价指标	评价内容			分数	分数评定
信息检索能力	能有效利用网络、图书资源、字典查找有用的相关信息等；能将查到的信息有效地传递到工作中。			10 分	
感知课堂生活	认同本任务的工作价值，在参与中获得满足感、成就感。			10 分	
参与态度	积极主动与教师、同学交流，相互尊重、理解、平等；与教师、同学之间是否能够保持多向、丰富、适宜的信息交流。			10 分	
	能处理好合作学习和独立思考的关系，做到有效学习；能提出有意义的问题或能发表个人见解。			10 分	

续表

评价指标	评价内容	分数	分数评定
知识、能力获得情况	1. 能画出正确的实验电路。	10 分	
	2. 能说出实验步骤。	10 分	
	3. 能说出互感系数的测量方法。	10 分	
	4. 能说出同名端的判断方法。	10 分	
	5. 能正确记录实验数据得出正确结论。	10 分	
思维态度	是否能发现问题、提出问题、分析问题、解决问题、创新问题。	5 分	
自评反馈	按时按质任务；较好地掌握了知识点；具有较强的信息分析能力和理解能力；具有较为全面严谨的思维能力，并能条理清楚明晰表达成文。	5 分	
自评分数			
有益的经验和做法			
总结反馈建议			

任务工作单 2

组号：　　　姓名：　　　学号：　　　检索号：2.6.3.8-2

表 2.6.3.3　小组内互评验收表

验收组长		组名		日期	年　月　日
组内验收成员					
任务要求	能画出实验电路，正确测定互感系数，标记出电路的同名端，能设计合理的表格计算得出实验结论。				
验收文档清单	被验收者 2.6.3.7-1 任务工作单 被验收者 2.6.3.7-2 任务工作单 被验收者 2.6.3.7-3 任务工作单 被验收者 2.6.3.7-4 任务工作单				
	文献检索清单				
验收评分	评分标准			分数	得分
	能画出正确实验电路。			20 分	
	能说出实验步骤。			20 分	
	能说出实验过程中的安全危险点。			10 分	
	能说出互感系数的测量方法。			10 分	
	能说出通过实验判断同名端的方法。			20 分	
	提供文献检索清单，少于 5 项，缺一项扣 4 分。			20 分	
评价分数					
不足之处					

任务工作单 3

被评组号：　　　　　　　　　　检索号：2.6.3.8-3

表 2.6.3.4　小组间互评表

班级		评价小组		日期	年　月　日
评价指标	评价内容			分数	分数评定
汇报表述	表述准确			15 分	
	语言流畅			10 分	
	声音洪亮、自信大方			15 分	
内容正确度	内容正确			30 分	
	口述准确			30 分	
互评分数					
简要评述					

任务工作单 4

组号：　　　姓名：　　　学号：　　　检索号：2.6.3.8-4

表 2.6.3.5　任务完成情况评价表

任务名称	实验：互感电路观测				总得分	
组号及成员						
评价依据	学生完成的 2.6.3.7 所有任务工作单					
序号	任务内容及要求		配分	评分标准	教师评价	
					结论	得分
1	能画出正确实验电路。	（1）描述正确；	10 分	缺一个要点扣 1 分		
		（2）语言表达流畅。	5 分	酌情赋分		
2	能说出互感的测量方法。	（1）描述正确；	10 分	缺一个要点扣 1 分		
		（2）语言流畅。	5 分	酌情赋分		
3	能说出同名端判断方法。	（1）描述正确；	10 分	缺一个要点扣 2 分		
		（2）语言流畅。	5 分	酌情赋分		
4	能说出实验的步骤。	（1）描述正确；	10 分	缺一个要点扣 2 分		
		（2）语言流畅。	5 分	酌情赋分		
5	能说出实验的安全危险点。	（1）描述正确；	10 分	缺一个要点扣 2 分		
		（2）语言流畅。	10 分	酌情赋分		

续表

<table>
<tr><th rowspan="2">序号</th><th colspan="2" rowspan="2">任务内容及要求</th><th rowspan="2">配分</th><th rowspan="2">评分标准</th><th colspan="2">教师评价</th></tr>
<tr><th>结论</th><th>得分</th></tr>
<tr><td rowspan="2">6</td><td rowspan="2">至少包含 5 份文献的检索文献的目录清单。</td><td>（1）数量；</td><td>5 分</td><td>每少一个扣 2 分</td><td></td><td></td></tr>
<tr><td>（2）参考的主要内容要点。</td><td>5 分</td><td>酌情赋分</td><td></td><td></td></tr>
<tr><td rowspan="7">7</td><td rowspan="7">素质素养评价。</td><td>（1）沟通交流能；</td><td rowspan="7">10 分</td><td rowspan="7">酌情赋分，但违反课堂纪律，不听从组长、教师安排，不得分。</td><td rowspan="7"></td><td rowspan="7"></td></tr>
<tr><td>（2）团队合作；</td></tr>
<tr><td>（3）课堂纪律；</td></tr>
<tr><td>（4）合作探学；</td></tr>
<tr><td>（5）自主研学；</td></tr>
<tr><td>（6）培养学生动手操作能力；</td></tr>
<tr><td>（7）培养仔细观察，独立思考的学习习惯。</td></tr>
</table>

任务 4　串联谐振认识

2.6.4.1　任务描述

掌握串联谐振的条件和谐振频率；能够说出串联谐振的特点；能够应用品质因数和特性阻抗公式进行简单计算；能够说清楚谐振曲线和品质因数的关系。

2.6.4.2　学习目标

知识目标

（1）掌握串联谐振的定义、条件以及谐振频率；

（2）掌握串联谐振的特点；

（3）掌握串联谐振的品质因数、特性阻抗的计算公式；

（4）掌握谐振曲线和品质因数的关系。

能力目标

（1）能说出串联谐振的定义、条件以及频率计算方法；

（2）能说出串联谐振时电路的特点；

（3）能计算品质因数和特性阻抗；

（4）能说出谐振曲线和品质因数的关系。

素质素养目标

（1）培养学生辩证统一看待问题的思维习惯；

（2）培养学生的逻辑分析能力；

（3）培养学生数形结合的学习习惯。

2.6.4.3 任务分析

重 点

（1）串联谐振的条件和谐振频率；

（2）串联谐振时电路的特点；

（3）谐振曲线和品质因数的关系。

难 点

（1）谐振曲线和品质因数的意义；

（2）串联谐振时电路特点推导。

2.6.4.4 相关知识链接

2.6.4.4.1 串联谐振的条件和谐振频率

如图 2.6.4.1 所示的 *RLC* 串联电路，其阻抗为

$$Z = R + \mathrm{j}\left(\omega L - \frac{1}{\omega C}\right) = R + \mathrm{j}(X_L - X_C) = R + \mathrm{j}X = |Z|\angle\varphi$$

式中：$|Z| = \sqrt{R^2 + X^2}$，$\varphi = \arctan\left(\frac{X}{R}\right)$。

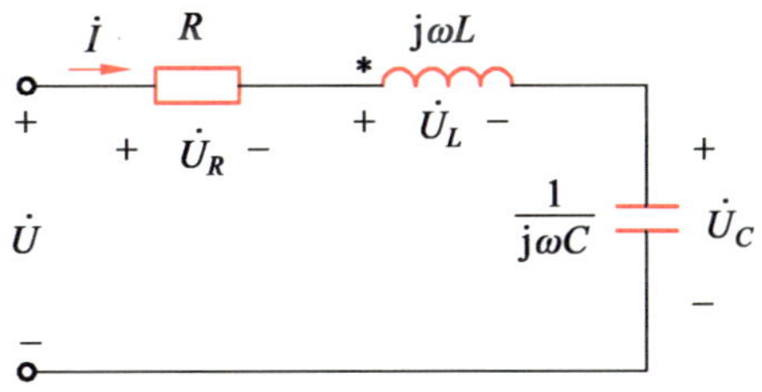

图 2.6.4.1 串联谐振电路

当 $X_L = X_C$，即 $\omega L = \frac{1}{\omega C}$，则 $X = 0$，$\varphi = 0$，$Z = R$，功率因素 $\lambda = 1$，端口电压与电流同相，电路呈电阻性，这时电路发生谐振。由于这是在串联电路中发生的谐振，所以称为串联谐振。

发生谐振的角频率称为谐振角频率，以 ω_0 表示：

$$\omega_0 = \frac{1}{\sqrt{LC}} \tag{2.6.4.1}$$

或谐振频率为

$$f_0 = \frac{1}{2\pi\sqrt{LC}} \tag{2.6.4.2}$$

为了实现谐振，可以固定电路参数（L 和 C）改变频率，也可以固定电源频率而改变电感或电容。显然，串联谐振的频率与电路的电阻值 R 无关。

2.6.4.4.2 串联谐振的特点

RLC 串联电路谐振时，具有以下特点：

（1）电路的阻抗为最小，$Z=R$，在U为恒定时，电路中电流最大，$I=I_0=\dfrac{U}{R}$。

（2）谐振时，电感电压和电容电压大小相等、相位相反，相互抵消，即电抗电压$U_X=U_L-U_C=0$；$U_R=IR=U$，其相量图如图 2.6.4.2 所示。

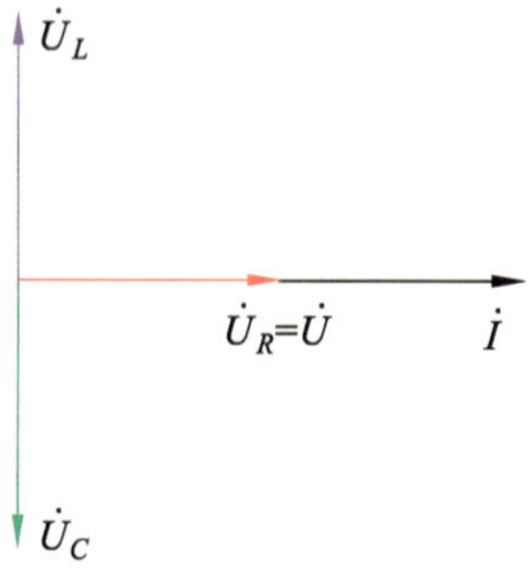

图 2.6.4.2 谐振相量图

（3）谐振时，电路与电源间不发生能量交换，能量的互换只在电感和电容之间进行。

2.6.4.4.3 特性阻抗和品质因数

谐振时的感抗与容抗相等，称为特性阻抗，记为ρ，即

$$\rho=\omega_0 L=\frac{1}{\omega_0 C}=\sqrt{\frac{L}{C}} \tag{2.6.4.3}$$

特性阻抗与电阻R的比值，称为品质因数，用Q表示，即

$$Q=\frac{\rho}{R}=\frac{\omega_0 L}{R}=\frac{1}{\omega_0 CR}=\frac{1}{R}\sqrt{\frac{L}{C}} \tag{2.6.4.4}$$

在工程上称为Q值，它是一个由电路参数R、L、C决定的量。

谐振时电感电压和电容电压分别为

$$U_L=\omega_0 LI_0=\frac{\omega_0 L}{R}U=QU \tag{2.6.4.5}$$

$$U_C=\frac{1}{\omega_0 C}I_0=\frac{1}{\omega_0 CR}U=QU \tag{2.6.4.6}$$

当$Q>1$时，$U_L=U_C>U$，当$Q>>1$时，$U_L=U_C>>U_0$，可见，当电源电压过高，同时$Q>>1$时，可能会击穿线圈或电容器的绝缘，因此在电力工程中一般应避免发生谐振；而在无线电工程中，常常利用串联谐振获得高电压来进行工作。由于发生串联谐振时，U_L和U_C可能远远大于电源电压U，所以串联谐振又称为电压谐振。

2.6.4.4.4 谐振曲线

电路品质因数Q值的大小是谐振回路质量优劣的重要指标。理论和实践证明，电路随频率变化的关系为

$$I(f)=I_0\frac{1}{\sqrt{1+Q^2\left(\frac{f}{f_0}-\frac{f_0}{f}\right)^2}} \tag{2.6.4.7}$$

根据上式，选取不同的 Q 值，做出一组电流随频率变化的曲线，即谐振曲线，如图 2.6.4.3 所示。由图可见，Q 值不同，谐振曲线的形状不同，Q 值越大，曲线就越尖；Q 值越小，曲线就越趋于平坦。在 Q 值较小的情况下，当频率偏离形状频率时，电流变化不大，电路对非谐振频率下的电流抑制能力较弱。相反，当 Q 值较高时，频率偏离谐振频率，电流从谐振时的极大值急剧下降，电路对非谐振频率下的电路具有较强的抑制能力，因此说，Q 值高，电路的选择性好；Q 值低，电路的选择性差。在无线电广播通信技术中，常常应用谐振电路，从许多不同频率的信号中，选出所需的信号。

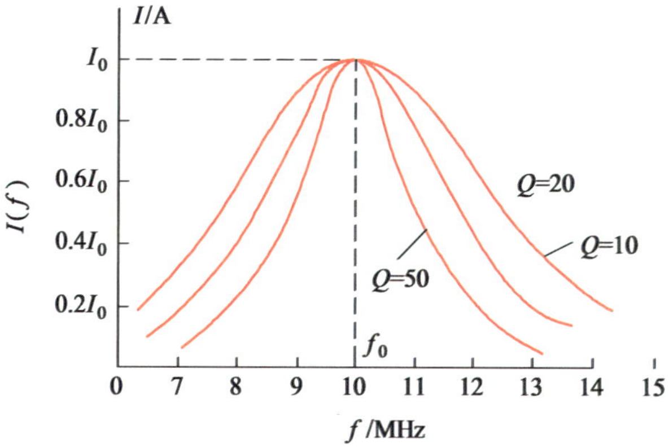

图 2.6.4.3　串联电路谐振曲线图

例 2.6.4.1　在图 2.6.4.1 所示电路中，已知 $L=20\ \text{mH}$，$C=200\ \text{pF}$，$R=100\ \Omega$，正弦电压 $U=10\ \text{V}$。求电路的谐振频率 f_0，特性阻抗 ρ 和品质因素 Q 值，谐振时的 U_L、U_C 值。

解　电路的谐振频率

$$f_0=\frac{1}{2\pi\sqrt{LC}}=\frac{1}{2\pi\sqrt{20\times10^{-3}\times200\times10^{-12}}}=79.6\ \text{kHz}$$

特性阻抗

$$\rho=\sqrt{\frac{L}{C}}=\sqrt{\frac{20\times10^{-3}}{200\times10^{-12}}}=10\ 000\ \Omega$$

品质因素

$$Q=\frac{\rho}{R}=\frac{10\ 000}{100}=100$$

谐振时电感上的电压为

$$U_L=U_C=QU=100\times10=1\ 000\ \text{V}$$

2.6.4.5 素质素养养成

谐振是正弦交流电路中的一种特殊现象，在无线电和电工技术中得到广泛应用，但另一方面发生谐振又可能造成电路中的过电流或过电压，从而引发绝缘失效或损伤等一系列问题，因此在电力系统中应避免。但事物都有两面性，谐振在电子电路中得到了广泛应用，因此同学们在学习时要注意辩证地看待问题，结合相量图分析进一步加深对谐振电路特点的理解。

2.6.4.6 任务分组

见附表 1。

2.6.4.7 任务实施

任务工作单 1

组号：　　　　姓名：　　　　学号：　　　　检索号：2.6.4.7-1

引导问题：

（1）写出串联谐振的条件和谐振频率；

（2）写出特性阻抗和品质因数的计算公式；

（3）解释品质因数的含义；

（4）写出品质因数和特性阻抗的关系。

____

____

____

任务工作单 2

组号：　　　　姓名：　　　　学号：　　　　检索号：2.6.4.7-2

引导问题：

（1）RLC 串联电路中，$L=40$ mH，$C=100$ pF，$R=50\ \Omega$，正弦电压有效值 $U=10$ V。求电路的谐振频率 f_0、特性阻抗和品质因数 Q，谐振时 U_L、U_C 的值。

（2）一个线圈与 $C=100$ pF 的电容器串联，要求在 465 kHz 的频率时谐振，线圈的电感为多少？如果线圈的品质因数为 200，线圈的电阻为多少？

____

____

____

任务工作单 3

组号：　　　　姓名：　　　　学号：　　　　检索号：2.6.4.7-3

引导问题：

（1）每小组推荐两位同学，分别汇报任务工作单 1、2 的成果。

____

____

____

任务工作单 4

组号：　　　　姓名：　　　　学号：　　　　检索号：2.6.4.7-4

引导问题：

（1）自查、分析自身工单存在的错误及改正，并填写下表。

表 2.6.4.1　任务工作单自查表

错误	原因	改正

2.6.4.8　评价反馈

任务工作单 1

组号：　　　　姓名：　　　　学号：　　　　检索号：2.6.4.8-1

表 2.6.4.2　个人自评表

班级		姓名		日期	年　月　日
任务名称					
评价指标	评价内容			分数	分数评定
信息检索能力	能有效利用网络、图书资源、字典查找有用的相关信息等；能将查到的信息有效地传递到工作中。			10 分	
感知课堂生活	认同本任务的工作价值，在参与中获得满足感、成就感。			10 分	
参与态度	积极主动与教师、同学交流，相互尊重、理解、平等；与教师、同学之间是否能够保持多向、丰富、适宜的信息交流。			10 分	
	能处理好合作学习和独立思考的关系，做到有效学习；能提出有意义的问题或能发表个人见解。			10 分	

续表

评价指标	评价内容	分数	分数评定
知识、能力获得情况	1. 能说出串联谐振的定义和特点。	10 分	
	2. 能说出谐振频率、特性阻抗、品质因数的计算公式。	20 分	
	3. 能说出品质因数的含义。	10 分	
	4. 能说出品质因数和谐振曲线的关系。	10 分	
思维态度	是否能发现问题、提出问题、分析问题、解决问题、创新问题。	5 分	
自评反馈	按时按质任务；较好地掌握了知识点；具有较强的信息分析能力和理解能力；具有较为全面严谨的思维能力，并能条理清楚明晰表达成文。	5 分	
自评分数			
有益的经验和做法			
总结反馈建议			

任务工作单 2

组号：　　　　姓名：　　　　学号：　　　　检索号：2.6.4.8-2

表 2.6.4.3　小组内互评验收表

验收组长		组名		日期	年　月　日
组内验收成员					
任务要求	能说出串联谐振的定义和谐振时的特点，能说出谐振条件、谐振频率、品质因数、特性阻抗的计算方法，能够说清楚品质因数和谐振曲线的关系。				
验收文档清单	被验收者 2.6.4.7-1 任务工作单 被验收者 2.6.4.7-2 任务工作单 被验收者 2.6.4.7-3 任务工作单 被验收者 2.6.4.7-4 任务工作单				
	文献检索清单				
验收评分	评分标准			分数	得分
	能说出串联谐振的定义和谐振特点。			20 分	
	能说出串联谐振条件、谐振频率。			20 分	
	能够说清楚品质因数和谐振曲线的关系。			20 分	
	能够说出品质因数、特性阻抗的计算方法。			20 分	
	提供文献检索清单，少于 5 项，缺一项扣 4 分。			20 分	
评价分数					
不足之处					

任务工作单 3

被评组号：　　　　　　　　　　检索号：2.6.4.8-3

表 2.6.4.4　小组间互评表

班级		评价小组		日期	年　月　日
评价指标	评价内容			分数	分数评定
汇报表述	表述准确			15 分	
	语言流畅			10 分	
	声音洪亮、自信大方			15 分	
内容正确度	内容正确			30 分	
	口述准确			30 分	
互评分数					
简要评述					

任务工作单 4

组号：　　　姓名：　　　学号：　　　检索号：2.6.4.8-4

表 2.6.4.5　任务完成情况评价表

任务名称	串联谐振认识				总得分	
组号及成员						
评价依据	学生完成的 2.6.4.7 所有任务工作单					
序号	任务内容及要求		配分	评分标准	教师评价	
					结论	得分
1	能说出串联谐振定义。	（1）描述正确；	10 分	缺一个要点扣 1 分		
		（2）语言表达流畅。	5 分	酌情赋分		
2	能说出串联谐振特点。	（1）描述正确；	10 分	缺一个要点扣 1 分		
		（2）语言流畅。	5 分	酌情赋分		
3	能说出串联谐振条件。	（1）描述正确；	10 分	缺一个要点扣 2 分		
		（2）语言流畅。	5 分	酌情赋分		
4	能说出品质因数含义和谐振曲线的关系。	（1）描述正确；	10 分	缺一个要点扣 2 分		
		（2）语言流畅。	5 分	酌情赋分		
5	能说出特性阻抗计算过方法。	（1）描述正确；	10 分	缺一个要点扣 2 分		
		（2）语言流畅。	10 分	酌情赋分		

续表

序号	任务内容及要求		配分	评分标准	教师评价	
					结论	得分
6	至少包含5份文献的检索文献的目录清单。	（1）数量；	5分	每少一个扣2分		
		（2）参考的主要内容要点。	5分	酌情赋分		
7	素质素养评价。	（1）沟通交流能；	10分	酌情赋分，但违反课堂纪律，不听从组长、教师安排，不得分。		
		（2）团队合作；				
		（3）课堂纪律；				
		（4）合作探学；				
		（5）自主研学；				
		（6）培养学生辩证统一看待问题思维习惯；				
		（7）培养学生数形结合学习方法。				

任务5　并联谐振认识

2.6.5.1　任务描述

知道并联谐振的条件和谐振频率；能够说出并联谐振的特点；能够看懂阻抗谐振曲线。

2.6.5.2　学习目标

知识目标

（1）掌握并联谐振的定义；

（2）掌握并联谐振的谐振频率计算方法；

（3）掌握并联谐振的特点。

能力目标

（1）能说出并联谐振的含义；

（2）能说出并联谐振电路的特点；

（3）能计算并联谐振的谐振频率。

素质素养目标

（1）培养学生辩证统一看待问题的思维习惯；

（2）培养学生的逻辑分析能力；

（3）培养学生数形结合的学习习惯。

2.6.5.3 任务分析

重 点

（1）并联谐振的条件和谐振频率；

（2）并联谐振时电路的特点。

难 点

（1）阻抗谐振曲线的物理意义；

（2）并联谐振时电路特点推导。

2.6.5.4 相关知识链接

2.6.5.4.1 并联谐振的定义

发生在 *RLC* 并联电路中的谐振称为并联谐振。

2.6.5.4.2 并联谐振的条件和谐振频率

工程上并联谐振广泛采用电感线圈和电容器组成的并联电路。由于实际线圈总是有电阻的，因此线圈与电容器并联时，其电路模型是一个电感与电阻串联后再与电容并联的电路，如图 2.6.5.1 所示。

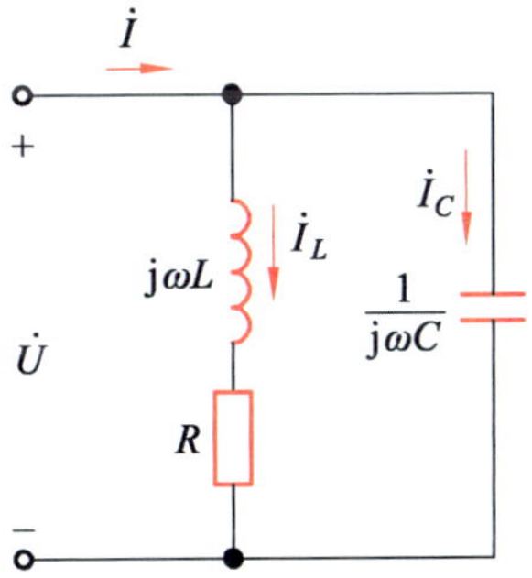

图 2.6.5.1 并联谐振电路

电路的导纳为

$$\begin{aligned}Y&=\frac{1}{R+\mathrm{j}\omega L}+\mathrm{j}\omega C\\&=\frac{R}{R^2+(\omega L)^2}+\mathrm{j}\left[-\frac{\omega L}{R^2+(\omega L)^2}+\omega C\right]\\&=G+\mathrm{j}(-B_L+B_C)\\&=G+\mathrm{j}B=|Y|\angle\varphi'\end{aligned}$$

式中 $|Y|=\sqrt{G^2+B^2}$，$\varphi'=\arctan\left(\dfrac{B}{G}\right)$。

当导纳的虚部为零，即 $B_L=B_C$ 或 $\varphi'=0$ 时，端口电压 $\dot{U}$ 与总电流 $\dot{I}$ 同相位，电路呈电阻性，这时电路发生谐振。

$B=0$ 是并联谐振条件，即：

$$-\frac{\omega L}{R^2+(\omega L)^2}+\omega C=0$$

得谐振角频率：

$$\omega_0=\sqrt{\frac{1}{LC}-\frac{R^2}{L^2}}=\frac{1}{\sqrt{LC}}\sqrt{1-\frac{CR^2}{L}} \tag{2.6.5.1}$$

在实际电路中，线圈本身的电阻很小，一般均能满足 $R\ll\sqrt{\frac{L}{C}}$，可得并联电路的谐振角频率及频率：

$$\omega_0\approx\frac{1}{\sqrt{LC}}$$
$$f_0\approx\frac{1}{2\pi\sqrt{LC}} \tag{2.6.5.2}$$

与串联谐振频率近似相同。

2.6.5.4.3 并联谐振的特点

（1）并联谐振时，电路的导纳$|Y|$最小、阻抗$|Z|$最大，这与串联谐振电路相反。

（2）总电流最小 $I=I_0=\frac{U}{|Z|}$，电感支路与电容支路的电流完全补偿。

如果 $R\ll\omega_0 L$，则 $I_L\approx I_C\gg I\gg I$，即 L 和 C 支路中的电流将远远大于电路的总电流。由于这个特征，并联谐振电路又称为电流谐振。

（3）并联谐振时的品质因数为

$$Q=\frac{I_L}{I}=\frac{I_C}{I} \tag{2.6.5.3}$$

（4）并联谐振时端口电压与电流同相，电路呈电阻性，这与串联谐振电路相同。

$$\varphi=\arctan\left(\frac{I_L-I_C}{I_R}\right)=0 \tag{2.6.5.4}$$

2.6.5.4.4 阻抗谐振曲线

图 2.6.5.2 画出了不同 Q 值时并联谐振电路的阻抗谐振曲线。如果电路改由电流源供电，电源为某一频率时发生谐振，电路阻抗最大，电流通过时在电路两端产生的电压也最高。当电源为其他频率时，电路不发生谐振，电路两端的电压也较低，这样就起到了选频作用。并联谐振在无线电工程和电子技术中广泛应用，如利用并联谐振时的阻抗特点选择信号或消除干扰。

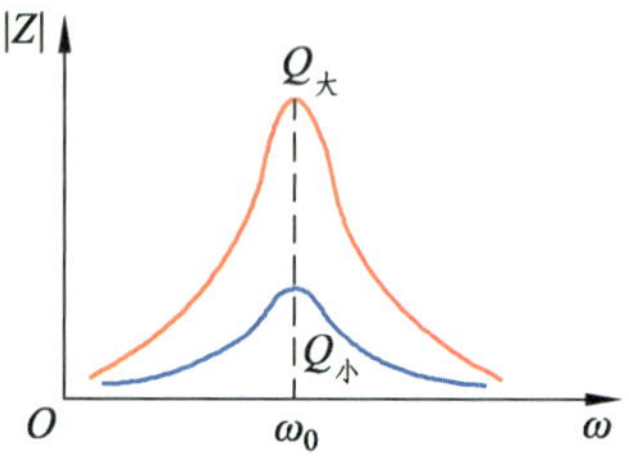

图 2.6.5.2 不同 Q 值的阻抗谐振曲线

例 2.6.5.1 收音机并联谐振电路如图 2.6.5.1 所示，已知 $R=6\,\Omega$，$L=150\,\mu\text{H}$，$C=780\,\text{pH}$，求谐振频率。

解 因 $\sqrt{\dfrac{L}{C}}=\sqrt{\dfrac{150\times10^{-6}}{780\times10^{-12}}}=438\,\Omega$。远大于 R，故

$$f_0\approx\frac{1}{2\pi\sqrt{LC}}=\frac{1}{2\times\sqrt{150\times10^{-6}\times780\times10^{-12}}}=465\,\text{kHz}$$

2.6.5.5 素质素养养成

并联谐振与串联谐振有很多相似之处，只不过是电路的结构，线圈和电容的连接方式发生了改变，串联时线圈和电容上的电压很高，称为电压谐振，并联时流过线圈和电容的电流很大，称为电流谐振，推导过程相差不多，在学习时可通过知识迁移和类比的方法，加深印象和理解。

2.6.5.6 任务分组

见附表 1。

2.6.5.7 任务实施

任务工作单 1

组号：　　　　姓名：　　　　学号：　　　　检索号：2.6.5.7-1

引导问题：

（1）写出并联联谐振的条件和谐振频率；

（2）写出并联谐振时电路的特点；

____

____

____

任务工作单 2

组号：　　　　姓名：　　　　学号：　　　　检索号：2.6.5.7-2

引导问题：

（1）RL 串联后与 C 并联的网络，如果 $\omega<\omega_0$，网络是感性还是容性？如果 $\omega>\omega_0$，网络是感性还是容性？

（2）电阻 $R=20\,\Omega$与电感 $L=400\,\mu\text{H}$ 串联，再与 $C=100\,\text{pF}$ 的电容并联，接到 $I_s=50\,\mu\text{A}$ 的电流源上。试求谐振频率及谐振时网络的电压和电容电流。

____

____

____

任务工作单 3

组号：　　　姓名：　　　学号：　　　检索号：2.6.5.7-3

引导问题：

（1）每小组推荐两位同学，分别汇报任务工作单 1、2 的成果。

____

____

____

任务工作单 4

组号：　　　姓名：　　　学号：　　　检索号：2.6.5.7-4

引导问题：

（1）自查、分析自身工单存在的错误及改正，并填写下表。

表 2.6.5.1　任务工作单自查表

错误	原因	改正

2.6.5.8　评价反馈

任务工作单 1

组号：　　　姓名：　　　学号：　　　检索号：2.6.5.8-1

表 2.6.5.2　个人自评表

班级		姓名		日期	年　月　日
任务名称					
评价指标	评价内容			分数	分数评定
信息检索能力	能有效利用网络、图书资源、字典查找有用的相关信息等；能将查到的信息有效地传递到工作中。			10 分	
感知课堂生活	认同本任务的工作价值，在参与中获得满足感、成就感。			10 分	
参与态度	积极主动与教师、同学交流，相互尊重、理解、平等；与教师、同学之间是否能够保持多向、丰富、适宜的信息交流。			10 分	
	能处理好合作学习和独立思考的关系，做到有效学习；能提出有意义的问题或能发表个人见解。			10 分	

续表

评价指标	评价内容	分数	分数评定
知识、能力获得情况	1. 能说出并联谐振的定义和条件。	10 分	
	2. 能说出串联谐振和并联谐振的区别。	20 分	
	3. 能说出并联谐振的特点。	10 分	
	4. 能说出阻抗谐振曲线的意义。	10 分	
思维态度	是否能发现问题、提出问题、分析问题、解决问题、创新问题。	5 分	
自评反馈	按时按质任务；较好地掌握了知识点；具有较强的信息分析能力和理解能力；具有较为全面严谨的思维能力，并能条理清楚明晰表达成文。	5 分	
自评分数			
有益的经验和做法			
总结反馈建议			

任务工作单 2

组号：　　　　姓名：　　　　学号：　　　　检索号：2.6.5.8-2

表 2.6.5.3　小组内互评验收表

验收组长		组名		日期	年　月　日
组内验收成员					
任务要求	能说出并联谐振的定义和谐振时的特点；能说出谐振条件、谐振频率；能够说清楚串联谐振和并联谐振的区别；能够说出阻抗谐振曲线的含义。				
验收文档清单	被验收者 2.6.5.7-1 任务工作单 被验收者 2.6.5.7-2 任务工作单 被验收者 2.6.5.7-3 任务工作单 被验收者 2.6.5.7-4 任务工作单				
	文献检索清单				
验收评分	评分标准			分数	得分
	能说出并联谐振的定义和谐振特点。			20 分	
	能说出并联谐振条件、谐振频率。			20 分	
	能够说串联谐振的并联谐振的区别。			20 分	
	能够说出阻抗谐振曲线的含义。			20 分	
	提供文献检索清单，少于 5 项，缺一项扣 4 分。			20 分	
评价分数					
不足之处					

任务工作单 3

被评组号：　　　　　　　　　　检索号：2.6.5.8-3

表 2.6.5.4　小组间互评表

<table>
<tr><td>班级</td><td></td><td>评价小组</td><td></td><td>日期</td><td>年　月　日</td></tr>
<tr><td>评价指标</td><td colspan="3">评价内容</td><td>分数</td><td>分数评定</td></tr>
<tr><td rowspan="3">汇报
表述</td><td colspan="3">表述准确</td><td>15 分</td><td></td></tr>
<tr><td colspan="3">语言流畅</td><td>10 分</td><td></td></tr>
<tr><td colspan="3">声音洪亮、自信大方</td><td>15 分</td><td></td></tr>
<tr><td rowspan="2">内容
正确度</td><td colspan="3">内容正确</td><td>30 分</td><td></td></tr>
<tr><td colspan="3">口述准确</td><td>30 分</td><td></td></tr>
<tr><td colspan="4">互评分数</td><td colspan="2"></td></tr>
<tr><td>简要评述</td><td colspan="5"></td></tr>
</table>

任务工作单 4

组号：　　　　姓名：　　　　学号：　　　　检索号：2.6.5.8-4

表 2.6.5.5　任务完成情况评价表

<table>
<tr><td>任务名称</td><td colspan="4">并联谐振认识</td><td>总得分</td><td></td></tr>
<tr><td>组号及成员</td><td colspan="6"></td></tr>
<tr><td>评价依据</td><td colspan="6">学生完成的 2.6.5.7 所有任务工作单</td></tr>
<tr><td rowspan="2">序号</td><td rowspan="2" colspan="2">任务内容及要求</td><td rowspan="2">配分</td><td rowspan="2">评分标准</td><td colspan="2">教师评价</td></tr>
<tr><td>结论</td><td>得分</td></tr>
<tr><td rowspan="2">1</td><td rowspan="2">能说出并联谐振定义。</td><td>（1）描述正确；</td><td>10 分</td><td>缺一个要点扣 1 分</td><td></td><td></td></tr>
<tr><td>（2）语言表达流畅。</td><td>5 分</td><td>酌情赋分</td><td></td><td></td></tr>
<tr><td rowspan="2">2</td><td rowspan="2">能说出并联谐振特点。</td><td>（1）描述正确；</td><td>10 分</td><td>缺一个要点扣 1 分</td><td></td><td></td></tr>
<tr><td>（2）语言流畅。</td><td>5 分</td><td>酌情赋分</td><td></td><td></td></tr>
<tr><td rowspan="2">3</td><td rowspan="2">能说出并谐振条件。</td><td>（1）描述正确；</td><td>10 分</td><td>缺一个要点扣 2 分</td><td></td><td></td></tr>
<tr><td>（2）语言流畅。</td><td>5 分</td><td>酌情赋分</td><td></td><td></td></tr>
<tr><td rowspan="2">4</td><td rowspan="2">能说出阻抗谐振曲线的含义。</td><td>（1）描述正确；</td><td>10 分</td><td>缺一个要点扣 2 分</td><td></td><td></td></tr>
<tr><td>（2）语言流畅。</td><td>5 分</td><td>酌情赋分</td><td></td><td></td></tr>
<tr><td rowspan="2">5</td><td rowspan="2">能说出串联谐振和并联谐振的区别。</td><td>（1）描述正确；</td><td>10 分</td><td>缺一个要点扣 2 分</td><td></td><td></td></tr>
<tr><td>（2）语言流畅。</td><td>10 分</td><td>酌情赋分</td><td></td><td></td></tr>
</table>

续表

序号	任务内容及要求		配分	评分标准	教师评价	
					结论	得分
6	至少包含5份文献的检索文献的目录清单。	（1）数量；	5分	每少一个扣2分		
		（2）参考的主要内容要点。	5分	酌情赋分		
7	素质素养评价。	（1）沟通交流能； （2）团队合作； （3）课堂纪律； （4）合作探学； （5）自主研学； （6）培养学生辩证统一看待问题思维习惯； （7）培养学生数形结合学习方法。	10分	酌情赋分，但违反课堂纪律，不听从组长、教师安排，不得分。		

项目 7　磁路和铁芯线圈认识

任务 1　磁场的基本物理量和基本性质认识

2.7.1.1　任务描述

在生产实践中常见的电机、变压器、电磁铁、电工测量仪表以及自动控制中的电磁元件等，由于它们内部存在着电与磁的相互作用和相互转换，不仅有电路的问题，还有磁路的问题，因此必须研究磁和电之间的关系，掌握磁路的基本定律，会说出磁感应强度、磁通、磁导率和磁场强度的物理意义及这些物理量之间的关系，能说出磁场的基本性质，并会用磁场的基本性质分析题目。

2.7.1.2　学习目标

知识目标

（1）理解磁感应强度、磁通、磁导率和磁场强度的物理意义及它们之间的关系；

（2）能说出磁场的基本性质，并会用磁场的基本性质来分析题目。

能力目标

能说出磁场的主要物理量和基本性质。

素质素养目标

（1）培养学生实事求是的态度以及进行质疑和独立思考的习惯；

（2）培养学生抽象建模的能力。

2.7.1.3　任务分析

重　点

（1）磁场的主要物理量的概念；

（2）磁通连续性原理、安培环路定律。

难　点

磁场的基本性质和电路的基本定律对比理解。

2.7.1.4　相关知识链接

2.7.1.4.1　磁场的主要物理量

磁路实际上是局限在一定路径内的磁场。磁路的一些物理量和规律也都由磁场的物理量和规律移植而来。为了分析计算磁路，先对磁场的基本物理量和基本性质作简要的复习。

1. 磁感应强度

磁感应强度 B 是表示磁场内某点的磁场强弱和方向的物理量，它是一矢量。单位：特（斯拉）（T）。它与电流（电流产生磁场）之间的方向关系可用右手螺旋定则确定，其大小可用 $B=\frac{F_{\mathrm{m}}}{IL}$ 来衡量。如果磁场内各点的磁感应强度的大小相等、方向相同，这样的磁场则称为匀强磁场。

2. 磁　通

穿过一面积磁感应线的数量称为磁通量 Φ（简称磁通），单位：韦伯（Wb）。当磁感应强度 B（如果不是均匀磁场，则取 B 的平均值）垂直于磁场方向的面积 S 时，该面积的磁通 Φ 为

$$\Phi = BS \quad 或 \quad B=\frac{\Phi}{S} \tag{2.7.1.1}$$

由上式可见，磁感应强度在数值上等于跟磁场方向相垂直的单位面积内的磁通，故又称为磁通密度。

3. 磁导率

磁导率就是用来表示介质导磁性能的物理量，用字母 μ 表示，其单位为 H/m（亨利/米）。实验测得真空的磁导率 $\mu_0=4\pi\times10^{-7}\,\mathrm{H/m}$，为一常数。

为了便于比较介质对磁场的影响，把任一物质的磁导率与真空的磁导率之比值称为相对磁导率用 μ_{r}，即

$$\mu_{\mathrm{r}}=\frac{\mu}{\mu_0} \tag{2.7.1.2}$$

式中，μ_{r} 为相对磁导率；μ 为任一物质的磁导率；μ_0 为真空的磁导率。

相对磁导率只是一个比值，它表征在其他条件相同的情况下，介质的磁感应强度相对真空的磁感应强度的倍数。

自然界中的所有物质按导磁性能大体可分为两大类：一类是非铁磁性材料，另一类是铁磁性材料。对非铁磁性材料而言，其导磁性能较差，$\mu\approx\mu_0$，$\mu_{\mathrm{r}}\approx1$，几乎不具有磁化性质。但空气、铝、铬、铂等材料，其 μ_{r} 稍大于 1，称为顺磁材料。而氢、铜等材料，其 μ_{r} 稍小于 1，称为逆磁材料。对铁磁性材料而言，如铁、钴、硅铜、坡莫合金、铁氧体等，其相对磁导率 μ_{r} 远大于 1，甚至可以达到数万以上，且不是一个常数，如硅钢片 $\mu_{\mathrm{r}}=6\,000\sim80\,000$，而坡莫合金在弱磁场中 μ_{r} 可达 1×10^5。

铁磁性材料被广泛应用于电工技术和计算机技术中。

4. 磁场强度

磁场强度是计算磁场时所引用的一个物理量，用字母 H 表示。在磁场中，某点的磁感应强度大小与媒介的性质有关，即与磁导率有关，而 μ 又不是一个常数，从而导致磁场子的计算比较复杂。为了便于计算，规定在磁场中任一点的磁场强度矢量的大小等于该点的磁感应强度大小与磁介质的磁导率的比值，即

$$H=\frac{B}{\mu} \tag{2.7.1.3}$$

磁场强度的方向是该点磁场的方向。磁场强度的单位为 A/m（安培/米）。磁场强度的大小只与产生磁场的电流大小及通电导体的形状有关，而与磁场媒介质的磁导率无关。

2.7.1.4.2　磁场的基本性质

1. 磁通连续性原理

磁通连续性是磁场的基本性质，所谓磁通连续性即磁场中任一闭合面的总磁通恒等于零，即

$$\Phi = \oint_S B\mathrm{d}s = 0 \tag{2.7.1.4}$$

也就是说，穿过某一闭合面的磁通恒等于穿出此面的磁通，这就是磁通连续性原理。由于磁通的连续性，故磁感应线总是闭合的空间曲线。

2. 安培环路定律

对于磁场中任一闭合曲线，磁场强度的闭合曲线积分等于穿过该闭合曲线围成的面中所有电流的代数和，即

$$\oint \mathrm{H}\mathrm{d}l = \sum I \tag{2.7.1.5}$$

这就是全电流定律，也称安培环路定律。式（2.7.1.5）中电流 I 的方向规定为：当 I 方向与闭合曲线的方向符合右手螺旋定则则为正，否则为负。全电流定律反映了磁场的又一基本性质，它表示磁场强度与产生磁场的电流之间的关系。

例 2.7.1.1　一个均匀密绕的环形螺旋线圈，如图 2.7.1.1 所示。线圈内半径 $r_1 = 10$ cm，外半径 $r_2 = 14$ cm，线圈匝数 $N = 10$，通电电流 $I = 2.5$ A，求线圈内部的磁场强度 H。

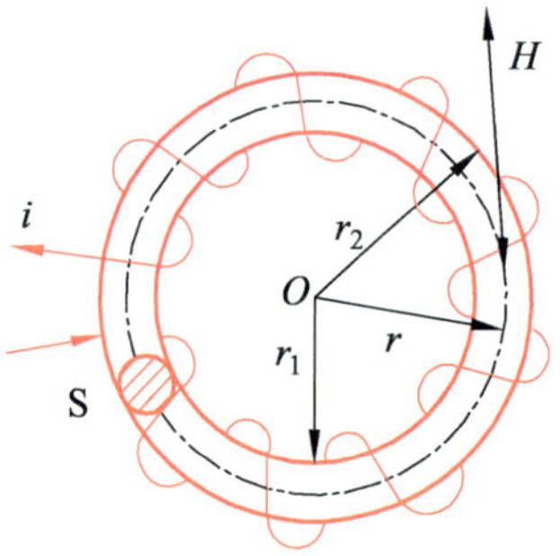

图 2.7.1.1　例 2.7.1.1 图

解　由于结构的对称性，环形螺旋线圈内的磁感应线上的磁场强度都相等，根据全电流定律，得

$$H = \frac{NI}{l} = \frac{NI}{2\pi r}$$

当 $r = 14$ cm 时，H 取得最小值；当 $r = 10$ cm 时，H 取得最大值。因为环内、外半径相差较小，而环半径较大时，可以认为环内磁场是均匀的，故取环形螺旋线圈的平均半径 $r = 12$ cm，同时代入 N 和 I 的值可得

$$H = 33.2\ (\mathrm{A/m})$$

2.7.1.5 素质素养养成

本小节磁场的主要物理量概念很多，一定要分清磁感应强度和磁场强度；在理解磁场基本性质时，可以将磁场的基本性质和电路的基本定律对比理解。

2.7.1.6 任务分组

见附表 1。

2.7.1.7 任务实施

任务工作单 1

组号：　　　　姓名：　　　　学号：　　　　检索号：2.7.1.7-1

引导问题：

（1）写出磁场强度和磁通的定义和相关公式；

（2）写出磁场强度和磁导率的定义和相关公式；

（3）写出磁通连续性原理的定义和公式；

（4）写出安培环路定律的定义和公式。

____

____

____

____

任务工作单 2

组号：　　　　姓名：　　　　学号：　　　　检索号：2.7.1.7-2

引导问题：

（1）每小组推荐一位小组长，汇报任务工作单 1 的成果。

____

____

____

____

任务工作单 3

组号：　　　　姓名：　　　　学号：　　　　检索号：2.7.1.7-3

引导问题：

（1）自查、分析自身工单存在的错误及改正，并填写下表。

表 2.7.1.1　任务工作单自查表

错误	原因	改正

2.7.1.8　评价反馈

任务工作单 1

组号：　　　　姓名：　　　　学号：　　　　检索号：2.7.1.8-1

表 2.7.1.2　个人自评表

<table>
<tr><td>班级</td><td></td><td>姓名</td><td></td><td>日期</td><td>年　月　日</td></tr>
<tr><td>任务名称</td><td colspan="5"></td></tr>
<tr><td>评价指标</td><td colspan="3">评价内容</td><td>分数</td><td>分数评定</td></tr>
<tr><td>信息检索能力</td><td colspan="3">能有效利用网络、图书资源、字典查找有用的相关信息等；能将查到的信息有效地传递到工作中。</td><td>10 分</td><td></td></tr>
<tr><td>感知课堂生活</td><td colspan="3">认同本任务的工作价值，在参与中获得满足感、成就感。</td><td>10 分</td><td></td></tr>
<tr><td rowspan="2">参与态度</td><td colspan="3">积极主动与教师、同学交流，相互尊重、理解、平等；与教师、同学之间是否能够保持多向、丰富、适宜的信息交流。</td><td>10 分</td><td></td></tr>
<tr><td colspan="3">能处理好合作学习和独立思考的关系，做到有效学习；能提出有意义的问题或能发表个人见解。</td><td>10 分</td><td></td></tr>
<tr><td rowspan="5">知识、能力获得情况</td><td colspan="3">1. 能写出磁场强度和磁通的定义和相关公式。</td><td>10 分</td><td></td></tr>
<tr><td colspan="3">2. 能写出磁场强度和磁导率的定义和相关公式。</td><td>10 分</td><td></td></tr>
<tr><td colspan="3">3. 能写出磁通连续性原理的定义和公式。</td><td>10 分</td><td></td></tr>
<tr><td colspan="3">4. 能正确写出安培环路定律的定义和公式。</td><td>10 分</td><td></td></tr>
<tr><td colspan="3">5. 能找到自己的不足。</td><td>10 分</td><td></td></tr>
<tr><td>思维态度</td><td colspan="3">是否能发现问题、提出问题、分析问题、解决问题、创新问题。</td><td>5 分</td><td></td></tr>
<tr><td>自评反馈</td><td colspan="3">按时按质任务；较好地掌握了知识点；具有较强的信息分析能力和理解能力；具有较为全面严谨的思维能力，并能条理清楚明晰表达成文。</td><td>5 分</td><td></td></tr>
<tr><td colspan="4">自评分数</td><td colspan="2"></td></tr>
<tr><td>有益的经验和做法</td><td colspan="5"></td></tr>
<tr><td>总结反馈建议</td><td colspan="5"></td></tr>
</table>

任务工作单 2

被评组号：　　　　　　　　　　检索号：2.7.1.8-2

表 2.7.1.3　小组间互评表

班级		评价小组		日期	年　月　日
评价指标	评价内容			分数	分数评定
汇报表述	表述准确			15 分	
	语言流畅			10 分	
	声音洪亮、自信大方			15 分	
内容正确度	内容正确			30 分	
	口述准确			30 分	
互评分数					
简要评述					

任务工作单 3

组号：　　　　姓名：　　　　学号：　　　　检索号：2.7.1.8-3

表 2.7.1.4　任务完成情况评价表

任务名称	磁场的基本物理量和基本性质认识			总得分		
组号及成员						
评价依据	学生完成的 2.7.1.7 所有任务工作单					
序号	任务内容及要求		配分	评分标准	教师评价	
					结论	得分
1	能说出磁感应强度和磁通的概念。	（1）描述正确；	10 分	缺一个要点扣 1 分		
		（2）语言表达流畅。	5 分	酌情赋分		
2	能写出磁场强度和磁导率的概念和公式。	（1）描述正确；	10 分	缺一个要点扣 1 分		
		（2）语言流畅。	5 分	酌情赋分		
3	能说出磁通连续性原理的概念和公式。	（1）描述正确；	10 分	缺一个要点扣 2 分		
		（2）语言流畅。	5 分	酌情赋分		
4	能说出安培环路定律的概念公式。	（1）描述正确；	10 分	缺一个要点扣 2 分		
		（2）语言流畅。	5 分	酌情赋分		
5	能理解性说出磁场的基本性质和电路 KCL。	（1）描述正确；	10 分	缺一个要点扣 2 分		
		（2）语言流畅。	10 分	酌情赋分		

续表

<table>
<tr><th rowspan="2">序号</th><th colspan="2" rowspan="2">任务内容及要求</th><th rowspan="2">配分</th><th rowspan="2">评分标准</th><th colspan="2">教师评价</th></tr>
<tr><th>结论</th><th>得分</th></tr>
<tr><td rowspan="2">6</td><td rowspan="2">至少包含 5 份文献的检索文献的目录清单。</td><td>（1）数量；</td><td>5 分</td><td>每少一个扣 2 分</td><td></td><td></td></tr>
<tr><td>（2）参考的主要内容要点。</td><td>5 分</td><td>酌情赋分</td><td></td><td></td></tr>
<tr><td rowspan="7">7</td><td rowspan="7">素质素养评价。</td><td>（1）沟通交流能；</td><td rowspan="7">10 分</td><td rowspan="7">酌情赋分，但违反课堂纪律，不听从组长、教师安排，不得分。</td><td rowspan="7"></td><td rowspan="7"></td></tr>
<tr><td>（2）团队合作；</td></tr>
<tr><td>（3）课堂纪律；</td></tr>
<tr><td>（4）合作探学；</td></tr>
<tr><td>（5）自主研学；</td></tr>
<tr><td>（6）培养抽象思维建模能力；</td></tr>
<tr><td>（7）培养仔细观察，严谨求学的学习习惯。</td></tr>
</table>

任务 2　铁磁性物质的磁化和磁路定律认识

2.7.2.1　任务描述

知道铁磁性物质的磁化过程；了解磁路的性质和特点；知道磁路的基本定律。

2.7.2.2　学习目标

知识目标

（1）理解起始磁化曲线的变化过程；
（2）理解磁滞回线与基本磁化曲线的变化过程和意义；
（3）掌握磁路的性质、特点及磁路的基尔霍夫定律；
（4）掌握磁阻、磁导的概念。

能力目标

（1）能够根据起始磁化曲线理解铁磁性物质的饱和性；
（2）能够联系磁路的基尔霍夫定律和电路基尔霍夫定律。

素质素养目标

（1）培养学生仔细观察，注意甄别的能力；
（2）培养学生抽象建模的能力；
（3）培养学生实事求是的态度以及进行质疑和独立思考的习惯。

2.7.2.3 任务分析

重　点

（1）起始磁化曲线的变化过程；

（2）磁滞回线与基本磁化曲线的变化过程和意义；

（3）磁路的性质、特点及磁路的基尔霍夫定律；

（4）磁阻、磁导的概念。

难　点

（1）理解起始磁化曲线的变化过程；

（2）区别磁路的基尔霍夫定律和电路的基尔霍夫定律。

2.7.2.4 相关知识链接

2.7.2.4.1 起始磁化曲线

物质按其磁化效应大体分为铁磁物质和非铁磁物质两大类。非铁磁物质的磁导率工程上可近似认为与真空的磁导率相同，即 $\mu \approx \mu_0$ 或 $\mu_r \approx 1$，这类物质包括除铁族元素及其化合物之外的全部物质，如空气、铜、木材、橡胶等。铁磁物质的磁导率远大于真空的磁导率，为其数十倍、数千倍，乃至数万倍，且不为常量。铁磁性物质铁、镍、钴及其合金都是电工设备中构成磁路的主要材料。

工程上常用的铁磁材料主要是铁、钴、镍及其合金，它们的磁化特性通常用 B-H 曲线来描述，即以磁场强度 H 为横坐标、以磁感应强度 B 为纵坐标画成的曲线，称为磁化曲线。由于磁场强度 H 决定于产生外磁场的电流，而 B 相当于电流在真空中产生的磁场和物质磁化后的附加磁场的叠加，所以 B-H 曲线反映了物质的磁化效应，可以通过实验的方法测出。

铁磁物质从原来没有磁性的状态（即 $H=0$，$B=0$）开始磁化的曲线称为起始磁化曲线，如图 2.7.2.1 中的曲线②所示。曲线大致由四部分构成：H 较小时，B 随 H 的增大而增长较慢（oa 段）；随着 H 的增大，B 急剧增大（ab 段）；H 继续增大时，B 的增加变得缓慢（bc 段）；过了 c 点，即使 H 继续增大，B 的增长极小，相当于空气的增长率，即铁磁物质已达到磁饱和状态（cd 段）。图 2.7.2.1 中的直线①为真空或空气的 B-H 曲线（$B=\mu_0 H$）。

从整个曲线看，铁磁物质 B 和 H 的关系为非线性，由磁导率 $\mu = B/H$ 知 μ 不是常数，要随 H 的变化而变化，如图 2.7.2.1 中曲线③所示。

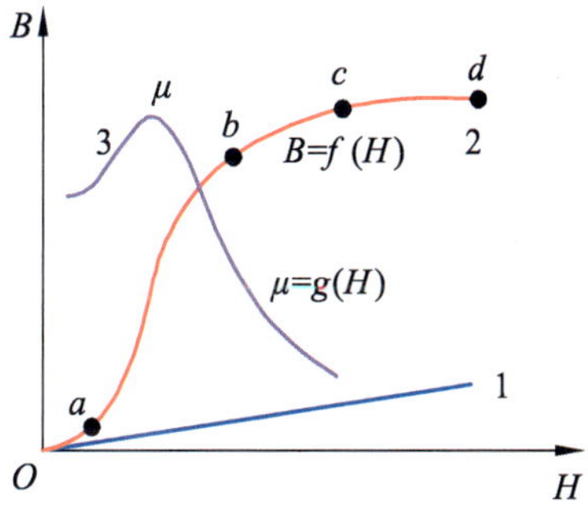

图 2.7.2.1　铁磁性物质的起始磁化曲线

2.7.2.4.2 磁滞回线与基本磁化曲线

电机、变压器等设备的铁芯常处于交变的磁场中。铁磁物质的某些磁性质必须在反复磁化的过程中才能体现出来，铁磁物质在大小和方向不断变化的外磁场作用下进行磁化时，其 B-H 关系表现为回线的形式，如图 2.7.2.2 所示。当起始磁化的磁场强度增大到某一最大值 H_m，使铁磁物质达到磁饱和（对应的磁感应强度为 B_m）后，逐渐减小 H，则 B 会沿着比起始磁化曲线稍高的曲线 ab 下降，这种 B 的改变落后于 H 的改变的现象称为磁滞现象，简称磁滞。当 H 减为零时，B 却不为零，此时铁磁物质内部还保留有一部分磁性，其磁感应强度的值 B_r 称为剩磁。当相反方向由零开始增大 H 时，B 将由 B_r 逐渐减小到零，这一过程称为去磁，使 B 减至零所需要的磁场强度 H_c 称为矫顽力。当 H 继续反方向增大时，铁磁物质开始反向磁化，到 $H_m=-H_m$ 时，反向磁化达到饱和点 a'。当 H 由 $-H_m$ 回到零时，B-H 曲线沿 $a'b'$ 变化。H 再由零增大到 H_m 时，B-H 曲线沿 $b'a$ 变化而完成一个循环。

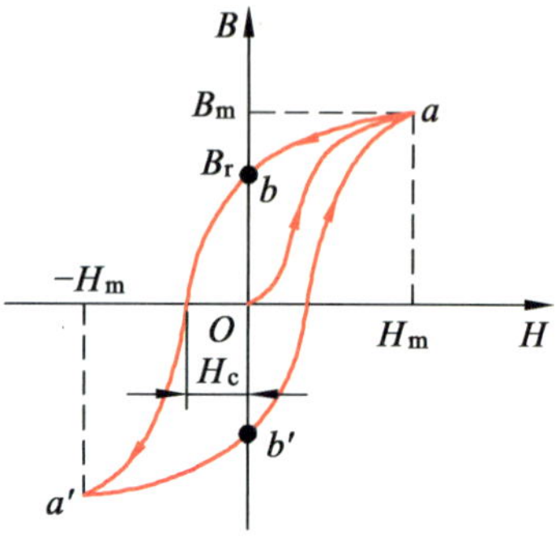

图 2.7.2.2　磁滞回线

铁磁物质在外磁场强度 $+H_m$ 和 $-H_m$ 之间反复磁化，所得到的近似对称于原点的闭合曲线称为磁滞回线，不同的铁磁物质具有不同的剩磁 B_r 和矫顽力 H_c，它们的磁滞回线也各不相同。

铁磁性物质在反复磁化过程中要消耗能量并转变为热能而耗散，这种能量损耗称为磁滞损耗。可以证明，反复磁化一次的磁滞损耗与磁滞回线的面积成正比。

对同一种铁磁物质，取不同的 H_m 值的交变磁场进行反复磁化，将得到一系列磁滞回线，如图 2.7.2.3 所示。将各磁滞回线的顶点连接起来得到的曲线叫作基本磁化曲线（图 2.7.2.3 中的实线），其形状与起始磁化曲线相似。由于软磁材料的磁滞回线较狭窄，其磁滞回线近似与基本磁化曲线重合，常用基本磁化曲线来表示其 B-H 关系。

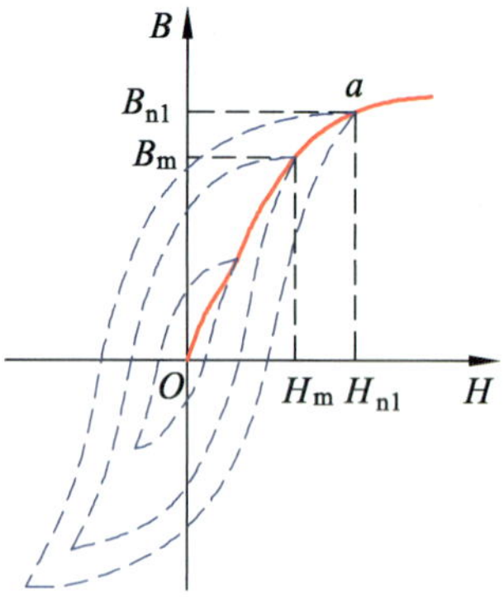

图 2.7.2.3　基本磁化曲线

铁磁性物质根据磁滞回线的形状或剩磁 B_r 的大小，可以分为软磁性材料、硬磁性材料、矩磁性材料，如图 2.7.2.4 所示。其中：软磁性材料，如纯铁、各种电工钢片、铁镍合金、硅钢、铁氧体等，它们的磁滞回线形状比较窄长，几乎与基本磁化曲线重合，剩磁和矫顽力都较小，由磁滞引起的能量损耗也较小，适合制作电机、变压器、镇流器、电磁铁的铁芯及计算机的磁鼓、磁芯等；硬磁性材料，如钨钢、碳钢、铬钢、钴钢、铝镍合金等，它们的磁滞回线宽而平，所包围的面积大，剩磁和矫顽力都较大，这类材料被磁化后能保留很强的磁性，不适合用于交变磁场中，但适合用于制作永久磁铁，广泛用于无线电的永磁喇叭、耳机、电话受话器及电磁式仪表中；矩磁性材料，如锰镁氧体和锂锰铁氧体，当很小的外磁场作用时，就能使它磁化，并达到饱和，去掉外磁场后，磁性仍然保持与饱和时一样，反映在磁滞回线上是一矩形闭合曲线，具有较小的矫顽力和较大的剩磁，适合用于制作计算机或一些控制系统的存储磁芯、开关元件等。

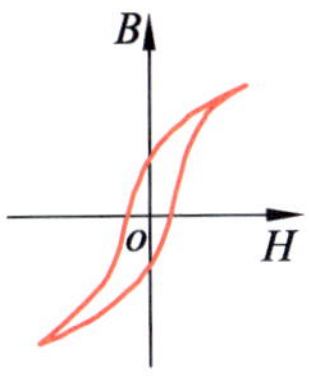

（a）软磁材料的磁滞回线

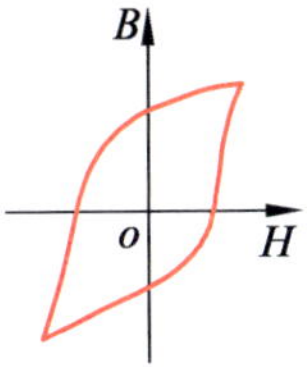

（b）硬材料的磁滞回线

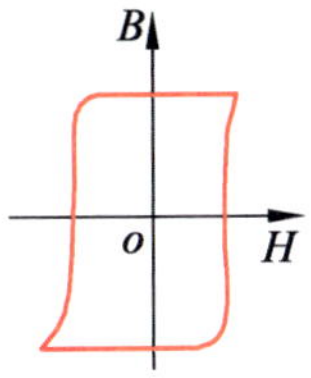

（c）矩磁材料的磁滞回线

图 2.7.2.4　不同铁磁性物质的磁滞回线

对永久性磁铁不可加热、震动和敲打，否则磁性会减弱。

各种材料的基本磁化数据。表中数据除第一行与第一列外均是 B 所对应的 H 值，其中 H 的单位为 A/m 。如铸钢材料，当磁感应强度 $H = 408$ A/m 。

从前面对铁磁材料的磁化和磁滞回线的讨论可以看出，铁磁材料的性能如下：

（1）高导磁性。铁磁材料的磁导率 μ 在一般情况下远比非铁磁材料大，而且不是常数，它会随外加磁场强度的改变而变化。

（2）剩磁性。铁磁材料经磁化后，若外磁场 H 完全撤销，则铁磁材料中仍能保留有一定的磁性，即剩磁。

（3）磁饱和性。铁磁材料的磁感应强度有一饱和值。

（4）磁滞性。在交变磁化过程中，B 的变化滞后于 H 的变化。

2.7.2.4.3　磁路及磁路定律

一、磁　路

很多电工设备中需要较强的磁场或较大的磁通。由于铁磁性物质的磁导率远比非铁磁性物质的磁导率大，所以都将铁磁性物质做成闭合或近似闭合的环路，即所谓铁芯。绕在铁芯上的线圈通以较小的电流（励磁电流），便能得到较强的磁场。这种情况下的磁场差不多约束在限定的铁芯范围内，周围非铁磁性物质（包括空气）中的磁场则很弱。如上所述，这种约束在限定的铁芯范围内的磁场称为磁路。

图 2.7.2.5 中示出几种电气设备的磁路，图（a）是一种单相变压器的磁路，图（b）和（c）是接触器与继电器的磁路，图（d）是电工仪表的磁路。这些磁路分别由不同的铁磁性物质构成，并且磁路内有时不免有很短的空气隙存在。空气隙简称气隙。

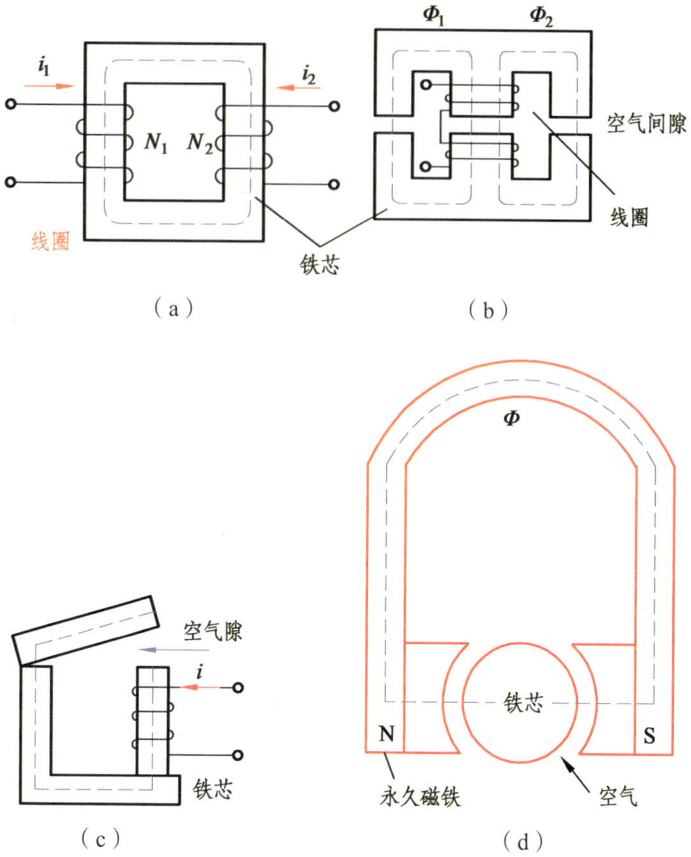

图 2.7.2.5　几种电气设备的磁路

磁路的磁通可以分为两部分，绝大部分是通过磁路（包括气隙）闭合的，称为主磁通，用Φ表示；穿过铁芯经过磁路周围非铁磁性物质（包括空气）而闭合磁通称为漏磁通。工程实际中，为了减少漏磁通采取了很多措施，使漏磁通只占总磁通的很小一部分，所以对磁路的初步计算中将漏磁通略去不计；同时选定铁芯的几何中心闭合线作为主磁通的路径。

二、磁路的基尔霍夫定律

磁路的基尔霍夫定律是由描述磁场性质的磁通连续性原理和安培环路定律推导而得到，它们是分析计算磁路的基础。

1. 磁路的基尔霍夫第一定律

由式（2.7.1.4）表示的磁感应强度 B 的闭合面积分在磁路中也处处适用，当用于磁路中不同磁段的截面结合处时，有

$$\oint_S B\cdot \mathrm{d}S=\Phi_1+\Phi_2+\cdots+\Phi_k+\cdots=0$$

即有

$$\sum\Phi=0 \tag{2.7.2.1}$$

积分式中的闭合面包括结合处所以磁段的截面。这是磁通连续性原理在磁路中的

表示，式（2.7.2.1）称为基尔霍夫第一定律的数学表达式，其内容是：穿过磁路中不同截面结合处的磁通的代数和等于零。

该定律形式上类似于电路中的 KCL。

2. 磁路的基尔霍夫第二定律

在近似计算磁路时，取每一磁路段的中心线为计算长度的路径，当积分环路有磁路段的中心线组成时，应用式（2.7.1.5）表示的磁场强度闭合线积分有

$$\oint_l H \cdot \mathrm{d}l = H_1 l_1 + H_2 l_2 + \cdots + H_k l_k + \cdots = \sum NI$$

上式可写成

$$\sum Hl = \sum (NI) \tag{2.7.2.2}$$

由于铁芯线圈的匝数与通过的励磁电流乘积是磁路中磁通的来源，所以把线圈的 $U_{\mathrm{m}} = Hl$ 和 $F_{\mathrm{m}} = NI$ 定义为磁位差和磁通势 F_{m}。磁位差和磁通势的 SI 单位均为 A（安）。总结上述所得的结果，有

$$\sum U_{\mathrm{m}} = \sum F_{\mathrm{m}} \tag{2.7.2.3}$$

上式称为磁路的基尔霍夫第二定律的数学表达式，其内容是：磁路中由磁路段的中心线组成的环路上各磁路段的 Hl 的代数和等于中心线（环路）交链的磁通势的代数和。

此定律形式上类似于电路中的 KVL。

3. 磁阻与磁路的欧姆定律

设在磁路中取出某一段由磁导率为 μ 的材料构成的均匀磁路，其横截面为 S，长度为 l，磁路的磁通为 Φ，该段的磁位差为

$$U_{\mathrm{m}} = Hl = \frac{B}{\mu} \times l = \frac{l}{\mu S}\Phi = R_{\mathrm{m}}\Phi \tag{2.7.2.4}$$

上式称为磁路的欧姆定律。式中，$R_{\mathrm{m}} = \dfrac{l}{\mu S}$ 称为该段磁路的磁阻。磁阻的 SI 单位为 H^{-1}。

磁阻类似于电路中的非线性电阻。上式表示的磁阻是静态磁阻，由于 μ 与 B-H 曲线有关，不是常数，直接计算磁阻不很方便。

现以图 2.7.2.6 的有分支磁路为例说明磁路定律的应用。绕组 1 和 2 的匝数分别为 N_1 和 N_2，其中电流为 i_1 和 i_2。先把磁路分段，并画出各段的中心线，如图中的虚线。为简化起见，设 ab、fa、ef 三段的材料和截面积相同，面积设为 S_1，bc、cd、de 三段也作为一磁路段，面积设为 S_2。根据磁通连续性原理，在 ab、fa、ef 三磁路段内的磁通是相等的，设为 Φ_1。由于这三段的和截面又相等，故三段的 B 和 H 值是相等的，设为 B_1 和 H_1，而 Φ_1（或 B_1 和 H_1）的方向取为与电流 i_1 成右手螺旋关系。同理，在 bc、cd、de 三磁路段内的磁通相等，设为 Φ_2，B 和 H 设为 B_2 和 H_2，其方向与电流 i_2 成右手螺旋关系。对 be 段内的磁通设为 Φ_3，B 和 H 设为 B_3 和 H_3，截面积 S_3，Φ_3 的方向可任意指定，如图 2.7.2.7 所示。

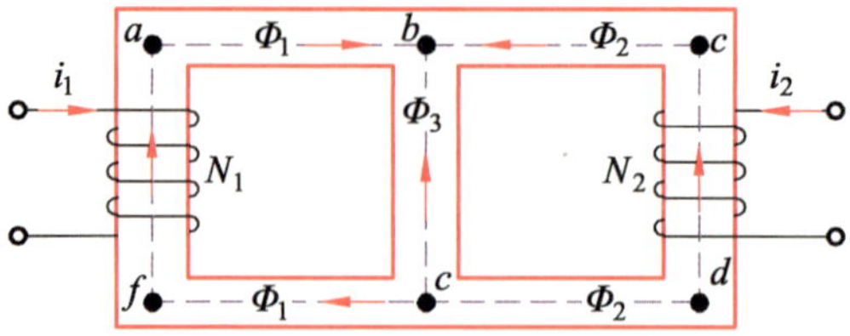

图 2.7.2.6　有分支的磁路

按式（2.7.2.1），在 b 处有：$-\Phi_1-\Phi_2-\Phi_3=0$

按式（2.7.2.2），有：$H_1(l_{fa}+l_{ab}+l_{ef})-H_3l_{be}=N_1i_1$

$$H_2(l_{bc}+l_{cd}+l_{de})-H_3l_{be}=N_2i_2$$

其他关系有：

$$B_1=\frac{\Phi_1}{S_1}, \quad B_2=\frac{\Phi_2}{S_2}, \quad B_3=\frac{\Phi_3}{S_3}$$

$$B_1=\mu_1H_1, \quad B_2=\mu_2H_2, \quad B_3=\mu_3H_3$$

式中，μ_1、μ_2 和 μ_3 分别为三磁路段的磁导率。若磁路为同一铁磁材料构成，则有 $\mu_1=\mu_2=\mu_3$。

2.7.2.5　素质素养养成

本小节涉及磁路抽象概念较多，在学习中同学们需要充分发挥想象力，注意理解基本磁化曲线形成过程，了解三种磁化曲线的区别。

本小节涉及的磁路磁化概念是后续电机技术课程学习的重要基础和铺垫，只有把基础概念名词理解清楚才能理解和灵活应用后续复杂电路的求解方法。

2.7.2.6　任务分组

见附表 1。

2.7.2.7　任务实施

任务工作单 1

组号：　　　　姓名：　　　　学号：　　　　检索号：<u>2.7.2.7-1</u>

引导问题：

（1）根据起始磁化曲线，说出附点、膝点、饱和点的含义。

（2）根据磁化曲线，说出磁滞、剩磁、磁滞回线、硬磁材料、软磁材料的概念。

（3）说出基本磁化曲线的概念。

（4）写出磁路的磁通分类、磁路的基尔霍夫定律。

（5）计算：磁路中有一空气隙，气隙长度为 2 mm，截面积为 5 cm^2，求磁阻。如果其磁感应强度为 0.9 T，试求其磁位差。

任务工作单 2

组号：　　　　姓名：　　　　学号：　　　　检索号：2.7.2.7-2

引导问题：

（1）每小组推荐一位小组长，汇报任务工作单 1 的成果。

任务工作单 3

组号：　　　　姓名：　　　　学号：　　　　检索号：2.7.2.7-3

引导问题：

（1）自查、分析自身工单存在的错误及改正，并填写下表。

表 2.7.2.1　任务工作单自查表

错误	原因	改正

2.7.2.8　评价反馈

任务工作单 1

组号：　　　　姓名：　　　　学号：　　　　检索号：2.7.2.8-1

表 2.7.2.2　个人自评表

班级		姓名		日期	年　月　日
任务名称	铁磁性物质的磁化和磁路定律认识				
评价指标	评价内容			分数	分数评定
信息检索能力	能有效利用网络、图书资源、字典查找有用的相关信息等；能将查到的信息有效地传递到工作中。			10 分	
感知课堂生活	认同本任务的工作价值，在参与中获得满足感、成就感。			10 分	

续表

评价指标	评价内容	分数	分数评定
参与态度	积极主动与教师、同学交流，相互尊重、理解、平等；与教师、同学之间是否能够保持多向、丰富、适宜的信息交流。	10 分	
	能处理好合作学习和独立思考的关系，做到有效学习；能提出有意义的问题或能发表个人见解。	10 分	
知识、能力获得情况	1. 能根据起始磁化曲线，说出附点、膝点、饱和点的含义。	10 分	
	2. 能根据磁化曲线，说出磁滞、剩磁、磁滞回线、硬磁材料、软磁材料的概念。	10 分	
	3. 能说出基本磁化曲线的概念。	5 分	
	4. 能写出磁路的磁通分类、磁路的基尔霍夫定律。	10 分	
	5. 能计算正确磁路中有一空气隙，气隙长度为 2 mm，截面积为 5 cm^2，求磁阻。如果其磁感应强度为 0.9 T，试求其磁位差。	10 分	
	6. 能找到自己的不足。	5 分	
思维态度	是否能发现问题、提出问题、分析问题、解决问题、创新问题。	5 分	
自评反馈	按时按质任务；较好地掌握了知识点；具有较强的信息分析能力和理解能力；具有较为全面严谨的思维能力，并能条理清楚明晰表达成文。	5 分	
自评分数			
有益的经验和做法			
总结反馈建议			

任务工作单 2

被评组号：　　　　　　　　检索号：2.7.2.8-2

表 2.7.2.3　小组间互评表

班级		评价小组		日期	年　月　日
评价指标	评价内容			分数	分数评定
汇报表述	表述准确			15 分	
	语言流畅			10 分	
	声音洪亮、自信大方			15 分	
内容正确度	内容正确			30 分	
	口述准确			30 分	
互评分数					
简要评述					

任务工作单 3

组号：　　　　姓名：　　　　学号：　　　　检索号：2.7.2.8-3

表 2.7.2.4　任务完成情况评价表

<table>
<tr><td>任务名称</td><td colspan="3">铁磁性物质的磁化和磁路定律认识</td><td>总得分</td><td colspan="2"></td></tr>
<tr><td>组号及成员</td><td colspan="6"></td></tr>
<tr><td>评价依据</td><td colspan="6">学生完成的 2.7.2.7 所有任务工作单</td></tr>
<tr><td rowspan="2">序号</td><td colspan="2" rowspan="2">任务内容及要求</td><td rowspan="2">配分</td><td rowspan="2">评分标准</td><td colspan="2">教师评价</td></tr>
<tr><td>结论</td><td>得分</td></tr>
<tr><td rowspan="2">1</td><td rowspan="2">能根据起始磁化曲线，说出附点、膝点、饱和点的含义。</td><td>（1）描述正确；</td><td>10 分</td><td>缺一个要点扣 1 分</td><td></td><td></td></tr>
<tr><td>（2）语言表达流畅。</td><td>5 分</td><td>酌情赋分</td><td></td><td></td></tr>
<tr><td rowspan="2">2</td><td rowspan="2">能根据磁化曲线，说出磁滞、剩磁、磁滞回线、硬磁材料、软磁材料的概念。</td><td>（1）描述正确；</td><td>10 分</td><td>缺一个要点扣 1 分</td><td></td><td></td></tr>
<tr><td>（2）语言流畅。</td><td>5 分</td><td>酌情赋分</td><td></td><td></td></tr>
<tr><td rowspan="2">3</td><td rowspan="2">能说出基本磁化曲线的概念。</td><td>（1）描述正确；</td><td>10 分</td><td>缺一个要点扣 2 分</td><td></td><td></td></tr>
<tr><td>（2）语言流畅。</td><td>5 分</td><td>酌情赋分</td><td></td><td></td></tr>
<tr><td rowspan="2">4</td><td rowspan="2">能写出磁路的磁通分类、磁路的基尔霍夫定律。</td><td>（1）描述正确；</td><td>10 分</td><td>缺一个要点扣 2 分</td><td></td><td></td></tr>
<tr><td>（2）语言流畅。</td><td>5 分</td><td>酌情赋分</td><td></td><td></td></tr>
<tr><td rowspan="2">5</td><td rowspan="2">能计算正确磁路中有一空气隙，气隙长度为 2 mm，截面积为 5 cm^2，求磁阻。如果其磁感应强度为 0.9 T，试求其磁位差。</td><td>（1）计算正确</td><td>10 分</td><td>缺一个要点扣 2 分</td><td></td><td></td></tr>
<tr><td>（2）过程详细</td><td>10 分</td><td>酌情赋分</td><td></td><td></td></tr>
<tr><td rowspan="2">6</td><td rowspan="2">至少包含 5 份文献的检索文献的目录清单。</td><td>（1）数量；</td><td>5 分</td><td>每少一个扣 2 分</td><td></td><td></td></tr>
<tr><td>（2）参考的主要内容要点。</td><td>5 分</td><td>酌情赋分</td><td></td><td></td></tr>
<tr><td rowspan="7">7</td><td rowspan="7">素质素养评价。</td><td>（1）沟通交流能；</td><td rowspan="7">10 分</td><td rowspan="7">酌情赋分，但违反课堂纪律，不听从组长、教师安排，不得分。</td><td rowspan="7"></td><td rowspan="7"></td></tr>
<tr><td>（2）团队合作；</td></tr>
<tr><td>（3）课堂纪律；</td></tr>
<tr><td>（4）合作探学；</td></tr>
<tr><td>（5）自主研学；</td></tr>
<tr><td>（6）培养抽象思维建模能力；</td></tr>
<tr><td>（7）培养仔细观察，严谨求学的学习习惯。</td></tr>
</table>

任务 3　交流铁芯线圈中波形畸变和功率损耗认识

2.7.3.1　任务描述

掌握交流铁芯线圈的电压、电流和磁通的关系；知道正弦电压作用下磁化电流的波形发生畸变的原因；了解铁芯损耗；知道交流铁芯线圈的等效电路模型。

2.7.3.2　学习目标

知识目标

（1）掌握交流铁芯线圈的电压、电流和磁通的关系；
（2）掌握正弦电压作用下磁化电流的波形发生畸变的原因。

能力目标

（1）能判断交流铁芯线圈其结构改变时，电压、电流和磁通如何变化；
（2）能理解电机铁芯用硅钢片叠加制作的原因。

素质素养目标

（1）培养学生仔细观察，注意甄别的能力；
（2）培养学生抽象建模的能力；
（3）培养学生实事求是的态度以及进行质疑和独立思考的习惯。

2.7.3.3　任务分析

重　点

（1）交流铁芯线圈的电压、电流和磁通的关系；
（2）正弦电压作用下磁化电流的波形发生畸变的原因；
（3）铁芯损耗以及如何降低铁芯损耗。

难　点

（1）交流铁芯线圈的电压、电流和磁通的关系；
（2）铁芯损耗以及如何降低铁芯损耗；
（3）交流铁芯线圈的等效电路模型。

2.7.3.4　相关知识链接

2.7.3.4.1　交流铁芯线圈

为了增大电感，常在线圈中放入铁芯，如日光灯的镇流器、电磁铁，这种含有铁芯的线圈称为铁芯线圈。铁芯线圈接于直流电压 U 时，电流决定于线圈电阻 R，即 $I=U/R$，它完全取决于电路，而与磁路无关。铁芯线圈接于正弦交流电源时，磁通也是交变的，会在线圈中产生感应电动势。这样，磁路的情况就会对电路产生影响。

所以交流铁芯线圈要比直流铁芯线圈复杂得多。本节讨论交流铁芯线圈的电压、电流和磁通关系。

一、电压与磁通关系

图 2.7.3.1 所示的铁芯线圈接于正弦电压 u 上，若忽略线圈电阻和漏磁通，并按习惯选取线圈电压 u 、电流 i、磁通 Φ 及感应电动势 e 的参考方向，如图 2.7.3.1 所示，则有：

$$u=-e=N\frac{\mathrm{d}\Phi}{\mathrm{d}t}$$

由上式可知，u 为正弦量时，Φ 也为正弦量。若设 $\Phi=\Phi_{\mathrm{m}}\sin\omega t$ ，则

$$u=-e=N\frac{\mathrm{d}}{\mathrm{d}t}(\Phi_{\mathrm{m}}\sin\omega t)=\omega N\Phi_{\mathrm{m}}\sin(\omega t+90°)$$

可见 u 超前 Φ 90°，并知电压和感应电动势的有效值与磁通幅值的关系为

$$U=E=\frac{\omega N\Phi_{\mathrm{m}}}{\sqrt{2}}=\frac{2\pi fN\Phi_{\mathrm{m}}}{\sqrt{2}}=4\cdot 44fN\Phi_{\mathrm{m}} \qquad (2.7.3.1)$$

此式是常用的重要公式。它表明：当电源频率 f 和线圈匝数 N 一定时，交流铁芯线圈的磁通幅值 Φ_{m} 与电压有效值 U 成正比。这也就是说，当 f 、N 一定时，磁通幅值 Φ_{m} 完全由外加电压来决定。电压高，磁通大；电压低，磁通小。磁通的大小与磁路的情况（铁芯材料、几何尺寸，甚至有无铁芯）毫无关系。一定大小的外加电压必须由一定大小的磁通所产生的感应电动势来平衡。这是交流铁芯线圈不同于直流铁芯线圈的特点。

二、磁饱和对线圈电流和磁通波形的影响

交流铁芯线圈中的电流与磁通的关系受铁芯的磁饱和、磁滞和涡流等因素的影响。如果略去磁滞和涡流的影响，铁芯材料的 B-H 关系便可以用基本磁化曲线来表示。设图 2.7.3.1 所示铁芯线圈的铁芯截面 S 处处相等，为一均匀磁路，则 $\Phi=BS$ ，$i=Hl/N$ ，所以由 B-H 曲线可以得到 Φ-i 曲线，如图 2.7.3.2（a）所示，它与 B-H 曲线是相似的。有了这条曲线，我们就可以讨论磁饱和对波形造成的影响。

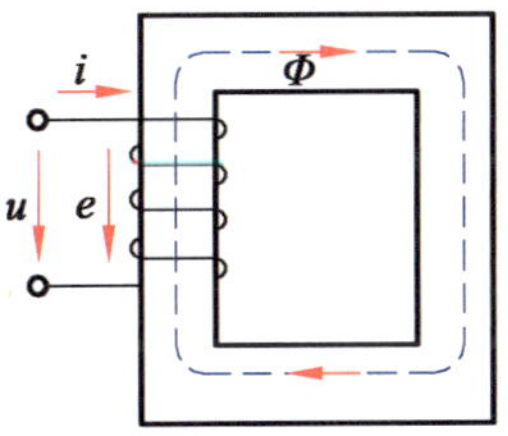

图 2.7.3.1　交流铁芯线圈

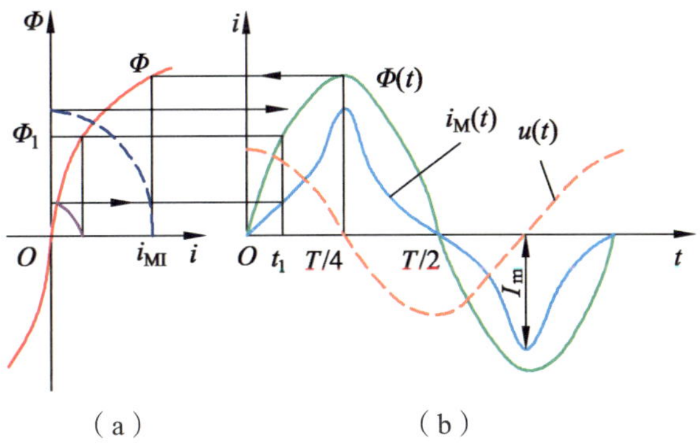

图 2.7.3.2　正弦电压作用下磁化电流的波形

1. 正弦电压作用下电流的波形

电压为正弦波时，磁通也是正弦波，如令 $\Phi = \Phi_m \sin \omega t$，可由 Φ-i 曲线通过逐点描迹的方法得到 $i(t)$ 的曲线，如图 2.7.3.2（b）所示。

由于以上讨论的是在忽略所有功率损耗的前提下进行的，因此这时的激励电流仅用来产生磁通，所以称为磁化电流，用符号 i_M 表示。由图 2.7.3.2 可见：铁芯线圈的电压为正弦波时，磁通也为正弦波，由于磁饱和的影响，磁化电流是尖顶的非正弦波。电压越高，磁通的幅值越大，磁饱和程度越深，磁化电流的波形就越尖。因此，交流铁芯线圈的电压不能高于额定电压太多，否则励磁电流可能比额定值大得多，会造成线圈过热。

电流为尖顶波，可以分解为基波和奇数次高次谐波，尤其要考虑三次谐波带来的影响。

欲使磁化电流接近正弦波形，可以增大铁芯截面，减小 B 值，让铁芯工作在非饱和区，但这样会增加铁芯的尺寸和重量，所以一般让铁芯工作在接近饱和的区域。

2. 正弦电流作用下电流的波形

当铁芯线圈通过正弦电流 $i = I_m \sin \omega t$ 时，根据 Φ-i 曲线可求得 $\Phi(t)$ 的波形，如图 2.7.3.3 所示。

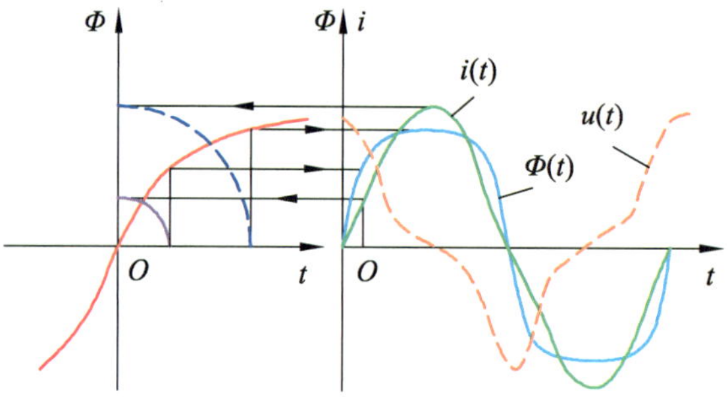

图 2.7.3.3　正弦电流作用下磁通的波形

根据 $u = N\dfrac{d\Phi}{dt}$，在 $\Phi(t)$ 曲线上求出各时刻磁通的变化率 $\dfrac{d\Phi}{dt}$，从而得到 $u(t)$ 的波形，图中 $\Phi(t)$ 曲线经过零值时，u 出现峰值。由图 2.7.3.3 可见：铁芯线圈的电流为正弦波时，由于磁饱和的影响，磁通为平顶波，电压为尖顶波。

在铁芯线圈中，励磁电流为正弦波的情况不多，大多数情况都是正弦电压加在铁芯线圈上，所以下面的讨论以这种情况为主。

三、铁芯损耗

铁芯线圈通过直流时，磁通是恒定的，铁芯内没有损耗。铁芯线圈接到交流电源上时，在交变磁化下，铁芯会产生功率损耗。铁磁材料因磁滞现象会产生磁滞损耗，因涡流会产生涡流损耗。这两种损耗的总和叫作铁芯损耗，简称铁损。

1. 磁滞损耗

铁磁材料在交变磁化下，内部的磁畴反复转向、翻转，不断地相互摩擦，引起铁芯发热而造成能量损耗，这种损耗称为磁滞损耗。可以证明，磁滞损耗与电源频率和磁滞回线的面积成正比。实际交流铁芯都采用软磁材料，磁滞损耗较小，精确计算这类损耗很困难，工程上常采用下列经验公式来计算。

$$P_h = \sigma_h f B_m^n V \quad (2.7.3.2)$$

式中　f——交流电的频率，Hz；

B_m——磁感应强度的幅值，T；

n——指数，当 $B_m < 1$ T 时，$n = 1.6$，当 $B_m > 1$ T 时，$n = 2$；

V——铁芯体积，m^3；

σ_h——与铁磁材料性质有关的系数，对铸钢约为 0.25，对硅钢片约为 0.001；

P_h——铁芯的磁滞损耗，W。

2. 涡流损耗

铁芯在交变磁通作用下，内部产生的涡流使铁芯发热，由此造成的能量损耗称为涡流损耗。为了减少涡流损耗，常采用两种办法：一是在铁芯材料中加入硅，以增大材料的电阻率，减小涡流，低硅钢含硅量为 3%～5%；二是用硅钢片叠成铁芯，硅钢片上涂有绝缘漆，如图 2.7.3.4（b）所示。这样可使涡流路径拉长，以限制涡流。

工程上，计算涡流损耗也有经验公式，即

$$P_e = \sigma_e f^2 B_m^2 V \quad (2.7.3.3)$$

式中，σ_e 是与铁芯材料的电阻率、厚度及磁通波形有关的系数。

在铁损的计算中，一般没有必要分别求出 P_h 和 P_e，而是根据 $f = 50$ Hz 时铁磁材料单位重量的铁损 P_{Fe} 来进行计算。P_{Fe} 称为比磁损耗或比损耗，由生产厂家提供的比磁损耗表格或曲线查得。铁损也可以由实验测得。

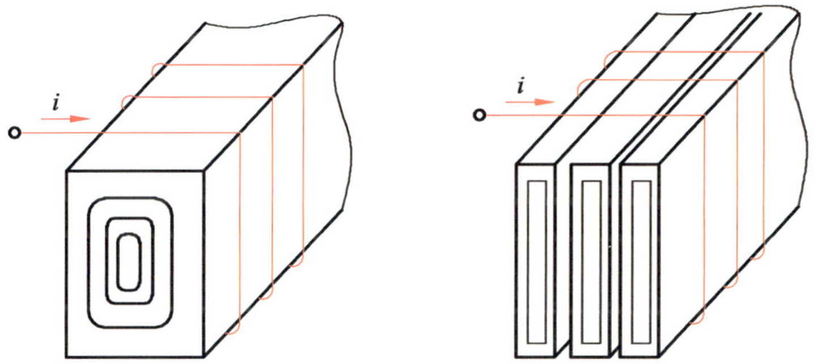

（a）整块铁芯　　（b）硅钢片叠成的铁芯

图 2.7.3.4　涡流

2.7.3.4.2　交流铁芯线圈的电路模型

1. 不考虑线圈电阻和漏磁通的情况

由前面所述可知，交流铁芯线圈在正弦电压作用下，磁通为正弦波，励磁电流为非正弦波。为了分析方便，通常用等效正弦波来代替非正弦波（等效的条件是有效值相等，产生的功率相同），这样便可以作出交流铁芯线圈的相量图，如图 2.7.3.5（a）所示。图中，以磁通的最大值相量 $\dot{\Phi}_m$ 为参考，线圈的电压 $\dot{U}$ 超前 $\dot{\Phi}_m$ 90°，由于忽略线圈电阻和漏磁通，外加电压 $\dot{U} = -\dot{E}$，故感应电动势 $\dot{E}$ 滞后 $\dot{\Phi}_m$ 90°。磁化电流并不产生功率，因而代替它的等效正弦波相量 $\dot{I}_M$ 滞后 $\dot{U}$ 90°，即与 $\dot{\Phi}_m$ 同相位。补偿铁损的电流 $\dot{I}_a$ 与 $\dot{U}$ 同相位，由 $\dot{I}_a$ 和 $\dot{I}_M$ 合成得励磁电流相量 $\dot{I} = \dot{I}_a + \dot{I}_M$，式中 $I = \sqrt{I_a^2 + I_M^2}$ 为励磁电流有效值。$\alpha=\arctan\dfrac{I_a}{I_M}$ 为励磁电流 $\dot{I}$ 超前的 $\dot{\Phi}_m$ 相位角，称为损耗角。铁损大，α 也大。外加电压 $\dot{U}$ 与励磁电流 $\dot{I}$ 的相位差为损耗角的余角，即 $\varphi=\dfrac{\pi}{2}-\alpha$。

在电机和电器的磁路中，由于选用较好的软磁材料作铁芯，有采用叠片铁芯，因而铁损很小，所以 I_a 要比 I_M 小得多，损耗角 α 也很小，$\varphi\approx 90°$。图中 α 是夸大了的。

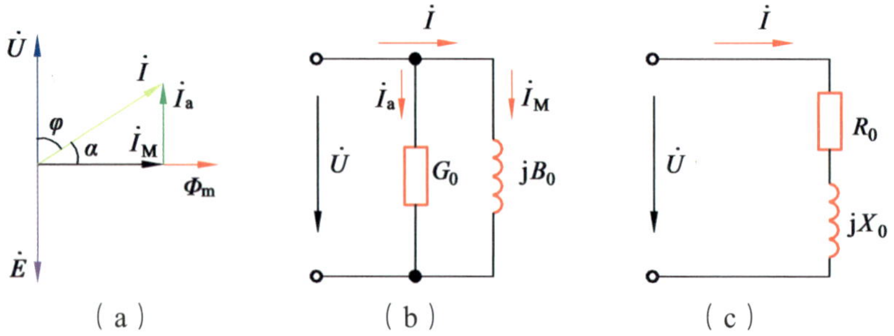

图 2.7.3.5　不考虑线圈电阻及漏磁通的电路模型和相量图

由相量图可见，励磁电流 $\dot{I}$ 由有功分量 $\dot{I}_a$ 和无功分量 $\dot{I}_M$ 组成，并联电路模型的参数用复导纳来表示比较方便，即可用电导和电纳的并联电路来作为交流铁芯线圈的电路模型，如图 2.7.3.5（b）所示。

G_0 和 B_0 分别为：$G_0=\dfrac{1}{R_0'}$，$B_0=\dfrac{1}{X_0'}$。

G_0 支路和 B_0 支路的电流分别为：$\dot{I}_a=G_0\dot{U}$，$\dot{I}_M=-\mathrm{j}B_0\dot{U}$。

励磁电流

$$\dot{I}=\dot{I}_a+\dot{I}_M=(G_0-\mathrm{j}B_0)\dot{U}=Y\dot{U}$$

其中，$Y_0=G_0-\mathrm{j}B_0$ 称为励磁复导纳，G_0 称为励磁电导，B_0 称为励磁电纳。

并联电路模型中励磁电流有两个分量，计算时不太方便，在实际应用中，把并联的 G_0、B_0 等效变换为串联的 R_0、X_0，如图 2.7.3.5（c）所示。此时电压和电流的关系为 $\dot{U}=R_0\dot{I}+\mathrm{j}X_0\dot{I}=(R_0+\mathrm{j}X_0)\dot{I}=Z_0\dot{I}$，式中 $Z_0=R_0+\mathrm{j}X_0=\dfrac{1}{Y_0}=\dfrac{1}{G_0-\mathrm{j}B_0}$，称为磁复阻抗。$R_0$、$X_0$ 分别称为励磁电阻、励磁电抗。励磁电阻 R_0 的功率损耗等于铁损，即 $P_{Fe}=I^2R_0$，$R_0=\dfrac{P_{Fe}}{I^2}$。

电路模型的参数 R_0 和 X_0 通常通过实验测定。由于铁损很小，因此 $R<<X_0$。

需要指出，参数 G_0、B_0、R_0、X_0 与铁损和磁化电流有关，因而它们都是非线性的。但当端电压变化不大时这些参数可近似看作常数。这样便可以采用上述的电路模型，并用相量进行分析。

2. 考虑线圈电阻和漏磁通的情况

考虑线圈电阻 R，就是要考虑励磁电流通过 R 所产生的电压 $\dot{U}_R=R\dot{I}$，漏磁通的影响则是它要在线圈中产生漏磁电动势。由于漏磁通主要经过空气而闭合，可以认为漏磁链 Ψ_S 与励磁电流 i 成正比，即 $\Psi_S=L_Si$，L_S 为常数，称为漏磁电感。因而在正弦稳态电源下，漏磁电动势可以用漏抗电压来表示。

漏抗电压 $\dot{U}_S = j\omega L_S\dot{I} = jX_S\dot{I}$ 式中，$X_S = \omega L_S$ 称为漏磁感抗，简称漏抗。因此，考虑 R 及 Ψ_S，就是要在主磁通感应电压 $\dot{U}$ 之外，再加上 $\dot{U}_R$ 和 $\dot{U}_S$，三个电压相量之和便是交流铁芯线圈的端电压 $\dot{U}_1$，即 $\dot{U}_1 = \dot{U}_R + \dot{U}_S + \dot{U} = R\dot{I} + jX_S\dot{I} + (-\dot{E})$。根据上式，可对图 2.7.3.5（a）的相量图加以补充，即在主磁通感应电压相量 $\dot{U}$ 之后，加上与 $\dot{I}$ 同相位的 $R\dot{I}$，再加上超前 $\dot{I}90°$ 的 $jX_S\dot{I}$，得到线圈电压 $\dot{U}_1$，如图 2.7.3.6（a）所示。这就是考虑线圈电阻和漏磁通的交流铁芯线圈的相量图。实际上线圈电阻电压和漏抗电压都很小，为了表示各量的关系，图中把 RI 和 X_SI 的数值做了夸大。实际的 U_1 与 U 虽不相等，但也相差不大。

按此相量图，可做出交流铁芯线圈的电路模型，并联型式的如图 2.7.3.6（b）所示。

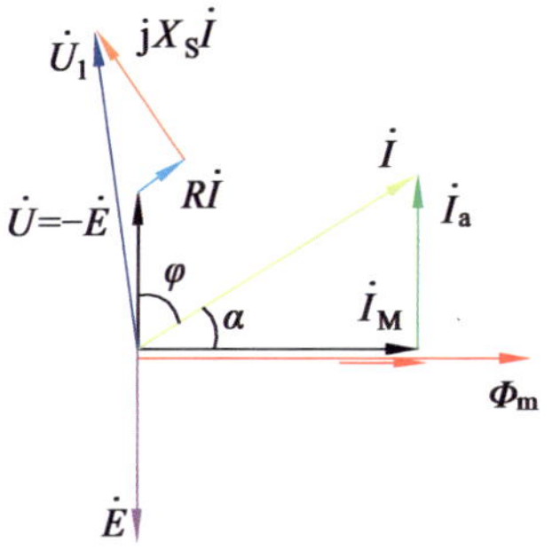

（a）相量图

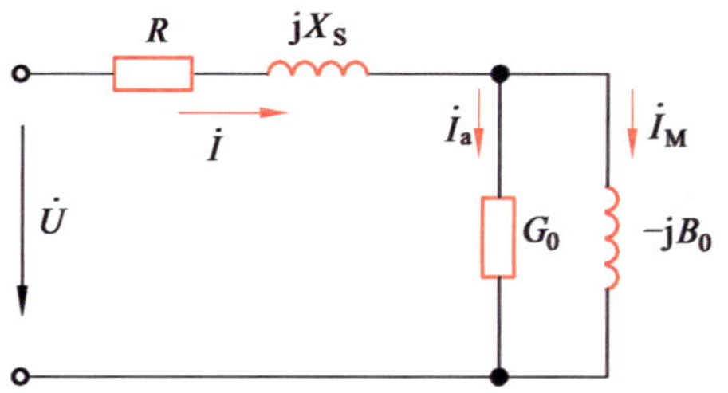

（b）并联形式的电路模型

图 2.7.3.6　考虑线圈电阻及漏磁通的电路模型和相量图

图 2.7.3.6 中，线圈电阻 R 要产生功率消耗，其值为 I^2R，称为铜损耗，简称铜损。通常它比铁损 I^2R_0 小很多，因此参数 $R << R_0$。X_S 是对应与漏磁通的电抗，它比对应于主磁通的电抗 X_0 要小很多。但 X_S 是线性的，为常数；X_0 是非线性的，不等于常数。

交流铁芯线圈的端电压 U_1 如有变动，磁通 Φ_m 也要变动。若电压 U_1 升高，磁通 Φ_m 增加，铁芯饱和程度增加，μ 减小，励磁电抗 X_0 也要减小；若电压 U_1 降低，磁通 Φ_m 减小，磁饱和程度降低，μ 增加，励磁电抗 X_0 则要降低。励磁电阻 R_0 也会随着电压变动而变化。通常情况下，电源电压可近似认为稳定不变，因此，铁芯线圈工作时的电路模型诸参数都可看作常数。

以上分析说明了交流铁芯线圈的励磁阻抗 $|Z_0|$ 比漏阻抗 $|Z_s| = |R + jX_S|$ 大得多，而励磁阻抗 Z_0 中，又以 X_0 为主，因此励磁电流的大小主要决定于 X_0 的大小，通常都使 X_0 值很大，有利于减小励磁电流，从而减轻电源的无功功率负担。

综上所述，交流铁芯线圈的电流是非正弦量，但在分析计算是可用一等效正弦波代替，因此可用相量 $\dot{I}$ 表示，并做出相量图。相量图的优点是，它能直观地表示出各个电磁量的大小相位及相互关系。要表示的电磁量越多，这种优点就越明显。电路模型则将电和磁的关系用纯电路的形式等效地表示出来，把磁路的计算问题为电路的计算问题，等效为一个线性电路来分析与计算。本课程出现过多次“等效”的概念，这里的等效，任然是指变换后在同样电压的作用下，电流、功率及各量的相位关系不变。

例 2.7.3.1　一交流铁芯线圈，线圈电阻 $R = 0.2\,\Omega$，漏抗 $X_S = 0.5\,\Omega$，将其接在 50 Hz、220 V 正弦电压上，测得电流 $I = 5$ A，有功功率 $P = 100$ W，求铁芯线圈：

（1）铜损耗和铁损耗；

（2）励磁电阻和励磁电抗。

解 （1）铜损耗和铁损耗分别为：

$$P_{Cu}=I^2R=5^2\times0.2=5\ \text{W}$$

$$P_{Fe}=P-P_{Cu}=100-5=95\ \text{W}$$

（2）励磁电阻：

$$R_0=\frac{P_{Fe}}{I^2}=\frac{95}{5^2}=3.8\ \Omega$$

由励磁阻抗 $\sqrt{(R+R_0)^2+(X_S+X_0)^2}=|Z|=\frac{U}{I}$ 得励磁电抗 $X_0=43.5\ \Omega$。

2.7.3.5 素质素养养成

本小节涉及的磁路抽象概念较多，在学习中同学们需要充分发挥想象力，注意理解基本磁化曲线形成过程，了解三种磁化曲线的区别。

本小节涉及的磁路磁化概念是后续电机技术课程学习的重要基础和铺垫，只有把基础概念名词理解清楚才能理解和灵活应用后续复杂电路的求解方法。

2.7.3.6 任务分组

见附表 1。

2.7.3.7 任务实施

任务工作单 1

组号：　　　　姓名：　　　　学号：　　　　检索号：<u>2.7.3.7-1</u>

引导问题：

（1）说出交流铁芯线圈的电压、电流和磁通的关系；

（2）说出正弦电压作用下磁化电流的波形发生畸变的原因；

（3）说出铁芯损耗的定义以及如何降低铁芯损耗；

（4）画出交流铁芯线圈的等效电路模型；

（5）计算：接到 50 Hz，220 V 电压上的铁芯线圈，线圈电阻为 1 Ω，漏抗为 5 Ω，并测得电流为 3.9 A，消耗功率为 215.2 W。试求功率因数、感应电压、铁芯磁损耗、磁化电流，磁损耗电流以及等效电路的参数 G_0 和 B_0。

____

____

____

任务工作单 2

组号：　　　　姓名：　　　　学号：　　　　检索号：2.7.3.7-2

引导问题：

（1）每小组推荐一位小组长，汇报任务工作单 1 的成果。

____

____

____

任务工作单 3

组号：　　　　姓名：　　　　学号：　　　　检索号：2.7.3.7-3

引导问题：

（1）自查、分析自身工单存在的错误及改正，并填写下表。

表 2.7.3.1　任务工作单自查表

错误	原因	改正

2.7.3.8　评价反馈

任务工作单 1

组号：　　　　姓名：　　　　学号：　　　　检索号：2.7.3.8-1

表 2.7.3.2　个人自评表

<table>
<tr><td>班级</td><td></td><td>姓名</td><td></td><td>日期</td><td>年　月　日</td></tr>
<tr><td>任务名称</td><td colspan="5"></td></tr>
<tr><td>评价指标</td><td colspan="3">评价内容</td><td>分数</td><td>分数评定</td></tr>
<tr><td>信息检索能力</td><td colspan="3">能有效利用网络、图书资源、字典查找有用的相关信息等；能将查到的信息有效地传递到工作中。</td><td>10 分</td><td></td></tr>
<tr><td>感知课堂生活</td><td colspan="3">认同本任务的工作价值，在参与中获得满足感、成就感。</td><td>10 分</td><td></td></tr>
<tr><td rowspan="2">参与态度</td><td colspan="3">积极主动与教师、同学交流，相互尊重、理解、平等；与教师、同学之间是否能够保持多向、丰富、适宜的信息交流。</td><td>10 分</td><td></td></tr>
<tr><td colspan="3">能处理好合作学习和独立思考的关系，做到有效学习；能提出有意义的问题或能发表个人见解。</td><td>10 分</td><td></td></tr>
</table>

续表

评价指标	评价内容	分数	分数评定
知识、能力获得情况	1. 说出交流铁芯线圈的电压、电流和磁通的关系。	10 分	
	2. 说出正弦电压作用下磁化电流的波形发生畸变的原因。	10 分	
	3. 说出铁芯损耗的定义以及如何降低铁芯损耗。	5 分	
	4. 画出交流铁芯线圈的等效电路模型。	10 分	
	5. 计算：接到 50 Hz、220 V 电压上的铁芯线圈，线圈电阻为 1 Ω，漏抗为 5 Ω，并测得电流为 3.9 A，消耗功率 215.2 W。试求功率因数、感应电压、铁芯磁损耗、磁化电流，磁损耗电流以及等效电路的参数 G_0 和 B_0。	10 分	
	6. 能找到自己的不足。	5 分	
思维态度	是否能发现问题、提出问题、分析问题、解决问题、创新问题。	5 分	
自评反馈	按时按质任务；较好地掌握了知识点；具有较强的信息分析能力和理解能力；具有较为全面严谨的思维能力，并能条理清楚明晰表达成文。	5 分	
自评分数			
有益的经验和做法			
总结反馈建议			

任务工作单 2

被评组号：　　　　　　　　检索号：2.7.3.8-2

表 2.7.3.3　小组间互评表

<table>
<tr><td>班级</td><td></td><td>评价小组</td><td></td><td>日期</td><td>年　月　日</td></tr>
<tr><td>评价指标</td><td colspan="3">评价内容</td><td>分数</td><td>分数评定</td></tr>
<tr><td rowspan="3">汇报表述</td><td colspan="3">表述准确</td><td>15 分</td><td></td></tr>
<tr><td colspan="3">语言流畅</td><td>10 分</td><td></td></tr>
<tr><td colspan="3">声音洪亮、自信大方</td><td>15 分</td><td></td></tr>
<tr><td rowspan="2">内容正确度</td><td colspan="3">内容正确</td><td>30 分</td><td></td></tr>
<tr><td colspan="3">口述准确</td><td>30 分</td><td></td></tr>
<tr><td colspan="4">互评分数</td><td colspan="2"></td></tr>
<tr><td>简要评述</td><td colspan="5"></td></tr>
</table>

任务工作单 3

组号：　　　姓名：　　　学号：　　　检索号：2.7.3.8-3

表 2.7.3.4　任务完成情况评价表

任务名称	磁路和铁芯线圈的认识			总得分		
组号及成员						
评价依据	学生完成的 2.7.3.7 所有任务工作单					
序号	任务内容及要求		配分	评分标准	教师评价	
					结论	得分
1	说出交流铁芯线圈的电压、电流和磁通的关系。	（1）描述正确；	10 分	缺一个要点扣 1 分		
		（2）语言表达流畅。	5 分	酌情赋分		
2	说出正弦电压作用下磁化电流的波形发生畸变的原因。	（1）描述正确；	10 分	缺一个要点扣 1 分		
		（2）语言流畅。	5 分	酌情赋分		
3	说出铁芯损耗的定义以及如何降低铁芯损耗。	（1）描述正确；	10 分	缺一个要点扣 2 分		
		（2）语言流畅。	5 分	酌情赋分		
4	画出交流铁芯线圈的等效电路模型。	（1）画图正确	10 分	缺一个要点扣 2 分		
		（2）描述正确	5 分	酌情赋分		
5	能计算正确接到 50 Hz，220 V 电压上的铁芯线圈，线圈电阻为 1 Ω，漏抗 5 Ω，并测得电流为 3.9 A，消耗功率 215.2 W。试求功率因数、感应电压、铁芯磁损耗、磁化电流，磁损耗电流以及等效电路的参数 G_0 和 B_0。	（1）计算正确	10 分	缺一个要点扣 2 分		
		（2）过程详细	10 分	酌情赋分		
6	至少包含 5 份文献的检索文献的目录清单。	（1）数量；	5 分	每少一个扣 2 分.		
		（2）参考的主要内容要点。	5 分	酌情赋分		
7	素质素养评价。	（1）沟通交流能； （2）团队合作； （3）课堂纪律； （4）合作探学； （5）自主研学； （6）培养抽象思维建模能力； （7）培养仔细观察，严谨求学的学习习惯。	10 分	酌情赋分，但违反课堂纪律，不听从组长、教师安排，不得分。		

模块 3　1 + X 模块

项目 1　低压故障查找

任务 1　实训：单相照明回路的接线原理讲解

3.1.1.1　任务描述

掌握单相照明回路的接线原理，明确单相照明回路各元器件的作用以及连接方式。

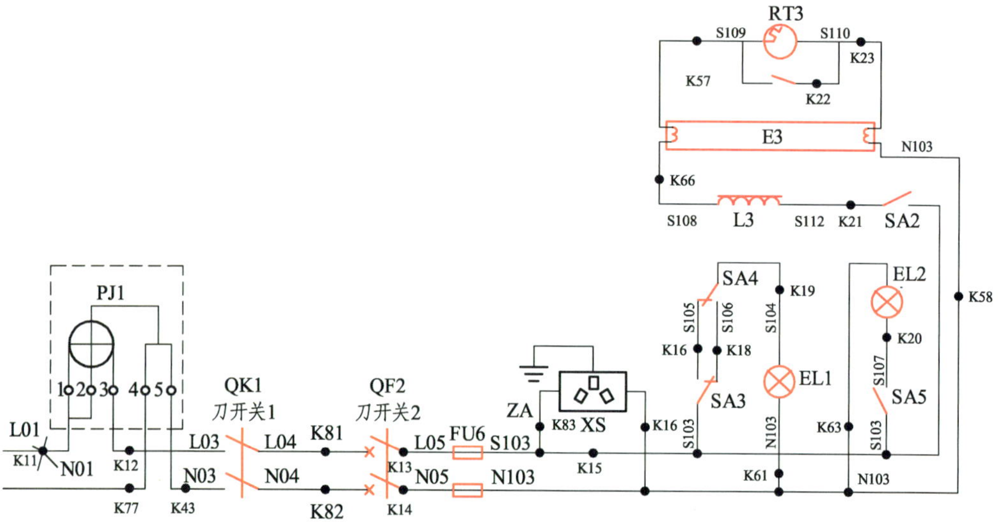

图 3.1.1.1　单相照明回路接线图

3.1.1.2　学习目标

知识目标

（1）掌握单相照明回路的接线原理；

（2）掌握单相照明回路中主要元器件的特点。

能力目标

（1）能够说出单相照明回路的接线原理；

（2）能够说出照明回路中主要元器件的特点。

素质素养目标

（1）培养学生对职业的认同感；

（2）培养学生仔细观察、结合生活实际的学习习惯。

3.1.1.3　任务分析

重　点

（1）单相照明回路的接线原理；

（2）单相照明回路中主要元器件的特点。

难　点

（1）理解单相照明回路的接线原理；

（2）理解左零右火的具体含义。

3.1.1.4　相关知识链接

3.1.1.4.1　单相照明回路接线原理

单相照明回路实则是从三相回路中选取一相，由火线、零线以及跨接在火线和零线之间的负载构成。回路中主要包括日光灯、节能灯、单联单控开关、单联双控开关和插座等元器件。

单相照明回路的连接方式一般遵循“左零右火”的原则，即左边连接零线，右边连接火线。

如果单相照明回路中有元器件不能正常工作，可能的原因有：① 火线某处出现断点；② 零线某处出现断点；③ 元器件本身存在问题。

3.1.3.4.2　单相照明回路元器件

1. 单相电能表

单相电能表的外形如图所示，表盘上记度器代表用电度数，单位为 kWh，也就是我们常说的“字”，1 kWh 代表 1 个字。当电能表下部的螺丝钉接入电路的零线和火线间的电压、流经回路的电流，会在电能表内部的电压线圈和电流线圈上产生交变的磁通，两个磁通相互作用在内部转动圆盘上形成了转动力矩，宏观上我们就看到电能表的计度器在旋转。

图 3.1.1.2　单相电能表

2. 刀开关

低压刀开关按其极数可分单极刀开关、双极刀开关和三极刀开关；按灭弧装置可分为不带灭弧罩和带灭弧罩的刀开关；按其操作方式分单投刀开关和双投刀开关。

低压刀开关一般在面板上竖着安装，刀开关向上拨动说明电路接通，向下拨动是说明处于关闭状态，这是为了防止操作把手在自身重力作用下向下掉落误接通。在使用过程中要注意，不带灭弧罩的刀开关不能带负荷操作，只作隔离开关使用，带灭弧罩的 HD13 型刀开关可以通断带负荷运行的电路，其钢栅片灭弧罩能使负荷电流产生的电弧有效熄灭，但不能切除短路电流。如图 3.1.1.3 所示为 HD13 型刀开关的外形结构图。

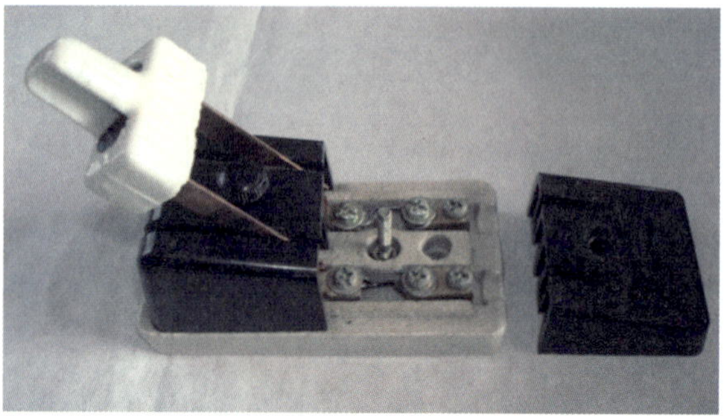

图 3.1.1.3　HD13 型刀开关外形结构

3. 低压断路器（自动空气开关）

低压断路器一般由触点、灭弧装置、过流脱扣器、失压脱扣器等组成，在电路中的主要作用是起过流保护、失压保护。当电路发生短路或者严重过载时，或者突然失压时，主动断开电路。低压断路器如图 3.1.1.4 所示。

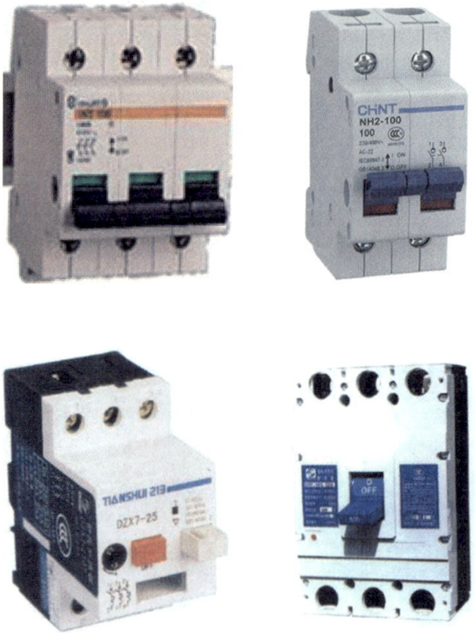

图 3.1.1.4　低压断路器

低压断路器结构紧凑，体积小，工作安全可靠，切断电流的能力大，且开关时间短，目前应用非常广泛。低压断路器用于保护笼型异步电动机时，电磁脱扣器整定电流等于 8 ~ 15 倍电动机的额定电流；用于保护绕线转子异步电动机时，电磁脱扣器整定电流等于 3 ~ 6 倍电动机的额定电流。

3.1.1.5　素质素养养成

本小节任务主要是要求同学们能够学以致用，结合生活实际，掌握单相照明回路的接线原理，明确照明回路中的主要元器件，在学习过程中结合具体生活经验，理解家用照明回路的连接方式。学好本小节内容能够帮助同学们解决实际生活问题，提高电路分析能力，为后续单相照明回路故障查找奠定理论基础。

3.1.1.6　任务分组

见附表 1。

3.1.1.7　任务实施

任务工作单 1

组号：　　　　姓名：　　　　学号：　　　　检索号：3.1.1.7-1

引导问题：

（1）单相照明回路的元器件一般是如何连接在电路中的？

（2）单相照明回路出现故障一般有哪些类型？

（3）单相照明回路接线中“左零右火”是什么意思？

（4）单相照明回路中的刀开关有什么作用和特点？

（5）单相照明回路中的自动空气开关起什么作用？

（6）单相照明回路中的电能计量表的表盘示数代表什么意思？

任务工作单 2

组号：　　　　姓名：　　　　学号：　　　　检索号：3.1.1.7-2

引导问题：

（1）画出单相照明回路的接线图，至少画出 3 个不同负载。

（2）小明家的灯泡不亮，但是其他家用电器正常工作，有哪些原因？

（3）小明家上月末电能表示数为 9 587 kWh，本月末电能表示数为 1 050 kWh，假设当地电费为 0.7 元/度，请计算小明家本月应缴纳多少电费。

（4）需要自动切断过负荷电流应该选用什么开关？

（5）刀开关在接通状态下操作把手是在上方还是下方，为什么？

____

____

____

任务工作单 3

组号：　　　　姓名：　　　　学号：　　　　检索号：3.1.1.7-3

引导问题：

（1）每小组推荐两位同学，分别汇报任务工作单 1、2 的成果。

任务工作单 4

组号：　　　　姓名：　　　　学号：　　　　检索号：3.1.1.7-4

引导问题：

（1）自查、分析自身工单存在的错误及改正，并填写下表。

表 3.1.1.1　任务工作单自查表

错误	原因	改正

3.1.1.8　评价反馈

任务工作单 1

组号：　　　　姓名：　　　　学号：　　　　检索号：3.1.1.8-1

表 3.1.1.2　个人自评表

班级		姓名		日期	年　月　日
任务名称					
评价指标	评价内容			分数	分数评定
信息检索能力	能有效利用网络、图书资源、字典查找有用的相关信息等；能将查到的信息有效地传递到工作中。			10 分	
感知课堂生活	认同本任务的工作价值，在参与中获得满足感、成就感。			10 分	
参与态度	积极主动与教师、同学交流，相互尊重、理解、平等；与教师、同学之间是否能够保持多向、丰富、适宜的信息交流。			10 分	
	能处理好合作学习和独立思考的关系，做到有效学习；能提出有意义的问题或能发表个人见解。			10 分	

续表

评价指标	评价内容	分数	分数评定
知识、能力获得情况	1. 能说出单相照明回路的接线原理。	10 分	
	2. 能说出“左零右火”的具体含义。	10 分	
	3. 能说出单相照明回路中常见故障类型。	10 分	
	4. 能说出单相照明回路中的常见元器件特点。	20 分	
思维态度	是否能发现问题、提出问题、分析问题、解决问题、创新问题。	5 分	
自评反馈	按时按质任务；较好地掌握了知识点；具有较强的信息分析能力和理解能力；具有较为全面严谨的思维能力，并能条理清楚明晰表达成文。	5 分	
自评分数			
有益的经验和做法			
总结反馈建议			

任务工作单 2

组号：　　　姓名：　　　学号：　　　检索号：3.1.1.8-2

表 3.1.1.3　小组内互评验收表

验收组长		组名		日期	年　月　日
组内验收成员					
任务要求	能说出单相照明回路的原理，能解释单相照明回路的接线原则，能说出单相照明回路中常见元器件功能特点，能看懂单相电能计量表。				
验收文档清单	被验收者 3.1.1.7-1 任务工作单 被验收者 3.1.1.7-2 任务工作单 被验收者 3.1.1.7-3 任务工作单 被验收者 3.1.1.7-4 任务工作单				
	文献检索清单				
验收评分	评分标准			分数	得分
	能说出单相照明回路的接线原理，错一处扣 10 分。			20 分	
	能说出单相照明回路的接线原则，错一处扣 10 分。			20 分	
	能说出刀开关和自动空气开关的区别。			20 分	
	能说出单相照明回路中常见元器件功能。			20 分	
	提供文献检索清单，少于 5 项，缺一项扣 4 分。			20 分	
评价分数					
不足之处					

任务工作单 3

被评组号：　　　　　　　　　　检索号：3.1.1.8-3

表 3.1.1.4　小组间互评表

班级		评价小组		日期	年　月　日
评价指标	评价内容			分数	分数评定
汇报表述	表述准确			15 分	
	语言流畅			10 分	
	声音洪亮、自信大方			15 分	
内容正确度	内容正确			30 分	
	口述准确			30 分	
互评分数					
简要评述					

任务工作单 4

组号：　　　　姓名：　　　　学号：　　　　检索号：3.1.1.8-4

表 3.1.1.5　任务完成情况评价表

任务名称	实训：单相照明回路接线原理讲解				总得分	
组号及成员						
评价依据	学生完成的 3.1.1.7 所有任务工作单					
序号	任务内容及要求		配分	评分标准	教师评价	
					结论	得分
1	能说出单相照明回路的接线原理。	（1）描述正确；	10 分	缺一个要点扣 1 分		
		（2）语言流畅。	5 分	酌情赋分		
2	能说出单相照明回路的接线原则。	（1）描述正确；	10 分	缺一个要点扣 1 分		
		（2）语言流畅。	5 分	酌情赋分		
3	能说出单相照明回路中的常见元器件。	（1）描述正确；	10 分	缺一个要点扣 2 分		
		（2）语言流畅。	5 分	酌情赋分		
4	能说出刀开关和空气开关的区别。	（1）描述正确；	10 分	缺一个要点扣 2 分		
		（2）语言流畅。	5 分	酌情赋分		
5	能说出单相照明回路常见故障原因。	（1）描述正确；	10 分	缺一个要点扣 2 分		
		（2）语言流畅。	10 分	酌情赋分		

续表

序号	任务内容及要求		配分	评分标准	教师评价	
					结论	得分
6	至少包含5份文献的检索文献的目录清单。	（1）数量；	5分	每少一个扣2分		
		（2）参考的主要内容要点。	5分	酌情赋分		
7	素质素养评价。	（1）沟通交流能； （2）团队合作； （3）课堂纪律； （4）合作探学； （5）自主研学； （6）培养结合生活实际分析问题； （7）培养职业认同感。	10分	酌情赋分，但违反课堂纪律，不听从组长、教师安排，不得分。		

任务2　实训：低压照明回路故障查找

3.1.2.1　任务描述

掌握低压照明回路的故障查找的方法，正确排查出设定的3～5处故障。

3.1.2.2　学习目标

知识目标

（1）掌握低压照明回路故障查找方法；

（2）掌握万用表蜂鸣挡的使用方法。

能力目标

（1）能够说出低压照明回路故障排查的原理；

（2）能够正确排查出低压照明回路的所有故障。

素质素养目标

（1）培养学生遵章守纪、安全工作的习惯；

（2）培养学生劳动光荣、技能宝贵的理念。

3.1.2.3　任务分析

重　点

（1）低压照明回路故障查找原理；

（2）故障查找过程中的安全注意事项。

难 点

（1）低压照明回路故障排除方法；

（2）低压照明回路训练屏正确操作方法。

3.1.2.4 相关知识链接

3.1.2.4.1 低压照明回路故障查找原理

本训练模拟的是在实际低压单相照明回路中的断线故障，断点通过实验装置屏背面的操作进行设置，当照明回路中出现断点时电路不通，故障表现为用电负载无法工作，如插座零线与火线接头两端电压低于相电压过多、照明灯泡不亮、日光灯不亮、双联开关无法正常工作等。断点可能出现在火线上，也可能出现在零线上，还可能出现在负载本身连接回路中。

3.1.2.4.2 低压故障排查方法

本训练模拟的是训练屏上的断线故障，因此只需要找出断点位置，并用新的导线连接在断点之间即可完成故障排查。

定位断点位置需要用到万用表的蜂鸣挡。蜂鸣挡具有检测电路通断的功能，当电路处于导通状态（内阻较小时），万用表会发出长“嘀”声。使用时首先检查红黑表笔插孔处于正确位置（红表笔插入蜂鸣挡，黑表笔插入 COM 挡），然后将万用表开机，将红表笔插入一个待测接口，黑表笔插入另一个待测接口，若万用表发出长“嘀”声，说明两接口间正常导通；若万用表无声，则说明两个待插孔之间可能存在断点，此时用一根导通良好的导线接在两孔之间，再次用万用表检测出现长滴声，则说明该处故障正确排除。

3.1.2.4.3 低压故障装置屏使用方法

（1）通电前检查装置柜体正面确无短路线，检查确认无误后，接通装置三相四线电源，合上装置侧门下部的总电源空开（绿色按钮）。

（2）等待大约 20 s 后剩余电流保护装置自动合闸（自动状态）电源即可接通，此时时钟窗口应显示 00:00。

（3）打开后柜门，设置故障。（编号 11～23，56～58，63～64 对应单相照明回路内的故障点）设置故障时，按下十位和个位按钮循环往复按照 0～9 的顺序递增，每按一次数字加一，个位和十位选好后按下设置按钮，左侧对应标号的灯亮，按下清除按钮可以清除该处故障，按下复位按钮清除所有故障，机器恢复到初始无断点状态）。

（4）学员观察各个回路，记录各个回路的现象（如日光灯、插座、灯泡、双联开关是否正常工作），汇报老师。

（5）装置断电（须切断正面柜体上部微型断路器），首先验电，悬挂指示牌，通过记录现象及数据，查找故障，处理故障。

（6）学员排除故障后，必须经指导教师检查和允许，方可接通电源。

（7）实训完毕后，使断路器处于分闸状态，关闭装置侧门下部的总电源空开。

3.1.2.4.4 安全注意事项

本实验训练屏通有 220 V 交流电，在使用过程中，应遵照老师的安排，严格遵守实验室的安全规程，安全第一。注意安全提示，既是对自身的安全负责，也是对设备的有效保护。

（1）整个实训过程中不要用手接触插座火线零线接口，即使装置断电，插座接口也存在 40 ~ 50 V 的悬浮电压，插座电压最好放在最后检查，待悬浮电压退去。

（2）整个实训过程中绝不允许用万用表的红黑表笔跨接在火线（L 端子）和零线（N 端子）两端，如果误操作，相当于用导线将火线和零线短接，装置屏会瞬间跳闸，瞬间过流极可能造成保险丝烧坏。

（3）整个实训过程中必须全程佩戴好安全帽，严格遵守实训现场即使工作现场的规定，穿戴好工作服，多余头发必须全部扎进安全帽内，注意柜门磕碰。

3.1.2.5 素质素养养成

在 3.1.1.1 节学习的基础上，基于同学们对单相照明回路接线原理的理解，本任务需要大家将理论与实践联系起来动手操作，切实体验故障排查的过程，感受职业的乐趣，同时在实训过程中注意规范操作，规避危险点，时刻谨记安全第一的理念，保护好自身的安全前提下，尽可能爱护爱惜设备，学好技能的同时能够将安全生产的理念内化于心。

3.1.2.6 任务分组

见附表 1。

3.1.2.7 任务实施

任务工作单 1

组号：　　　　姓名：　　　　学号：　　　　检索号：<u>3.1.2.7-1</u>

引导问题：

（1）实训中要用到些工器具？

（2）实训中应该注意哪些问题？

（3）如何操作训练屏？

任务工作单 2

组号：　　　　姓名：　　　　学号：　　　　检索号：3.1.2.7-2

引导问题：

（1）实训屏模拟的是低压照明回路中的什么故障？

（2）如何说明电路中存在故障？如何说明电路中所有故障排查完毕？

（3）为什么不允许将万用表表笔一个插入零线接口、一个插入火线接口？

____

____

____

任务工作单 3

组号：　　　　姓名：　　　　学号：　　　　检索号：3.1.2.7-2

引导问题：

（1）插座、灯泡、双联开关、日光灯是否能够正常工作？

（2）找出本小组训练屏上的所有故障点，并正确排除。

（3）通过实训后，总结如何快速定位故障点。

____

____

____

任务工作单 4

组号：　　　　姓名：　　　　学号：　　　　检索号：3.1.2.7-4

引导问题：

（1）每小组推荐两位同学，分别汇报任务工作单 1、2、3 的成果。

____

____

____

任务工作单 5

组号：　　　　姓名：　　　　学号：　　　　检索号：3.1.2.7-5

引导问题：

（1）自查、分析自身工单存在的错误及改正，并填写下表。

表 3.1.2.1　任务工作单自查表

错误	原因	改正

3.1.2.8　评价反馈

任务工作单 1

组号：　　　姓名：　　　学号：　　　检索号：3.1.2.8-1

表 3.1.2.2　个人自评表

<table>
<tr><td>班级</td><td></td><td>姓名</td><td></td><td>日期</td><td>年　月　日</td></tr>
<tr><td>任务名称</td><td colspan="5"></td></tr>
<tr><td>评价指标</td><td colspan="3">评价内容</td><td>分数</td><td>分数评定</td></tr>
<tr><td>信息检索能力</td><td colspan="3">能有效利用网络、图书资源、字典查找有用的相关信息等；能将查到的信息有效地传递到工作中。</td><td>10 分</td><td></td></tr>
<tr><td>感知课堂生活</td><td colspan="3">认同本任务的工作价值，在参与中获得满足感、成就感。</td><td>10 分</td><td></td></tr>
<tr><td rowspan="2">参与态度</td><td colspan="3">积极主动与教师、同学交流，相互尊重、理解、平等；与教师、同学之间是否能够保持多向、丰富、适宜的信息交流。</td><td>10 分</td><td></td></tr>
<tr><td colspan="3">能处理好合作学习和独立思考的关系，做到有效学习；能提出有意义的问题或能发表个人见解。</td><td>10 分</td><td></td></tr>
<tr><td rowspan="4">知识、能力获得情况</td><td colspan="3">1. 能说出低压照明回路模拟的故障类型以及故障排查方法。</td><td>20 分</td><td></td></tr>
<tr><td colspan="3">2. 能够在规定时间内正确排查出所有故障。</td><td>10 分</td><td></td></tr>
<tr><td colspan="3">3. 能说出实训过程中的注意事项。</td><td>10 分</td><td></td></tr>
<tr><td colspan="3">4. 能说低压照明回路训练屏的操作使用流程。</td><td>10 分</td><td></td></tr>
<tr><td>思维态度</td><td colspan="3">是否能发现问题、提出问题、分析问题、解决问题、创新问题。</td><td>5 分</td><td></td></tr>
<tr><td>自评反馈</td><td colspan="3">按时按质完成任务；较好地掌握了知识点；具有较强的信息分析能力和理解能力；具有较为全面严谨的思维能力，并能条理清楚明晰表达成文。</td><td>5 分</td><td></td></tr>
<tr><td colspan="4">自评分数</td><td colspan="2"></td></tr>
<tr><td colspan="2">有益的经验和做法</td><td colspan="4"></td></tr>
<tr><td colspan="2">总结反馈建议</td><td colspan="4"></td></tr>
</table>

任务工作单 2

组号：　　　　姓名：　　　　学号：　　　　检索号：3.1.2.8-2

表 3.1.2.3　小组内互评验收表

验收组长		组名		日期	年　月　日
组内验收成员					
任务要求	能说出低压照明回路模拟的故障类型以及故障排查方法，能说清楚装置的故障设置原理，能说出实训过程中的注意事项，能说出训练屏的操作使用流程，能反思查找自己的不足及时整改。				
验收文档清单	被验收者 3.1.2.7-1 任务工作单 被验收者 3.1.2.7-2 任务工作单 被验收者 3.1.2.7-3 任务工作单 被验收者 3.1.2.7-4 任务工作单 被验收者 3.1.2.7-5 任务工作单				
	文献检索清单				
验收评分	评分标准			分数	得分
	能正确排查出所有故障。			20 分	
	能说出低压照明回路的故障排除方法。			20 分	
	能说出实训过程中的注意事项。			20 分	
	能说出训练屏的操作使用流程。			20 分	
	提供文献检索清单，少于 5 项，缺一项扣 4 分。			20 分	
评价分数					
不足之处					

任务工作单 3

被评组号：　　　　检索号：3.1.2.8-3

表 3.1.2.4　小组间互评表

班级		评价小组		日期	年　月　日
评价指标	评价内容			分数	分数评定
汇报表述	表述准确			15 分	
	语言流畅			10 分	
	声音洪亮、自信大方			15 分	
内容正确度	内容正确			30 分	
	口述准确			30 分	
互评分数					
简要评述					

任务工作单 4

组号：　　　姓名：　　　学号：　　　检索号：3.1.2.8-4

表 3.1.2.5　任务完成情况评价表

任务名称	实训：低压照明回路故障查找			总得分		
组号及成员						
评价依据	学生完成的 3.1.2.7 所有任务工作单					
序号	任务内容及要求		配分	评分标准	教师评价	
					结论	得分
1	能正确排查出所有故障。	（1）描述正确；	10 分	缺一个要点扣 1 分		
		（2）语言流畅。	10 分	酌情赋分		
2	能说出低压故障查找方法。	（1）描述正确；	10 分	缺一个要点扣 1 分		
		（2）语言流畅。	5 分	酌情赋分		
3	能说出低压照明回路故障装置屏的操作方法。	（1）描述正确；	10 分	缺一个要点扣 2 分		
		（2）语言流畅。	5 分	酌情赋分		
4	能说出实训过程中的注意事项。	（1）描述正确；	10 分	缺一个要点扣 2 分		
		（2）语言流畅。	5 分	酌情赋分		
5	能说出低压照明回路模拟的故障类型。	（1）描述正确；	10 分	缺一个要点扣 2 分		
		（2）语言流畅。	5 分	酌情赋分		
6	至少包含 5 份文献的检索文献的目录清单。	（1）数量；	5 分	每少一个扣 2 分		
		（2）参考的主要内容要点。	5 分	酌情赋分		
7	素质素养评价。	（1）沟通交流能； （2）团队合作； （3）课堂纪律； （4）合作探学； （5）自主研学； （6）培养学生遵章守纪，安全工作的习惯； （7）培养学生劳动光荣，技能宝贵的理念。	10 分	酌情赋分，但违反课堂纪律，不听从组长、教师安排，不得分。		

项目 2　综合配电设计与安装

任务 1　实训：单相照明回路接线

3.2.1.1　任务描述

本次任务主要学习单相电能表、单相刀开关、单相断路器工作原理和接线方法，强调工艺。

3.2.1.2　学习目标

知识目标

（1）掌握单相电能表、单相刀开关、单相断路器的工作原理；

（2）掌握单相电能表、单相刀开关、单相断路器的接线方法。

能力目标

（1）能够正确理解单相照明回路的工作原理；

（2）能够掌握单相照明回路的接线及工艺要求。

素质素养目标

（1）培养学生自学与理论联系实际的能力；

（2）培养学生分析问题、团结协作、选择最优方法解决问题的能力。

3.2.1.3　任务分析

重　点

（1）单相照明回路的工作原理；

（2）单相照明回路的接线及工艺要求。

难　点

（1）单相照明回路的接线；

（2）单相照明回路的接线工艺要求。

3.2.1.4　相关知识链接

3.2.1.4.1　电工工具的使用

一、斜口钳

1. 分类和结构

按钳柄分，斜口钳有铁柄、管柄和绝缘柄三种类型。绝缘柄的斜口柄上套有额定工作电压的绝缘套管，其耐压等级为 1 000 V。斜口钳的规格以全长表示，常用有 450 mm、600 mm 和 750 mm 三种。斜口钳的外形如图 3.2.1.1 所示。

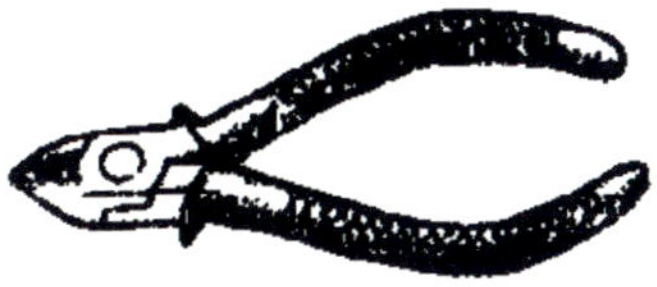

图 3.2.1.1 斜口钳

2. 作用

斜口钳是专用于剪断较粗的金属丝、线材和电线、电缆等。其使用方法比较简单，在此不做详细介绍。

二、尖嘴钳

1. 结构

尖嘴钳的外形如图 3.2.1.2 所示。尖嘴钳规格的表示方法和断线钳规格的表示方法一样都是以全长来表示。常用的规格有 130 mm、160 mm、180 mm 和 200 mm 四种。尖嘴钳有铁柄和绝缘柄两种类型。在电工作业操作中，一般用绝缘柄的尖嘴钳，其绝缘柄的工作耐压为 500 V。

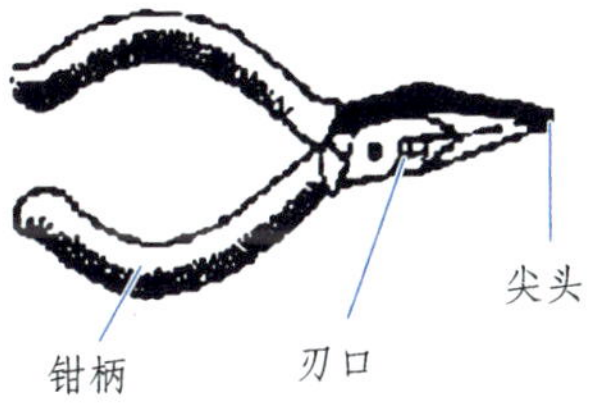

图 3.2.1.2 尖嘴钳

2. 作用

目前常见的多数是带刃口的，既可夹持零件又可剪切较细金属丝。

尖嘴钳的头部尖细，可在狭小的工作空间内工作，常用来夹持较小的螺钉、垫圈、导线等。钳嘴内侧的夹持面上，一般都凿有横式、斜式或网状的槽形齿纹，以便稳定牢固地钳啮物体，避免夹持物打滑或移动。夹持式钳一般较为小巧，钳嘴细长，可单手操作。

用尖嘴钳弯导线接头的操作方法是：先将线头向左折，然后紧靠螺杆依顺时针方向向右弯即成。

三、钢丝钳

1. 结构

钢丝钳又称电工钳、克丝钳。它的用途极为广泛，是内线、外线电工不可缺少的工具之一。钢丝钳的作用是夹持或弯折薄片形、细圆柱形金属零件以及切断金属导线等。电工中常用的钢丝钳按其长度一般分为：160 mm、180 mm 和 200 mm 三种规格。

钢丝钳的结构如图 3.2.1.3 所示。它分为钳头和钳柄两大部分。

钳头由钳口、齿口、刀口和铡口四部分组成。刀口用来剪切导线，铡口用来铡切导线线芯和剪切钢丝等较硬的金属，钳口用来钳夹导线线头和弯绞导线，齿口用来扳螺母。

使用钢丝钳时，右手握住钳柄，靠右手小指向外推，推动钳子两柄向外使钳口张开，当夹住工作时，拇指和其他四指一齐施压收紧，使钳口夹住工件进行工作，如图 3.2.1.4 所示。电工多使用带绝缘套的钢丝钳，其绝缘套的耐压等级为 500 以上。

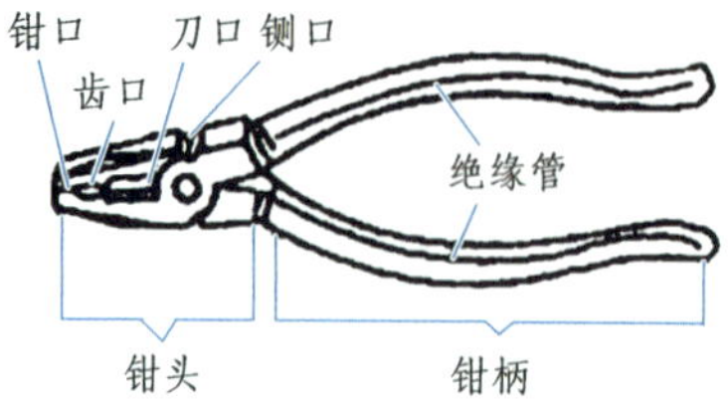

图 3.2.1.3　钢丝钳

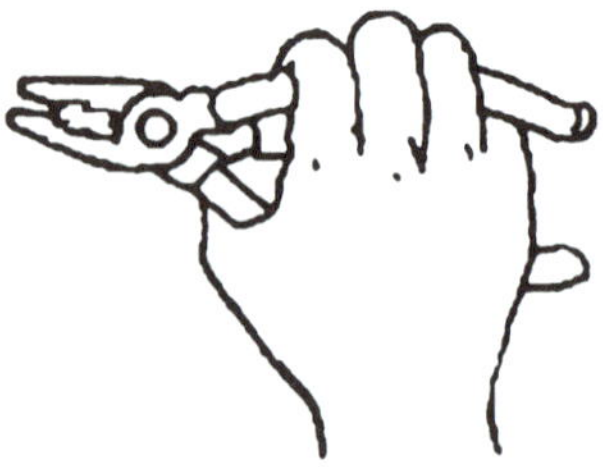
图 3.2.1.4　钢丝钳的握法

2. 使用方法及注意事项

弯绞导线的握法如图 3.2.1.5 所示。在弯绞导线时，右手应握住钳柄，左手拿导线，然后让钳口夹住导线，最后根据工件加工需要来弯绞导线。

① 扳旋螺母的握法如图 3.2.1.6 所示。使用钢丝钳扳螺母时，应先将被旋螺母置于齿口，然后根据需要，用力向顺时针或反时针方向扳动。

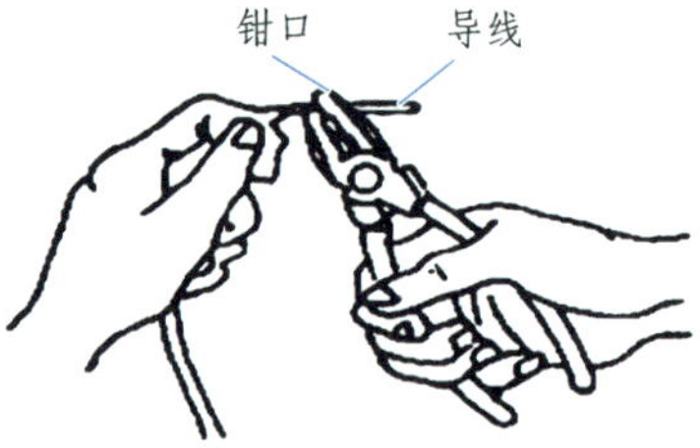

图 3.2.1.5　弯绞导线

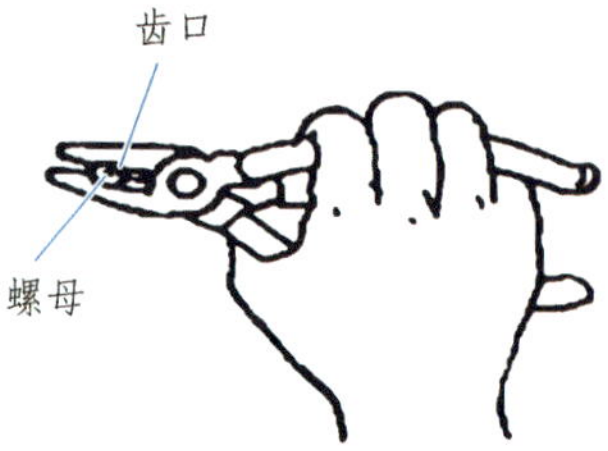

图 3.2.1.6　扳旋螺母

② 剪切导线的握法如图 3.2.1.7 所示。使用钢丝钳剪切导线时，右手应握住钳柄，左手拿住导线，并将导线置于钳头刀口处，右手用力挤压钳柄，导线则可剪断。

③ 铡切钢丝的方法如图 3.2.1.8 所示。使用钢丝钳铡切钢丝时，需用铡口，左手将钢丝放入钢丝钳的铡口，右手握住钢丝钳，然后用力往外拉。

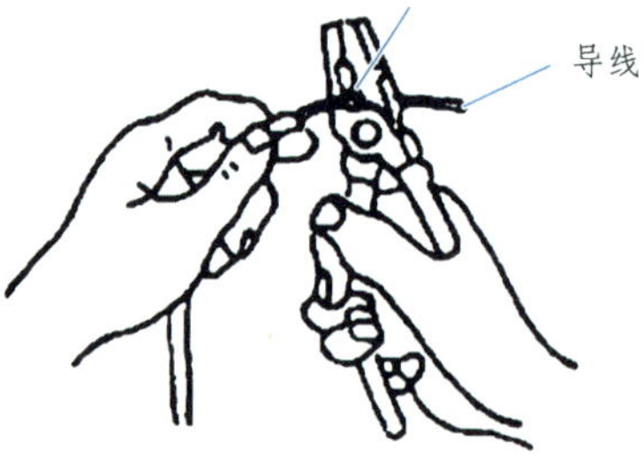

图 3.2.1.7　剪切导线

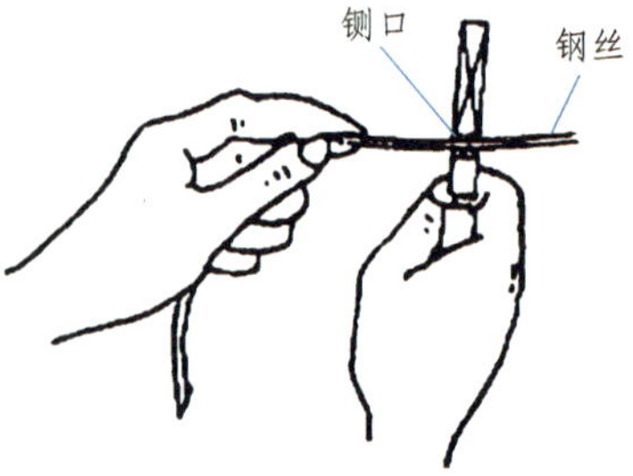

图 3.2.1.8　铡切钢丝

④ 剥削导线绝缘层的方法如图 3.2.1.9 所示。在现场施工中，若没有剥线钳，可以用钢丝钳代替剥线钳剥削导线头的绝缘层。使用时，左手抓住导线，并在手掌上绕

一圈。用右手握住钢丝钳，取好要剥削导线的绝缘层长度，刀口夹住导线绝缘层，施力要合适，不能损伤导线的金属体，只在绝缘层上留有夹压的痕迹。同时，两手向外用力，这时靠绝缘层与钳口的摩擦力将绝缘层拉掉。

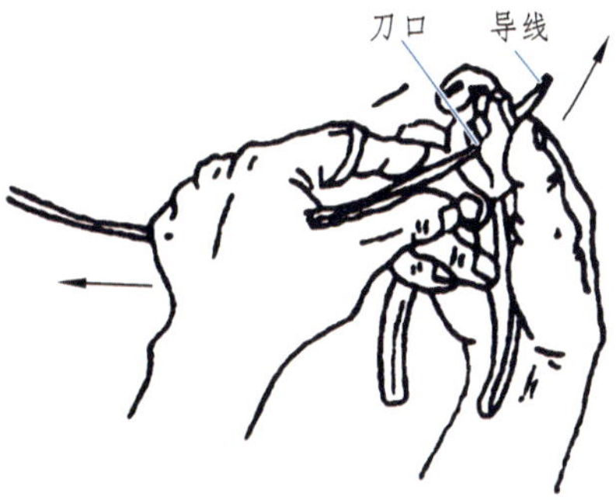

图 3.2.1.9　用钢丝钳剥削导线绝缘层

四、剥线钳

1. 结构

剥线钳一般是由钳头和钳柄两部分组成，如图 3.2.1.10（a）所示。钳头又由刀口（切口）、压线口组成。剥线钳的规格是以全长表示，常用的有 140 mm 和 180 mm 两种。剥线钳柄上套有额定工作电压 500 V 的绝缘套管。

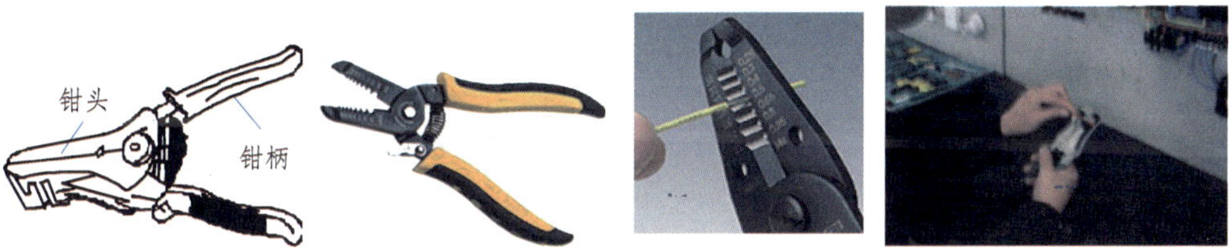

（a）剥线钳　　（b）剥线钳动作

图 3.2.1.10　剥线钳

剥线钳常用于剥削 6 mm^2（线芯截面）以下塑料线或橡胶绝缘层。剥线钳的切口直径有 0.5 ~ 3 mm 等多个规格，以适应不同规格的线芯剥削。

2. 使用方法及注意事项

一手握住钳柄，另一手将带绝缘层的导线插入相应直径的剥线口中，卡好尺寸后用力一握手柄，即可把插入部分的绝缘层割断自动去掉，并不损伤导线，如图 3.2.1.10（b）所示。

注意事项：剥线钳一般不在带电场合使用。

五、螺丝刀

1. 结构

螺钉旋具又改称锥、起子或螺丝刀，如图 3.2.1.11 所示。它是一种用来旋动头部带一字槽或十字槽的螺钉、木螺钉的工具。螺丝刀的式样和规格较多。常用的螺丝刀有一字形（平口）和十字形（十字口）螺丝刀，以配合不同槽型的螺钉使用。一字形螺丝刀头部形状为一字形，柄部由木材或塑料制成；十字形螺丝刀头部形状为十字槽形。它的柄部也是由木材或塑料制成。

电工常用的一字形螺丝刀具有 50 mm 和 150 mm 两种。十字形螺丝刀规格有四种，Ⅰ号适用于螺钉直径 2 ~ 2.5 mm，Ⅱ号适用于螺钉直径 3 ~ 5 mm，Ⅲ号适用于螺钉直径 6 ~ 8 mm，Ⅳ号适用于螺钉直径 10 ~ 12 mm。

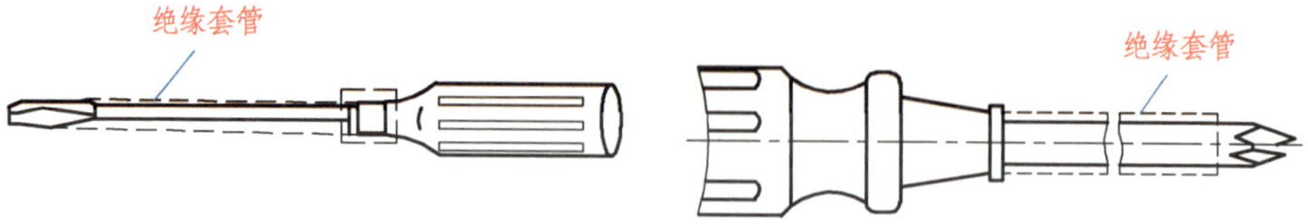

（a）一字形　　（b）十字形

图 3.2.1.11　螺丝刀

2. 使用方法及注意事项

螺丝刀用来拆装头部带沟槽的螺钉。使用螺丝刀要注意刀口的宽度和厚度，必须与螺钉头部的沟槽长度和厚度相符，以免损坏螺钉和螺丝刀。下面分别介绍大螺丝刀、小螺丝刀和长螺丝刀的使用。

① 大螺丝刀的使用方法。大螺丝刀一般用来紧固或旋松较大的螺钉的。使用时，用大拇指、食指和中指夹住握柄，手掌顶住握柄的末端，以便施力。在旋紧或旋松螺钉时，刀口要放入螺钉的头槽内，压力要合适，不能打滑，否则会损伤螺钉的头槽。头槽损坏会导致螺钉难以旋紧或难以旋出。

② 小螺丝刀的使用方法。小螺丝刀一般用来紧固或拆卸电气装置的接线桩头上的小螺钉。使用时，大拇指和中指夹着握柄，用食指顶住握柄的末端，刀口放入螺钉头槽。

③ 长螺丝刀的使用方法。使用长螺丝刀时，应右手握住握柄并旋动握柄，左手握住螺丝刀杆的中部，使螺丝刀不致滑脱螺丝钉头。

④ 电工不可使用金属杆直通柄顶的螺钉旋具，否则容易造成触电事故。

⑤ 使用螺钉旋具紧固和拆卸带电的螺钉（带电作业）时，手不得触及旋具的金属杆，以免发生触电事故。

⑥ 为了避免螺钉旋具的金属杆触及皮肤或触及邻近带电体，应在金属杆上穿套绝缘管

3.2.1.4.2　单相照明回路接线

一、单相电能表的原理及接线

1. 单相电能表的结构

DD862 系列单相电能表的外形及内部结构如图 3.2.1.12 所示。它主要是由驱动元件、转动元件、制动元件、积累计算机构（计度器）、调整装置及辅助部分组成。

（a）单相电能表的外形

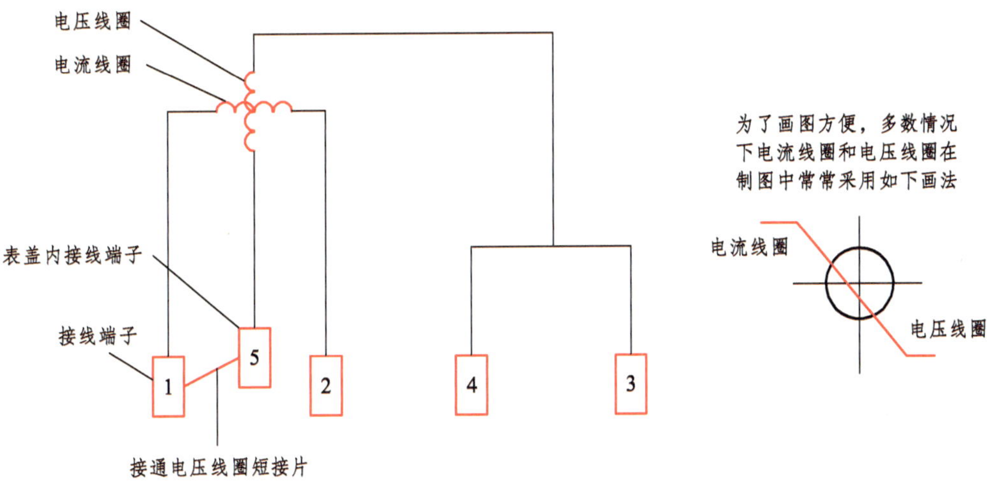

（b）单相电能表的内部结构

图 3.2.1.12　DD862 系列单相电能表的外形及内部结构

2. 单相电能表的工作原理

电能表接入被测电路后，被测电压加在电压线圈上，其铁芯中形成一个交变磁通，该磁通的一部分经磁板（铁板制成，一端固定在左右铁轭，另一端伸入圆盘下部，与隔着圆盘的电压元件铁芯相对应，构成电压线圈工作磁通的回路）穿过圆盘回到铁芯中而形成闭合回路。另一部分非工作磁通，不穿过圆盘，由左右铁轭构成回路。负荷电流通过电流线圈后，也在电流线圈的铁芯中形成一个交变磁通。这个磁通由铁芯的一端由下至上穿过圆盘，再由上至下穿过圆盘回到铁芯的另一端。穿过圆盘的两个交变磁通，是在不同位置穿过圆盘，因此在各自穿过圆盘的位置附近产生感应涡流。这些感应涡流与穿过圆盘的两个磁通相互作用，便在圆盘上形成了推动圆盘转动的转动力矩。可以证明，转动力矩 M_P 与被测电路的有功功率成正比。即：

$$M_P = K_P UI\cos\varphi = K_P P$$

式中　K_P——转动力矩常数。

圆盘转动切割制动元件的磁通 Φ_T，在圆盘上产生涡流 i_T，i_T 与 Φ_T 相互作用，形成作用于圆盘上与其转动方向相反的制动力矩 M_T。制动力矩和圆盘转速 n 成正比。即：

$$M_T = K_T \Phi_T^2 n = K_T' n$$

式中　K_T——制动力矩常数；

　　K_T'——比例常数。

当制动力矩与转动力矩平衡时，转速稳定，即匀速运动时，可得平衡条件：

$$M_P = M_T, \quad K_P P = K_T' n$$

则可得

$$n = \frac{K_P}{K_T'} P = CP$$

式中　C——电能表常数（每千瓦时盘转数），单位为 r/kWh。

将公式 $n=\frac{K_P}{K_T'}P=CP$ 两端乘以测量时间 t，得：

$$nt=N=CPt=CW$$

式中，nt 是在时间 t 内电能表的圆盘总转数，以 N 表示；被测负荷在时间 t 内所消耗的电能为 W，单位是 kWh。在设计电能表积算机构的传动比中，已经考虑了这个常数，并标注在电能表的铭牌上，所以从积算器字轮窗口上可以直接读出被测电能表量值。

3. 单相电能表的接线

单相电能表工作时的接线（双进双出）如图 3.2.1.13 所示。电源和负载应接入正确的接线端子。当电能表接入电阻时，电压线圈的两端是与负载电路相并联的，加入交流电压后，电压工作磁通穿过铝盘；非工作磁通不穿过铝盘，在电压铁芯中自行构成闭合通路。电流线圈的两端与负载电路串联，加入交流电压后，电流线圈工作磁通穿过铝盘。

图 3.2.1.13 所示为直接接入方式，就是将电能表的端子盒内的接线端子直接接入被测电路。根据单相电能表端子盒内电压、电流端子排列方式的不同，又可分为单进单出和双进双出两种方式。两种方式的接线原理都是一样的。其测出的功率都为 $P=UI\cos\varphi$。它们的电压、电流端子同名端的连接片都在表内连接好了，仅仅是端子盒内电压、电流出入端子的排列位置不同。所以，接线前必须核准端子排列方式。

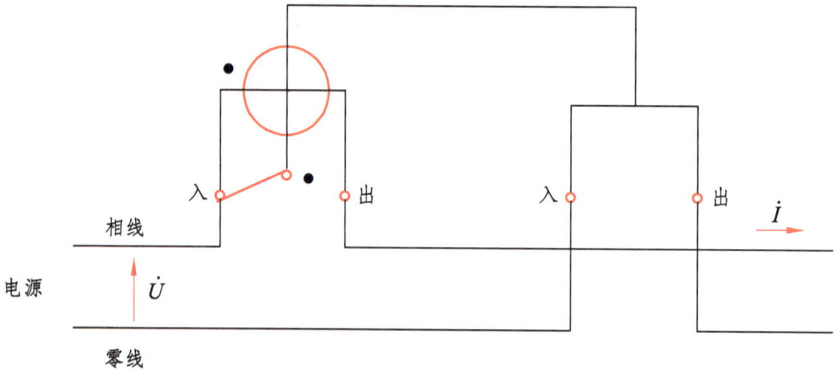

（a）接入方式

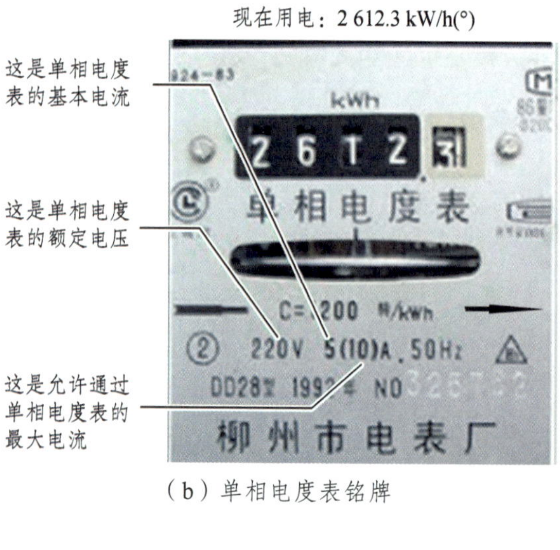

（b）单相电度表铭牌

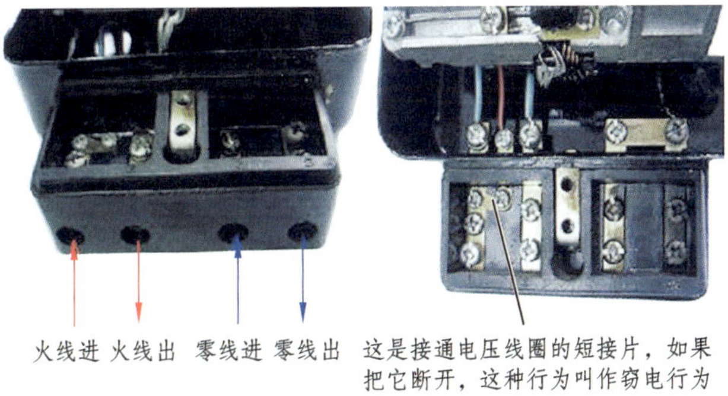

（c）双进双出

图 3.2.1.13　单相电能表双进双出的接线

二、低压断路器

低压断路器又称为自动空气开关，分为单相断路器和三相断路器，是自动控制电器，兼有保护作用，如图 3.2.1.14 所示，它在控制线路中用作电路的短路、过载和失压保护。

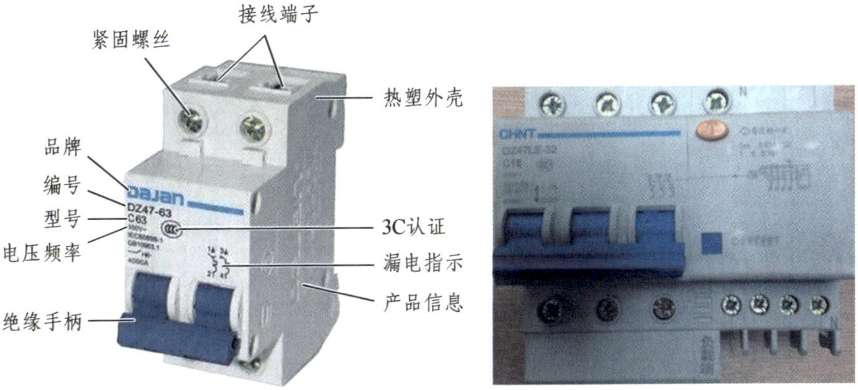

图 3.2.1.14　常用低压断路器

低压短路器一般由触点、灭弧装置、过流脱扣器、失压脱扣器等组成，如图 3.2.1.15 所示。当操作手柄使开关处在闭合位置时，过流脱扣器的衔铁是释放着的，当电路发生短路或严重过载时，过流脱扣器的线圈因流过大电流而产生较大的电磁吸力，把衔铁往下吸而顶开锁钩，使主触点断开，起过流保护作用。失压脱扣器在正常情况下吸住衔铁，主触点闭合，当电压严重下降或断电时释放衔铁而使主触点断开，实现失压保护；当电源电压恢复正常时，必须重新合闸才能工作。

低压断路器结构紧凑，体积小，工作安全可靠，切断电流的能力大，且开关时间短，目前应用非常广泛。

三、刀开关

低压刀开关按其极数可分单极刀开关、双极刀开关和三极刀开关；按灭弧装置可分不带灭弧罩和带灭弧罩的刀开关；按其操作方式分单投刀开关和双投刀开关。

低压刀开关都是开启的。不带灭弧罩的刀开关不能带负荷操作，只作隔离开关使用，带灭弧罩的 HD13 型刀开关可以通断带的负荷运行。其钢栅片灭弧罩能使负荷电流产生的电弧有效熄灭，但不能切除短路电流。如图 3.2.1.16 所示为 HD13 型刀开关的结构图。

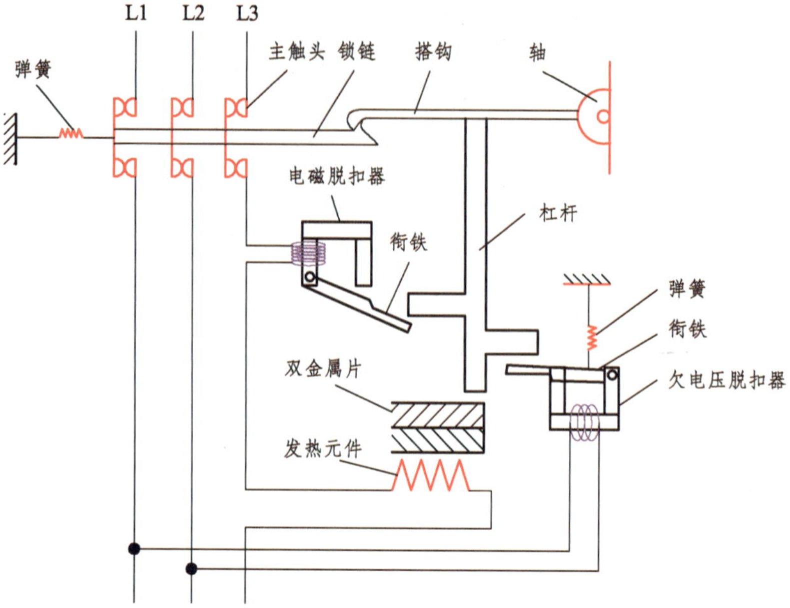

图 3.2.1.15　空气断路器的机构图

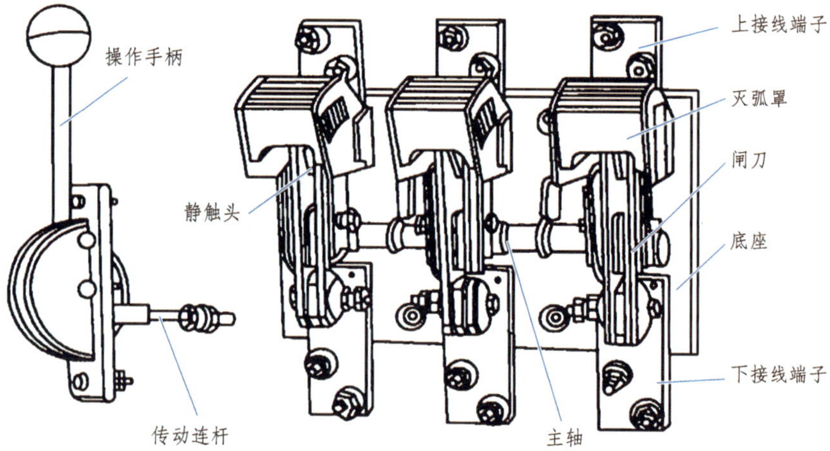

图 3.2.1.16　HD13 型刀开关结构

低压刀开关全型号的表示和含义如图 3.2.1.17 所示。

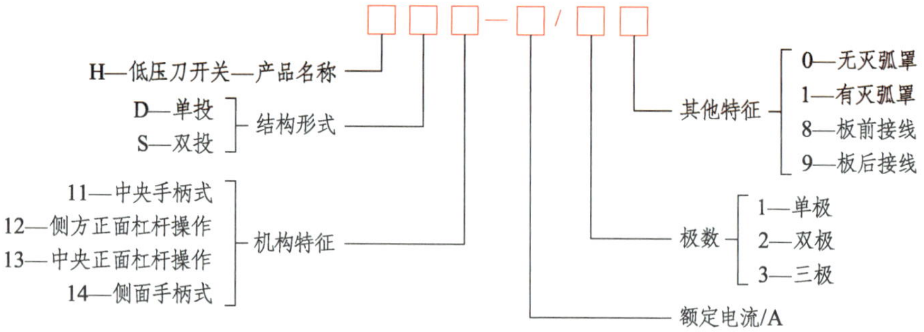

图 3.2.1.17　低压开关全型号的表示和含义

低压负荷开关具有带灭弧罩的刀开关和熔断器的双重功能，既可带负荷操作，又能进行短路保护，熔体熔断后，更换熔体即可恢复供电，如图 3.2.1.18 所示。

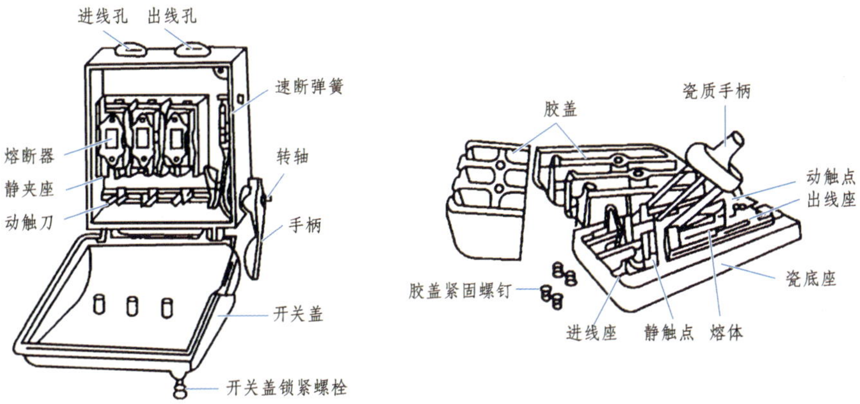

图 3.2.1.18　负荷开关

刀开关符号如图 3.2.1.19 所示。

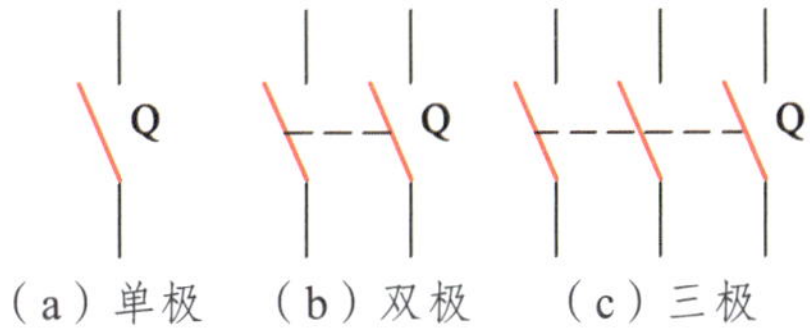

图 3.2.1.19　刀开关符号

四、单相照明回路

单相照明回路接线原理图及实物图，如图 3.2.1.20、3.2.1.21 所示。

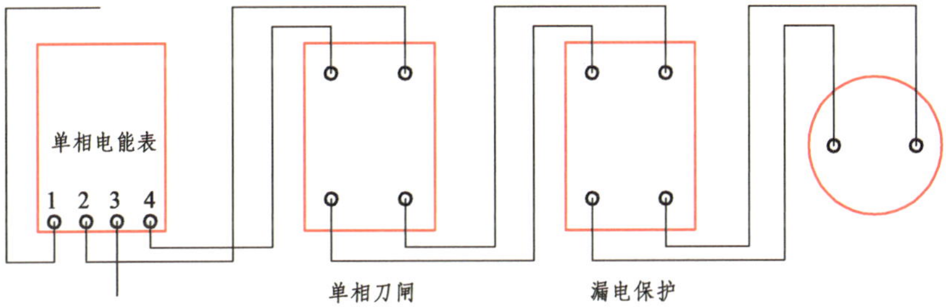

图 3.2.1.20　单相照明回路接线原理图

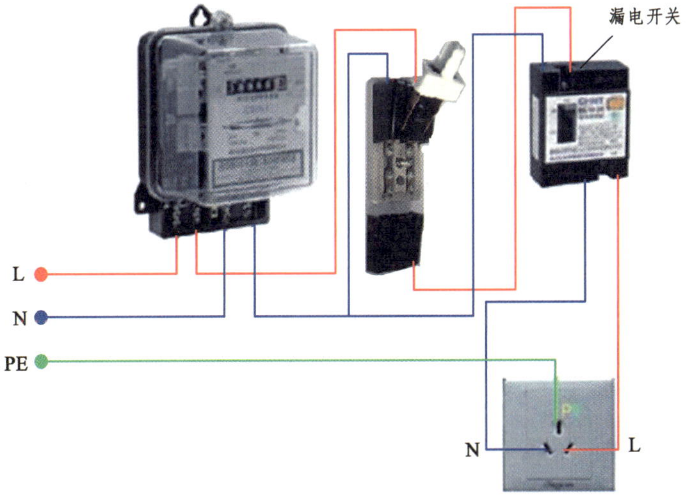

图 3.2.1.21　单相照明回路实物接线图

后面的用电器可以是灯泡、插座等。

3.2.1.4.3　布线工艺及要求

（1）布线通道尽可能少，同路并列的导线按主、控电路分类集中，单层密排，紧贴安装而布线。

（2）同一平面导线不能交叉，非交叉不可时只能在另一导线因进入接点而抬高时，从其下空隙穿越。

（3）布线要横平竖直，弯成直角，分布均匀和便于检修。

（4）每个电器元件上的每个接点不能超过两个线头。

（5）不论是单股线还是多股线的芯线头，插入连接端的针孔时，必须插入到底，多股导线要绞紧。

（6）导线的绝缘层不得插入接线板的针孔被螺栓被压住。

（7）针孔外侧导线的芯线不得裸露。

（8）螺钉要拧紧不可松脱。

3.2.1.5　素质素养养成

通过单相照明回路的接线及工艺要求，使同学们掌握接线的技巧，更好地理解接线的要点。在学习中要注意观察，理论知识与实际生产相结合，选择最优方法解决问题的能力。在实验中，注意严格遵守实验规程，安全用电，谨防触电，每次改线前都要断电，养成安全生产、文明生产的工作作风。

3.2.1.6　任务分组

见附表 1。

3.2.1.7　工作准备

任务工作单 1

组号：　　　姓名：　　　学号：　　　检索号：3.2.1.7-1

引导问题：

（1）认真阅读实训要求，列写需要准备的实训器具。

表 3.2.1.1　实训工器具

序号	实验器具	型号	数量

（2）简述实验过程中的注意事项。

______

______

______

3.2.1.8 方案制定、优化与汇报

任务工作单 2

组号：　　　　姓名：　　　　学号：　　　　检索号：3.2.1.8-2

引导问题：

（1）单相电能表的工作原理及接线方法是什么？

（2）单相照明回路接线的工艺要求有哪些？

制定实验方案：

______

______

______

优化实验方案：

______

______

______

汇报实验方案：

______

______

______

3.2.1.9 工作实施与结论

任务工作单 3

组号：　　　　姓名：　　　　学号：　　　　检索号：3.2.1.9-3

引导问题：

（1）单相刀开关，单相断路器、单相插座的工作原理是什么？

（2）单相刀开关，单相断路器、单相插座的接线方法及工艺要求是什么？

实验实施：

____

____

____

实验结论：

____

____

____

心得体会：

____

____

____

3.2.1.10　评价反馈

任务工作单 4

组号：　　　　姓名：　　　　学号：　　　　检索号：<u>3.2.1.10-4</u>

表 3.2.1.2　个人自评表

班级		组名		日期	年　月　日
评价指标	评价内容			分数	分数评定
信息检索	能有效利用网络、图书资源查找有用的相关信息等；能将查到的信息有效地传递到学习中。			10 分	
感知课堂生活	是否熟悉工器具使用，认同工作价值；在学习中是否能获得满足感。			10 分	
参与态度	积极主动与教师、同学交流，相互尊重、理解、平等；与教师、同学之间是否能够保持多向、丰富、适宜的信息交流。			10 分	
	能处理好合作学习和独立思考的关系，做到有效学习；能提出有意义的问题或能发表个人见解。			10 分	

续表

评价指标	评价内容	分数	分数评定
知识获得	1. 能设计单相照明回路安装接线电路图。	15 分	
	2. 能正确进行单相照明回路接线。	15 分	
	3. 能正确说出单相照明回路各元件的工作原理。	10	
思维态度	是否能发现问题、提出问题、分析问题、解决问题、创新问题。	10 分	
自评反馈	按时按质完成任务；较好地掌握了知识点；具有较强的信息分析能力和理解能力；具有较为全面严谨的思维能力，并能条理清楚明晰表达成文。	10 分	
自评分数			
有益的经验和做法			
总结反馈建议			

任务工作单 5

组号：　　　姓名：　　　学号：　　　检索号：3.2.1.10-5

表 3.2.1.3　小组内互评验收表

验收组长		组名		日期	年　月　日
组内验收成员					
任务要求	1. 能设计单相照明回路接线电路图；2. 能正确完成单相照明回路接线。				
验收文档清单	被验收者 3.2.1.7-1 任务工作单 1 被验收者 3.2.1.8-2 任务工作单 2 被验收者 3.2.1.9-3 任务工作单 3				
	文献检索清单				
验收评分	评分标准			分数	得分
	能正确确定接线需要的工器具，列举实训中的注意事项，错误一处扣 5 分。			20 分	
	能正确制定每一个实训项目的方案，错误一处扣 5 分。			20 分	
	能按照实训方案，正确开展实训，并记录检测接线，错一处扣 2 分。			30 分	
	能分析接线错误原因，并提出相应的措施，错一处扣 2 分。			20 分	
	提供文献检索清单，少于 5 项，缺一项扣 2 分。			10 分	
评价分数					
不足之处					

任务工作单 6

被评组号：　　　　　　　　　　　检索号：3.2.1.10-6

表 3.2.1.4　小组间互评表

班级		评价小组		日期	年　月　日
评价指标	评价内容			分数	分数评定
汇报表述	表述准确			10 分	
	语言流畅			10 分	
	准确完整描述实训接线过程			10 分	
接线正确度 工艺完美度	接线正确			40 分	
	工艺完美			30 分	
互评分数					
简要评述					

任务工作单 7

组号：　　　　姓名：　　　　学号：　　　　检索号：3.2.1.10-7

表 3.2.1.5　任务完成情况评价表

任务名称	任务 1　实训：单相照明回路接线				总得分	
评价依据	学生完成的 3.2.1.7～3.2.1.9 任务工作单					
序号	任务内容及要求		配分	评分标准	教师评价	
					结论	得分
1	能阅读实训指导书，明确实训目的，选择实训器具。	（1）描述正确；	10 分	缺一个要点扣 1 分		
		（2）语言流畅。	10 分	酌情赋分		
2	能正确制定实训方案。	（1）描述正确；	15 分	缺一个要点扣 1 分		
		（2）语言流畅。	10 分	酌情赋分		
3	能按照实训方案，正确开展实训。	（1）描述正确；	15 分	缺一个要点扣 2 分		
		（2）语言流畅。	10 分	酌情赋分		
4	能分析接线错误产生的原因，并提出相应的修改措施。	（1）描述正确；	10 分	缺一个要点扣 2 分		
		（2）语言流畅。	10 分	酌情赋分		
5	至少包含5份文献的检索文献的目录清单。	（1）数量；	2 分	每少一个扣 0.5 分		
		（2）参考的主要内容要点。	3 分	酌情赋分		

续表

序号	任务内容及要求		配分	评分标准	教师评价	
					结论	得分
6	素质素养评价。	（1）沟通交流能； （2）团队合作； （3）课堂纪律； （4）合作探学； （5）自主研学； （6）培养安全生产，文明作业的工作作风； （7）培养分析解决问题的能力； （8）培养讲原则、守规矩的意识； （9）培养热爱劳动的意识。	5 分	酌情赋分，但违反课堂纪律，不听从组长、教师安排，不得分。		

任务 2　实训：三相计量回路接线

3.2.2.1　任务描述

本次任务主要学习三相有功和三相无功电能表、电流互感器的工作原理和接线方法，强调工艺。

3.2.2.2　学习目标

知识目标

（1）掌握三相有功电能表、三相无功电能表、电流互感器的工作原理；

（2）掌握三相有功电能表、三相无功电能表、电流互感器的接线方法。

能力目标

（1）能够正确分析三相计量回路的工作原理；

（2）能够掌握三相计量回路的接线及工艺要求。

素质素养目标

（1）培养学生自学与理论联系实际的能力；

（2）培养学生分析问题、团结协作、选择最优方法解决问题的能力。

3.2.2.3　任务分析

重　点

（1）三相有功电能表、三相无功电能表和电流互感器的工作原理；

（2）三相有功电能表、三相无功电能表和电流互感器的接线及工艺要求。

难　点

（1）三相有功电能表、三相无功电能表、电流互感器的接线；

（2）三相有功电能表、三相无功电能表、电流互感器的接线工艺要求。

3.2.2.4　相关知识链接

3.2.2.4.1　三相电能表

三相电能表的内部结构为两组或三组单相电能表元件的组合，安装于同一表壳内构成一只三相电能表。三相三线电能表具有两组驱动元件，分为单圆盘和双圆盘两种。三相四线电能表具有三组驱动元件，分为三元件双圆盘和三元件三圆盘两种。三相三线的单圆盘和三相四线的三圆盘现在已基本不用了，所以在此不做介绍。

由于三相电能表各组元件之间存在电磁的相互影响，性能又具有特殊性，为此，三相电能表除了具有与单相电能表相同的调整装置外，还增加了平衡调整装置，用以分别调整各元件的驱动力矩，以减小三相负荷不平衡时产生的附加误差。

一、三相有功电能表

1. 三相电能表的结构

常见的三相四线电能表的外形及三相四线外部端子接线图如图 3.2.2.1 所示。

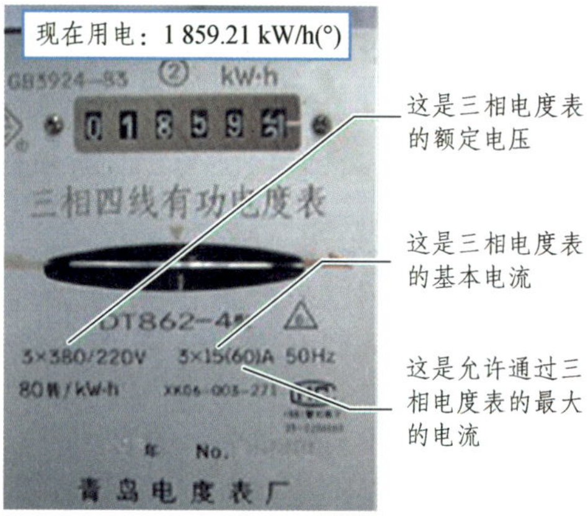

（a）三相电度表铭牌

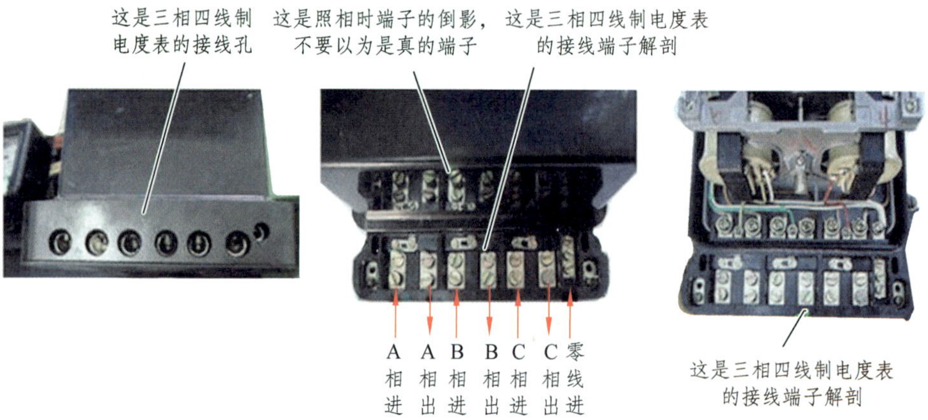

（b）各端子名称

(c) 三相电能表实物图

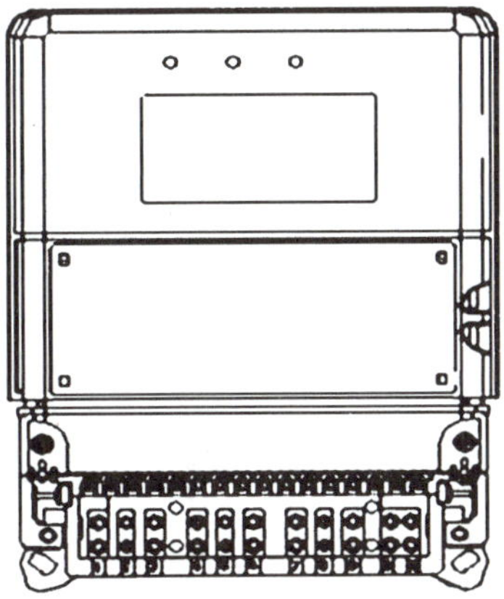

(d) 三相电能表手绘面板图

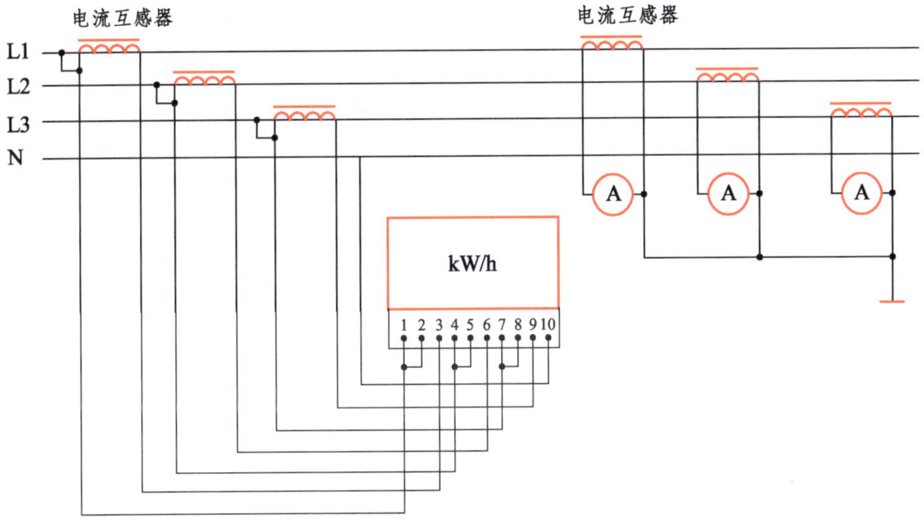

(e) 三相四线有功电能表接线图

图 3.2.2.1　三相电能表

2. 三相电能表的工作原理

三相三线电能表常采用元件双圆盘式的结构。三相三线有功电能表工作原理及接线与两表法测功率相同。其特点是有两个驱动元件、两个转动元件、两个制动元件和一个总的积算机构，所以实际上，它是两个单相电能表的组合。作用在转轴上的总转矩与三相电路的有功功率成正比。如常用的 DS862 型三相三线有功电能表和 DX863 型三相三线无功电能表。

三相四线电能表大多采用三元件双圆盘式的结构。三相四线有功电能表是按三表法的测量原理构成，因此仪表中有三组元件。目前使用最多的是具有三个驱动元件和两个铝盘的结构。其中两个驱动元件作用在一个铝盘上，第三个驱动元件作用在另一个铝盘上。这样的结构可以减少一个铝盘，从而使得可动部分的质量减轻，磨损就小，电表的体积也减小了。如常用的 DT864 型三相四线有功电能表和 DX864 型三相四线无功电能表。

3. 三相电能表的外部端子接线图

图 3.2.2.2 画出了三相四线多功能电能表端子的几种接线图。

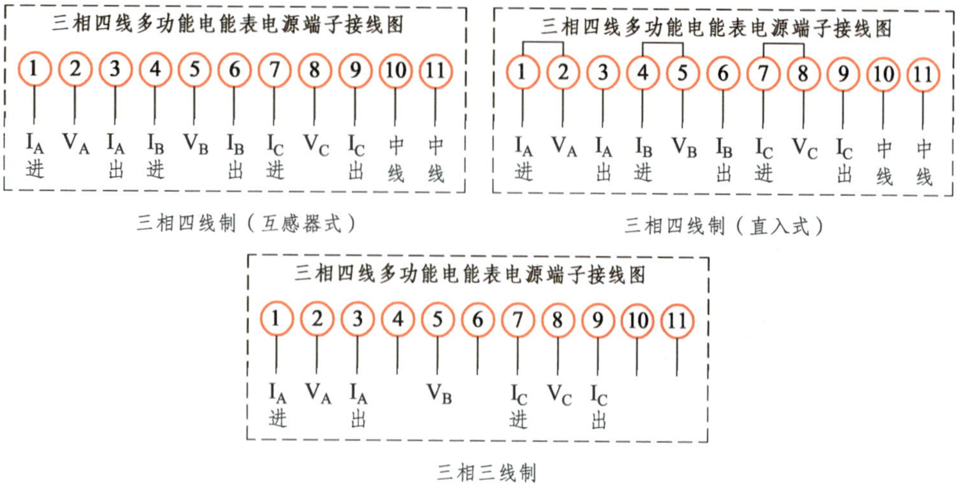

图 3.2.2.2　三相四线多功能电能表的段子接线

4. 三相四线电路有功电能表的标准接线

三相四线电路有功电能表的标准接线方式如图 3.2.2.3 所示。

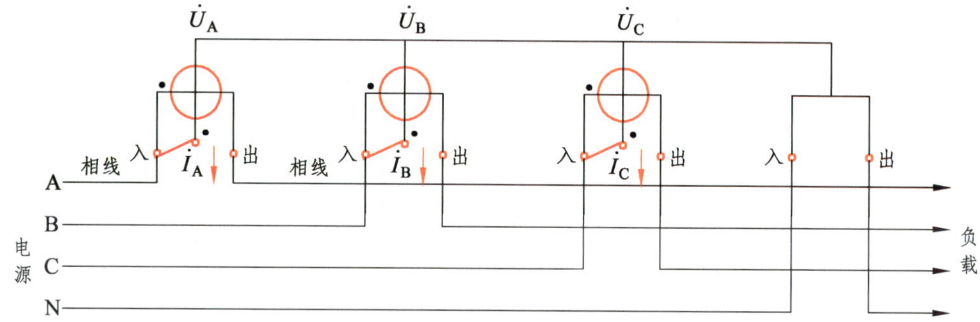

图 3.2.2.3　三相四线制有功功率电能表接线

接线原则：将电能表的三个电流线圈分别串入三相电路中，电压线圈分别接入相应的相电压，且同名端应与相应电流线圈的同名端一起接在电源侧。此种接线方式最适合中性点直接接地的三相四线制系统。不论三相电压、电流是否对称，都能正确计量。

5. 三相三线制电路有功电能表直接接线

三相三线制电路有功电能表直接接线方式如图 3.2.2.4 所示。此种接线方式不仅适用于低压三相三线系统，也适用于高压三相三线系统，不论负载是感性负载，还是容性或阻性负载，也不论负载是否对称，均能正确计量。

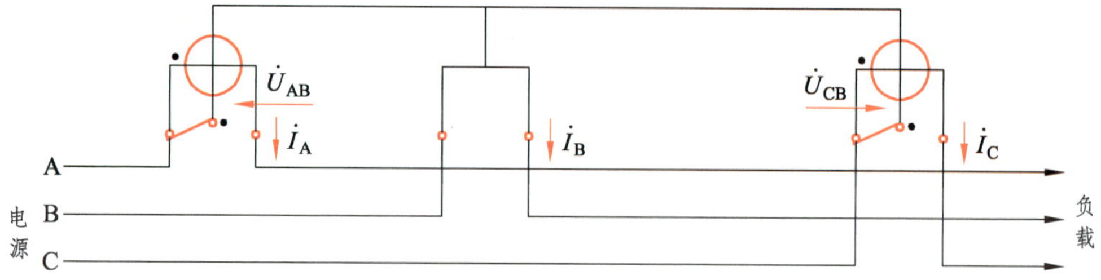

图 3.2.2.4　三相三线制电能表接线

图 3.2.2.4 是采用两只额定电压合适的单相电能表的接线图，这时，两只电表的读

数之和即为三相电路的有功电能。但不能采用三相三线有功电能表或两只单相电能表计量三相四线电路的有功电能。

二、三相无功电能表

无功电能表是计量无功电能的仪表，内部结构与有功电能表相似，除了用于调相机、电容器组无功电能的输出等计量以外，大多与有功电能表配合使用，用来测量一段时间内（一般为一个月）被测负荷的平均功率因数。其结构形式主要有 3 种类型:

（1）具有附加电流线圈的无功电能表。这种表由两组元件组成，在 U、W 相电流元件的铁芯上除了基本电流线圈之外，还绕有与基本电流线圈匝数相同的附加电流线圈，两相附加电流线圈串联后，接入没有基本电流线圈的 V 相，电压线圈跨相连接，用来计量三相无功电能。

（2）具有 60°相位差的无功电能表。这种表由两组元件组成，电压线圈的接线采用跨相法。

（3）跨相 90°相位差的无功电能表。这种无功表由三组元件组成，适用于三相四线无功电能表的计量。内部三只电压线圈的接线跨相 90°连接，所测得的无功功率除以接线系数即为实际无功功率，制造厂将三只电流线圈匝数缩小倍，抵消了接线系数，计度器直接反映无功量值。

3.2.2.4.2 电流互感器接线

电流互感器接线如图 3.2.2.5 所示。

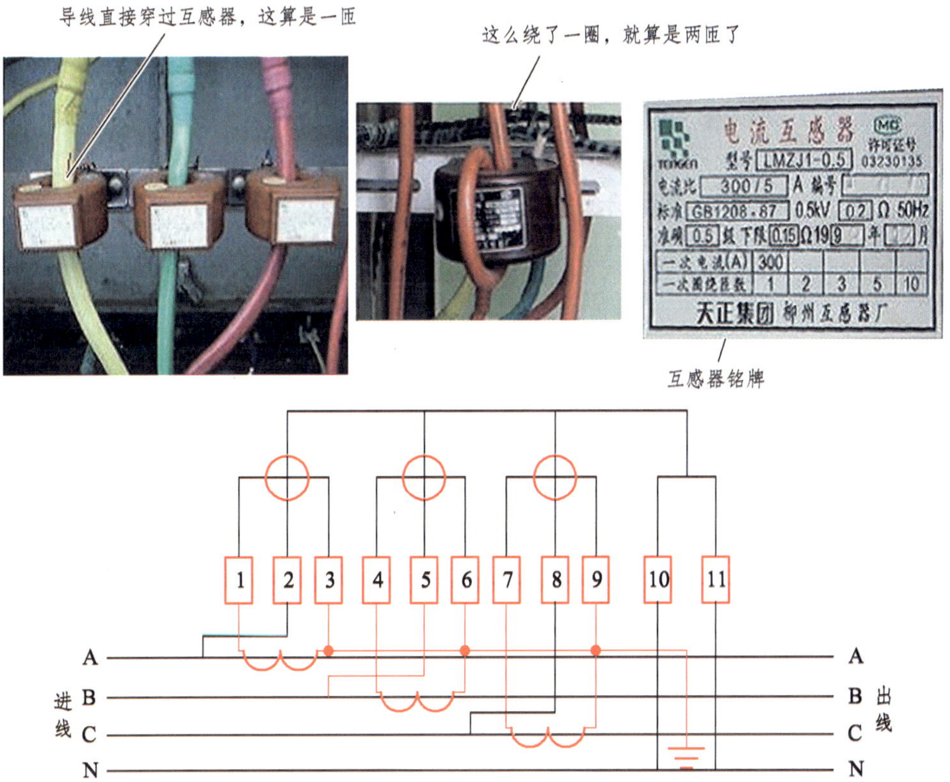

三相四线制有功电度表经互感器连接接法

图 3.2.2.5　电流互感器接线图

3.2.2.4.3　计量回路原理及实物接线图

计量回路接线原理如图 3.2.2.6 所示，计量回路实物接线如图 3.2.2.7 所示。

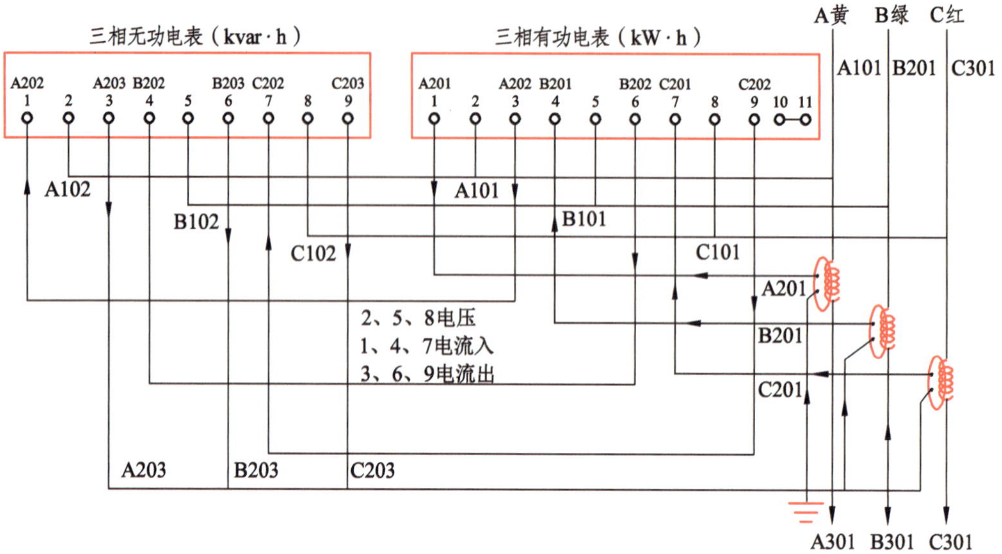

图 3.2.2.6　计量回路接线原理图

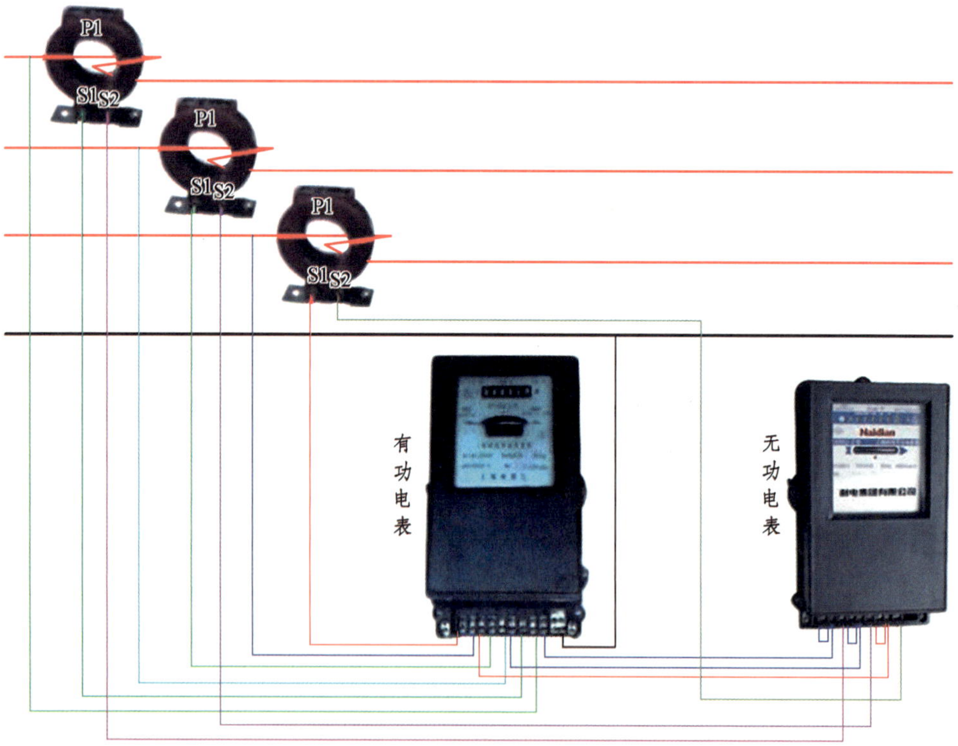

图 3.2.2.7　计量回路实物接线图

3.2.2.4.4　布线工艺及要求

（1）布线通道尽可能少，同路并列的导线按主、控电路分类集中，单层密排，紧贴安装而布线。

（2）同一平面导线不能交叉，非交叉不可时只能在另一导线因进入接点而抬高时，从其下空隙穿越。

（3）布线要横平竖直，弯成直角，分布均匀和便于检修。

（4）每个电器元件上的每个接点不能超过两个线头。

（5）不论是单股线还是多股线的芯线头，插入连接端的针孔时，必须插入到底，多股导线要绞紧。

（6）导线的绝缘层不得插入接线板的针孔被螺栓被压住。

（7）针孔外侧导线的芯线不得裸露。

（8）螺钉要拧紧不可松脱。

3.2.2.5　素质素养养成

通过三相计量回路的接线及工艺要求，使同学们掌握三相电能表和电流互感器接线的接线技巧，更好地理解接线的要点。在学习中要注意观察，理论知识与实际生产相结合，选择最优方法解决问题的能力。在实验中，注意严格遵守实验规程，安全用电，谨防触电，每次改接线前都要断电，养成安全生产、文明生产的工作作风。

3.2.2.6　任务分组

见附表 1。

3.2.2.7　工作准备

任务工作单 1

组号：　　　　姓名：　　　　学号：　　　　检索号：3.2.2.7-1

引导问题：

（1）认真阅读实训要求，列写需要准备的实训器具。

表 3.2.2.1　实训工器具

序号	实验器具	型号	数量

（2）简述实验过程中的注意事项。

____

____

____

3.2.2.8 方案制定、优化与汇报

任务工作单 2

组号：　　　　姓名：　　　　学号：　　　　检索号：3.2.2.8-2

引导问题：

（1）三相有功电能表和三相无功电能表的工作原理及接线方法是什么?

（2）电流互感器接线中需注意哪些事项?

制定实验方案：

____

____

____

优化实验方案：

____

____

____

汇报实验方案：

____

____

____

3.2.2.9 工作实施与结论

任务工作单 3

组号：　　　　姓名：　　　　学号：　　　　检索号：3.2.2.9-3

引导问题：

（1）三相计量回路的工作原理是什么?

（2）三相计量回路的接线方法及工艺要求是什么?

实验实施：

____

____

____

实验结论：

____

____

____

心得体会：

____

____

____

3.2.2.10　评价反馈

任务工作单 4

组号：　　　姓名：　　　学号：　　　检索号：3.2.2.10-4

表 3.2.2.2　个人自评表

<table>
<tr><td>班级</td><td></td><td>组名</td><td></td><td>日期</td><td>年　月　日</td></tr>
<tr><td>评价指标</td><td colspan="3">评价内容</td><td>分数</td><td>分数评定</td></tr>
<tr><td>信息检索</td><td colspan="3">能有效利用网络、图书资源查找有用的相关信息等；能将查到的信息有效地传递到学习中。</td><td>10 分</td><td></td></tr>
<tr><td>感知课堂生活</td><td colspan="3">是否熟悉工器具使用，认同工作价值；在学习中是否能获得满足感。</td><td>10 分</td><td></td></tr>
<tr><td rowspan="2">参与态度</td><td colspan="3">积极主动与教师、同学交流，相互尊重、理解、平等；与教师、同学之间是否能够保持多向、丰富、适宜的信息交流。</td><td>10 分</td><td></td></tr>
<tr><td colspan="3">能处理好合作学习和独立思考的关系，做到有效学习；能提出有意义的问题或能发表个人见解。</td><td>10 分</td><td></td></tr>
<tr><td rowspan="3">知识获得</td><td colspan="3">1. 能设计三相计量回路安装接线电路图。</td><td>15 分</td><td></td></tr>
<tr><td colspan="3">2. 能正确进行三相计量回路接线。</td><td>15 分</td><td></td></tr>
<tr><td colspan="3">3. 能正确说出三相计量回路各元件的工作原理。</td><td>10 分</td><td></td></tr>
<tr><td>思维态度</td><td colspan="3">是否能发现问题、提出问题、分析问题、解决问题、创新问题。</td><td>10 分</td><td></td></tr>
<tr><td>自评反馈</td><td colspan="3">按时按质完成任务；较好地掌握了知识点；具有较强的信息分析能力和理解能力；具有较为全面严谨的思维能力，并能条理清楚明晰表达成文。</td><td>10 分</td><td></td></tr>
<tr><td colspan="5">自评分数</td><td></td></tr>
<tr><td colspan="2">有益的经验和做法</td><td colspan="4"></td></tr>
<tr><td colspan="2">总结反馈建议</td><td colspan="4"></td></tr>
</table>

任务工作单 5

组号：　　　姓名：　　　学号：　　　检索号：3.2.2.10-5

表 3.2.2.3　小组内互评验收表

验收组长		组名		日期	年　月　日
组内验收成员					
任务要求	1. 能设计三相计量回路接线电路图；2. 能正确完成三相计量回路接线。				
验收文档清单	被验收者 3.2.2.7-1 任务工作单 1 被验收者 3.2.2.8-2 任务工作单 2 被验收者 3.2.2.9-3 任务工作单 3				
	文献检索清单				
验收评分	评分标准			分数	得分
	能正确确定接线需要的工器具，列举实训中的注意事项，错误一处扣 5 分。			20 分	
	能正确制定每一个实训项目的方案，错误一处扣 5 分。			20 分	
	能按照实训方案，正确开展实训，并记录检测接线，错一处扣 2 分。			30 分	
	能分析接线错误原因，并提出相应的措施，错一处扣 2 分。			20 分	
	提供文献检索清单，少于 5 项，缺一项扣 2 分。			10 分	
评价分数					
不足之处					

任务工作单 6

被评组号：　　　检索号：3.2.2.10-6

表 3.2.2.4　小组间互评表

班级		评价小组		日期	年　月　日
评价指标	评价内容			分数	分数评定
汇报表述	表述准确			10 分	
	语言流畅			10 分	
	准确完整描述实训接线过程			10 分	
接线正确度 工艺完美度	接线正确			40 分	
	工艺完美			30 分	
互评分数					
简要评述					

任务工作单 7

组号：　　　姓名：　　　学号：　　　检索号：3.2.2.10-7

表 3.2.2.5　任务完成情况评价表

任务名称	实训：单相照明回路接线				总得分	
评价依据	学生完成的 3.2.2.7-3.2.2.9 任务工作单					
序号	任务内容及要求		配分	评分标准	教师评价	
					结论	得分
1	能阅读实训指导书，明确实训目的，选择实训器具。	（1）描述正确；	10 分	缺一个要点扣 1 分		
		（2）语言表达流畅。	10 分	酌情赋分		
2	能正确制定实训方案。	（1）描述正确；	15 分	缺一个要点扣 1 分		
		（2）语言流畅。	10 分	酌情赋分		
3	能按照实训方案，正确开展实训。	（1）描述正确；	15 分	缺一个要点扣 2 分		
		（2）语言流畅。	10 分	酌情赋分		
4	能分析接线错误产生的原因，并提出相应的修改措施。	（1）描述正确；	10 分	缺一个要点扣 2 分		
		（2）语言流畅。	10 分	酌情赋分		
5	至少包含 5 份文献的检索文献的目录清单。	（1）数量；	2 分	每少一个扣 0.5 分		
		（2）参考的主要内容要点。	3 分	酌情赋分		
6	素质素养评价。	（1）沟通交流能； （2）团队合作； （3）课堂纪律； （4）合作探学； （5）自主研学； （6）培养安全生产，文明作业的工作作风； （7）培养分析解决问题的能力； （8）培养讲原则、守规矩的意识； （9）培养热爱劳动的意识。	5 分	酌情赋分，但违反课堂纪律，不听从组长、教师安排，不得分。		

任务 3　实训：三相电动机正反转回路接线

3.2.3.1　任务描述

本次任务主要学习交流接触器、热继电器、三相断路器、按钮的工作原理和接线方法，强调工艺。

3.2.3.2　学习目标

知识目标

（1）掌握交流接触器、热继电器、三相断路器、按钮的工作原理；

（2）掌握交流接触器、热继电器、三相断路器、按钮的接线方法。

能力目标

（1）能够正确理解三相电动机正反转回路的工作原理；

（2）能够掌握三相电动机正反转的接线及工艺要求。

素质素养目标

（1）培养学生自学与理论联系实际的能力；

（2）培养学生分析问题、团结协作、选择最优方法解决问题的能力。

3.2.3.3　任务分析

重　点

（1）三相电动机正反转回路的工作原理；

（2）三相电动机正反转回路的接线及工艺要求。

难　点

（1）三相电动机正反转回路的接线；

（2）三相电动机正反转回路的接线工艺要求。

3.2.3.4　相关知识链接

3.2.3.4.1　交流接触器

接触器是电动机控制电路和其他自动控制电路中，使用最多的一种低压电器元件。接触器可以远距离频繁地接通、断开负荷电路；具有在电源电压消失或降低到某一定值以下时，自动释放切断电路的零压及欠压保护功能。按接触器所控制的电流种类可分为交流接触器和直流接触器两种。实物如图 3.2.3.1 所示。

图 3.2.3.1　交流接触器

1. 用途

交流接触器最主要的用途是控制电机的启动、反转、制动和调速等，因此它是电力拖动控制系统中最重要也是最常用的控制电器之一。它具有低电压释放保护功能，具有比工作电流大数倍乃至十几倍的接通和分断能力，但不能分断短路电流。它是一种执行电器，即使在先进的可编程控制器应用系统中，一般也不能被取代。

2. 交流接触器的结构

图 3.2.3.2 为交流接触器结构原理图，其主要由三部分组成：

（1）触头系统：采用双断点桥式触头结构，一般有三对常开主触头。

（2）电磁系统：包括动、静铁芯，吸引线圈和反作用弹簧。

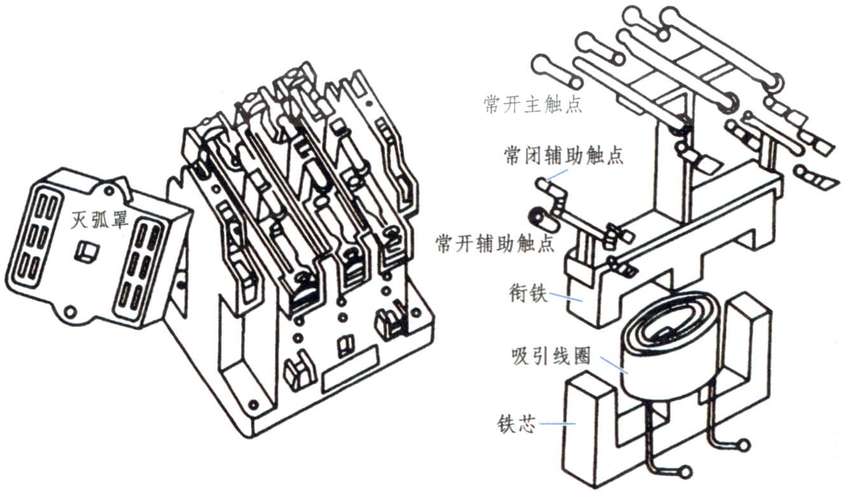

图 3.2.3.2　交流接触器的外形与结构

（3）灭弧系统：大容量的接触器（20 A 以上）采用缝隙灭弧罩及灭弧栅片灭弧，小容量接触器采用双断口触头灭弧、电动力灭弧、相间弧板隔弧及陶土灭弧罩灭弧。

3. 交流接触器的工作原理

当吸引线圈两端加上额定电压时，动、静铁芯间产生大于反作用弹簧弹力的电磁吸力，动、静铁芯吸合，带动动铁芯上的触头动作，即常闭触头断开，常开触头闭合；当吸引线圈端电压消失后，电磁吸力消失，触头在反弹力作用下恢复常态。

4. 接触器的选择原则

（1）根据电路中负载电流的种类选择接触器的类型。一般直流电路用直流接触器控制，当直流电动机和直流负载容量较小时，也可用交流接触器控制，但触头的额定电流应适当选择大些。

（2）接触器的额定电压应大于或等于负载回路的额定电压。

（3）吸引线圈的额定电压应与所接控制电路的额定电压等级一致；

（4）额定电流应大于或等于被控主回路的额定电流。根据负载额定电流，接触器安装条件及电流流经触头的持续情况来选定接触器的额定电流。

5. 接触器的图形符号和文字符号

接触器在电气控制线路图中的图形符号如图 3.2.3.3 所示，文字符号为 KM。

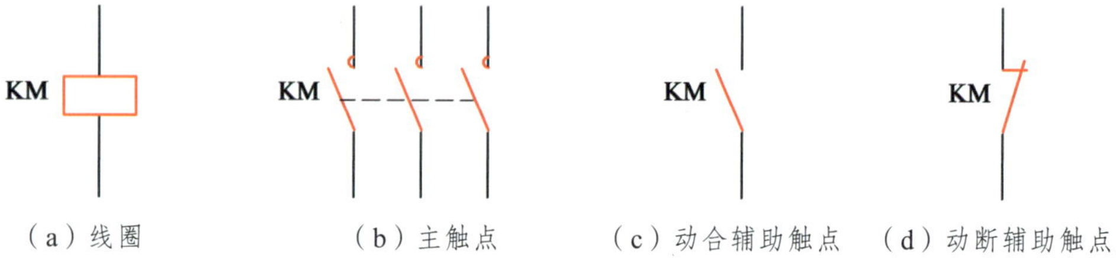

图 3.2.3.3　接触器图形及符号

3.2.3.4.2　熔断器

熔断器是配电电路及电气设备控制电路中用作过载和短路保护的电器，如图 3.2.3.4 所示。它串联在被保护的电路中，在电路中是人为设置起保护作用的“薄弱环节”。当电路或电气设备发生短路或过载时，熔断器中熔体首先熔断，使电路或电气设备脱离电源。

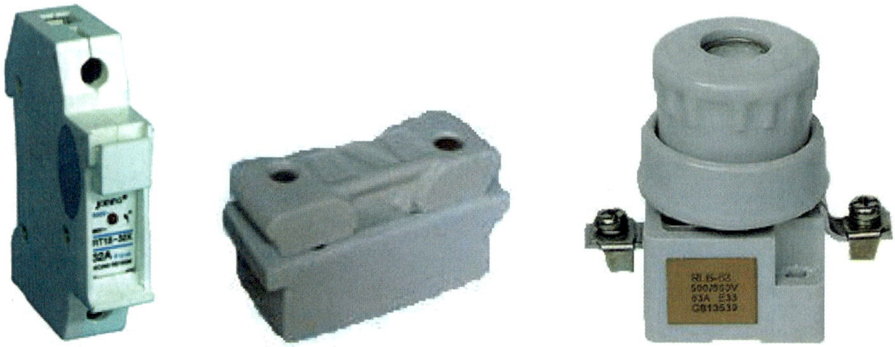

图 3.2.3.4　常用熔断器

熔断器作为保护电器，具有结构简单、价格低廉、使用方便等优点，应用极为广泛。

1. 熔断器的分类

熔断器结构如图 3.2.3.5 所示。常用的熔断器有瓷插式、螺旋式、有填料密封管式、无填料管式等几种类型，在选用熔断器时，应根据被保护电路的需要，首先确定熔断器的形式，然后选择熔体的规格，再根据熔体确定熔断器的规格。

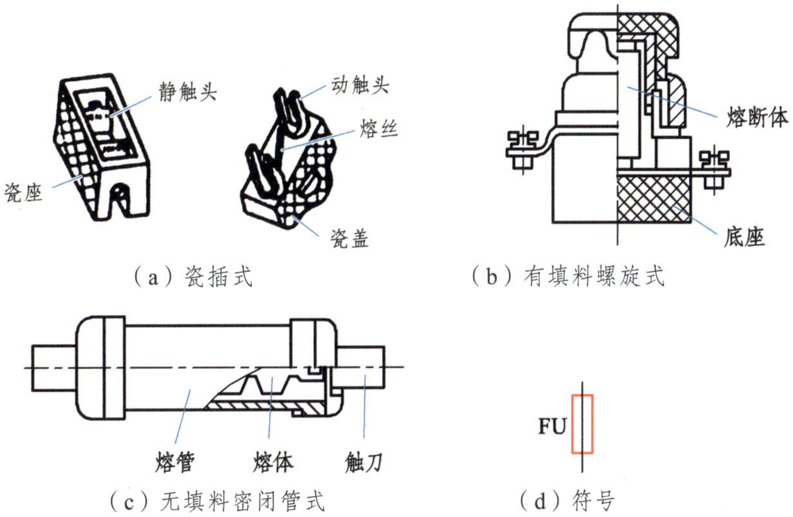

图 3.2.3.5　常用熔断器结构图

2. 熔断器的结构和原理

熔断器由熔体和熔管（或熔座）组成。熔体常做成片状或丝状。熔管（熔座）是熔体的保护外壳，在熔体熔断时兼有灭弧作用。

在正常情况下，熔体中通过额定电流时熔体不应该熔断，当电流增大至某值时，熔体经过一段时间后熔断并熄弧，这段时间称为熔断时间。

3.2.3.4.3　热继电器

热继电器是用于电动机或其他电气设备、电气线路的过载保护的保护电器，如图 3.2.3.6 所示。

图 3.2.3.6　常见热继电器

使用热继电器对电动机进行过载保护时，将热元件与电动机的定子绕组串联，将热继电器常闭触头串联在交流接触器的电磁线圈的控制电路中，并调节整定电流调节旋钮，使人字形拨杆与推杆相距一段适当的距离。当电动机正常工作时，通过热元件的电流即为电动机的额定电流，热元件发热，双金属片受热后弯曲，使推杆刚好与人字形拨杆接触。常闭触头处于闭合状态，交流接触器保持吸合，电动机正常运行。若电动机出现过载情况，绕组中电流增大，通过热继电器热元件中的电流增大使双金属片温度升得更高，弯曲程度加大，推动人字形拨杆，人字形拨杆推动常闭触头，使触头断开而断开交流接触器线圈电路，使接触器释放、切断电动机的电源，电动机停车而得到保护。

热继电器有多种型式，其中常用的有：

（1）双金属片式：利用双金属片受热弯曲去推动杠杆使触头动作。

（2）热敏电阻式：利用电阻值随温度变化而变化的特性制成的热继电器。

（3）易熔合金式：利用过载电流发热使易熔合金达到某一温度值时，合金熔化而使继电器动作。

1. 热继电器的结构及工作原理

热继电器是利用电流的热效应来切断电路的保护电器，主要由发热元件、双金属片和触头及动作机构等部分组成，如图 3.2.3.7 所示。

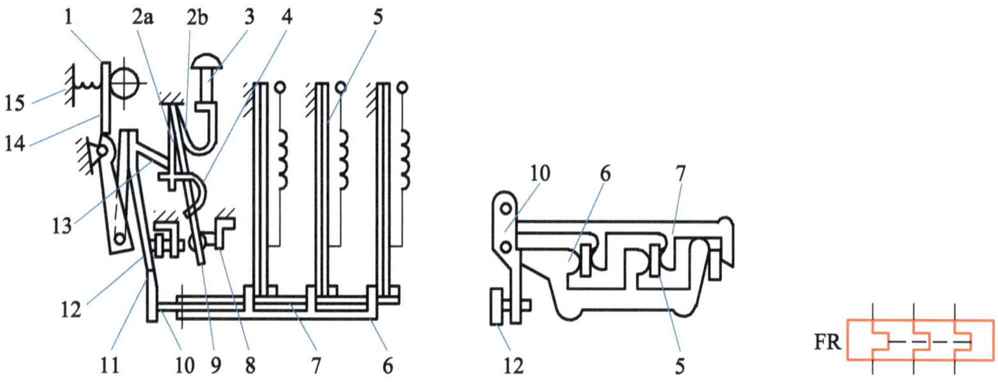

（a）结构原理图　（b）差动导板　（c）符号

1—电流调节凸轮；2—片簧（2a，2b）；3—手动复位按钮；4—弓簧片；5—主金属片；6—外导板；7—内导板；8—常闭静触点；9—动触点；10—杠杆；11—常开静触点（复位调节螺钉）；12—补偿双金属片；13—推杆；14—连杆；15—压簧。

图 3.2.3.7　热继电器结构原理图

2. 热继电器的使用与选择

热继电器的选择应满足：

$$I_{eR} \geqslant I_{ed}$$

式中，I_{eR} 为热继电器热元件的额定电流；I_{ed} 为电动机的额定电流。

3.2.3.4.4　按钮盒

1. 按钮结构

按钮是一种短时接通或分断小电流电路的手动电器。它不直接控制主电路的通断，而是在控制电路中发出“指令”去控制接触器、继电器等电器的电磁线圈，再由它们控制主电路的通断，如图 3.2.3.8 所示。

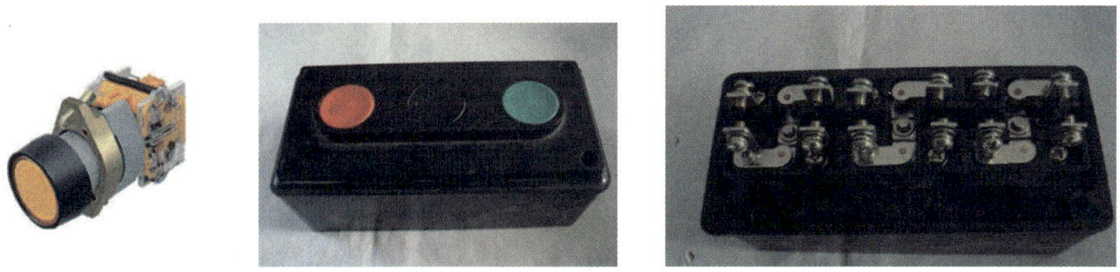

图 3.2.3.8　常用按钮实物图

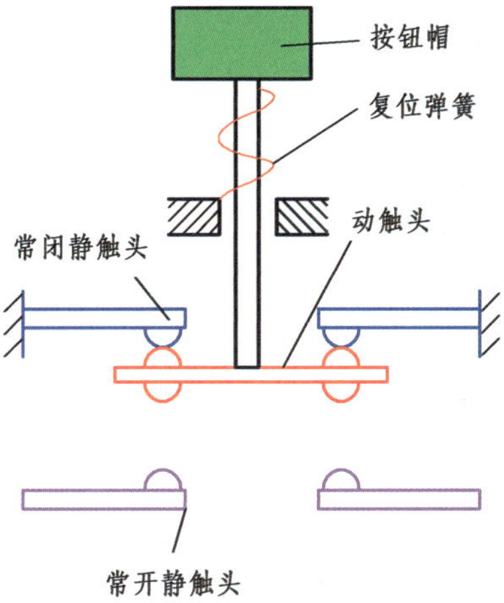

图 3.2.3.9　按钮原理图

按钮一般由按钮帽、复位弹簧、动触头、静触头和外壳组成，如图 3.2.3.9 所示。按钮因其用途和触头的结构不同分为常闭按钮、常开按钮和复合按钮。

在常态（不通电、没有机械动作）的情况下处于断开状态的触点叫常开触点。在常态（不通电、没有机械动作）的情况下处于闭合状态的触点叫常闭触点。表示符号如图 3.2.3.10 所示。

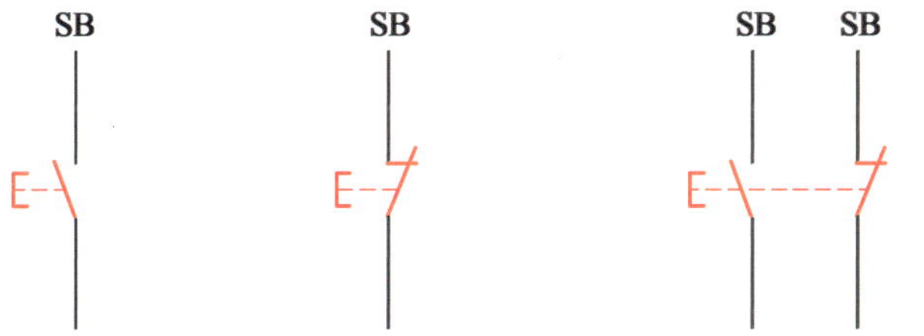

图 3.2.3.10　按钮常开、常闭符号

当手指按下按钮时，常闭触点断开，常开触点闭合；手指放开后按钮自动复位，常开触点恢复断开而常闭触点恢复闭合。对于复合按钮来说，当手指按下按钮时，常闭触点首先断开，常开触点随后闭合；手指放开后，常开触点首先复位，常闭触点随后复位闭合。按钮的触头允许通过的电流很小，一般不超过 5 A。按钮的选择主要根据使用场合、触头数目和所需要的颜色来选择。

2. 按钮盒接线原理图

按钮盒接线原理及实物图如图 3.2.3.11 所示。

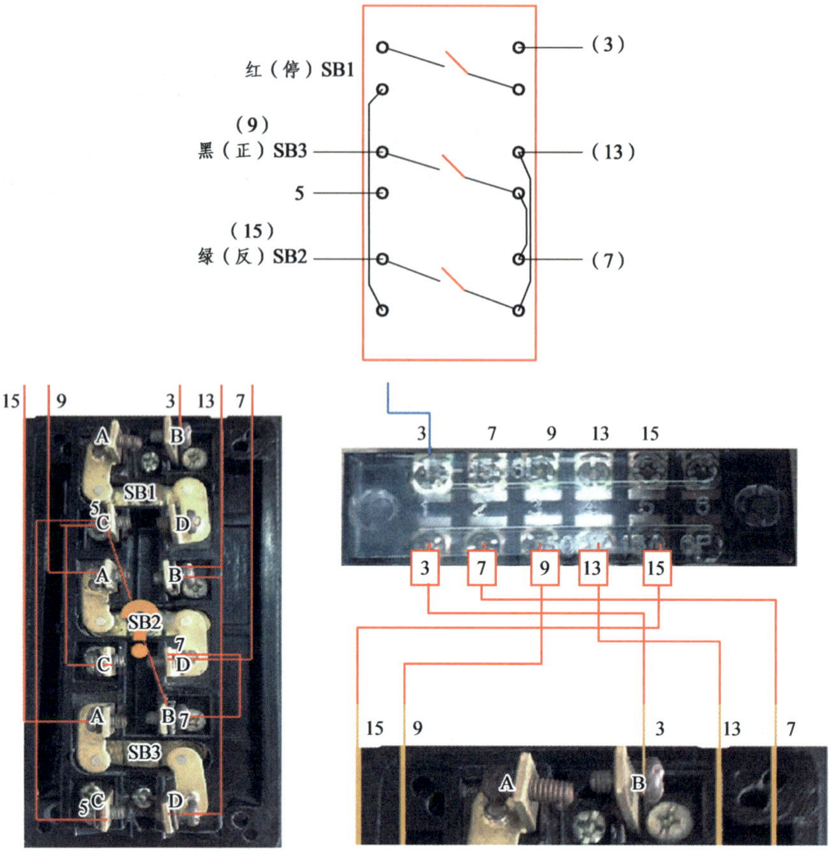

图 3.2.3.11　按钮盒接线原理及实物图

3.2.3.4.5　三相电动机正反转电路原理图及实物接线图

1. 三相电动机正反转原理图

电动机正反转接线原理如图 3.2.3.12 所示。

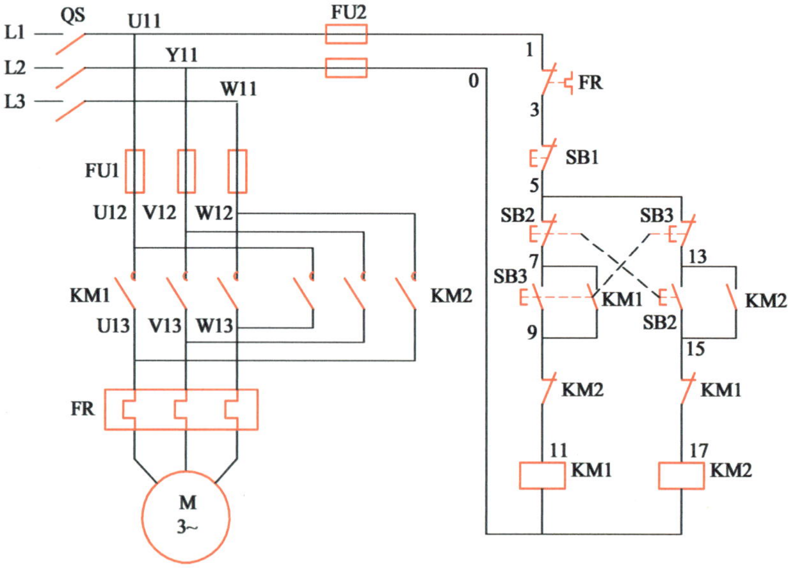

图 3.2.3.12　电动机正反转接线原理图

2. 三相电动机正反转主回路接线

电动机正反转主电路接线原理图及实物图如图 3.2.3.13 所示。

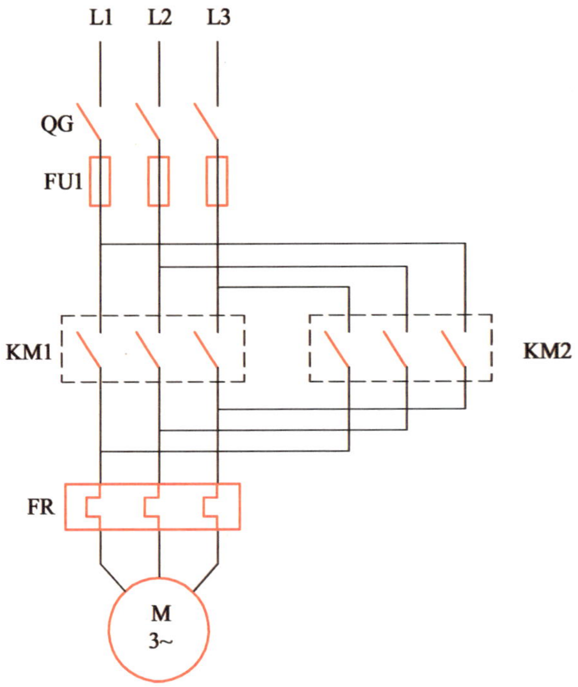

（a）接线图

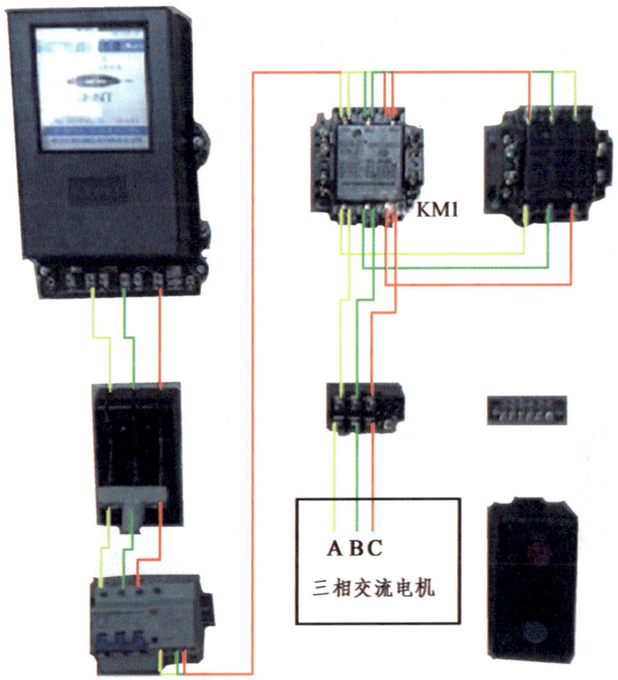

（b）实物图

图 3.2.3.13　电动机正反转主电路接线原理图及实物图

3. 三相电动机正反转辅助（控制）回路接线

电动机正反转辅助（控制）电路接线原理图及实物图如图 3.2.3.14 所示。

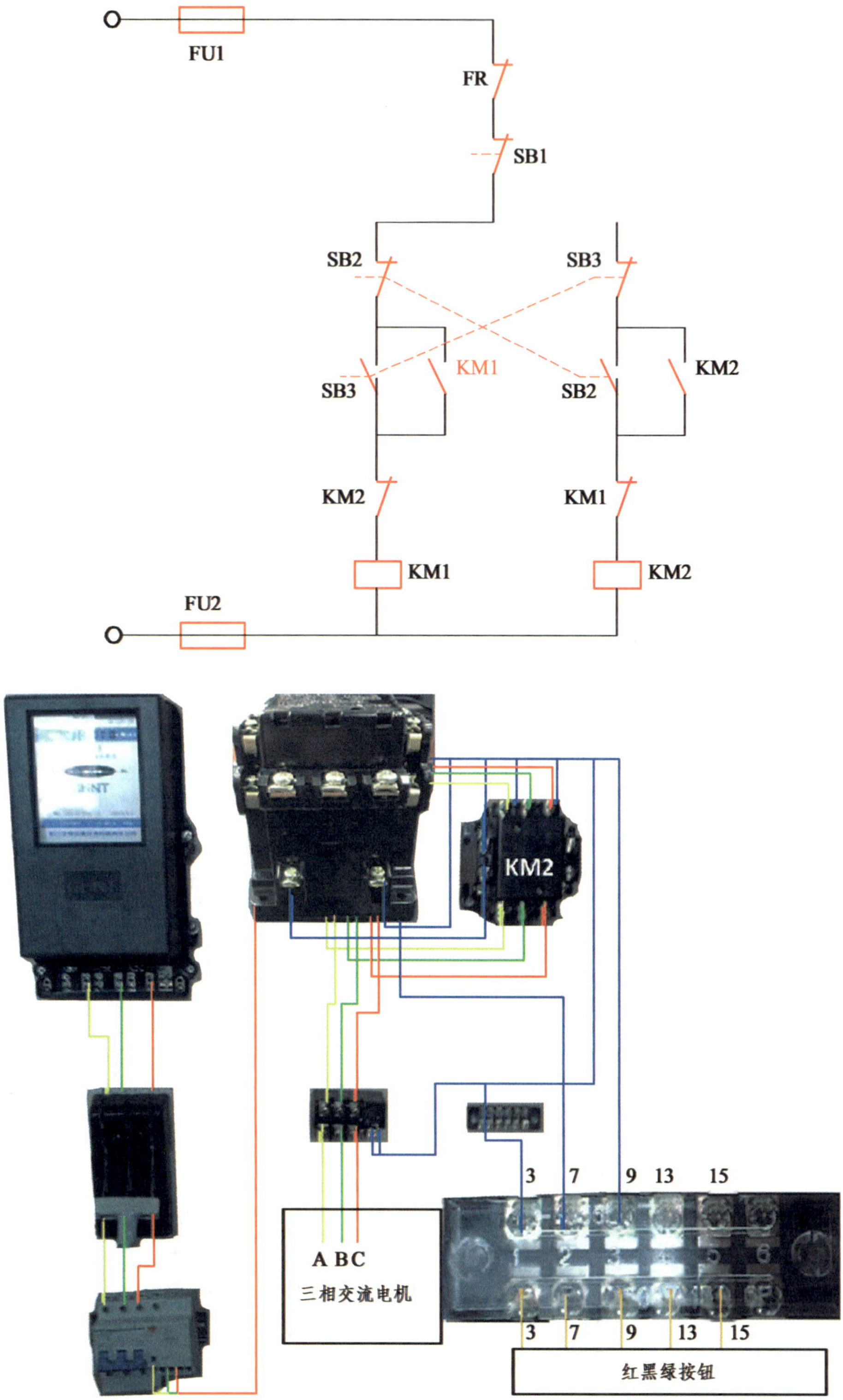

图 3.2.3.14　电动机正反转辅助（控制）电路接线原理图及实物图

3.2.3.4.6　布线工艺及要求

（1）布线通道尽可能少，同路并列的导线按主、控电路分类集中，单层密排，紧贴安装而布线。

（2）同一平面导线不能交叉，非交叉不可时只能在另一导线因进入接点而抬高时，从其下空隙穿越。

（3）布线要横平竖直，弯成直角，分布均匀和便于检修。

（4）每个电器元件上的每个接点不能超过两个线头。

（5）不论是单股线还是多股线的芯线头，插入连接端的针孔时，必须插入到底，多股导线要绞紧。

（6）导线的绝缘层不得插入接线板的针孔被螺栓被压住。

（7）针孔外侧导线的芯线不得裸露。

（8）螺钉要拧紧不可松脱。

3.2.3.5　素质素养养成

通过三相电动机正反转回路的接线及工艺要求，使同学们掌握接线的技巧，更好地理解接线的要点。在学习中要注意观察，理论知识与实际生产相结合，选择最优方法解决问题的能力。在实验中，注意严格遵守实验规程，安全用电，谨防触电，每次改接线前都要断电，养成安全生产、文明生产的工作作风。

3.2.3.6　任务分组

见附表 1。

3.2.3.7　工作准备

任务工作单 1

组号：　　　姓名：　　　学号：　　　检索号：3.2.3.7-1

引导问题：

（1）认真阅读实训要求，列写需要准备的实训器具。

表 3.2.3.1　实训工器具

序号	实验器具	型号	数量

（2）简述实验过程中的注意事项。

____

____

____

3.2.3.8 方案制定、优化与汇报

任务工作单 2

组号： 姓名： 学号： 检索号： 3.2.3.8-2

引导问题：

（1）如何改变三相电动机相序?

（2）电动机正反转接线方法及注意事项是什么?

制定实验方案：

____

____

____

优化实验方案：

____

____

____

汇报实验方案：

____

____

____

3.2.3.9 工作实施与结论

任务工作单 3

组号： 姓名： 学号： 检索号： 3.2.3.9-3

引导问题：

（1）交流接触器、热继电器的工作原理是什么?

（2）交流接触器、热继电器的接线方法及工艺要求是什么?

实验实施：

____

____

____

实验结论：

____

____

____

心得体会：

____

____

____

3.2.3.10 评价反馈

任务工作单 4

组号：　　　　姓名：　　　　学号：　　　　检索号：3.2.3.10-4

表 3.2.3.2 个人自评表

<table>
<tr><td>班级</td><td></td><td>组名</td><td></td><td>日期</td><td>年 月 日</td></tr>
<tr><td>评价指标</td><td colspan="3">评价内容</td><td>分数</td><td>分数评定</td></tr>
<tr><td>信息检索</td><td colspan="3">能有效利用网络、图书资源查找有用的相关信息等；能将查到的信息有效地传递到学习中。</td><td>10 分</td><td></td></tr>
<tr><td>感知课堂生活</td><td colspan="3">是否熟悉工器具使用，认同工作价值；在学习中是否能获得满足感。</td><td>10 分</td><td></td></tr>
<tr><td rowspan="2">参与态度</td><td colspan="3">积极主动与教师、同学交流，相互尊重、理解、平等；与教师、同学之间是否能够保持多向、丰富、适宜的信息交流。</td><td>10 分</td><td></td></tr>
<tr><td colspan="3">能处理好合作学习和独立思考的关系，做到有效学习；能提出有意义的问题或能发表个人见解。</td><td>10 分</td><td></td></tr>
<tr><td rowspan="3">知识获得</td><td colspan="3">1. 能设计三相电动机正反转回路安装接线图。</td><td>15 分</td><td></td></tr>
<tr><td colspan="3">2. 能正确进行三相电动机正反转回路接线。</td><td>15 分</td><td></td></tr>
<tr><td colspan="3">3. 能正确说出三相电动机正反转回路各元件的工作原理。</td><td>10 分</td><td></td></tr>
</table>

续表

评价指标	评价内容	分数	分数评定
思维态度	是否能发现问题、提出问题、分析问题、解决问题、创新问题。	10分	
自评反馈	按时按质完成任务；较好地掌握了知识点；具有较强的信息分析能力和理解能力；具有较为全面严谨的思维能力，并能条理清楚明晰表达成文。	10分	
自评分数			
有益的经验和做法			
总结反馈建议			

任务工作单 5

组号：　　　　姓名：　　　　学号：　　　　检索号：3.2.3.10-5

表 3.2.3.3　小组内互评验收表

验收组长		组名		日期	年　月　日
组内验收成员					
任务要求	1. 能设计三相电动机正反转回路接线电路图；2. 能正确完成三相电动机正反转回路接线。				
验收文档清单	被验收者 3.2.3.7-1 任务工作单 1 被验收者 3.2.3.8-2 任务工作单 2 被验收者 3.2.3.9-3 任务工作单 3				
	文献检索清单				
验收评分	评分标准		分数	得分	
	能正确确定接线需要的工器具，列举实训中的注意事项，错误一处扣5分。		20分		
	能正确制定每一个实训项目的方案，错误一处扣5分。		20分		
	能按照实训方案，正确开展实训，并记录检测接线，错一处扣2分。		30分		
	能分析接线错误原因，并提出相应的措施，错一处扣2分。		20分		
	提供文献检索清单，少于5项，缺一项扣2分。		10分		
评价分数					
不足之处					

任务工作单 6

被评组号：　　　　　　　　　检索号：3.2.3.10-6

表 3.2.3.4　小组间互评表

班级		评价小组		日期	年　月　日
评价指标	评价内容			分数	分数评定
汇报表述	表述准确			10 分	
	语言流畅			10 分	
	准确完整描述实训接线过程			10 分	
接线正确度 工艺完美度	接线正确			40 分	
	工艺完美			30 分	
互评分数					
简要评述					

任务工作单 7

组号：　　　姓名：　　　学号：　　　检索号：3.2.3.10-7

表 3.2.3.5　任务完成情况评价表

任务名称	任务 3　实训：电动机正反转接线				总得分	
评价依据	学生完成的 3.2.3.7～3.2.3.9 任务工作单					
序号	任务内容及要求		配分	评分标准	教师评价	
					结论	得分
1	能阅读实训指导书，明确实训目的，选择实训器具。	（1）描述正确；	10 分	缺一个要点扣 1 分		
		（2）语言流畅。	10 分	酌情赋分		
2	能正确制定实训方案。	（1）描述正确；	15 分	缺一个要点扣 1 分		
		（2）语言流畅。	10 分	酌情赋分		
3	能按照实训方案，正确开展实训。	（1）描述正确；	15 分	缺一个要点扣 2 分		
		（2）语言流畅。	10 分	酌情赋分		
4	能分析接线错误产生的原因，并提出相应的修改措施。	（1）描述正确；	10 分	缺一个要点扣 2 分		
		（2）语言流畅。	10 分	酌情赋分		
5	至少包含 5 份文献的检索文献的目录清单。	（1）数量；	2 分	每少一个扣 0.5 分		
		（2）参考的主要内容要点。	3 分	酌情赋分		

续表

序号	任务内容及要求		配分	评分标准	教师评价	
					结论	得分
6	素质素养评价。	（1）沟通交流能； （2）团队合作； （3）课堂纪律； （4）合作探学； （5）自主研学； （6）培养安全生产，文明作业的工作作风； （7）培养分析解决问题的能力； （8）培养讲原则、守规矩的意识； （9）培养热爱劳动的意识。	5分	酌情赋分，但违反课堂纪律，不听从组长、教师安排，不得分。		

附 表

附表 1　任务分组

<table>
<tr><td>班级</td><td></td><td>组号</td><td></td><td>指导教师</td><td></td></tr>
<tr><td>组长</td><td></td><td>学号</td><td colspan="3"></td></tr>
<tr><td>组员</td><td colspan="5"><table>
<tr><th>姓名</th><th>学号</th><th>姓名</th><th>学号</th></tr>
<tr><td></td><td></td><td></td><td></td></tr>
<tr><td></td><td></td><td></td><td></td></tr>
<tr><td></td><td></td><td></td><td></td></tr>
<tr><td></td><td></td><td></td><td></td></tr>
<tr><td></td><td></td><td></td><td></td></tr>
</table></td></tr>
<tr><td>任务分工</td><td colspan="5"></td></tr>
</table>

附表 2 常用铁磁材料磁化数据表

一、铸钢（*H* 的单位为 A/m）

B/T	0	0.01	0.02	0.03	0.04	0.05	0.06	0.07	0.08	0.09
0.4	320	328	336	344	352	360	368	376	384	392
0.5	400	408	415	426	434	443	452	461	470	479
0.6	488	497	506	516	525	535	544	554	564	574
0.7	584	593	603	613	623	632	642	652	662	672
0.8	682	693	703	724	734	745	755	766	776	787
0.9	798	810	823	835	848	860	873	885	898	911
1	924	938	953	969	986	1 004	1 022	1 039	1 056	1 073
1.1	1 090	1 108	1 127	1 147	1 167	1 187	1 207	1 227	1 248	1 269
1.2	1 290	1 315	1 340	1 370	1 400	1 430	1 460	1 490	1 520	1 555
1.3	1 590	1 630	1 670	1 720	1 760	1 810	1 860	1 920	1 970	2 030
1.4	2 090	2 160	2 230	2 300	2 370	2 440	2 530	2 620	2 710	2 800
1.5	2 890	2 990	3 100	3 210	3 320	3 430	3 560	3 700	3 830	3 960

二、铸铁（*H* 的单位为 A/m）

B/T	0	0.01	0.02	0.03	0.04	0.05	0.06	0.07	0.08	0.09
0.5	2 200	2 260	2 350	2 400	2 470	2 550	2 620	2 700	2 780	2 860
0.6	2 940	3 030	3 130	3 220	3 320	3 420	3 520	3 620	3 720	3 820
0.7	3 920	4 050	4 180	4 320	4 460	4 600	4 750	4 910	5 070	5 230
0.8	5 400	5 570	5 750	5 930	6 160	6 300	6 500	6 710	6 930	7 140
0.9	7 360	7 500	7 780	8 000	8 300	8 600	8 900	9 200	9 500	9 800
1	10 100	10 500	10 800	11 200	11 600	12 000	12 400	12 800	13 200	13 600
1.1	14 000	14 400	14 900	15 400	15 900	16 500	17 000	17 500	18 100	18 600

三、D21 硅钢片（*H* 的单位为 A/m）

B/T	0	0.01	0.02	0.03	0.04	0.05	0.06	0.07	0.08	0.09
0.8	340	348	356	364	372	380	389	398	407	416
0.9	425	435	445	455	465	475	488	500	512	524
1	536	549	562	575	588	602	616	630	645	660
1.1	675	691	708	726	745	765	786	808	831	855
1.2	880	906	933	961	990	1 020	1 050	1 090	1 120	1 160
1.3	1 200	1 250	1 300	1 350	1 400	1 450	1 500	1 560	1 620	1 680
1.4	1 740	1 820	1 890	1 980	2 060	2 160	2 260	2 380	2 500	2 640

四、D23 硅钢片（H的单位为 A/m）

B/T	0	0.01	0.02	0.03	0.04	0.05	0.06	0.07	0.08	0.09
1	383	392	401	411	422	433	444	456	467	480
1.1	493	507	521	536	552	568	584	600	616	633
1.2	652	672	694	716	738	762	786	810	836	862
1.3	890	920	950	980	1 010	1 050	1 090	1 130	1 170	1 210
1.4	1 260	1 310	1 360	1 420	1 480	1 550	1 630	1 710	1 810	1 910

五、D41 硅钢片（H的单位为 A/m）

B/T	0	0.01	0.02	0.03	0.04	0.05	0.06	0.07	0.08	0.09
1	161	165	169	172	176	180	184	189	194	199
1.1	203	209	215	223	231	240	249	257	266	275
1.2	285	296	307	317	328	338	351	363	377	393
1.3	409	426	444	463	485	507	533	560	585	612
1.4	636	665	695	725	760	790	828	865	903	946
1.5	996									

附表 3　几种硅钢片的磁损耗

一、几种硅钢片（厚 0.35 mm 或 0.5 mm）的比磁损耗

B/T	比磁损耗				比磁损耗			
	D41	D41	D42	D42	D43	D43	D44	D44
	0.35	0.5	0.35	0.5	0.35	0.5	0.35	0.5
1	1.35	1.6	1.2	1.4	1.05	1.25	0.9	1.15
1.05	1.5	1.78	1.32	1.54	1.15	1.38	0.98	1.24
1.1	1.64	1.95	1.45	1.68	1.28	1.5	1.1	1.38
1.15	1.8	2.1	1.58	1.84	1.4	1.65	1.22	1.5
1.2	2	2.3	1.75	2	1.54	1.79	1.35	1.65
1.25	2.18	2.5	1.9	2.16	1.68	1.94	1.45	1.8
1.3	2.36	2.7	2.08	2.38	1.8	2.1	1.6	1.96
1.35	2.58	2.9	2.22	2.56	1.98	2.28	1.72	2.1
1.4	2.78	3.1	2.4	2.75	2.15	2.45	1.9	2.3
1.45	2.98	3.34	2.6	2.98	2.32	2.67	2.02	2.5
1.5	3.2	3.6	2.8	3.2	2.5	2.9	2.2	2.7

二、D21 硅钢片（厚 0.5 mm）比磁损耗

B/T	0	0.01	0.02	0.03	0.04	0.05	0.06	0.07	0.08	0.09
0.9	2.09	2.13	2.17	2.21	2.24	2.28	2.32	2.37	2.41	2.45
1	2.13	2.55	2.59	2.64	2.7	2.74	2.79	2.86	2.91	2.97
1.1	3.04	3.1	3.17	3.23	3.29	3.37	3.43	3.5	3.58	3.65
1.2	3.72	3.79	3.86	3.94	4.01	4.09	4.17	4.24	4.32	4.4
1.3	4.47	4.55	4.62	4.71	4.78	4.86	4.93	5.01	5.09	5.17
1.4	5.24	5.32	5.4	5.47	5.55	5.64	5.71	5.79	5.87	5.95
1.5	6.04	6.1	6.19	6.27	6.36	6.44	6.51	6.59	6.65	6.74
1.6	6.81	6.88	6.96	7.04	7.12	7.19	7.27	7.35	7.42	7.54

参考文献

[1] 邱关源. 电路[M]. 北京：高等教育出版社，2006.
[2] 赵录怀，王仲奕. 电路基础[M]. 北京：高等教育出版社，2012.
[3] 李瀚荪. 电路分析基础[M]. 北京：高等教育出版社，2006.
[4] 刘长学，成开友. 电路基础[M]. 北京：民邮电出版社，2014.
[5] 周守昌. 电路原理[M]. 北京：高等教育出版社，1999.
[6] 田丽鸿，许小军，等. 电路分析[M]. 南京：东南大学出版社，2016.
[7] 沈一骑，孔令红. 电工学综合实验教程[M]. 南京：南京大学出版社，2014.
[8] 秦曾煌. 电工学[M]. 北京：高等教育出版社，2009.
[9] 蔡元宇，朱晓萍，等. 电路及磁路[M]. 北京：高等教育出版社，2014.